教科書ガイド

啓林館版

深進数学Ⅱ

TEXT BOOK GUIDE

文研出版

目次

第1章　式と証明・高次方程式

第1節　多項式の乗法・除法と分数式

1　3次の乗法公式と因数分解

問 1　次の式を展開せよ。

教科書 p.6

(1)　$(x+3)^3$　　(2)　$(x-2)^3$　　(3)　$(3x-2y)^3$

ガイド

ここがポイント　[3次の乗法公式 (Ⅰ)]

$$(a+b)^3=a^3+3a^2b+3ab^2+b^3$$
$$(a-b)^3=a^3-3a^2b+3ab^2-b^3$$

(3)　$3x$, $2y$ をそれぞれ1つのかたまりとみて公式を適用する。

解答　(1)　$(x+3)^3=x^3+3\cdot x^2\cdot 3+3\cdot x\cdot 3^2+3^3$
$=\boldsymbol{x^3+9x^2+27x+27}$

(2)　$(x-2)^3=x^3-3\cdot x^2\cdot 2+3\cdot x\cdot 2^2-2^3$
$=\boldsymbol{x^3-6x^2+12x-8}$

(3)　$(3x-2y)^3=(3x)^3-3\cdot(3x)^2\cdot 2y+3\cdot 3x\cdot(2y)^2-(2y)^3$
$=\boldsymbol{27x^3-54x^2y+36xy^2-8y^3}$

問 2　次の3次の乗法公式 (Ⅱ) が成り立つことを確かめよ。

教科書 p.7

$$(a+b)(a^2-ab+b^2)=a^3+b^3$$
$$(a-b)(a^2+ab+b^2)=a^3-b^3$$

ガイド　左辺を展開して，右辺と等しくなることを示せばよい。

解答　$(a+b)(a^2-ab+b^2)$
$=a(a^2-ab+b^2)+b(a^2-ab+b^2)$
$=a^3-a^2b+ab^2+a^2b-ab^2+b^3$
$=a^3+b^3$

$$(a-b)(a^2+ab+b^2)$$
$$=a(a^2+ab+b^2)-b(a^2+ab+b^2)$$
$$=a^3+a^2b+ab^2-a^2b-ab^2-b^3$$
$$=a^3-b^3$$

問 3　次の式を展開せよ。

教科書 p.7

(1)　$(a+2)(a^2-2a+4)$　　(2)　$(4x-3y)(16x^2+12xy+9y^2)$

ガイド

ここがポイント　[3次の乗法公式(Ⅱ)]

$$(\boldsymbol{a}+\boldsymbol{b})(\boldsymbol{a}^2-\boldsymbol{ab}+\boldsymbol{b}^2)=\boldsymbol{a}^3+\boldsymbol{b}^3$$
$$(\boldsymbol{a}-\boldsymbol{b})(\boldsymbol{a}^2+\boldsymbol{ab}+\boldsymbol{b}^2)=\boldsymbol{a}^3-\boldsymbol{b}^3$$

符号を間違えないように，公式を確認しながら慎重に計算する。

解答

(1)　$(a+2)(a^2-2a+4)=(a+2)(a^2-a\cdot2+2^2)$
$$=a^3+2^3$$
$$=\boldsymbol{a^3+8}$$

(2)　$(4x-3y)(16x^2+12xy+9y^2)$
$$=(4x-3y)\{(4x)^2+4x\cdot3y+(3y)^2\}$$
$$=(4x)^3-(3y)^3$$
$$=\boldsymbol{64x^3-27y^3}$$

問 4　次の式を因数分解せよ。

教科書 p.7

(1)　x^3+1　　(2)　x^3-125　　(3)　$27x^3+64y^3$

ガイド

ここがポイント　[3次式の因数分解の公式]

$$\boldsymbol{a}^3+\boldsymbol{b}^3=(\boldsymbol{a}+\boldsymbol{b})(\boldsymbol{a}^2-\boldsymbol{ab}+\boldsymbol{b}^2)$$
$$\boldsymbol{a}^3-\boldsymbol{b}^3=(\boldsymbol{a}-\boldsymbol{b})(\boldsymbol{a}^2+\boldsymbol{ab}+\boldsymbol{b}^2)$$

3次の乗法公式(Ⅱ)の逆である。展開のときと同様に符号の間違いに注意する。

解答

(1)　$x^3+1=x^3+1^3$
$$=(x+1)(x^2-x\cdot1+1^2)$$
$$=\boldsymbol{(x+1)(x^2-x+1)}$$

(2) $x^3-125=x^3-5^3$

$=(x-5)(x^2+x\cdot 5+5^2)$

$=\boldsymbol{(x-5)(x^2+5x+25)}$

(3) $27x^3+64y^3=(3x)^3+(4y)^3$

$=(3x+4y)\{(3x)^2-3x\cdot 4y+(4y)^2\}$

$=\boldsymbol{(3x+4y)(9x^2-12xy+16y^2)}$

2 二項定理

☑問 5 $(a+b)^5$ を展開せよ。そして，次のパスカルの三角形における $n=5$ の段の□をうめよ。

教科書 p.8

		1		1							$n=1$
			1		2		1				$n=2$
	1		3		3		1				$n=3$
1		4		6		4		1			$n=4$
□	□	□	□	□	□						$n=5$

ガイド $(a+b)^5=(a+b)(a+b)^4$ と考える。

$(a+b)^4$ の展開式は，教科書 p.8 より，

$$(a+b)^4=a^4+4a^3b+6a^2b^2+4ab^3+b^4$$

解答 $(a+b)^5=(a+b)(a+b)^4$

$=(a+b)(a^4+4a^3b+6a^2b^2+4ab^3+b^4)$

$=a^5+4a^4b+6a^3b^2+4a^2b^3+\ ab^4$

$\quad +\ a^4b+4a^3b^2+6a^2b^3+4ab^4+b^5$

$=\boldsymbol{a^5+5a^4b+10a^3b^2+10a^2b^3+5ab^4+b^5}$

□は，順に，　**1，5，10，10，5，1**

プラスワン $(a+b)^n$ の展開式に現れる係数を上のように順に並べたものを，**パスカルの三角形**といい，次のような特徴がある。

1. 各段の両端の数はすべて1である。
2. 左右対称である。
3. 両端以外の数は，すぐ左上と右上の2つの数の和になっている。

別解 **プラスワン**の①～③に従って，$n=5$ の段の空欄をうめると，

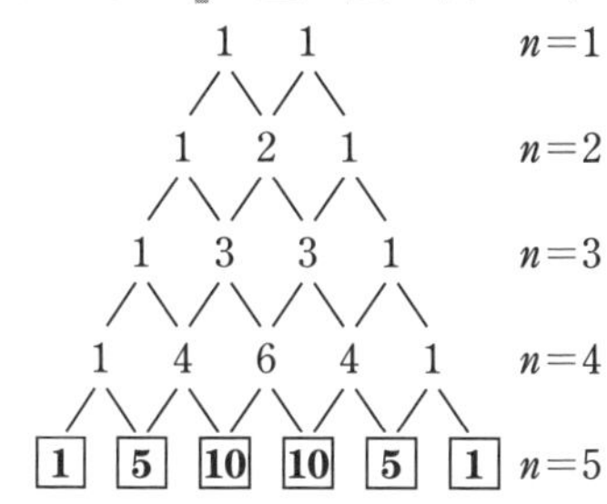

よって，$(a+b)^5=\boldsymbol{a^5+5a^4b+10a^3b^2+10a^2b^3+5ab^4+b^5}$

パスカルは17世紀の思想家で，「人間は考える葦である」という言葉でも有名だよ。

問 6　次の式を展開せよ。

教科書 p.10

(1)　$(x+2)^5$　　(2)　$(x-2y)^4$

ガイド

ここがポイント　**[二項定理]**

$$(a+b)^n={}_n\mathrm{C}_0a^n+{}_n\mathrm{C}_1a^{n-1}b+{}_n\mathrm{C}_2a^{n-2}b^2+\cdots\cdots+{}_n\mathrm{C}_ra^{n-r}b^r+\cdots\cdots+{}_n\mathrm{C}_{n-1}ab^{n-1}+{}_n\mathrm{C}_nb^n$$

(2)　$x-2y=x+(-2y)$ と考えて，$-2y$ を1つのまとまりとみて，二項定理にあてはめる。

解答 (1)　$(x+2)^5={}_5\mathrm{C}_0x^5+{}_5\mathrm{C}_1x^4\cdot2+{}_5\mathrm{C}_2x^3\cdot2^2+{}_5\mathrm{C}_3x^2\cdot2^3+{}_5\mathrm{C}_4x\cdot2^4+{}_5\mathrm{C}_5\cdot2^5$

$=\boldsymbol{x^5+10x^4+40x^3+80x^2+80x+32}$

(2)　$(x-2y)^4={}_4\mathrm{C}_0x^4+{}_4\mathrm{C}_1x^3(-2y)+{}_4\mathrm{C}_2x^2(-2y)^2+{}_4\mathrm{C}_3x(-2y)^3+{}_4\mathrm{C}_4(-2y)^4$

$=\boldsymbol{x^4-8x^3y+24x^2y^2-32xy^3+16y^4}$

問 7　次の式の展開式において，[　] 内に示した項の係数を求めよ。

教科書 p.10

(1)　$(2x+3)^6$　$[x^5]$　　(2)　$(3x-2y)^5$　$[x^2y^3]$

ガイド　二項定理から，$(a+b)^n$ の展開式における各項は，$a^0=1$，$b^0=1$ と定めると，

$${}_n\mathrm{C}_r \boldsymbol{a}^{n-r}\boldsymbol{b}^r \qquad \text{ただし，} r=0,\ 1,\ 2,\ \cdots\cdots,\ n$$

と表される。これを $(a+b)^n$ の展開式における**一般項**という。

また，その係数 ${}_n\mathrm{C}_r$ を**二項係数**という。

この問題では，まず与式の展開式の一般項を求める。

解答　(1)　$(2x+3)^6$ の展開式における一般項は，

$${}_6\mathrm{C}_r(2x)^{6-r}\cdot 3^r={}_6\mathrm{C}_r 2^{6-r}\cdot 3^r x^{6-r}$$

x^5 の項は，$6-r=5$ のとき，すなわち，　$r=1$

よって，求める係数は，

$${}_6\mathrm{C}_1 2^5\cdot 3^1=6\times 32\times 3=\mathbf{576}$$

(2)　$(3x-2y)^5$ の展開式における一般項は，

$${}_5\mathrm{C}_r(3x)^{5-r}(-2y)^r={}_5\mathrm{C}_r 3^{5-r}(-2)^r x^{5-r}y^r$$

x^2y^3 の項は，$5-r=2$ かつ $r=3$ のとき，すなわち，　$r=3$

よって，求める係数は，

$${}_5\mathrm{C}_3 3^2(-2)^3=10\times 9\times(-8)=\mathbf{-720}$$

問 8　$(x+y+z)^6$ の展開式における x^2yz^3 の係数を求めよ。

教科書 p.11

ガイド

ここがポイント

$(a+b+c)^n$ の展開式における $a^pb^qc^r$ の係数は，次のようになる。

$$\frac{\boldsymbol{n!}}{\boldsymbol{p!q!r!}} \qquad (\text{ただし，} p+q+r=n)$$

上の公式にあてはめて，$n=6$，$p=2$，$q=1$，$r=3$ を代入する。

解答　$\dfrac{6!}{2!1!3!}=\mathbf{60}$

別解 教科書 p.10 の例題 2 のように解くと次のようになる。
$(x+y+z)^6=\{(x+y)+z\}^6$ であるから，展開式で z^3 を含む項は，
$${}_6C_3(x+y)^3z^3$$
また，$(x+y)^3$ の展開式における x^2y の係数は，　${}_3C_1$
よって，x^2yz^3 の係数は，　${}_6C_3\times{}_3C_1=20\times3=\mathbf{60}$

注意 本問のようなタイプの問題については，公式の適用だけで済ますのではなく，考え方も理解しておくことが重要である。

問 9 $(1+x)^n={}_nC_0+{}_nC_1x+{}_nC_2x^2+\cdots\cdots+{}_nC_nx^n$　……①

教科書 p.11

上の等式①を利用して，次の等式を導け。
$${}_nC_0-{}_nC_1+{}_nC_2-\cdots\cdots+(-1)^n{}_nC_n=0$$

ガイド 教科書 p.11 の例 5 と同様にして，①の x に適当な数値を代入することによって等式を導く。

解答 等式①で，$x=-1$ とおくと，
$$(1-1)^n={}_nC_0+{}_nC_1(-1)+{}_nC_2(-1)^2+\cdots\cdots+{}_nC_n(-1)^n$$
よって，　${}_nC_0-{}_nC_1+{}_nC_2-\cdots\cdots+(-1)^n{}_nC_n=0$

注意 $(-1)^n=\begin{cases}-1 & (n\text{が奇数})\\ 1 & (n\text{が偶数})\end{cases}$

3　多項式の除法

問 10 次の多項式 A を多項式 B で割ったときの商と余りを求めよ。

教科書 p.13

(1) $A=x^3-x^2+x-1$,　$B=x+1$
(2) $A=x^3-2x-4$,　$B=x-2$
(3) $A=2x^3-x^2-1$,　$B=1+x+x^2$

ガイド x についての多項式 A を x についての多項式 B で割ったときの**商**を Q，**余り**を R とすると，次の関係が成り立つ。

ここがポイント [多項式の除法]
$A=BQ+R$　　$R=0$ **または**（R**の次数**）<（B**の次数**）

とくに，$R=0$ すなわち，$A=BQ$ のとき，A は B で**割り切れる**といい，B は A の**因数**であるという。このとき，Q も A の因数である。

解答 (1)

$$
\begin{array}{r}
x^2-2x+3 \\
x+1\,\big)\overline{\,x^3-x^2+x-1\,} \\
\underline{x^3+x^2} \\
-2x^2+x \\
\underline{-2x^2-2x} \\
3x-1 \\
\underline{3x+3} \\
-4
\end{array}
$$

よって，　**商**は $\boldsymbol{x^2-2x+3}$，**余り**は $\boldsymbol{-4}$

(2)

$$
\begin{array}{r}
x^2+2x+2 \\
x-2\,\big)\overline{\,x^3-2x-4\,} \\
\underline{x^3-2x^2} \\
2x^2-2x \\
\underline{2x^2-4x} \\
2x-4 \\
\underline{2x-4} \\
0
\end{array}
$$

よって，　**商**は $\boldsymbol{x^2+2x+2}$，**余り**は $\boldsymbol{0}$

(3) 多項式Bを降べきの順に整理して計算すると，

$$
\begin{array}{r}
2x-3 \\
x^2+x+1\,\big)\overline{\,2x^3-x^2-1\,} \\
\underline{2x^3+2x^2+2x} \\
-3x^2-2x-1 \\
\underline{-3x^2-3x-3} \\
x+2
\end{array}
$$

よって，　**商**は $\boldsymbol{2x-3}$，**余り**は $\boldsymbol{x+2}$

問11 $x+1$ で割ると，商が $x+2$，余りが -1 となる多項式Aを求めよ。

教科書 p.13

ガイド 商と余りについての等式 $A=BQ+R$ に $B=x+1$，$Q=x+2$，$R=-1$ を代入する。

解答 条件より，

$$
\begin{aligned}
A&=(x+1)(x+2)-1 \\
&=x^2+3x+2-1 \\
&=\boldsymbol{x^2+3x+1}
\end{aligned}
$$

問12　多項式 $2x^3+3x^2+2$ を x についての多項式 B で割ると，商が $x+1$，余りが3であるという。このとき，多項式 B を求めよ。

教科書 p.14

ガイド　与えられた条件を

$$A=BQ+R \quad (Q\text{は商，}R\text{は余り})$$

の形の式に表してみる。

解答　$2x^3+3x^2+2=B(x+1)+3$

とおけるから，

$2x^3+3x^2-1=B(x+1)$

よって，右の計算より，

$\boldsymbol{B=2x^2+x-1}$

$$\begin{array}{r}
2x^2+x-1 \\
x+1\overline{\smash{)}\,2x^3+3x^2-1} \\
\underline{2x^3+2x^2} \\
x^2 \\
\underline{x^2+x} \\
-x-1 \\
\underline{-x-1} \\
0
\end{array}$$

注意　条件を変形した式 $2x^3+3x^2-1=B(x+1)$ の形から，左辺は $x+1$ で割り切れることがわかる。右上の計算をしていて，もし余りが出てくるならば，どこかに計算ミスが入り込んでいる。

問13　$A=x^3+2x^2y-xy^2-y^3$，$B=x-y$ のとき，A，B を x についての多項式とみて，A を B で割ったときの商と余りを求めよ。

教科書 p.14

ガイド　A と B を x についての多項式とみて，多項式の除法の計算をする。

解答

$$\begin{array}{r}
x^2+\ 3xy+\ 2y^2 \\
x-y\overline{\smash{)}\,x^3+2x^2y-\ xy^2-\ y^3} \\
\underline{x^3-\ x^2y} \\
3x^2y-\ xy^2 \\
\underline{3x^2y-3xy^2} \\
2xy^2-\ y^3 \\
\underline{2xy^2-2y^3} \\
y^3
\end{array}$$

上の計算より，**商**は $\boldsymbol{x^2+3xy+2y^2}$，**余り**は $\boldsymbol{y^3}$

この問題では y を定数として扱っているよ。

4 分数式の計算

問 14 次の分数式を約分せよ。

教科書 p.15

(1) $\dfrac{8xy^2}{12x^2y}$　　(2) $\dfrac{4x^3-2x^2}{2x^2}$

(3) $\dfrac{2x^2-5x+2}{x^2+x-6}$　　(4) $\dfrac{a^3-b^3}{a^2-2ab+b^2}$

ガイド $\dfrac{3}{x}$, $\dfrac{2x-1}{x+2}$ などのように, A が多項式で, B が 1 次以上の多項式のとき, $\dfrac{A}{B}$ の形で表される式を**分数式**という。

多項式と分数式を合わせて**有理式**という。

分数式では, 分数と同じように, 分母, 分子に 0 でない同じ多項式を掛けても, 分母, 分子を共通な因数で割っても, もとの式と等しい。

$$\frac{A}{B}=\frac{AC}{BC}\quad (C\neq 0),\qquad \frac{AD}{BD}=\frac{A}{B}$$

分数式の分母と分子をその共通な因数で割ることを**約分する**という。

$\dfrac{x+1}{x-4}$ のように, 分母, 分子に共通な因数がないときは, これ以上約分できない。このような分数式を**既約分数式**(きやく)という。

解答 (1) $\dfrac{8xy^2}{12x^2y}=\dfrac{\mathbf{2y}}{\mathbf{3x}}$

(2) $\dfrac{4x^3-2x^2}{2x^2}=\dfrac{2x^2(2x-1)}{2x^2}=\mathbf{2x-1}$

(3) $\dfrac{2x^2-5x+2}{x^2+x-6}=\dfrac{(2x-1)(x-2)}{(x-2)(x+3)}=\dfrac{\mathbf{2x-1}}{\mathbf{x+3}}$

(4) $\dfrac{a^3-b^3}{a^2-2ab+b^2}=\dfrac{(a-b)(a^2+ab+b^2)}{(a-b)^2}=\dfrac{\mathbf{a^2+ab+b^2}}{\mathbf{a-b}}$

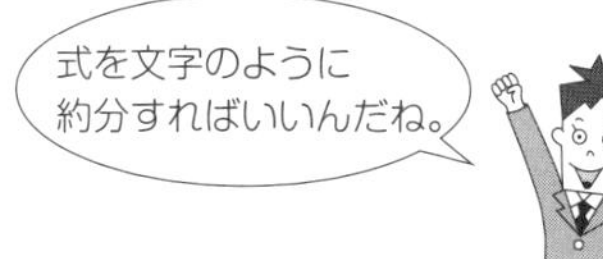

問 15　次の計算をせよ。

教科書 p.16

(1)　$\dfrac{3y^3}{2x^2}\times\dfrac{4x^3}{9y}$　　(2)　$\dfrac{a}{x}\div\dfrac{a^2}{x^2}$

(3)　$\dfrac{x+3}{x^2+x}\times\dfrac{x+1}{x^2-9}$　　(4)　$\dfrac{x^2+2x+1}{x^3-8}\div\dfrac{x+1}{x-2}$

ガイド　分数式の乗法・除法は，分数と同じように，次のように計算する。

$$\frac{A}{B}\times\frac{C}{D}=\frac{AC}{BD},\qquad \frac{A}{B}\div\frac{C}{D}=\frac{A}{B}\times\frac{D}{C}=\frac{AD}{BC}$$

解答　(1)　$\dfrac{3y^3}{2x^2}\times\dfrac{4x^3}{9y}=\dfrac{\boldsymbol{2xy^2}}{\boldsymbol{3}}$

(2)　$\dfrac{a}{x}\div\dfrac{a^2}{x^2}=\dfrac{a}{x}\times\dfrac{x^2}{a^2}=\dfrac{\boldsymbol{x}}{\boldsymbol{a}}$

(3)　$\dfrac{x+3}{x^2+x}\times\dfrac{x+1}{x^2-9}=\dfrac{x+3}{x(x+1)}\times\dfrac{x+1}{(x+3)(x-3)}$

$$=\frac{\boldsymbol{1}}{\boldsymbol{x(x-3)}}$$

(4)　$\dfrac{x^2+2x+1}{x^3-8}\div\dfrac{x+1}{x-2}=\dfrac{x^2+2x+1}{x^3-8}\times\dfrac{x-2}{x+1}$

$$=\frac{(x+1)^2}{(x-2)(x^2+2x+4)}\times\frac{x-2}{x+1}$$

$$=\frac{\boldsymbol{x+1}}{\boldsymbol{x^2+2x+4}}$$

注意　分数式の計算結果は，通常は既約分数式または多項式にしておく。

問 16　次の計算をせよ。

教科書 p.16

(1) $\dfrac{2x}{x+5}+\dfrac{4-x}{x+5}$　　(2) $\dfrac{5x+2}{x^2-1}-\dfrac{2x-1}{x^2-1}$

ガイド　分母が同じである分数式の加法・減法は，次のように計算する。

$$\frac{A}{C}+\frac{B}{C}=\frac{A+B}{C},\qquad \frac{A}{C}-\frac{B}{C}=\frac{A-B}{C}$$

加法・減法を計算した後に，約分ができるかチェックする。

解答　(1) $\dfrac{2x}{x+5}+\dfrac{4-x}{x+5}=\dfrac{2x+(4-x)}{x+5}$

$$=\boldsymbol{\frac{x+4}{x+5}}$$

(2) $\dfrac{5x+2}{x^2-1}-\dfrac{2x-1}{x^2-1}=\dfrac{(5x+2)-(2x-1)}{x^2-1}$

$$=\frac{3x+3}{x^2-1}$$

$$=\frac{3(x+1)}{(x+1)(x-1)}$$

$$=\boldsymbol{\frac{3}{x-1}}$$

注意　分数式の計算をした後に分母，分子が因数分解できるときは，因数分解して約分ができるか確かめる。

プラスワン　問 14 ～ 問 16 のガイドでは，整式を文字のように扱っている。これまでも，項がたくさんある因数分解の問題などで多項式を文字におき換えて，あたかも1つの文字であるように扱って計算していた。そのような操作に似ている。

分母の多項式が同じじゃない場合はどうしたらいいのかな？

問 17　次の計算をせよ。

教科書 p.17

(1) $\dfrac{2}{x-3}-\dfrac{1}{x+1}$　　(2) $\dfrac{2x-1}{x^2-x-2}+\dfrac{2x+1}{x^2+3x+2}$

ガイド　分母が異なる分数式の加法・減法では，各分数式の分母と分子に適当な多項式を掛けて，分母を同じ多項式にして計算する。2つ以上の分数式の分母を同じ多項式にすることを**通分する**という。

解答　(1) $\dfrac{2}{x-3}-\dfrac{1}{x+1}=\dfrac{2(x+1)}{(x-3)(x+1)}-\dfrac{x-3}{(x+1)(x-3)}$

$$=\frac{2(x+1)-(x-3)}{(x-3)(x+1)}=\boldsymbol{\frac{x+5}{(x-3)(x+1)}}$$

(2) $\dfrac{2x-1}{x^2-x-2}+\dfrac{2x+1}{x^2+3x+2}$

$$=\frac{2x-1}{(x+1)(x-2)}+\frac{2x+1}{(x+1)(x+2)}$$

$$=\frac{(2x-1)(x+2)}{(x+1)(x-2)(x+2)}+\frac{(2x+1)(x-2)}{(x+1)(x+2)(x-2)}$$

$$=\frac{(2x-1)(x+2)+(2x+1)(x-2)}{(x+1)(x+2)(x-2)}$$

$$=\frac{(2x^2+3x-2)+(2x^2-3x-2)}{(x+1)(x+2)(x-2)}$$

$$=\frac{4(x+1)(x-1)}{(x+1)(x+2)(x-2)}=\boldsymbol{\frac{4(x-1)}{(x+2)(x-2)}}$$

注意　計算した後に，約分ができるかチェックする。

問 18　次の計算をせよ。

教科書 p.17

(1) $\dfrac{4}{3+\dfrac{1}{x}}$　　(2) $\dfrac{1-\dfrac{x-1}{x-3}}{2-\dfrac{x-1}{x-3}}$

ガイド　分母や分子に分数式を含む式を**繁**(はん)**分数式**という。
この問題では，繁分数式を（分子）÷（分母）の形にする。

解答　(1) $\dfrac{4}{3+\dfrac{1}{x}}=4\div\left(3+\dfrac{1}{x}\right)=4\div\dfrac{3x+1}{x}=4\times\dfrac{x}{3x+1}=\boldsymbol{\dfrac{4x}{3x+1}}$

(2) $$\frac{1-\dfrac{x-1}{x-3}}{2-\dfrac{x-1}{x-3}}=\left(1-\frac{x-1}{x-3}\right)\div\left(2-\frac{x-1}{x-3}\right)$$

$$=\frac{(x-3)-(x-1)}{x-3}\div\frac{2(x-3)-(x-1)}{x-3}$$

$$=\frac{-2}{x-3}\div\frac{x-5}{x-3}$$

$$=-\frac{2}{x-3}\times\frac{x-3}{x-5}=-\boldsymbol{\frac{2}{x-5}}$$

プラスワン 分母と分子に，(1)では x を，(2)では $x-3$ を掛けて，次のように計算してもよい。

別解 (1) $$\frac{4}{3+\dfrac{1}{x}}=\frac{4\times x}{\left(3+\dfrac{1}{x}\right)\times x}$$

$$=\boldsymbol{\frac{4x}{3x+1}}$$

(2) $$\frac{1-\dfrac{x-1}{x-3}}{2-\dfrac{x-1}{x-3}}=\frac{\left(1-\dfrac{x-1}{x-3}\right)\times(x-3)}{\left(2-\dfrac{x-1}{x-3}\right)\times(x-3)}$$

$$=\frac{(x-3)-(x-1)}{2(x-3)-(x-1)}$$

$$=-\boldsymbol{\frac{2}{x-5}}$$

繁分数式の分母と分子の分数式の分母が2次の多項式の場合は，同様に2次の多項式を繁分数式の分母と分子に掛けよう。

節末問題　第１節　多項式の乗法・除法と分数式

1　教科書 p.18

次の式を因数分解せよ。

(1)　$8x^3-27y^3$　(2)　$81a^3+3$　(3)　$8x^3-12x^2+6x-1$

ガイド　(1), (2)は，３次式の因数分解の公式を使う。

(3)は，３次式の乗法公式(I)を利用する。

解答　(1)　$8x^3-27y^3=(2x)^3-(3y)^3$

$=(2x-3y)\{(2x)^2+2x\cdot3y+(3y)^2\}$

$=\boldsymbol{(2x-3y)(4x^2+6xy+9y^2)}$

(2)　$81a^3+3=3(27a^3+1)$

$=3\{(3a)^3+1^3\}$

$=3(3a+1)\{(3a)^2-3a\cdot1+1^2\}$

$=\boldsymbol{3(3a+1)(9a^2-3a+1)}$

(3)　$8x^3-12x^2+6x-1=(2x)^3-3(2x)^2\cdot1+3(2x)\cdot1^2-1^3$

$=\boldsymbol{(2x-1)^3}$

2　教科書 p.18

次の式を展開せよ。

(1)　$(2a+3b)^4$　(2)　$\left(4x-\frac{1}{2}\right)\left(16x^2+2x+\frac{1}{4}\right)$

ガイド　(1)　二項定理を使って式を展開する。

(2)　３次の乗法公式(II)を使って式を展開する。

解答　(1)　$(2a+3b)^4={}_4C_0(2a)^4+{}_4C_1(2a)^3(3b)+{}_4C_2(2a)^2(3b)^2$

$+{}_4C_3(2a)(3b)^3+{}_4C_4(3b)^4$

$=\boldsymbol{16a^4+96a^3b+216a^2b^2+216ab^3+81b^4}$

(2)　$\left(4x-\frac{1}{2}\right)\left(16x^2+2x+\frac{1}{4}\right)=\left(4x-\frac{1}{2}\right)\left\{(4x)^2+4x\cdot\frac{1}{2}+\left(\frac{1}{2}\right)^2\right\}$

$=(4x)^3-\left(\frac{1}{2}\right)^3$

$=\boldsymbol{64x^3-\frac{1}{8}}$

プラスワン (1)は，パスカルの三角形をかいて，${}_nC_r$ を求めてもよい。

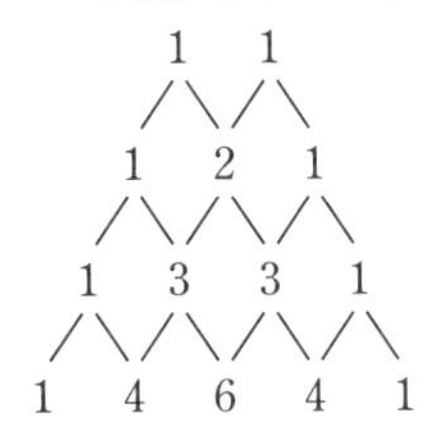

注意 ${}_nC_r$ の計算を間違わないように注意する。

3 教科書 p.18

次の式の展開式において，[ ] 内に示した項の係数を求めよ。

(1) $(2x+y)^7$ [x^3y^4]　　(2) $\left(3x-\dfrac{1}{3}\right)^{10}$ [x^3]

(3) $(x-2y+5z)^9$ [x^5y^3z]

ガイド (1)，(2)において，係数を求める手順は次のようになる。

① まず，一般項を ${}_nC_r a^{n-r}b^r$ の形で表す。

② 一般項を係数の部分と文字の部分に分ける。

③ 文字の部分の次数を比較して，r の値を求める。

④ ③で求めた r の値を係数の部分の r に代入する。

(3) $(a+b+c)^n$ の展開式における $a^pb^qc^r$ の係数が

$$\frac{n!}{p!q!r!} \quad (p+q+r=n)$$

であることを利用する。

解答 (1) $(2x+y)^7$ の展開式における一般項は，

$${}_7C_r(2x)^{7-r}y^r={}_7C_r2^{7-r}x^{7-r}y^r$$

x^3y^4 の項は，$7-r=3$ かつ $r=4$ のとき，すなわち，　$r=4$

よって，求める係数は，

$${}_7C_4 2^3=35\times8=\mathbf{280}$$

(2) $\left(3x-\dfrac{1}{3}\right)^{10}$ の展開式における一般項は，

$${}_{10}C_r(3x)^{10-r}\left(-\frac{1}{3}\right)^r={}_{10}C_r3^{10-r}\left(-\frac{1}{3}\right)^r x^{10-r}$$

x^3 の項は，$10-r=3$ のとき，すなわち，　$r=7$

よって，求める係数は，

$${}_{10}C_7 3^3\left(-\frac{1}{3}\right)^7=120\times3^3\times\left(-\frac{1}{3^7}\right)=-\mathbf{\frac{40}{27}}$$

(3)　$\dfrac{9!}{5!3!1!}x^5\cdot(-2y)^3\cdot5z=\dfrac{9\cdot8\cdot7\cdot6\cdot5!\times(-2)^3\times5}{5!3!1!}x^5y^3z$

$=-20160x^5y^3z$

より，求める係数は，**-20160**

4　教科書 p.18

二項定理を利用して，次の等式を導け。

$${}_nC_0+2{}_nC_1+2^2{}_nC_2+\cdots\cdots+2^n{}_nC_n=3^n$$

ガイド　二項定理の式の a，b に代入する数を考える。

解答　二項定理の式

$$(a+b)^n={}_nC_0a^n+{}_nC_1a^{n-1}b+{}_nC_2a^{n-2}b^2+\cdots\cdots+{}_nC_nb^n$$

で，$a=1$，$b=2$ を代入すると，

$$(1+2)^n={}_nC_01^n+{}_nC_11^{n-1}\cdot2+{}_nC_21^{n-2}\cdot2^2+\cdots\cdots+{}_nC_n2^n$$

したがって，${}_nC_0+2{}_nC_1+2^2{}_nC_2+\cdots\cdots+2^n{}_nC_n=3^n$

5　教科書 p.18

次の x についての多項式 A を B で割ったときの商と余りを求めよ。

(1)　$A=2x^3+5-3x^2$,　$B=x^2-x+3$

(2)　$A=x^3-3a^2x+a^3+1$,　$B=x+a$

ガイド　(2)　x についての多項式であるから，a は定数と考える。

解答　(1)　多項式Aの各項を降べきの順に並べて計算すると，

$$\begin{array}{r|l} & 2x-1 \\ x^2-x+3 & 2x^3-3x^2\qquad+5 \\ & \underline{2x^3-2x^2+6x} \\ & \quad -x^2-6x+5 \\ & \quad \underline{-x^2+x-3} \\ & \qquad -7x+8 \end{array}$$

よって，　**商は $2x-1$，余りは $-7x+8$**

(2)

$$\begin{array}{r|l} & x^2-ax-2a^2 \\ x+a & x^3\qquad-3a^2x+a^3+1 \\ & \underline{x^3+ax^2} \\ & -ax^2-3a^2x \\ & \underline{-ax^2-a^2x} \\ & \quad -2a^2x+a^3+1 \\ & \quad \underline{-2a^2x-2a^3} \\ & \qquad 3a^3+1 \end{array}$$

よって，　**商は $x^2-ax-2a^2$，余りは $3a^3+1$**

☐ **6**　教科書 p.18

次の条件を満たす x についての多項式 A, B を求めよ。

(1)　A を多項式 $2x+1$ で割ると，商が x^2-x-1，余りが3である。

(2)　多項式 $2x^3-3x^2+x-3$ を B で割ると，商が $x-2$，余りが $-x+5$ である。

ガイド　多項式Aを多項式Bで割ったときの商を Q，余りをRとすると，$A=BQ+R$ である。

解答　(1)　条件より，

$$\begin{aligned}\boldsymbol{A}&=(2x+1)(x^2-x-1)+3\\&=2x^3-2x^2-2x+x^2-x-1+3\\&\boldsymbol{=2x^3-x^2-3x+2}\end{aligned}$$

(2)　$$2x^3-3x^2+x-3=B(x-2)-x+5$$

とおけるから，

$$2x^3-3x^2+2x-8=B(x-2)$$

よって，下の計算より，

$$\boldsymbol{B=2x^2+x+4}$$

$$\begin{array}{r}2x^2+\ x\ +4\\ x-2\overline{)\,2x^3-3x^2+2x-8}\\ \underline{2x^3-4x^2}\\ x^2+2x\\ \underline{x^2-2x}\\ 4x-8\\ \underline{4x-8}\\ 0\end{array}$$

注意　本書の ☐問 12 と同様に，(2)の最後の除法は必ず割り切れる。余りが出たときは，どこかに計算間違いがあると考えられる。

検算以外にも答えが
正しいかチェックする方法が
あるんだね。

7 教科書 p. 18

次の計算をせよ。

(1) $\dfrac{x-3y}{x+y}\times\dfrac{x^2-xy-2y^2}{x^2-9y^2}$　　(2) $\dfrac{2x}{x^2-1}-\dfrac{1}{x+1}$

(3) $\dfrac{4}{x^2-4}-\dfrac{3}{2x^2-5x+2}$　　(4) $\dfrac{1}{1-\dfrac{1}{1-\dfrac{1}{x}}}$

ガイド (4) $\dfrac{1}{1-\dfrac{1}{x}}=1\div\left(1-\dfrac{1}{x}\right)$ と考える。

解答 (1) $\dfrac{x-3y}{x+y}\times\dfrac{x^2-xy-2y^2}{x^2-9y^2}=\dfrac{x-3y}{x+y}\times\dfrac{(x+y)(x-2y)}{(x+3y)(x-3y)}$

$$=\boldsymbol{\frac{x-2y}{x+3y}}$$

(2) $\dfrac{2x}{x^2-1}-\dfrac{1}{x+1}=\dfrac{2x}{(x+1)(x-1)}-\dfrac{1}{x+1}$

$$=\frac{2x}{(x+1)(x-1)}-\frac{x-1}{(x+1)(x-1)}$$

$$=\frac{2x-(x-1)}{(x+1)(x-1)}$$

$$=\frac{x+1}{(x+1)(x-1)}$$

$$=\boldsymbol{\frac{1}{x-1}}$$

(3) $\dfrac{4}{x^2-4}-\dfrac{3}{2x^2-5x+2}$

$$=\frac{4}{(x+2)(x-2)}-\frac{3}{(2x-1)(x-2)}$$

$$=\frac{4(2x-1)}{(x+2)(x-2)(2x-1)}-\frac{3(x+2)}{(2x-1)(x-2)(x+2)}$$

$$=\frac{4(2x-1)-3(x+2)}{(x+2)(x-2)(2x-1)}$$

$$=\frac{5(x-2)}{(x+2)(x-2)(2x-1)}$$

$$=\boldsymbol{\frac{5}{(x+2)(2x-1)}}$$

(4) $$\frac{1}{1-\dfrac{1}{1-\dfrac{1}{x}}}=\frac{1}{1-1\div\left(1-\dfrac{1}{x}\right)}=\frac{1}{1-1\div\dfrac{x-1}{x}}$$

$$=\frac{1}{1-1\times\dfrac{x}{x-1}}=\frac{1}{\dfrac{x-1}{x-1}-\dfrac{x}{x-1}}$$

$$=\frac{1}{-\dfrac{1}{x-1}}=\frac{1}{\dfrac{1}{1-x}}=\boldsymbol{1-x}$$

プラスワン (4) 分母と分子に同じ式を掛けて，次のように計算してもよい。

別解 (4) $$\frac{1}{1-\dfrac{1}{1-\dfrac{1}{x}}}=\frac{1}{1-\dfrac{1\times x}{\left(1-\dfrac{1}{x}\right)\times x}}$$

$$=\frac{1}{1-\dfrac{x}{x-1}}$$

$$=\frac{1\times(x-1)}{\left(1-\dfrac{x}{x-1}\right)\times(x-1)}$$

$$=\frac{x-1}{(x-1)-x}$$

$$=\frac{x-1}{-1}=\boldsymbol{1-x}$$

自分の解きやすい方法で解けばいいね。

第2節　式と証明

1 恒等式

問19 次の等式がxについての恒等式となるように，定数a，b，cの値を定めよ。

教科書 p.20

(1) $a(x-2)^2+b(x-2)+c=-3x^2+14x-8$

(2) $ax(x-1)+bx(x-2)+c(x-1)(x-2)=x+2$

ガイド 一般に，等式の両辺が式として等しいとき，すなわち，両辺が同じ式に変形されるとき，この等式を**恒等式**という。

恒等式の両辺がxの多項式のとき，xについて整理すれば，両辺の同じ次数の項の係数は等しくなる。たとえば，2次の多項式では，次のことが成り立つ。

[1] $ax^2+bx+c=a'x^2+b'x+c'$ がxについての恒等式

$\iff a=a',\ b=b',\ c=c'$

[2] $ax^2+bx+c=0$ がxについての恒等式

$\iff a=0,\ b=0,\ c=0$

解答 (1) 左辺をxについて整理すると，

$$ax^2+(-4a+b)x+(4a-2b+c)=-3x^2+14x-8$$

これがxについての恒等式になればよいので，係数を比較して，

$$a=-3,\quad -4a+b=14,\quad 4a-2b+c=-8$$

これを解いて，　$\boldsymbol{a=-3,\ b=2,\ c=8}$

(2) 左辺をxについて整理すると，

$$(a+b+c)x^2+(-a-2b-3c)x+2c=x+2$$

これがxについての恒等式になればよいので，係数を比較して，

$$a+b+c=0,\quad -a-2b-3c=1,\quad 2c=2$$

これを解いて，　$\boldsymbol{a=2,\ b=-3,\ c=1}$

別解 (1) 等式の両辺に，$x=0,\ 1,\ 2$ を代入すると，

$$4a-2b+c=-8,\quad a-b+c=3,\quad c=8$$

これを解いて，　$a=-3,\ b=2,\ c=8$

逆に，このとき，等式の左辺を計算すると，

$$左辺=-3(x-2)^2+2(x-2)+8=-3x^2+14x-8$$

となり，左辺と右辺が同じ式になるため，確かに恒等式になる。

よって，　$\boldsymbol{a=-3,\ b=2,\ c=8}$

(2)　等式の両辺に，$x=0,\ 1,\ 2$ を代入すると，

$2c=2,\quad -b=3,\quad 2a=4$

これを解いて，　$a=2,\ b=-3,\ c=1$

逆に，このとき，等式の左辺を計算すると，

$$\text{左辺}=2x(x-1)-3x(x-2)+(x-1)(x-2)$$
$$=x+2$$

となり，左辺と右辺が同じ式になるため，確かに恒等式になる。

よって，　$\boldsymbol{a=2,\ b=-3,\ c=1}$

注意　別解 の方法では，後半の「逆の確認」，すなわち，確かに恒等式になっていることの確認が必要である。

プラスワン　解答 の解法を**係数比較法**といい，別解 の解法を**数値代入法**という。

一般に，P，Q が x についての n 次以下の多項式であるとき，等式 $P=Q$ が $n+1$ 個の異なる x の値に対して成り立つならば，この等式は x についての恒等式となる。

テクニック　数値代入法を用いる場合は，式の形を観察して，できるだけ簡単に未知数が求まるような数値を選んで代入するとよい。

問 20　次の等式が x についての恒等式となるように，定数 a，b の値を定めよ。

教科書 p.21

$$\frac{5x-6}{(x-1)(x-2)}=\frac{a}{x-1}+\frac{b}{x-2}$$

ガイド　両辺に $(x-1)(x-2)$ を掛けて分母を払ってから，x について整理する。

解答　等式の両辺に $(x-1)(x-2)$ を掛けると，

$$5x-6=a(x-2)+b(x-1)$$

この式が x についての恒等式となればよい。

この式の右辺を x について整理すると，

$$5x-6=(a+b)x-2a-b$$

両辺の係数を比較して，

$a+b=5,\quad -2a-b=-6$

これを解いて，

$\boldsymbol{a=1,\ b=4}$

プラスワン　問 20 のように，$\dfrac{5x-6}{(x-1)(x-2)}$ を $\dfrac{1}{x-1}+\dfrac{4}{x-2}$ に変形することを**部分分数に分ける**という。

数学Bの数列で，分数式の和を求めるときに，分数式を部分分数に分けることがある。たとえば，

$$\sum_{k=1}^{n}\frac{1}{k(k+1)}=\sum_{k=1}^{n}\left(\frac{1}{k}-\frac{1}{k+1}\right)$$

$$=\left(1-\frac{1}{2}\right)+\left(\frac{1}{2}-\frac{1}{3}\right)+\left(\frac{1}{3}-\frac{1}{4}\right)+\cdots\cdots+\left(\frac{1}{n-1}-\frac{1}{n}\right)+\left(\frac{1}{n}-\frac{1}{n+1}\right)$$

$$=1-\frac{1}{n+1}$$

$$=\frac{n+1}{n+1}-\frac{1}{n+1}$$

$$=\frac{(n+1)-1}{n+1}$$

$$=\frac{n}{n+1}$$

2　等式の証明

問 21　等式 $(x+y)^3+(x-y)^3=2x^3+6xy^2$ を証明せよ。

教科書 p.22

ガイド　等式 $A=B$ を証明するには，次のような方法がある。

1. Aを変形してBを導く，または，Bを変形してAを導く。
2. A，Bをそれぞれ変形して同じ式になることを示す。
3. $A-B=0$ を示す。

この問題では，等式の左辺を変形して，右辺と同じ式になることを示す。

解答　この式の左辺を変形すると，

$$(x+y)^3+(x-y)^3=(x^3+3x^2y+3xy^2+y^3)+(x^3-3x^2y+3xy^2-y^3)=2x^3+6xy^2$$

よって，　$(x+y)^3+(x-y)^3=2x^3+6xy^2$

別解　③の方針にしたがって，(左辺)−(右辺)=0 を示す。

$$(x+y)^3+(x-y)^3-(2x^3+6xy^2)$$
$$=x^3+3x^2y+3xy^2+y^3+x^3-3x^2y+3xy^2-y^3-2x^3-6xy^2=0$$

よって，　$(x+y)^3+(x-y)^3=2x^3+6xy^2$

プラスワン　一般に，複雑な式から他方を導くように変形するのが定石である。

同じ程度の複雑さであれば，**別解**のように (左辺)−(右辺)=0 を示してもよい。

問22　次の等式を証明せよ。

教科書 p.22

(1)　$(a^2-b^2)(c^2-d^2)=(ac+bd)^2-(ad+bc)^2$

(2)　$(a^2-b^2)^2+(2ab)^2=(a^2+b^2)^2$

ガイド　等式の両辺をそれぞれ変形して，同じ式になることを示す。

解答　(1)　左辺 $=(a^2-b^2)(c^2-d^2)=a^2c^2-a^2d^2-b^2c^2+b^2d^2$

右辺 $=(ac+bd)^2-(ad+bc)^2$
$=(a^2c^2+2acbd+b^2d^2)-(a^2d^2+2adbc+b^2c^2)$
$=a^2c^2-a^2d^2-b^2c^2+b^2d^2$

よって，　$(a^2-b^2)(c^2-d^2)=(ac+bd)^2-(ad+bc)^2$

(2)　左辺 $=(a^2-b^2)^2+(2ab)^2$
$=(a^4-2a^2b^2+b^4)+4a^2b^2$
$=a^4+2a^2b^2+b^4$

右辺 $=(a^2+b^2)^2=a^4+2a^2b^2+b^4$

よって，　$(a^2-b^2)^2+(2ab)^2=(a^2+b^2)^2$

プラスワン　③の方針にしたがったときの**別解**は次のようになる。

別解　(1)　左辺−右辺 $=(a^2-b^2)(c^2-d^2)-\{(ac+bd)^2-(ad+bc)^2\}$
$=(a^2-b^2)(c^2-d^2)-(ac+bd)^2+(ad+bc)^2$

$=(a^2c^2-a^2d^2-b^2c^2+b^2d^2)-(a^2c^2+2acbd+b^2d^2)$
$\qquad +(a^2d^2+2adbc+b^2c^2)$
$=a^2c^2-a^2d^2-b^2c^2+b^2d^2-a^2c^2-2abcd-b^2d^2$
$\qquad +a^2d^2+2abcd+b^2c^2$
$=0$

よって，　$(a^2-b^2)(c^2-d^2)=(ac+bd)^2-(ad+bc)^2$

(2)　左辺－右辺$=(a^2-b^2)^2+(2ab)^2-(a^2+b^2)^2$
$=(a^4-2a^2b^2+b^4)+4a^2b^2-(a^4+2a^2b^2+b^4)=0$

よって，　$(a^2-b^2)^2+(2ab)^2=(a^2+b^2)^2$

問 23　$a+b+c=0$ のとき，次の等式が成り立つことを証明せよ。

教科書 p.23

(1)　$a^2-bc=b^2-ca$

(2)　$ab(a+b)+bc(b+c)+ca(c+a)+3abc=0$

ガイド　(1)　$a+b+c=0$ から，$c=-(a+b)$ として，c を消去する。

(2)　$a+b+c=0$ から，$a+b=-c$，$b+c=-a$，$c+a=-b$ として，これらを左辺の式に代入する。

解答　(1)　$a+b+c=0$ より，$c=-(a+b)$ であるから，

左辺$=a^2-bc=a^2-b\{-(a+b)\}=a^2+b(a+b)=a^2+ab+b^2$

右辺$=b^2-ca=b^2-\{-(a+b)\}a=b^2+(a+b)a=a^2+ab+b^2$

よって，$a+b+c=0$ のとき，　$a^2-bc=b^2-ca$

(2)　$a+b+c=0$ より，$a+b=-c$，$b+c=-a$，$c+a=-b$ であるから，

左辺$=ab(a+b)+bc(b+c)+ca(c+a)+3abc$
$=ab\times(-c)+bc\times(-a)+ca\times(-b)+3abc$
$=-abc-abc-abc+3abc$
$=0$

よって，$a+b+c=0$ のとき，

$ab(a+b)+bc(b+c)+ca(c+a)+3abc=0$

別解　(1)　左辺－右辺$=a^2-bc-(b^2-ca)=(a^2-b^2)+(a-b)c$
$=(a+b)(a-b)+(a-b)c$
$=(a-b)(a+b+c)$

$a+b+c=0$ であるから，　$(a-b)(a+b+c)=0$

よって，$a+b+c=0$ のとき，　$a^2-bc=b^2-ca$

(2) 左辺$=ab(a+b)+bc(b+c)+ca(c+a)+3abc$

$=ab(a+b)+abc+bc(b+c)+abc+ca(c+a)+abc$

$=ab(a+b+c)+bc(a+b+c)+ca(a+b+c)$

$=(a+b+c)(ab+bc+ca)$

$=0$

よって，$a+b+c=0$ のとき，

$ab(a+b)+bc(b+c)+ca(c+a)+3abc=0$

問 24 $\dfrac{a}{b}=\dfrac{c}{d}$ のとき，次の等式が成り立つことを証明せよ。

教科書 p.24

(1) $\dfrac{a}{b}=\dfrac{a+c}{b+d}$　　(2) $\dfrac{a+2b}{3a+4b}=\dfrac{c+2d}{3c+4d}$

ガイド 比 $a:b$ に対して，$\dfrac{a}{b}$ をその**比の値**という。また，$\dfrac{a}{b}=\dfrac{c}{d}$ のように，いくつかの比の値が等しいことを示す式を**比例式**という。

この問題では，条件として与えられた比の値を k とおく。

解答 $\dfrac{a}{b}=\dfrac{c}{d}=k$ とおくと，$a=bk$，$c=dk$ となる。

(1) 左辺$=\dfrac{a}{b}=k$

右辺$=\dfrac{a+c}{b+d}=\dfrac{bk+dk}{b+d}=\dfrac{k(b+d)}{b+d}=k$

よって，$\dfrac{a}{b}=\dfrac{a+c}{b+d}$

(2) 左辺$=\dfrac{a+2b}{3a+4b}=\dfrac{bk+2b}{3bk+4b}=\dfrac{b(k+2)}{b(3k+4)}=\dfrac{k+2}{3k+4}$

右辺$=\dfrac{c+2d}{3c+4d}=\dfrac{dk+2d}{3dk+4d}=\dfrac{d(k+2)}{d(3k+4)}=\dfrac{k+2}{3k+4}$

よって，$\dfrac{a+2b}{3a+4b}=\dfrac{c+2d}{3c+4d}$

問 25 $a:b:c=2:4:3$ のとき，

教科書 p.24

$$(3a+2b):4b:(b+2c)=7:8:5$$

であることを証明せよ。

ガイド $\dfrac{a}{a'}=\dfrac{b}{b'}=\dfrac{c}{c'}$ は，$a:b:c=a':b':c'$ とも表される。このとき，$a:b:c$ を a，b，c の**連比**という。

$a:b:c=2:4:3$ より，$\dfrac{a}{2}=\dfrac{b}{4}=\dfrac{c}{3}=k(k\neq0)$ とおいて考える。

解答 $a:b:c=2:4:3$ より，$\dfrac{a}{2}=\dfrac{b}{4}=\dfrac{c}{3}=k(k\neq0)$ とおくと，

$a=2k$，$b=4k$，$c=3k$ となるから，

$$3a+2b=3\cdot2k+2\cdot4k=6k+8k=14k$$
$$4b=4\cdot4k=16k$$
$$b+2c=4k+2\cdot3k=4k+6k=10k$$

よって，　$(3a+2b):4b:(b+2c)=14k:16k:10k=7:8:5$

3 不等式の証明

問 26　下の[1]，[2]，[3] を用いて，次の(1)，(2)が成り立つことを証明せよ。

教科書 p.25

(1)　$a>0,\ b>0 \Longrightarrow a+b>0,\ ab>0$

(2)　$a<0,\ b<0 \Longrightarrow a+b<0,\ ab>0$

ガイド 2つの実数 a，b の間には，$a>b$，$a=b$，$a<b$ のうち，どれか1つの関係だけが成り立つ。実数 a，b，c に対して，次のことが成り立つ。

ここがポイント

[1]　$a>b,\ b>c \Longrightarrow a>c$

[2]　$a>b \Longrightarrow a+c>b+c,\quad a-c>b-c$

[3]　$a>b,\ c>0 \Longrightarrow ac>bc,\quad \dfrac{a}{c}>\dfrac{b}{c}$

$a>b,\ c<0 \Longrightarrow ac<bc,\quad \dfrac{a}{c}<\dfrac{b}{c}$

解答 (1)　$a>0$ と[2]より，$a+b>0+b$ すなわち，$a+b>b$

よって，$b>0$ と[1]より，$a+b>0$

また，$a>0$，$b>0$ と[3]より，$a\times b>0\times b$ すなわち，$ab>0$

(2)　$a<0$ と[2]より，$a+b<0+b$ すなわち，$a+b<b$

よって，$b<0$ と[1]より，$a+b<0$

また，$a<0$，$b<0$ と[3]より，$a\times b>0\times b$ すなわち，$ab>0$

問 27 $a>b$, $c>d$ のとき，$ac+bd>ad+bc$ であることを証明せよ。

教科書 p.26

ガイド

ここがポイント **[大小の判定]**

$$\boldsymbol{a>b \iff a-b>0 \qquad a<b \iff a-b<0}$$

よって，$a>b$ を示すには，$a-b>0$ となることを示せばよい。

解答 左辺−右辺$=ac+bd-(ad+bc)$

$=c(a-b)-d(a-b)=(a-b)(c-d)$

$a>b$, $c>d$ より，$a-b>0$, $c-d>0$ であるから，

$(a-b)(c-d)>0$

したがって， $ac+bd-(ad+bc)>0$

よって， $ac+bd>ad+bc$

ここがポイントの内容は当たり前のように思えるけど重要なことだよ。

問 28 不等式 $(3a+b)^2 \geqq 12ab$ を証明せよ。また，等号が成り立つ場合を調べよ。

教科書 p.26

ガイド

ここがポイント **[実数の平方の性質]**

実数 a に対して， $\boldsymbol{a^2 \geqq 0}$

とくに， $\boldsymbol{a^2=0 \iff a=0}$

このことから，(左辺)−(右辺) を計算して，(　　$)^2$ の形に変形することができれば，不等式が証明されたことになる。

解答 左辺−右辺$=(3a+b)^2-12ab$

$=9a^2+6ab+b^2-12ab$

$=9a^2-6ab+b^2=(3a-b)^2$

$(3a-b)^2 \geqq 0$ であるから， $(3a+b)^2 \geqq 12ab$

等号が成り立つのは， $3a-b=0$, すなわち，$\boldsymbol{3a=b}$ **のときである。**

問 29　次の不等式を証明せよ。また，等号が成り立つ場合を調べよ。

教科書 p.27

(1)　$a^2+3ab+3b^2 \geqq 0$　(2)　$a^2-a+b^2+b+\frac{1}{2} \geqq 0$

ガイド

ここがポイント **[実数の平方の性質]**

実数 a，b に対して，　$\boldsymbol{a^2+b^2 \geqq 0}$

とくに，$\boldsymbol{a^2+b^2=0 \iff a=0}$ **かつ** $\boldsymbol{b=0}$

このことから，ある式 A を変形して，$p(\quad)^2+q(\quad)^2$ の形 ($p>0$, $q>0$) を作ることができれば，$A \geqq 0$ が示せたことになる。

解答　(1)　$a^2+3ab+3b^2=\left(a+\frac{3}{2}b\right)^2-\frac{9}{4}b^2+3b^2$

$$=\left(a+\frac{3}{2}b\right)^2+\frac{3}{4}b^2$$

ここで，$\left(a+\frac{3}{2}b\right)^2 \geqq 0$，$\frac{3}{4}b^2 \geqq 0$ だから，

$a^2+3ab+3b^2 \geqq 0$

等号が成り立つのは，$a+\frac{3}{2}b=0$ かつ $b=0$

すなわち，$\boldsymbol{a=0}$ **かつ** $\boldsymbol{b=0}$ **のときである。**

(2)　$a^2-a+b^2+b+\frac{1}{2}=\left(a-\frac{1}{2}\right)^2-\frac{1}{4}+\left(b+\frac{1}{2}\right)^2-\frac{1}{4}+\frac{1}{2}$

$$=\left(a-\frac{1}{2}\right)^2+\left(b+\frac{1}{2}\right)^2$$

ここで，$\left(a-\frac{1}{2}\right)^2 \geqq 0$，$\left(b+\frac{1}{2}\right)^2 \geqq 0$ だから，

$a^2-a+b^2+b+\frac{1}{2} \geqq 0$

等号が成り立つのは，$a-\frac{1}{2}=0$ かつ $b+\frac{1}{2}=0$

すなわち，$\boldsymbol{a=\frac{1}{2}}$ **かつ** $\boldsymbol{b=-\frac{1}{2}}$ **のときである。**

問 30 $a>0$ のとき，不等式 $1+\frac{a}{2}>\sqrt{1+a}$ を証明せよ。

教科書 p.28

ガイド

ここがポイント [平方の大小]

$a>0$，$b>0$ のとき，

$$a>b \iff a^2>b^2$$
$$a \geqq b \iff a^2 \geqq b^2$$

この問題では，$1+\frac{a}{2}>0$，$\sqrt{1+a}>0$ であるから，両辺の平方の差を調べる。

解答 両辺の平方の差を調べると，

$$\left(1+\frac{a}{2}\right)^2-(\sqrt{1+a})^2=1+a+\frac{a^2}{4}-(1+a)=\frac{a^2}{4}>0$$

したがって，$\left(1+\frac{a}{2}\right)^2>(\sqrt{1+a})^2$

ここで，$1+\frac{a}{2}>0$，$\sqrt{1+a}>0$ であるから，

$$1+\frac{a}{2}>\sqrt{1+a}$$

問 31 不等式 $|a|+|b| \geqq |a-b|$ を証明せよ。また，等号が成り立つ場合を調べよ。

教科書 p.29

ガイド 実数 a の絶対値 $|a|$ については，

$a \geqq 0$ のとき，$|a|=a$，　$a<0$ のとき，$|a|=-a$

であるから，次のことが成り立つ。

$$|\boldsymbol{a}| \geqq 0,\quad |\boldsymbol{a}| \geqq \boldsymbol{a},\quad |\boldsymbol{a}| \geqq -\boldsymbol{a},\quad |\boldsymbol{a}|^2=\boldsymbol{a}^2$$

また，実数 ab の絶対値 $|ab|$ については，

$$|ab|^2=(ab)^2=a^2b^2=|a|^2|b|^2=(|a||b|)^2$$

であり，$|ab| \geqq 0$，$|a||b| \geqq 0$ であるから，次の式が成り立つ。

$$|\boldsymbol{ab}|=|\boldsymbol{a}||\boldsymbol{b}|$$

この問題では，$|a|+|b| \geqq 0$，$|a-b| \geqq 0$ であるから，両辺の平方の差を調べる。

解答 両辺の平方の差を調べると，

$$(|a|+|b|)^2-|a-b|^2=|a|^2+2|a||b|+|b|^2-(a-b)^2$$
$$=a^2+2|ab|+b^2-(a^2-2ab+b^2)$$
$$=2(|ab|+ab)$$

$|ab|\geqq -ab$ であるから，

$$(|a|+|b|)^2-|a-b|^2=2(|ab|+ab)\geqq 0$$

したがって，　$(|a|+|b|)^2\geqq|a-b|^2$

ここで，$|a|+|b|\geqq 0$，$|a-b|\geqq 0$ であるから，

$$|a|+|b|\geqq|a-b|$$

等号が成り立つのは，$|ab|=-ab$，すなわち，$\boldsymbol{ab\leqq 0}$ **のとき**である。

プラスワン 教科書 p.29 の例題 13 で証明されている式，

$$\boldsymbol{|a|+|b|\geqq|a+b|}$$

も重要な不等式である。

問 32 教科書 p.31

$a>0$，$b>0$ のとき，不等式 $\dfrac{a}{b}+\dfrac{b}{a}\geqq 2$ を証明せよ。また，等号が成り立つ場合を調べよ。

ガイド 2つの数 a，b に対して，$\dfrac{a+b}{2}$ を a と b の**相加平均**といい，$a>0$，$b>0$ のとき，$\sqrt{ab}$ を a と b の**相乗平均**という。

> **ここがポイント** **[相加平均と相乗平均の関係]**
>
> $\boldsymbol{a>0}$，$\boldsymbol{b>0}$ **のとき**，　$\boldsymbol{\dfrac{a+b}{2}\geqq\sqrt{ab}}$
>
> 等号が成り立つのは，$\boldsymbol{a=b}$ のときである。

$\dfrac{a+b}{2}\geqq\sqrt{ab}$ は，$\boldsymbol{a+b\geqq 2\sqrt{ab}}$ の形で用いられることもある。

解答 $a>0$，$b>0$ より，$\dfrac{a}{b}>0$，$\dfrac{b}{a}>0$ であるから，相加平均と相乗平均の関係により，　$\dfrac{a}{b}+\dfrac{b}{a}\geqq 2\sqrt{\dfrac{a}{b}\cdot\dfrac{b}{a}}=2$

等号が成り立つのは，$\dfrac{a}{b}=\dfrac{b}{a}$，すなわち，$a^2=b^2$ のときであるから，$a>0$，$b>0$ より，$\boldsymbol{a=b}$ **のときである**。

節末問題 第2節 式と証明

1 教科書 p.32

次の等式がxについての恒等式となるように，定数a，b，cの値を定めよ。

(1) $a(x-1)(x-2)+b(x-2)(x-3)+c(x-3)(x-1)=x^2+x+2$

(2) $\dfrac{3}{x^3-1}=\dfrac{a}{x-1}-\dfrac{bx+c}{x^2+x+1}$

ガイド (1) xについての恒等式は，xにどのような値を代入しても成り立つので，$x=1$，2，3 を代入する。

解答 (1) 等式の両辺に $x=1$ を代入すると，

$2b=4$ すなわち，$b=2$

等式の両辺に $x=2$ を代入すると，

$-c=8$ すなわち，$c=-8$

等式の両辺に $x=3$ を代入すると，

$2a=14$ すなわち，$a=7$

逆に，このとき，等式の左辺を計算すると，

$$\begin{aligned}\text{左辺}&=7(x-1)(x-2)+2(x-2)(x-3)-8(x-3)(x-1)\\&=x^2+x+2\end{aligned}$$

となり，確かに恒等式になっている。

よって，$\boldsymbol{a=7}$，$\boldsymbol{b=2}$，$\boldsymbol{c=-8}$

(2) 等式の両辺に $x^3-1=(x-1)(x^2+x+1)$ を掛けると，

$3=a(x^2+x+1)-(bx+c)(x-1)$

この式がxについての恒等式となればよい。

この式の右辺をxについて整理すると，

$3=(a-b)x^2+(a+b-c)x+a+c$

両辺の係数を比較して，

$a-b=0$，$a+b-c=0$，$a+c=3$

これを解いて，$\boldsymbol{a=1}$，$\boldsymbol{b=1}$，$\boldsymbol{c=2}$

2 教科書 p.32

$a+b=1$ のとき，等式 $a^3+b^3=1-3ab$ を証明せよ。

ガイド $a+b=1$ から，$b=1-a$ として，bを消去する。

解答 $a+b=1$ より，$b=1-a$ であるから，

$$\begin{aligned}\text{左辺}&=a^3+b^3\\&=a^3+(1-a)^3\\&=a^3+(1-3a+3a^2-a^3)\\&=3a^2-3a+1\end{aligned}$$

$$\begin{aligned}\text{右辺}&=1-3ab\\&=1-3a(1-a)\\&=3a^2-3a+1\end{aligned}$$

よって，$a+b=1$ のとき，　$a^3+b^3=1-3ab$

プラスワン $a=1-b$ として，a を消去して証明することもできる。

3 教科書 p.32

$\dfrac{x}{2}=\dfrac{y}{3}=\dfrac{z}{4}$，$x+y+z=45$ のとき，x，y，z の値を求めよ。

ガイド $\dfrac{x}{2}=\dfrac{y}{3}=\dfrac{z}{4}=k$ $(k\neq 0)$ とおく。

解答 $\dfrac{x}{2}=\dfrac{y}{3}=\dfrac{z}{4}=k$ $(k\neq 0)$ とおくと，$x=2k$，$y=3k$，$z=4k$ となるから，

$$\begin{aligned}x+y+z&=2k+3k+4k\\&=9k\end{aligned}$$

これが 45 に等しいから，

$$9k=45$$

$$k=5$$

よって，　$\boldsymbol{x=10}$，$\boldsymbol{y=15}$，$\boldsymbol{z=20}$

注意 $\dfrac{x}{2}=\dfrac{y}{3}=\dfrac{z}{4}=k$ とおくときに，$k\neq 0$ と断ったのは，$k=0$ のとき，$\dfrac{x}{2}=\dfrac{y}{3}=\dfrac{z}{4}$ は成り立つが，$x+y+z=45$ は成り立たないからである。

4 教科書 p.32

a, b, x, y は正の数で，$\dfrac{x}{a}<\dfrac{y}{b}$ とするとき，次の不等式を証明せよ。

(1) $ay-bx>0$　　(2) $\dfrac{x}{a}<\dfrac{x+y}{a+b}<\dfrac{y}{b}$

ガイド (1) $\dfrac{x}{a}<\dfrac{y}{b}$ の両辺に ab (>0) を掛ける。

(2) 2つの不等式に分けて示す。

解答 (1) $\dfrac{x}{a}<\dfrac{y}{b}$ の両辺に ab を掛けると，$ab>0$ より，

$bx<ay$

よって，　$ay-bx>0$

(2) まず，$\dfrac{x}{a}<\dfrac{x+y}{a+b}$ を示す。

$$右辺-左辺=\frac{x+y}{a+b}-\frac{x}{a}=\frac{a(x+y)-x(a+b)}{a(a+b)}$$

$$=\frac{ay-bx}{a(a+b)}$$

(1)より，$ay-bx>0$，また，$a>0$，$a+b>0$ より，

右辺－左辺>0　すなわち，　$\dfrac{x}{a}<\dfrac{x+y}{a+b}$

次に，$\dfrac{x+y}{a+b}<\dfrac{y}{b}$ を示す。

$$右辺-左辺=\frac{y}{b}-\frac{x+y}{a+b}=\frac{y(a+b)-b(x+y)}{b(a+b)}$$

$$=\frac{ay-bx}{b(a+b)}$$

(1)より，$ay-bx>0$，また，$b>0$，$a+b>0$ より，

右辺－左辺>0　すなわち，　$\dfrac{x+y}{a+b}<\dfrac{y}{b}$

よって，　$\dfrac{x}{a}<\dfrac{x+y}{a+b}<\dfrac{y}{b}$

5　教科書 p.32

不等式 $(ax+by)^2 \leqq (a^2+b^2)(x^2+y^2)$ を証明せよ。また，等号が成り立つ場合を調べよ。

ガイド　右辺－左辺$=(○-△)^2 \geqq 0$ となることを示す。等号が成り立つのは ○－△$=0$ のときである。

解答　右辺－左辺$=(a^2+b^2)(x^2+y^2)-(ax+by)^2$

$$=a^2x^2+a^2y^2+b^2x^2+b^2y^2-(a^2x^2+2abxy+b^2y^2)$$
$$=b^2x^2-2abxy+a^2y^2$$
$$=(bx-ay)^2 \geqq 0$$

よって，　$(ax+by)^2 \leqq (a^2+b^2)(x^2+y^2)$

等号が成り立つのは，$bx-ay=0$，すなわち，$\boldsymbol{bx=ay}$ **のとき**である。

6　教科書 p.32

次の不等式を証明せよ。また，等号が成り立つ場合を調べよ。

(1)　$a>0$，$b>0$ のとき，$\sqrt{a}+\sqrt{b} \leqq \sqrt{2(a+b)}$

(2)　$|2a+b| \leqq 2|a|+|b|$

ガイド　左辺>0，右辺>0 であるから，両辺の平方の差を調べる。

解答　(1)　両辺の平方の差を調べると，

$$\{\sqrt{2(a+b)}\}^2-(\sqrt{a}+\sqrt{b})^2=2(a+b)-(a+2\sqrt{ab}+b)$$
$$=a-2\sqrt{ab}+b$$
$$=(\sqrt{a}-\sqrt{b})^2 \geqq 0$$

したがって，　$(\sqrt{a}+\sqrt{b})^2 \leqq \{\sqrt{2(a+b)}\}^2$

ここで，　$\sqrt{a}+\sqrt{b}>0$，$\sqrt{2(a+b)}>0$ であるから，

$\sqrt{a}+\sqrt{b} \leqq \sqrt{2(a+b)}$

等号が成り立つのは，$\sqrt{a}-\sqrt{b}=0$，すなわち，$\boldsymbol{a=b}$ **のとき**である。

$a=b$ のときに実際に等号が成り立つかチェックしてみよう。

(2) 両辺の平方の差を調べると,

$$(2|a|+|b|)^2-|2a+b|^2=4|a|^2+4|a||b|+|b|^2-(2a+b)^2$$
$$=4a^2+4|ab|+b^2-(4a^2+4ab+b^2)$$
$$=4(|ab|-ab)$$

$|ab| \geqq ab$ であるから,

$$(2|a|+|b|)^2-|2a+b|^2=4(|ab|-ab) \geqq 0$$

したがって, $|2a+b|^2 \leqq (2|a|+|b|)^2$

ここで, $|2a+b| \geqq 0$, $2|a|+|b| \geqq 0$ であるから,

$$|2a+b| \leqq 2|a|+|b|$$

等号が成り立つのは, $|ab|=ab$, すなわち, $\boldsymbol{ab \geqq 0}$ **のとき**である。

☐ **7** 教科書 p.32

$x>0$ のとき, 不等式 $\dfrac{x^2+3}{x} \geqq 2\sqrt{3}$ を証明せよ。また, 等号が成り立つ場合を調べよ。

ガイド 左辺を変形して, 相加平均と相乗平均の関係を使う。

解答 $\dfrac{x^2+3}{x}=\dfrac{x^2}{x}+\dfrac{3}{x}=x+\dfrac{3}{x}$

$x>0$, $\dfrac{3}{x}>0$ であるから, 相加平均と相乗平均の関係により,

$$x+\frac{3}{x} \geqq 2\sqrt{x \cdot \frac{3}{x}}=2\sqrt{3}$$

よって, $\dfrac{x^2+3}{x} \geqq 2\sqrt{3}$

等号が成り立つのは, $x=\dfrac{3}{x}$, すなわち, $x^2=3$ のときであるから,

$x>0$ より, $\boldsymbol{x=\sqrt{3}}$ **のとき**である。

第3節　高次方程式

1　複素数

問33　次の複素数の実部と虚部を答えよ。

教科書 p.34

(1)　$\sqrt{2}+3i$　　(2)　$3-2i$　　(3)　$6i$　　(4)　-1

ガイド　2乗して -1 となる数を記号 i で表し，これを**虚数単位**(きょすう)という。
すなわち，$i^2=-1$ とする。
また，2つの実数 a, b を用いて，$a+bi$ の形で表される数を**複素数**といい，a を**実部**，b を**虚部**という。実数 a は，$a+0i$ の形の複素数，bi の形の数は，$0+bi$ の形の複素数である。

解答
(1)　**実部 $\sqrt{2}$，虚部 3**
(2)　$3-2i=3+(-2)i$　　**実部 3，　虚部 -2**
(3)　$6i=0+6i$　　**実部 0，　虚部 6**
(4)　$-1=-1+0i$　　**実部 -1，虚部 0**

注意　複素数 $a+bi$ について，$b\neq0$ のときは，実数でない数を表し，これを**虚数**という。とくに，bi $(a=0,\ b\neq0)$ の形の虚数を**純虚数**という。
なお，虚数については，大小関係や正負は考えない。

問34　次の等式を満たす実数 a, b の値を求めよ。

教科書 p.34

(1)　$(a+4)+(2b-1)i=5-7i$　　(2)　$(a+2b-5)+(a-b+7)i=0$

ガイド

ここがポイント　[複素数の相等]
a, b, c, d が実数のとき，
$$a+bi=c+di \iff a=c \text{ かつ } b=d$$
とくに，
$$a+bi=0 \iff a=0 \text{ かつ } b=0$$

解答
(1)　a, b が実数のとき，$a+4$, $2b-1$ も実数であるから，
$a+4=5$　かつ　$2b-1=-7$
これを解いて，　$\boldsymbol{a=1,\ b=-3}$

(2)　a, b が実数のとき，$a+2b-5$, $a-b+7$ も実数であるから，
$a+2b-5=0$　かつ　$a-b+7=0$
これを解いて，　$\boldsymbol{a=-3,\ b=4}$

☑問 35 次の計算をせよ。

教科書 p.35

(1) $(2+3i)+(-8+2i)$　　(2) $(4-3i)-(1-5i)$

(3) $(3+i)^2$　　(4) $(4+3i)(2-3i)$

ガイド 複素数の四則計算では，i を文字のように扱い，i^2 が出てきたら，i^2 を -1 でおき換えて計算し，$a+bi$ の形にする。

解答
(1) $(2+3i)+(-8+2i)=(2-8)+(3+2)i=\mathbf{-6+5i}$

(2) $(4-3i)-(1-5i)=(4-1)+(-3+5)i=\mathbf{3+2i}$

(3) $(3+i)^2=9+6i+i^2=9+6i-1=\mathbf{8+6i}$

(4) $(4+3i)(2-3i)=8+(-12+6)i-9i^2=8-6i+9=\mathbf{17-6i}$

☑問 36 次の複素数と共役な複素数を答えよ。

教科書 p.35

(1) $1+3i$　　(2) $-3-2i$　　(3) $-8i$　　(4) -5

ガイド 複素数 $\alpha=a+bi$ に対して，虚部の符号を変えた数 $a-bi$ を α と**共役な複素数**（きょうやく）といい，$\overline{\alpha}$ で表す。実数 a と共役な複素数は a 自身である。(3)は $0-8i$ として考える。

解答 (1) $\mathbf{1-3i}$　　(2) $\mathbf{-3+2i}$　　(3) $\mathbf{8i}$　　(4) $\mathbf{-5}$

☑問 37 次の計算をせよ。

教科書 p.35

(1) $\dfrac{2}{1+i}$　　(2) $\dfrac{5i}{3+4i}$　　(3) $\dfrac{3+2i}{2-i}$

ガイド 互いに共役な複素数 $\alpha=a+bi$ と $\overline{\alpha}=a-bi$ の和と積は，

$$\alpha+\overline{\alpha}=(a+bi)+(a-bi)$$
$$=2a$$
$$\alpha\overline{\alpha}=(a+bi)(a-bi)=a^2-b^2i^2$$
$$=a^2+b^2$$

であるから，ともに実数である。

複素数の除法は，分母と共役な複素数を分母と分子に掛け，分母を実数にして計算する。

解答 (1) $\dfrac{2}{1+i}=\dfrac{2(1-i)}{(1+i)(1-i)}=\dfrac{2(1-i)}{1-i^2}$

$=\dfrac{2(1-i)}{2}=\boldsymbol{1-i}$

(2) $\dfrac{5i}{3+4i}=\dfrac{5i(3-4i)}{(3+4i)(3-4i)}=\dfrac{15i-20i^2}{9-16i^2}$

$=\dfrac{20+15i}{25}=\boldsymbol{\dfrac{4}{5}+\dfrac{3}{5}i}$

(3) $\dfrac{3+2i}{2-i}=\dfrac{(3+2i)(2+i)}{(2-i)(2+i)}=\dfrac{6+7i+2i^2}{4-i^2}$

$=\dfrac{4+7i}{5}=\boldsymbol{\dfrac{4}{5}+\dfrac{7}{5}i}$

問 38 α，β を複素数とする。

教科書 p.36

[1] $\overline{\alpha+\beta}=\overline{\alpha}+\overline{\beta}$　　[2] $\overline{\alpha\beta}=\overline{\alpha}\,\overline{\beta}$

上の[1]，[2]が成り立つことを確かめよ。

ガイド $\alpha=a+bi$，$\beta=c+di$ とおく。[1]，[2]とも，左辺と右辺をそれぞれ計算して，等式が成り立つことを導く。

解答 $\alpha=a+bi$，$\beta=c+di$ (a，b，c，d は実数) とおく。

[1] $\overline{\alpha+\beta}=\overline{(a+bi)+(c+di)}$

$=\overline{(a+c)+(b+d)i}$

$=(a+c)-(b+d)i$

$\overline{\alpha}+\overline{\beta}=(\overline{a+bi})+(\overline{c+di})$

$=(a-bi)+(c-di)$

$=(a+c)-(b+d)i$

よって，$\overline{\alpha+\beta}=\overline{\alpha}+\overline{\beta}$ が成り立つ。

[2] $\overline{\alpha\beta}=\overline{(a+bi)(c+di)}$

$=\overline{(ac-bd)+(ad+bc)i}$

$=(ac-bd)-(ad+bc)i$

$\overline{\alpha}\,\overline{\beta}=(\overline{a+bi})\times(\overline{c+di})$

$=(a-bi)(c-di)$

$=(ac-bd)-(ad+bc)i$

よって，$\overline{\alpha\beta}=\overline{\alpha}\,\overline{\beta}$ が成り立つ。

プラスワン 複素数の四則計算は，一般に次のように行われる。

加法 $(a+bi)+(c+di)=(a+c)+(b+d)i$

減法 $(a+bi)-(c+di)=(a-c)+(b-d)i$

乗法 $(a+bi)(c+di)=(ac-bd)+(ad+bc)i$

除法 $\dfrac{a+bi}{c+di}=\dfrac{ac+bd}{c^2+d^2}+\dfrac{bc-ad}{c^2+d^2}i$ （ただし，$c+di\neq 0$）

よって，2つの複素数の和，差，積，商も，また複素数である。
実数のときと同様に，複素数 α，β についても，次のことが成り立つ。

$\alpha\beta=0 \iff \alpha=0$ または $\beta=0$

問 39 次の方程式を解け。

教科書 p.37

(1) $4x^2=-3$　　(2) $(x+1)^2+8=0$

ガイド

ここがポイント

[負の数の平方根]

$a>0$ のとき，$-a$ の平方根は $\pm\sqrt{-a}$ すなわち，$\pm\sqrt{a}\,i$

[方程式 $x^2=a$ の解]

実数 a の符号にかかわらず，

方程式 $x^2=a$ の解は，$x=\pm\sqrt{a}$

解答 (1) $4x^2=-3$ より，$x^2=-\dfrac{3}{4}$ であるから，

$$x=\pm\sqrt{-\frac{3}{4}}=\pm\sqrt{\frac{3}{4}}i=\pm\frac{\sqrt{3}}{2}i$$

(2) $(x+1)^2+8=0$ より，$(x+1)^2=-8$ であるから，

$x+1=\pm\sqrt{-8}$ より，　$x+1=\pm\sqrt{8}\,i$

すなわち，　$x=-1\pm2\sqrt{2}\,i$

問 40 次の計算をせよ。

教科書 p.37

(1) $\sqrt{-4}+\sqrt{-25}$　　(2) $\sqrt{-6}\sqrt{-3}$　　(3) $\dfrac{4}{\sqrt{-3}}$

ガイド　$a>0$ のとき，$\sqrt{-a}$ を含む計算は，まず $\sqrt{-a}$ を $\sqrt{a}\,i$ におき換えてから計算する。

解答　(1)　$\sqrt{-4}+\sqrt{-25}=\sqrt{4}\,i+\sqrt{25}\,i=2i+5i=\boldsymbol{7i}$

(2)　$\sqrt{-6}\sqrt{-3}=\sqrt{6}\,i\sqrt{3}\,i=3\sqrt{2}\,i^2=\boldsymbol{-3\sqrt{2}}$

(3)　$\dfrac{4}{\sqrt{-3}}=\dfrac{4}{\sqrt{3}\,i}=\dfrac{4i}{\sqrt{3}\,i^2}=-\dfrac{4i}{\sqrt{3}}=\boldsymbol{-\dfrac{4\sqrt{3}}{3}i}$

注意　教科書 p.37 の例 21 からわかるように，$a<0$，$b<0$ のとき，$\sqrt{a}\sqrt{b}=\sqrt{ab}$ は成り立たない。

また，$a>0$，$b<0$ のとき，$\dfrac{\sqrt{a}}{\sqrt{b}}=\sqrt{\dfrac{a}{b}}$ は成り立たない。

2　2次方程式の解と判別式

問41　次の2次方程式を解け。

教科書 p.38

(1)　$x^2-3x+6=0$　　(2)　$5x^2+2x+3=0$

ガイド

ここがポイント　[2次方程式の解の公式]

2次方程式 $ax^2+bx+c=0$ の解は，

$$x=\frac{-b\pm\sqrt{b^2-4ac}}{2a}$$

本問は，$b^2-4ac<0$，すなわち，解が虚数となる場合である。

解答　(1)　$x=\dfrac{-(-3)\pm\sqrt{(-3)^2-4\cdot1\cdot6}}{2\cdot1}=\dfrac{3\pm\sqrt{-15}}{2}$

$=\boldsymbol{\dfrac{3\pm\sqrt{15}\,i}{2}}$

(2)　$x=\dfrac{-2\pm\sqrt{2^2-4\cdot5\cdot3}}{2\cdot5}=\dfrac{-2\pm\sqrt{-56}}{10}$

$=\dfrac{-2\pm2\sqrt{14}\,i}{10}=\boldsymbol{\dfrac{-1\pm\sqrt{14}\,i}{5}}$

プラスワン　2次方程式 $ax^2+2b'x+c=0$ の解は，　$x=\dfrac{-b'\pm\sqrt{b'^2-ac}}{a}$

別解　(2)　$x=\dfrac{-1\pm\sqrt{1^2-5\cdot3}}{5}=\dfrac{-1\pm\sqrt{-14}}{5}=\boldsymbol{\dfrac{-1\pm\sqrt{14}\,i}{5}}$

問 42 次の2次方程式の解の種類を判別せよ。

教科書 p.40

(1) $x^2+x-4=0$　　(2) $4x^2-4x+1=0$　　(3) $2x^2-x+5=0$

ガイド 2次方程式の解のうち，実数であるものを**実数解**，虚数であるものを**虚数解**という。

2次方程式 $ax^2+bx+c=0$ の解

$$x=\frac{-b\pm\sqrt{b^2-4ac}}{2a}$$

が実数解であるか虚数解であるかは，判別式 $D=b^2-4ac$ の符号によって決まる。

ここがポイント [2次方程式の解の種類の判別]

2次方程式 $ax^2+bx+c=0$ の判別式 $D=b^2-4ac$ について，

$D>0 \iff$ **異なる2つの実数解をもつ**

$D=0 \iff$ **重解をもつ**

$D<0 \iff$ **異なる2つの虚数解をもつ**

重解も実数解であるから，次のことがいえる。

$D\geqq 0 \iff$ **実数解をもつ**

2次方程式 $ax^2+2b'x+c=0$ の判別式は，$D=4(b'^2-ac)$ であるから，解の判別に，$\frac{D}{4}=b'^2-ac$ を用いてもよい。

解答 それぞれの2次方程式の判別式をDとする。

(1) $D=1^2-4\cdot1\cdot(-4)=17>0$ より，**異なる2つの実数解をもつ**。

(2) $\frac{D}{4}=(-2)^2-4\cdot1=0$ より，**重解をもつ**。

(3) $D=(-1)^2-4\cdot2\cdot5=-39<0$ より，**異なる2つの虚数解をもつ**。

Dを計算するか，$\frac{D}{4}$を計算するか，xの係数によって判断しよう。

注意 2次方程式が異なる2つの虚数解をもつとき，その2つの虚数解は互いに共役な複素数である。

問43　k を実数の定数とするとき，次の2次方程式の解の種類を判別せよ。

教科書 p.40

$$x^2+kx+k+8=0$$

ガイド　2次方程式 $x^2+kx+k+8=0$ の判別式が正，0，負となるような k の値の範囲を求める。

解答　この2次方程式の判別式を D とすると，

$$D=k^2-4(k+8)=k^2-4k-32=(k+4)(k-8)$$

よって，この2次方程式の解は次のようになる。

$D>0$，すなわち，$\boldsymbol{k<-4,\ 8<k}$ **のとき，異なる2つの実数解**

$D=0$，すなわち，$\boldsymbol{k=-4,\ 8}$ **のとき，重解**

$D<0$，すなわち，$\boldsymbol{-4<k<8}$ **のとき，異なる2つの虚数解**

3　2次方程式の解と係数の関係

問44　次の2次方程式の2つの解を α，β とするとき，$\alpha+\beta$，$\alpha\beta$ を求めよ。

教科書 p.41

(1)　$x^2-3x+8=0$　　(2)　$6x^2-4x-3=0$

(3)　$4x^2+5x=0$　　(4)　$5x^2+4=0$

ガイド　2次方程式の2つの解の和と積は，方程式の係数の簡単な式で表される。これを2次方程式の**解と係数の関係**という。

ここがポイント **[2次方程式の解と係数の関係]**

2次方程式 $ax^2+bx+c=0$ の2つの解を α，β とすると，

$$\alpha+\beta=-\frac{b}{a},\quad \alpha\beta=\frac{c}{a}$$

解答　(1)　$\alpha+\beta=-\frac{-3}{1}=\boldsymbol{3}$，　$\alpha\beta=\frac{8}{1}=\boldsymbol{8}$

(2)　$\alpha+\beta=-\frac{-4}{6}=\boldsymbol{\frac{2}{3}}$，　$\alpha\beta=\frac{-3}{6}=\boldsymbol{-\frac{1}{2}}$

(3)　$\alpha+\beta=\boldsymbol{-\frac{5}{4}}$，　$\alpha\beta=\frac{0}{4}=\boldsymbol{0}$

(4)　$\alpha+\beta=-\frac{0}{5}=\boldsymbol{0}$，　$\alpha\beta=\boldsymbol{\frac{4}{5}}$

問 45 2次方程式 $x^2-3x+5=0$ の2つの解を α, β とするとき，次の式の値を求めよ。

教科書 p.42

(1) $(\alpha+1)(\beta+1)$　(2) $(\alpha-\beta)^2$　(3) $\alpha^3+\beta^3$

ガイド まず，$\alpha+\beta$，$\alpha\beta$ の値を求め，指定された式をこれらの2つの式で表す。

解答 解と係数の関係から，　$\alpha+\beta=3$，　$\alpha\beta=5$

(1) $(\alpha+1)(\beta+1)=\alpha\beta+(\alpha+\beta)+1$
$=5+3+1=\mathbf{9}$

(2) $(\alpha-\beta)^2=\alpha^2+\beta^2-2\alpha\beta=(\alpha+\beta)^2-4\alpha\beta$
$=3^2-4\cdot5=\mathbf{-11}$

(3) $\alpha^3+\beta^3=(\alpha+\beta)^3-3\alpha\beta(\alpha+\beta)$
$=3^3-3\cdot5\cdot3=\mathbf{-18}$

注意 $(\alpha+\beta)^3=\alpha^3+3\alpha^2\beta+3\alpha\beta^2+\beta^3=\alpha^3+\beta^3+3\alpha\beta(\alpha+\beta)$ より，

$$\alpha^3+\beta^3=(\alpha+\beta)^3-3\alpha\beta(\alpha+\beta)$$

同様にして，$(\alpha-\beta)^3=\alpha^3-\beta^3-3\alpha\beta(\alpha-\beta)$ より，

$$\alpha^3-\beta^3=(\alpha-\beta)^3+3\alpha\beta(\alpha-\beta)$$

問 46 2次方程式 $x^2-kx+k+2=0$ の1つの解が，他の解より2だけ大きくなるような定数 k の値とそのときの解を求めよ。

教科書 p.42

ガイド 1つの解が他の解より2だけ大きいので，2つの解は，α，$\alpha+2$ とおける。解と係数の関係から α と k の関係式を導き，それを解く。

解答 2つの解を α，$\alpha+2$ とすると，解と係数の関係から，

$\alpha+(\alpha+2)=k$　……①

$\alpha(\alpha+2)=k+2$　……②

①より，　$k=2\alpha+2$

これを②に代入して，

$\alpha^2+2\alpha=(2\alpha+2)+2$

$\alpha^2=4$

したがって，　$\alpha=\pm2$

$\alpha=2$ のとき $k=6$，$\alpha=-2$ のとき $k=-2$

よって，　**$k=6$ のとき，解は，$x=2$，4**

$k=-2$ のとき，解は，$x=-2$，0

プラスワン　$k=6$ のとき，もとの２次方程式は，　$x^2-6x+8=0$

$(x-2)(x-4)=0$ より，　解は，$x=2$，4

$k=-2$ のとき，もとの２次方程式は，　$x^2+2x=0$

$x(x+2)=0$ より，　解は，$x=-2$，0

他の解き方として，２つの解を α，$\alpha-2$ とおいてもよい。

別解　２つの解を α，$\alpha-2$ とすると，解と係数の関係から，

$\alpha+(\alpha-2)=k$　……①

$\alpha(\alpha-2)=k+2$　……②

①より，　$k=2\alpha-2$

これを②に代入して，

$\alpha^2-2\alpha=(2\alpha-2)+2$

$\alpha^2-4\alpha=0$

$\alpha(\alpha-4)=0$

したがって，　$\alpha=0$，4

$\alpha=0$ のとき $k=-2$，　$\alpha=4$ のとき $k=6$

よって，　**$k=6$ のとき，解は，$x=2$，4**

$k=-2$ のとき，解は，$x=-2$，0

問 47　次の２次式を複素数の範囲で因数分解せよ。

教科書 p.43

(1)　x^2-4x+1　　(2)　$3x^2+10x+9$　　(3)　x^2+4

ガイド

ここがポイント　**[２次方程式の解と因数分解]**

２次方程式 $ax^2+bx+c=0$ の２つの解を α，β とすると，

$$ax^2+bx+c=a(x-\alpha)(x-\beta)$$

この問題では，与式$=0$ とした２次方程式の解を求めて因数分解する。

解答　(1)　２次方程式 $x^2-4x+1=0$ の解は，$x=2\pm\sqrt{3}$ であるから，

$$x^2-4x+1=\{x-(2+\sqrt{3})\}\{x-(2-\sqrt{3})\}$$

$$=\boldsymbol{(x-2-\sqrt{3})(x-2+\sqrt{3})}$$

(2)　２次方程式 $3x^2+10x+9=0$ の解は，$x=\dfrac{-5\pm\sqrt{2}i}{3}$ であるから，

$$3x^2+10x+9=3\left(x-\frac{-5+\sqrt{2}\,i}{3}\right)\left(x-\frac{-5-\sqrt{2}\,i}{3}\right)$$
$$=\boldsymbol{3\left(x+\frac{5-\sqrt{2}\,i}{3}\right)\left(x+\frac{5+\sqrt{2}\,i}{3}\right)}$$

(3) 2次方程式 $x^2+4=0$ の解は，$x=\pm 2i$ であるから，

$$x^2+4=(x-2i)\{x-(-2i)\}=\boldsymbol{(x-2i)(x+2i)}$$

問48 4次式 x^4+7x^2-18 を，次の範囲で因数分解せよ。

教科書 p.44

(1) 有理数の範囲　(2) 実数の範囲　(3) 複素数の範囲

ガイド 因数分解するとき，数の範囲を有理数，実数，複素数のうち，どこまで考えるかにより，その結果が異なる場合がある。

解答 (1) $\boldsymbol{(x^2+9)(x^2-2)}$

(2) $\boldsymbol{(x^2+9)(x+\sqrt{2})(x-\sqrt{2})}$

(3) $\boldsymbol{(x+3i)(x-3i)(x+\sqrt{2})(x-\sqrt{2})}$

問49 次の2つの数を解とする2次方程式を1つ作れ。

教科書 p.44

(1) 1，-3　(2) $2+\sqrt{3}$，$2-\sqrt{3}$　(3) $3+i$，$3-i$

ガイド

ここがポイント [α，β を解とする2次方程式]

2つの数 α，β を解とする2次方程式の1つは，

$$\boldsymbol{x^2-(\alpha+\beta)x+\alpha\beta=0}$$

解答 (1) 和は，　$1+(-3)=-2$

積は，　$1\times(-3)=-3$

よって，求める2次方程式の1つは，　$\boldsymbol{x^2+2x-3=0}$

(2) 和は，　$(2+\sqrt{3})+(2-\sqrt{3})=4$

積は，　$(2+\sqrt{3})(2-\sqrt{3})=4-3=1$

よって，求める2次方程式の1つは，

$\boldsymbol{x^2-4x+1=0}$

(3) 和は，　$(3+i)+(3-i)=6$

積は，　$(3+i)(3-i)=9+1=10$

よって，求める2次方程式の1つは，

$\boldsymbol{x^2-6x+10=0}$

2つの数の和と積を求めて
x^2-(和)$x+$(積)$=0$
とすればいいんだね。

問 50　2次方程式 $x^2+x+3=0$ の2つの解を α, β とするとき, $\alpha-1$, $\beta-1$ を解とする2次方程式を1つ作れ。

教科書 p.45

ガイド　解と係数の関係から $\alpha+\beta$, $\alpha\beta$ を求め, これらを使って $\alpha-1$ と $\beta-1$ の和と積を求める。その結果から, 2次方程式を作る。

解答　解と係数の関係より,　$\alpha+\beta=-1$, $\alpha\beta=3$

したがって, $\alpha-1$ と $\beta-1$ の和と積は,

$$(\alpha-1)+(\beta-1)=(\alpha+\beta)-2=-1-2=-3$$

$$\begin{aligned}(\alpha-1)(\beta-1)&=\alpha\beta-\alpha-\beta+1\\&=\alpha\beta-(\alpha+\beta)+1\\&=3-(-1)+1\\&=5\end{aligned}$$

よって, 求める2次方程式の1つは,　$\boldsymbol{x^2+3x+5=0}$

4　剰余の定理と因数定理

問 51　多項式 $P(x)=2x^3+3x^2-4x-4$ を, 次の式で割ったときの余りを求めよ。

教科書 p.46

(1)　$x-1$　　(2)　$x-2$　　(3)　$x+2$

ガイド

ここがポイント　**[剰余(じょうよ)の定理]**

多項式 $P(x)$ を1次式 $x-\alpha$ で割ったときの余りは, $P(\alpha)$

解答　(1)　余りは,　$P(1)=2\cdot1^3+3\cdot1^2-4\cdot1-4=\boldsymbol{-3}$

(2)　余りは,　$P(2)=2\cdot2^3+3\cdot2^2-4\cdot2-4=\boldsymbol{16}$

(3)　余りは,　$P(-2)=2\cdot(-2)^3+3\cdot(-2)^2-4\cdot(-2)-4=\boldsymbol{0}$

問 52　多項式 $P(x)=8x^3+2x^2+1$ を $4x+3$ で割ったときの余りを求めよ。

教科書 p.47

ガイド　**多項式 $P(x)$ を1次式 $ax+b$ で割ったときの余りは,** $P\left(-\dfrac{b}{a}\right)$ である。

解答　余りは,　$P\left(-\dfrac{3}{4}\right)=8\cdot\left(-\dfrac{3}{4}\right)^3+2\cdot\left(-\dfrac{3}{4}\right)^2+1=\boldsymbol{-\dfrac{5}{4}}$

☑問 53 多項式 $P(x)$ を $x-1$ で割ると7余り，$x+3$ で割ると -9 余る。$P(x)$ を $(x-1)(x+3)$ で割ったときの余りを求めよ。

教科書 p.47

ガイド 多項式を2次式で割ったときの余りは，1次式か定数であるから，$ax+b$ とおける。$a=0$ のときは定数になる。

解答 $P(x)$ を $(x-1)(x+3)$ で割ったときの商を $Q(x)$，余りを $ax+b$ とすると，

$$P(x)=(x-1)(x+3)Q(x)+ax+b$$

また，$x-1$ で割ったときの余りが7であるから，$P(1)=7$

$x+3$ で割ったときの余りが -9 であるから，$P(-3)=-9$

したがって，$a+b=7$，$-3a+b=-9$

これを解いて，　$a=4$，$b=3$

よって，求める余りは，　$\boldsymbol{4x+3}$

☑問 54 $x-1$，$x-2$，$x+1$，$x+2$ のうち，x^3-4x^2+x+6 の因数であるのはどれか。

教科書 p.48

ガイド

ここがポイント [因数定理]

多項式 $P(x)$ が1次式 $x-\alpha$ を因数にもつ $\iff$ $P(\alpha)=0$

解答 $P(x)=x^3-4x^2+x+6$ とおく。

$P(1)=1^3-4\cdot1^2+1+6=4$

$P(2)=2^3-4\cdot2^2+2+6=0$

$P(-1)=(-1)^3-4\cdot(-1)^2+(-1)+6=0$

$P(-2)=(-2)^3-4\cdot(-2)^2+(-2)+6=-20$

剰余の定理で余りが0となるときが因数定理の場合だね。

となるから，x^3-4x^2+x+6 の因数であるのは，

$\boldsymbol{x-2}$，$\boldsymbol{x+1}$

⚠注意 因数定理は，次のようにいい換えることもできる。

多項式 $P(x)$ が $x-a$ で割り切れるための必要十分条件は，$P(a)=0$ である。

プラスワン 次のことも成り立つ。

$$ax+b \text{ が多項式 } P(x) \text{ の因数} \iff P\left(-\frac{b}{a}\right)=0$$

問 55　因数定理を利用して，次の式を因数分解せよ。

教科書 p.48

(1)　$x^3-6x^2+11x-6$　　(2)　$2x^3-7x^2+9$

ガイド　与えられた多項式を $P(x)$ とおくとき，$P(\alpha)=0$ となる α が見つかれば，$x-\alpha$ は $P(x)$ の因数となるから，$P(x)$ を $x-\alpha$ で割ったときの商を $Q(x)$ とすると，$P(x)=(x-\alpha)Q(x)$ となる。

解答　(1)　$P(x)=x^3-6x^2+11x-6$ とおくと，

$$P(1)=1^3-6\cdot1^2+11\cdot1-6=0$$

であるから，$P(x)$ は $x-1$ を因数にもつ。

右の計算より，

$$P(x)=(x-1)(x^2-5x+6)$$
$$=\boldsymbol{(x-1)(x-2)(x-3)}$$

$$\begin{array}{r}
x^2-5x+6 \\
x-1\,\overline{)\,x^3-6x^2+11x-6} \\
\underline{x^3-x^2} \\
-5x^2+11x \\
\underline{-5x^2+5x} \\
6x-6 \\
\underline{6x-6} \\
0
\end{array}$$

(2)　$P(x)=2x^3-7x^2+9$ とおくと，

$$P(-1)=2\cdot(-1)^3-7\cdot(-1)^2+9$$
$$=0$$

であるから，$P(x)$ は $x+1$ を因数にもつ。

右の計算より，

$$P(x)=(x+1)(2x^2-9x+9)$$
$$=\boldsymbol{(x+1)(x-3)(2x-3)}$$

$$\begin{array}{r}
2x^2-9x+9 \\
x+1\,\overline{)\,2x^3-7x^2+9} \\
\underline{2x^3+2x^2} \\
-9x^2 \\
\underline{-9x^2-9x} \\
9x+9 \\
\underline{9x+9} \\
0
\end{array}$$

プラスワン　$P(\alpha)=0$ となる α の値の候補は，

$$\pm\frac{P(x)\text{ の定数項の約数}}{P(x)\text{ の最高次の係数の約数}}$$

である。

たとえば，(1)の $P(x)=x^3-6x^2+11x-6$ については，$\alpha=\pm1,\ \pm2,\ \pm3,\ \pm6$ のうちから，$P(\alpha)=0$ となる α が見つかる。

5 高次方程式

問 56 次の方程式を解け。

教科書 p.50

(1) $x^3+1=0$　(2) $x^3-27=0$　(3) $8x^4=x$

ガイド x の多項式 $P(x)$ が n 次式のとき，$P(x)=0$ を **n 次方程式**という。3 次以上の方程式を**高次方程式**という。

解答 (1) 左辺を因数分解して，　$(x+1)(x^2-x+1)=0$

したがって，　$x+1=0$ または $x^2-x+1=0$

よって，　$\boldsymbol{x=-1,\ \dfrac{1\pm\sqrt{3}\,i}{2}}$

(2) 左辺を因数分解して，　$(x-3)(x^2+3x+9)=0$

したがって，　$x-3=0$ または $x^2+3x+9=0$

よって，　$\boldsymbol{x=3,\ \dfrac{-3\pm3\sqrt{3}\,i}{2}}$

(3) 方程式を変形して，　$8x^4-x=0$

左辺を因数分解して，　$x(2x-1)(4x^2+2x+1)=0$

したがって，$x=0$ または $2x-1=0$ または $4x^2+2x+1=0$

よって，　$\boldsymbol{x=0,\ \dfrac{1}{2},\ \dfrac{-1\pm\sqrt{3}\,i}{4}}$

問 57 1 の 3 乗根のうち，虚数であるものの 1 つを ω とするとき，次のことが成り立つことを示せ。

教科書 p.50

(1) 1 の 3 乗根は，1，ω，ω^2 である。　(2) $\omega^2=\overline{\omega}$

(3) $\omega^2+\omega+1=0$　(4) $\dfrac{1}{\omega^2}+\dfrac{1}{\omega}+1=0$

ガイド 方程式 $x^3=1$ の解，すなわち，3 乗して 1 となる数を **1 の 3 乗根**という。複素数の範囲では，1 の 3 乗根は次の 3 つである。

$$1,\ \frac{-1+\sqrt{3}\,i}{2},\ \frac{-1-\sqrt{3}\,i}{2}$$

解答 (1) 1 の 3 乗根は 1，$\dfrac{-1+\sqrt{3}\,i}{2}$，$\dfrac{-1-\sqrt{3}\,i}{2}$ である。

$\omega=\dfrac{-1+\sqrt{3}\,i}{2}$ とすると，$\omega^2=\left(\dfrac{-1+\sqrt{3}\,i}{2}\right)^2=\dfrac{-1-\sqrt{3}\,i}{2}$

$\omega=\dfrac{-1-\sqrt{3}\,i}{2}$ とすると，$\omega^2=\left(\dfrac{-1-\sqrt{3}\,i}{2}\right)^2=\dfrac{-1+\sqrt{3}\,i}{2}$

よって，１の３乗根のうち，虚数であるものの１つをωとするとき，１の３乗根は，1，ω，ω^2 である。

(2)　$\omega=\dfrac{-1+\sqrt{3}\,i}{2}$ とすると，(1)より，　$\omega^2=\dfrac{-1-\sqrt{3}\,i}{2}=\overline{\omega}$

$\omega=\dfrac{-1-\sqrt{3}\,i}{2}$ とすると，(1)より，　$\omega^2=\dfrac{-1+\sqrt{3}\,i}{2}=\overline{\omega}$

よって，１の３乗根のうち，虚数であるものの１つをωとするとき，$\omega^2=\overline{\omega}$

(3)　ωは１の３乗根だから，$\omega^3=1$

$\omega^3-1=0$ より，$(\omega-1)(\omega^2+\omega+1)=0$

$\omega\neq1$ より，$\omega^2+\omega+1=0$

(4)　$\omega^3=1$ より，$\dfrac{1}{\omega^2}=\omega$，$\dfrac{1}{\omega}=\omega^2$

よって，(3)より，　$\dfrac{1}{\omega^2}+\dfrac{1}{\omega}+1=\omega+\omega^2+1=0$

問 58　次の方程式を解け。

教科書 p.51

(1)　$x^4-5x^2+4=0$　　(2)　$x^4+11x^2+28=0$

ガイド　左辺を因数分解する。

解答　(1)　左辺を因数分解すると，

$(x^2-1)(x^2-4)=0$

これより，　$x^2-1=0$　または　$x^2-4=0$

よって，　$\boldsymbol{x=\pm1,\ \pm2}$

(2)　左辺を因数分解すると，

$(x^2+4)(x^2+7)=0$

これより，　$x^2+4=0$　または　$x^2+7=0$

よって，　$\boldsymbol{x=\pm2i,\ \pm\sqrt{7}\,i}$

問59 次の方程式を解け。

教科書 p.51

(1) $x^3-7x+6=0$ (2) $2x^3+4x^2+x-1=0$

ガイド 因数定理を利用して，左辺を因数分解する。

解答 (1) $P(x)=x^3-7x+6$ とおくと，

$$P(1)=1^3-7\cdot1+6=0$$

より，$P(x)$ は $x-1$ で割り切れて，

$$P(x)=(x-1)(x^2+x-6)=(x-1)(x-2)(x+3)$$

$P(x)=0$ より，

$$x-1=0 \quad \text{または} \quad x-2=0 \quad \text{または} \quad x+3=0$$

よって， $\boldsymbol{x=1,\ 2,\ -3}$

(2) $P(x)=2x^3+4x^2+x-1$ とおくと，

$$P(-1)=2\cdot(-1)^3+4\cdot(-1)^2+(-1)-1=0$$

より，$P(x)$ は $x+1$ で割り切れて，

$$P(x)=(x+1)(2x^2+2x-1)$$

$P(x)=0$ より，

$$x+1=0 \quad \text{または} \quad 2x^2+2x-1=0$$

よって， $\boldsymbol{x=-1,\ \dfrac{-1\pm\sqrt{3}}{2}}$

プラスワン 方程式 $(x-1)^2(x-2)=0$ の解 $x=1$ を，この方程式の**2重解**といい，方程式 $(x-1)^3(x-2)=0$ の解 $x=1$ を，この方程式の**3重解**という。

解の個数を，2重解は2個，3重解は3個などと考えると，複素数の範囲で**n次方程式はn個の解をもつ**ことが知られている。

問60 3次方程式 $x^3+ax^2+bx-6=0$ の1つの解が $1-i$ であるとき，実数a，bの値を求めよ。また，他の解を求めよ。

教科書 p.52

ガイド $1-i$が3次方程式の1つの解であるから，代入すると方程式が成り立つ。複素数の相等から，aとbが求められる。

解答 $1-i$がこの方程式の解であるから，

$$(1-i)^3+a(1-i)^2+b(1-i)-6=0$$

これを展開して整理すると，

$$(b-8)-(2a+b+2)i=0$$

a, b が実数より，$b-8$, $2a+b+2$ も実数であるから，

$b-8=0$　かつ　$2a+b+2=0$

これを解いて，　$\boldsymbol{a=-5,\ b=8}$

このとき，もとの方程式は，

$x^3-5x^2+8x-6=0$

左辺を因数分解すると，

$(x-3)(x^2-2x+2)=0$

したがって，　$x-3=0$　または　$x^2-2x+2=0$

これより，　$x=3,\ 1\pm i$

よって，**他の解**は，　$\boldsymbol{x=3,\ 1+i}$

プラスワン　一般に，実数を係数とする n 次方程式 $P(x)=0$ が複素数 α を解にもつとき，α と共役な複素数 $\overline{\alpha}$ もこの方程式の解となる。

上の**プラスワン**を用いると，次のように解くこともできる。

$1-i$ と $1+i$ は与えられた3次方程式の解である。

この2つの数を解とする2次方程式の1つは，

$x^2-2x+2=0$

したがって，3次方程式の左辺は x^2-2x+2 を因数にもち，x^3 の係数と定数項に着目すると，次のように因数分解できる。

$x^3+ax^2+bx-6=(x^2-2x+2)(x-3)$

よって，　$x^3+ax^2+bx-6=x^3-5x^2+8x-6$

したがって，　$\boldsymbol{a=-5,\ b=8}$

$(x^2-2x+2)(x-3)=0$ の解は，　$x=1\pm i,\ 3$

よって，**他の解は，**　$\boldsymbol{x=1+i,\ 3}$

節末問題　第3節　高次方程式

1 教科書 p.53

次の等式を満たす実数 a，b の値を求めよ。

$$(4+i)(a+bi)=14-5i$$

ガイド 左辺を展開し，i について整理する。

解答 左辺を展開し，i について整理すると，

$$(4a-b)+(a+4b)i=14-5i$$

a，b が実数のとき，$4a-b$，$a+4b$ も実数であるから，

$$4a-b=14 \quad \text{かつ} \quad a+4b=-5$$

これを解いて，　$\boldsymbol{a=3,\ b=-2}$

2 教科書 p.53

次の計算をせよ。

(1) i^{103}　　(2) $i+i^2+i^3+i^4+i^5$　　(3) $\dfrac{3}{i}+\dfrac{1+2i}{2-i}$

ガイド i を文字のように扱い，i^2 が出てきたら，i^2 を -1 でおき換える。

解答 (1) $i^{103}=(i^2)^{51}\cdot i=(-1)^{51}i=\boldsymbol{-i}$

(2)
$$\begin{aligned} i+i^2+i^3+i^4+i^5 &= i+i^2+i^2\cdot i+(i^2)^2+(i^2)^2\cdot i \\ &= i-1-i+(-1)^2+(-1)^2 i \\ &= \boldsymbol{i} \end{aligned}$$

(3)
$$\begin{aligned} \frac{3}{i}+\frac{1+2i}{2-i} &= \frac{3i}{i^2}+\frac{(1+2i)(2+i)}{(2-i)(2+i)} = \frac{3i}{i^2}+\frac{2+5i+2i^2}{4-i^2} \\ &= \frac{3i}{-1}+\frac{2+5i-2}{4+1} = -3i+i = \boldsymbol{-2i} \end{aligned}$$

3 教科書 p.53

2次方程式 $x^2+(k+1)x+k^2-2k+2=0$ が虚数解をもつような定数 k の値の範囲を定めよ。

ガイド 2次方程式が虚数解をもつ $\Longleftrightarrow$ 判別式 $D<0$

解答 この2次方程式の判別式を D とすると，

$$D=(k+1)^2-4(k^2-2k+2)=-3k^2+10k-7$$

$-3k^2+10k-7<0$，すなわち，$3k^2-10k+7>0$ より，

$$(k-1)(3k-7)>0$$

よって，　$k<1,\ \dfrac{7}{3}<k$

☐ **4** 教科書 p.53

2次方程式 $x^2-3x-2=0$ の2つの解を α，β とするとき，次の値を求めよ。

(1) $(\alpha+2\beta)(\beta+2\alpha)$　　(2) $\dfrac{\beta^2}{\alpha+1}+\dfrac{\alpha^2}{\beta+1}$

ガイド まず，$\alpha+\beta$，$\alpha\beta$ の値を求め，指定された式をこれらの2つの式で表す。

解答 解と係数の関係から，$\alpha+\beta=3$，$\alpha\beta=-2$

(1)
$$\begin{aligned}(\alpha+2\beta)(\beta+2\alpha)&=2(\alpha^2+\beta^2)+5\alpha\beta\\&=2\{(\alpha+\beta)^2-2\alpha\beta\}+5\alpha\beta\\&=2(\alpha+\beta)^2+\alpha\beta\\&=2\cdot3^2-2=\mathbf{16}\end{aligned}$$

(2)
$$\begin{aligned}\frac{\beta^2}{\alpha+1}+\frac{\alpha^2}{\beta+1}&=\frac{\beta^2(\beta+1)+\alpha^2(\alpha+1)}{(\alpha+1)(\beta+1)}\\&=\frac{\alpha^3+\beta^3+\alpha^2+\beta^2}{\alpha\beta+(\alpha+\beta)+1}\\&=\frac{(\alpha+\beta)^3-3\alpha\beta(\alpha+\beta)+(\alpha+\beta)^2-2\alpha\beta}{\alpha\beta+(\alpha+\beta)+1}\\&=\frac{3^3-3\cdot(-2)\cdot3+3^2-2\cdot(-2)}{-2+3+1}\\&=\mathbf{29}\end{aligned}$$

☐ **5** 教科書 p.53

和が3，積が5となる2つの数を求めよ。

ガイド 2数の和と積が与えられていることから，解と係数の関係を用いてこの2数を解とする2次方程式を作り，それを解く。

解答 和が3，積が5となる2つの数を解とする2次方程式の1つは，

$$x^2-3x+5=0$$

これを解いて，　$x=\dfrac{3\pm\sqrt{11}i}{2}$

よって，求める2つの数は，　$\dfrac{\mathbf{3\pm\sqrt{11}\,i}}{\mathbf{2}}$

□ **6** 教科書 p.53

多項式 $P(x)=x^3+ax+3$ を $x-2$ で割ったときの余りが5になるような定数 a の値を求めよ。

ガイド 剰余の定理より，多項式 $P(x)$ を1次式 $x-\alpha$ で割ったときの余りは，$P(\alpha)$ である。

解答 $P(2)=2^3+a\cdot2+3$

$=2a+11$

$P(x)$ を $x-2$ で割ったときの余りが5であるから，

$2a+11=5$

よって，　$\boldsymbol{a=-3}$

□ **7** 教科書 p.53

次の方程式を解け。

(1) $2x^3+4x^2-5x+3=0$　　(2) $(x^2+2x)^2-2(x^2+2x)-3=0$

(3) $x^4+2x^3+2x^2-2x-3=0$

ガイド (2) x^2+2x を1つのまとまりと考えるとよい。

解答 (1) $P(x)=2x^3+4x^2-5x+3$ とおくと，

$P(-3)=2\cdot(-3)^3+4\cdot(-3)^2-5\cdot(-3)+3$

$=0$

より，$P(x)$ は $x+3$ で割り切れて，

$P(x)=(x+3)(2x^2-2x+1)$

$$
\begin{array}{r}
2x^2-2x+1 \\
x+3\,\overline{)\,2x^3+4x^2-5x+3} \\
\underline{2x^3+6x^2} \\
-2x^2-5x \\
\underline{-2x^2-6x} \\
x+3 \\
\underline{x+3} \\
0
\end{array}
$$

$P(x)=0$ より，

$x+3=0$　または　$2x^2-2x+1=0$

よって，　$\boldsymbol{x=-3,\ \dfrac{1\pm i}{2}}$

(2) x^2+2x を1つのまとまりと考えると，

$(x^2+2x)^2-2(x^2+2x)-3=0$

$\{(x^2+2x)+1\}\{(x^2+2x)-3\}=0$

$(x^2+2x+1)(x^2+2x-3)=0$

$(x+1)^2(x+3)(x-1)=0$

よって，　$\boldsymbol{x=-3,\ -1,\ 1}$

(3) $P(x)=x^4+2x^3+2x^2-2x-3$ とおくと，

$P(1)=1^4+2\cdot1^3+2\cdot1^2-2\cdot1-3=0$

より，$P(x)$ は $x-1$ で割り切れて，

$$P(x)=(x-1)(x^3+3x^2+5x+3)$$
$$Q(x)=x^3+3x^2+5x+3$$

とおくと，

$$Q(-1)=(-1)^3+3\cdot(-1)^2+5\cdot(-1)+3$$
$$=0$$

より，$Q(x)$ は $x+1$ で割り切れて，

$$Q(x)=(x+1)(x^2+2x+3)$$

よって，

$$P(x)=(x-1)Q(x)$$
$$=(x-1)(x+1)(x^2+2x+3)$$

$P(x)=0$ より，

$x-1=0$ または $x+1=0$

または $x^2+2x+3=0$

よって，$\boldsymbol{x=-1,\ 1,\ -1\pm\sqrt{2}\,i}$

$$\begin{array}{r}
x^3+3x^2+5x+3 \\
x-1\,\overline{)\,x^4+2x^3+2x^2-2x-3} \\
\underline{x^4-\ \ x^3\qquad\qquad\qquad} \\
3x^3+2x^2\qquad\quad \\
\underline{3x^3-3x^2\qquad\quad} \\
5x^2-2x\quad \\
\underline{5x^2-5x\quad} \\
3x-3 \\
\underline{3x-3} \\
0
\end{array}$$

$$\begin{array}{r}
x^2+2x+3 \\
x+1\,\overline{)\,x^3+3x^2+5x+3} \\
\underline{x^3+\ \ x^2\qquad\qquad} \\
2x^2+5x\quad \\
\underline{2x^2+2x\quad} \\
3x+3 \\
\underline{3x+3} \\
0
\end{array}$$

☐ **8**　教科書 p.53

3次方程式 $x^3+ax^2-2x+b=0$ の1つの解が $1+\sqrt{3}\,i$ であるとき，実数 a，b の値を求めよ。また，他の解を求めよ。

ガイド　$1+\sqrt{3}\,i$ が3次方程式の1つの解であるから，代入すると方程式が成り立つ。複素数の相等から，a と b が求められる。

解答　$1+\sqrt{3}\,i$ がこの方程式の解であるから，

$$(1+\sqrt{3}\,i)^3+a(1+\sqrt{3}\,i)^2-2(1+\sqrt{3}\,i)+b=0$$

これを展開して整理すると，

$$(-2a+b-10)+2\sqrt{3}\,(a-1)i=0$$

a，b が実数より，$-2a+b-10$，$2\sqrt{3}\,(a-1)$ も実数であるから，

$$-2a+b-10=0 \quad かつ \quad 2\sqrt{3}\,(a-1)=0$$

これを解いて，　$\boldsymbol{a=1,\ b=12}$

このとき，もとの方程式は，　$x^3+x^2-2x+12=0$

左辺を因数分解すると，　$(x+3)(x^2-2x+4)=0$

したがって，　$x+3=0$　または　$x^2-2x+4=0$

これより，　$x=-3,\ 1\pm\sqrt{3}\,i$

よって，**他の解**は，　$\boldsymbol{x=-3,\ 1-\sqrt{3}\,i}$

章末問題

A

1 教科書 p.54

次の計算をせよ。

$$\frac{c-a}{(a+b)(b+c)}+\frac{a-b}{(b+c)(c+a)}+\frac{b-c}{(c+a)(a+b)}$$

ガイド 分母を $(a+b)(b+c)(c+a)$ として，通分する。

解答 $\dfrac{c-a}{(a+b)(b+c)}+\dfrac{a-b}{(b+c)(c+a)}+\dfrac{b-c}{(c+a)(a+b)}$

$$=\frac{(c-a)(c+a)+(a-b)(a+b)+(b-c)(b+c)}{(a+b)(b+c)(c+a)}$$

$$=\frac{(c^2-a^2)+(a^2-b^2)+(b^2-c^2)}{(a+b)(b+c)(c+a)}=\mathbf{0}$$

2 教科書 p.54

$a>0$，$b>0$，$c>0$，$d>0$ のとき，次の不等式を証明せよ。また，等号が成り立つ場合を調べよ。

(1) $\left(\dfrac{b}{a}+\dfrac{d}{c}\right)\left(\dfrac{a}{b}+\dfrac{c}{d}\right)\geqq 4$　　(2) $(a+b)\left(\dfrac{1}{a}+\dfrac{4}{b}\right)\geqq 9$

ガイド 相加平均と相乗平均の関係を利用する証明である。

解答 (1) $\left(\dfrac{b}{a}+\dfrac{d}{c}\right)\left(\dfrac{a}{b}+\dfrac{c}{d}\right)=1+\dfrac{bc}{ad}+\dfrac{ad}{bc}+1=\dfrac{bc}{ad}+\dfrac{ad}{bc}+2$

$a>0$，$b>0$，$c>0$，$d>0$ であるから，

$$\frac{bc}{ad}>0,\quad \frac{ad}{bc}>0$$

相加平均と相乗平均の関係により，

$$\frac{bc}{ad}+\frac{ad}{bc}\geqq 2\sqrt{\frac{bc}{ad}\cdot\frac{ad}{bc}}=2$$

したがって，　$\dfrac{bc}{ad}+\dfrac{ad}{bc}+2\geqq 4$

よって，$\left(\dfrac{b}{a}+\dfrac{d}{c}\right)\left(\dfrac{a}{b}+\dfrac{c}{d}\right)\geqq 4$

等号が成り立つのは，$\dfrac{bc}{ad}=\dfrac{ad}{bc}$，すなわち，$a^2d^2=b^2c^2$ のとき

であり，$a>0$，$b>0$，$c>0$，$d>0$ より，$ad>0$，$bc>0$ であるから，$\boldsymbol{ad=bc}$ **のとき**である。

(2)　$(a+b)\left(\dfrac{1}{a}+\dfrac{4}{b}\right)=1+\dfrac{4a}{b}+\dfrac{b}{a}+4=\dfrac{b}{a}+\dfrac{4a}{b}+5$

$a>0$，$b>0$ であるから，　$\dfrac{b}{a}>0$，$\dfrac{4a}{b}>0$

相加平均と相乗平均の関係により，

$$\frac{b}{a}+\frac{4a}{b}\geqq 2\sqrt{\frac{b}{a}\cdot\frac{4a}{b}}=4$$

したがって，　$\dfrac{b}{a}+\dfrac{4a}{b}+5\geqq 9$

よって，$(a+b)\left(\dfrac{1}{a}+\dfrac{4}{b}\right)\geqq 9$

等号が成り立つのは，$\dfrac{b}{a}=\dfrac{4a}{b}$，すなわち，$4a^2=b^2$ のときであるから，$a>0$，$b>0$ より，$\boldsymbol{2a=b}$ **のとき**である。

3　教科書 p.54

$x=2+i$ のとき，次の問いに答えよ。

(1)　$x^2-4x+5=0$ であることを示せ。

(2)　(1)を用いて，x^3-2x^2+3x+7 の値を求めよ。

ガイド　(1)　左辺に $x=2+i$ を代入して，式の値が 0 になることを示す。

(2)　与式を x^2-4x+5 で割り，(1)の結果を利用する。

解答　(1)　(左辺)$=x^2-4x+5$

$=(2+i)^2-4(2+i)+5$

$=4+4i-1-8-4i+5=0$

よって，$x=2+i$ のとき，$x^2-4x+5=0$

(2)　$P(x)=x^3-2x^2+3x+7$

とおくと，右の計算より，

$$\begin{array}{r}
x+2 \\
x^2-4x+5\overline{)\,x^3-2x^2+3x+7} \\
\underline{x^3-4x^2+5x\phantom{+7}} \\
2x^2-2x+7 \\
\underline{2x^2-8x+10} \\
6x-3
\end{array}$$

$P(x)=(x^2-4x+5)(x+2)+6x-3$

$x=2+i$ のとき，$x^2-4x+5=0$

であるから，求める値は，

$P(2+i)=6(2+i)-3=\boldsymbol{9+6i}$

別解　(1)　$x=2+i$ より，　$x-2=i$　両辺を 2 乗して整理すると，

$x^2-4x+4=-1$ より，$x^2-4x+5=0$

4 教科書 p.54

2次方程式 $3x^2-x+2=0$ の2つの解を α, β とするとき, $3\alpha+\beta$, $\alpha+3\beta$ を解とする2次方程式を1つ作れ。

ガイド 求める2次方程式を $x^2+px+q=0$ とすると,

$$p=-\{(3\alpha+\beta)+(\alpha+3\beta)\},\qquad q=(3\alpha+\beta)(\alpha+3\beta)$$

である。

解答 解と係数の関係より, $\alpha+\beta=\dfrac{1}{3}$, $\alpha\beta=\dfrac{2}{3}$

このとき, $(3\alpha+\beta)+(\alpha+3\beta)=4(\alpha+\beta)=\dfrac{4}{3}$

$$\begin{aligned}(3\alpha+\beta)(\alpha+3\beta)&=3\alpha^2+10\alpha\beta+3\beta^2\\&=3(\alpha^2+\beta^2)+10\alpha\beta\\&=3\{(\alpha+\beta)^2-2\alpha\beta\}+10\alpha\beta\\&=3(\alpha+\beta)^2+4\alpha\beta\\&=3\cdot\left(\frac{1}{3}\right)^2+4\cdot\frac{2}{3}=3\end{aligned}$$

よって, 求める2次方程式の1つは, $x^2-\dfrac{4}{3}x+3=0$

すなわち, $\boldsymbol{3x^2-4x+9=0}$

5 教科書 p.54

x^{10} を x^2-3x+2 で割ったときの余りを求めよ。

ガイド 2次式で割ったときの余りは1次以下であるから, $ax+b$ とおける。

解答 $x^2-3x+2=(x-1)(x-2)$ である。

x^{10} を $(x-1)(x-2)$ で割ったときの商を $Q(x)$, 余りを $ax+b$ とおくと,

$$x^{10}=(x-1)(x-2)Q(x)+ax+b \quad \cdots\cdots①$$

①の両辺に $x=1$, 2 をそれぞれ代入して,

$$a+b=1,\qquad 2a+b=1024$$

これを解いて, $a=1023$, $b=-1022$

よって, 求める余りは, $\boldsymbol{1023x-1022}$

□ **6** 教科書 p.54

互いに4 km 離れた3地点A, B, Cがあり，この順に走って一周することになった。下り坂となるBからCへの移動の際には，AからBへ移動するときよりも毎時3 km 速く走り，上り坂となるCからAへの移動の際には，BからCへ移動するときよりも毎時5 km 遅く走るものとする。ちょうど1時間で一周するためには，どのような速さで移動すればよいだろうか。

ガイド AからBへ移動する速さを毎時 x km として方程式を立てる。

解答 AからBへの速さを毎時 x km とすると,

BからCへの速さは，毎時 $x+3$ (km)

CからAへの速さは，毎時 $x+3-5=x-2$ (km)

速さは正であるから，$x>0$ かつ $x+3>0$ かつ $x-2>0$

よって，$x>2$ ……①

ちょうど1時間で一周するから,

$$\frac{4}{x}+\frac{4}{x+3}+\frac{4}{x-2}=1$$

両辺に $x(x+3)(x-2)$ を掛けて,

$$4(x+3)(x-2)+4x(x-2)+4x(x+3)=x(x+3)(x-2)$$

これを展開して整理すると,

$$x^3-11x^2-14x+24=0$$

$P(x)=x^3-11x^2-14x+24$ とおくと,

$$P(1)=1^3-11\cdot1^2-14\cdot1+24=0$$

より，$P(x)$ は $x-1$ で割り切れて,

$$\begin{array}{r} x^2-10x-24 \\ x-1\,\overline{)\,x^3-11x^2-14x+24} \\ \underline{x^3-x^2} \\ -10x^2-14x \\ \underline{-10x^2+10x} \\ -24x+24 \\ \underline{-24x+24} \\ 0 \end{array}$$

$$P(x)=(x-1)(x^2-10x-24)$$
$$=(x-1)(x+2)(x-12)$$

$P(x)=0$ より,

$x-1=0$ または $x+2=0$

または $x-12=0$

これより，$x=1,\ -2,\ 12$

①より，$x=1,\ -2$ は問題に適さないから，$x=12$

よって，**AからBを毎時 12 km で移動する。**

B

7 教科書 p.55

次の問いに答えよ。

(1) $(a+1)^5$ の展開式を求めよ。

(2) (1)を用いて，8^5 を 49 で割ったときの余りを求めよ。

ガイド (1) 二項定理を用いる。

(2) (1)の展開式で，$a=7$ とおいて考える。

解答 (1) $(a+1)^5={}_5C_0a^5+{}_5C_1a^4\cdot1+{}_5C_2a^3\cdot1^2+{}_5C_3a^2\cdot1^3+{}_5C_4a\cdot1^4+{}_5C_5\cdot1^5$

$=\boldsymbol{a^5+5a^4+10a^3+10a^2+5a+1}$ ……①

(2) ①に $a=7$ を代入すると，

$(7+1)^5=7^5+5\cdot7^4+10\cdot7^3+10\cdot7^2+5\cdot7+1$

$8^5=7^2(7^3+5\cdot7^2+10\cdot7+10)+5\cdot7+1$

よって，8^5 を $49=7^2$ で割ったときの余りは，　$5\cdot7+1=\mathbf{36}$

8 教科書 p.55

次の不等式を証明せよ。また，等号が成り立つ場合を調べよ。

(1) $a^2+b^2+c^2-ab-bc-ca\geqq0$

(2) $a>0$，$b>0$，$c>0$ のとき，　$a^3+b^3+c^3\geqq3abc$

ガイド (1) 左辺$=\dfrac{1}{2}(2a^2+2b^2+2c^2-2ab-2bc-2ca)$ と変形する。

(2) $a^3+b^3+c^3-3abc=(a+b+c)(a^2+b^2+c^2-ab-bc-ca)$ を利用する (教科書 p.23 の Column 参照)。

解答 (1) $a^2+b^2+c^2-ab-bc-ca=\dfrac{1}{2}(2a^2+2b^2+2c^2-2ab-2bc-2ca)$

$=\dfrac{1}{2}\{(a-b)^2+(b-c)^2+(c-a)^2\}\geqq0$

よって，　$a^2+b^2+c^2-ab-bc-ca\geqq0$

等号が成り立つのは，$a-b=0$ かつ $b-c=0$ かつ $c-a=0$，すなわち，$\boldsymbol{a=b=c}$ **のとき**である。

(2) 左辺－右辺$=a^3+b^3+c^3-3abc$

$=(a+b+c)(a^2+b^2+c^2-ab-bc-ca)$

条件より，$a+b+c>0$，また，(1)の結果より，

$a^2+b^2+c^2-ab-bc-ca\geqq0$

したがって，　$a^3+b^3+c^3-3abc \geqq 0$

よって，　$a^3+b^3+c^3 \geqq 3abc$

等号が成り立つのは，(1)と同様に，$\boldsymbol{a=b=c}$ **のとき**である。

9 教科書 p.55

$z^2=i$ となる複素数 z を求めよ。

ガイド $z=a+bi$ (a，b は実数) とおいて $z^2=i$ に代入する。

解答 $z=a+bi$ (a，b は実数) とおくと，$z^2=i$ より，

$(a+bi)^2=i$

$a^2+2abi-b^2=i$

$(a^2-b^2)+2abi=i$

a，b が実数のとき，a^2-b^2，$2ab$ も実数であるから，

$a^2-b^2=0$　……①　かつ　$2ab=1$　……②

①より，　$a^2=b^2$　……③

②より，$ab>0$ であるから，a と b は同符号であり，③より，

$a=b$　……④

②，④より，　$2a^2=1$　すなわち，$a^2=\frac{1}{2}$

よって，　$a=\pm\frac{\sqrt{2}}{2}$

④より，　$a=\frac{\sqrt{2}}{2}$ のとき，$b=\frac{\sqrt{2}}{2}$

$a=-\frac{\sqrt{2}}{2}$ のとき，$b=-\frac{\sqrt{2}}{2}$

よって，$z^2=i$ となる複素数 z は，

$$\boldsymbol{z=\frac{\sqrt{2}}{2}+\frac{\sqrt{2}}{2}i,\ -\frac{\sqrt{2}}{2}-\frac{\sqrt{2}}{2}i}$$

10 教科書 p.55

m は整数とする。2 次方程式 $x^2+mx+3=0$ の 2 つの解 α，β が

$$2\alpha^2+2\beta^2+\alpha+\beta=-6$$

を満たすような m の値を求めよ。

また，このとき，$\alpha^3+\beta^3$ の値を求めよ。

ガイド 解と係数の関係を使って，$2\alpha^2+2\beta^2+\alpha+\beta=-6$ を m の式で表す。

解答 解と係数の関係より，　$\alpha+\beta=-m$，$\alpha\beta=3$

したがって，$2\alpha^2+2\beta^2+\alpha+\beta$ は，

$$\begin{aligned}2\alpha^2+2\beta^2+\alpha+\beta&=2(\alpha^2+\beta^2)+\alpha+\beta\\&=2\{(\alpha+\beta)^2-2\alpha\beta\}+\alpha+\beta\\&=2\{(-m)^2-2\cdot3\}+(-m)\\&=2m^2-m-12\end{aligned}$$

となるから，　$2m^2-m-12=-6$

$2m^2-m-6=0$

$(2m+3)(m-2)=0$

m は整数であるから，　$\boldsymbol{m=2}$

よって，　$\alpha+\beta=-2$

したがって，$\alpha^3+\beta^3$ は，

$$\boldsymbol{\alpha^3+\beta^3}=(\alpha+\beta)^3-3\alpha\beta(\alpha+\beta)=(-2)^3-3\cdot3\cdot(-2)\boldsymbol{=10}$$

☐ **11** 教科書 p.55

多項式 $P(x)$ を x^2-x-2 で割ると1余り，x^2-4x+3 で割ると $x+1$ 余る。$P(x)$ を x^2-5x+6 で割ったときの余りを求めよ。

ガイド 教科書 p.47 の例題 20 をやや発展させた問題である。

$x^2-5x+6=(x-2)(x-3)$ であるから，$P(2)$，$P(3)$ の値についてどのような関係が成り立つかを考える。

解答

$x^2-x-2=(x+1)(x-2)$

$x^2-4x+3=(x-1)(x-3)$

$x^2-5x+6=(x-2)(x-3)$

である。$P(x)$ を $(x+1)(x-2)$，$(x-1)(x-3)$ で割ったときの商をそれぞれ $Q_1(x)$，$Q_2(x)$ とする。

また，$(x-2)(x-3)$ で割ったときの商を $Q_3(x)$，余りを $ax+b$ とおくと，条件より，

$P(x)=(x+1)(x-2)Q_1(x)+1$　……①

$P(x)=(x-1)(x-3)Q_2(x)+x+1$　……②

$P(x)=(x-2)(x-3)Q_3(x)+ax+b$　……③

①，③より，$P(2)$ について，

$1=2a+b$　……④

②，③より，$P(3)$ について，

$4=3a+b$ ……⑤

④，⑤を解いて，　$a=3,\ b=-5$

よって，求める余りは，　$\boldsymbol{3x-5}$

12　教科書 p.55

k を定数とするとき，3次方程式 $x^3-3x^2-kx+4-k=0$ について，次の問いに答えよ。

(1) この方程式は k の値にかかわらず整数の解をもつ。その解を求めよ。

(2) この方程式の解がすべて実数解であるような k の値の範囲を求めよ。

ガイド　(1) 整数の解を α とおいて，方程式に $x=\alpha$ を代入した式を k についての恒等式と考える。

(2) (1)の整数の解以外の解が実数解になる条件から，k の値の範囲を求める。

解答　(1) 整数の解を α とすると，

$$\alpha^3-3\alpha^2-k\alpha+4-k=0$$

左辺を k について整理すると，

$$(-\alpha-1)k+\alpha^3-3\alpha^2+4=0$$

これが k の値にかかわらず成り立つから，

$$-\alpha-1=0 \text{ かつ } \alpha^3-3\alpha^2+4=0$$

これより，$\alpha=-1$

よって，整数の解は，$\boldsymbol{x=-1}$

(2) $P(x)=x^3-3x^2-kx+4-k$ とおくと，(1)より，$P(-1)=0$ であるから，$P(x)$ は $x+1$ で割り切れて，

$$P(x)=(x+1)(x^2-4x+4-k)$$

$$\begin{array}{r|l} & x^2-4x+4-k \\ \hline x+1 & x^3-3x^2-kx+4-k \\ & x^3+\ x^2 \\ \hline & -4x^2-kx \\ & -4x^2-4x \\ \hline & (4-k)x+4-k \\ & (4-k)x+4-k \\ \hline & 0 \end{array}$$

よって，$P(x)=0$ の $x=-1$ 以外の解は，$x^2-4x+4-k=0$ の解。

解がすべて実数解であるためには，

$x^2-4x+4-k=0$ ……①

の解が実数であればよい。

①の判別式を D とすると，$D\geqq 0$

$$\frac{D}{4}=(-2)^2-(4-k)=k$$

よって，$\boldsymbol{k\geqq 0}$

第2章 図形と方程式

第1節 点と直線

1 直線上の点

問 1 3点 A(1), B(4), C(−3) に対して，次の距離を求めよ。

教科書 p.58

(1) AB　(2) BC　(3) CA

ガイド 数直線上の点Pに対応する実数 x を点Pの座標といい，座標が x である点PをP(x) と表す。

O　P
0　x

数直線上の2点 A(a), B(b) 間の距離 AB は，

$\mathbf{AB}=|\boldsymbol{b}-\boldsymbol{a}|$

解答 (1) $\mathrm{AB}=|4-1|=\mathbf{3}$

(2) $\mathrm{BC}=|-3-4|=|-7|=\mathbf{7}$

(3) $\mathrm{CA}=|1-(-3)|=\mathbf{4}$

C　A　B
−3　1　4

問 2 2点 A(−6), B(4) に対して，次の点の座標を求めよ。

教科書 p.59

(1) 線分 AB を 4：1 に内分する点P　(2) 線分 AB の中点M

ガイド m, n を正の数とする。線分 AB 上の点Pについて，　AP：PB＝m：n

が成り立つとき，点Pは線分 AB を m：n に**内分**するという。

A　m　P　n　B

A(a), B(b) のとき，

線分 AB を m：n に内分する点の座標 x は，　$\boldsymbol{x=\dfrac{na+mb}{m+n}}$

線分 AB の中点の座標は，　$\boldsymbol{\dfrac{a+b}{2}}$

解答 (1) $\dfrac{1\times(-6)+4\times4}{4+1}=\mathbf{2}$

(2) $\dfrac{-6+4}{2}=\mathbf{-1}$

注意　$x=\dfrac{na+mb}{m+n}$ の分子は，$ma+nb$ ではないので注意すること。

右のような「たすき掛け」の図式に関連づけると覚えやすい。

$a \times b \longrightarrow mb$
$m \times n \longrightarrow na$
$na+mb$

問 3　3点 A(−2)，B(1)，C(6) がある。点Cは，線分 AB をどのような比に外分するか。また，点Aは，線分 BC をどのような比に外分するか。

教科書 p.60

ガイド　m，n を異なる正の数とする。

線分 AB の延長上の点Qについて，AQ：QB＝m：n が成り立つとき，点Qは線分 AB を m：n に**外分**するという。

線分 AB を m：n に外分する点は，$m>n$ のとき，線分 AB のBの方への延長上にあり，$m<n$ のとき，Aの方への延長上にある。

$m>n$のとき

$m<n$のとき

解答　3点 A，B，C の位置関係は，図のようになる。よって，

点Cは，線分 AB を 8：5 に外分する。
点Aは，線分 BC を 3：8 に外分する。

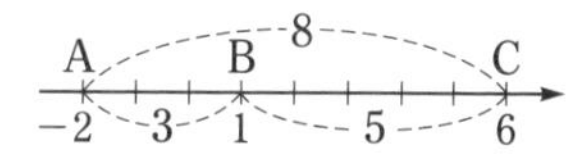

注意　線分 AB を m：n に外分するときは，$m \neq n$ である。線分 AB を 1：1 に外分する点は存在しない。

問 4　2点 A(−5)，B(6) に対して，線分 AB を 3：1 に外分する点 P，および，1：3 に外分する点Qの座標を求めよ。

教科書 p.60

ガイド　A(a)，B(b) のとき，線分 AB を m：n に外分する点の座標 x は，

$$x=\frac{-na+mb}{m-n}$$

解答　**点Pの座標は，** $\dfrac{-1\times(-5)+3\times6}{3-1}=\dfrac{23}{2}$

点Qの座標は， $\dfrac{-3\times(-5)+1\times6}{1-3}=-\dfrac{21}{2}$

⚠注意 外分する点の座標を表す式 $x=\dfrac{-na+mb}{m-n}$ は，内分する点の座標を表す式 $x=\dfrac{na+mb}{m+n}$ において，n の代わりに $-n$ とおいた式になっている。

テクニック 「$m:n$ に外分する」点を考えるとき，形式的に「$m:(-n)$ に内分する」や「$(-m):n$ に内分する」と考えて，内分の公式にあてはめて求めることもできる。

点Pの座標 「3：1 に外分する」を「3：(−1) に内分する」と考えて，内分の公式にあてはめると，

$$\frac{(-1)\times(-5)+3\times6}{3+(-1)}=\mathbf{\frac{23}{2}}$$

点Qの座標 「1：3 に外分する」を「(−1)：3 に内分する」と考えて，内分の公式にあてはめると，

$$\frac{3\times(-5)+(-1)\times6}{(-1)+3}=-\mathbf{\frac{21}{2}}$$

2 平面上の点

問 5 次の 2 点間の距離を求めよ。

教科書 p.61

(1) A(1, 3), B(4, 5)　　(2) 原点O, C(1, −4)

ガイド

ここがポイント [平面上の 2 点間の距離]

2 点 $A(x_1, y_1)$, $B(x_2, y_2)$ 間の距離 AB は，

$$\mathbf{AB=\sqrt{(x_2-x_1)^2+(y_2-y_1)^2}}$$

とくに，原点Oと点 $A(x_1, y_1)$ の距離 OA は，

$$\mathbf{OA=\sqrt{x_1^2+y_1^2}}$$

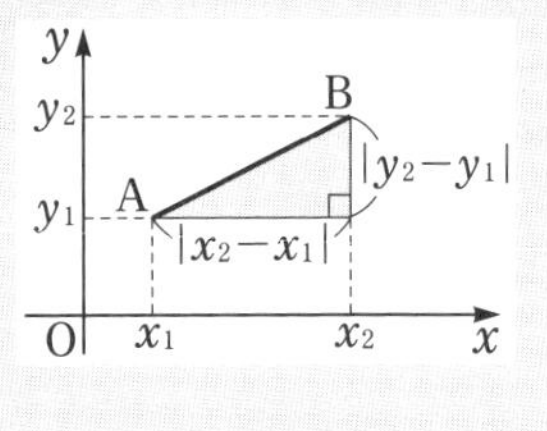

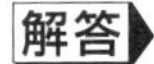
解答 (1) $AB=\sqrt{(4-1)^2+(5-3)^2}=\mathbf{\sqrt{13}}$

(2) $OC=\sqrt{1^2+(-4)^2}=\mathbf{\sqrt{17}}$

問 6　△ABC の辺 BC の中点を M とすると，

教科書 p.62

$$AB^2+AC^2=2(AM^2+BM^2)$$

が成り立つ。このことを，B，C の座標をそれぞれ (0, 0)，(2c, 0) とおくことで証明せよ。

ガイド　B，C の座標をそれぞれ (0, 0)，(2c, 0) とおくと，点 M の座標は (c, 0) となる。

解答　点 A，B，C の座標をそれぞれ (a, b)，(0, 0)，(2c, 0) とおくと，

$$\begin{aligned}AB^2+AC^2&=(a^2+b^2)+\{(a-2c)^2+(b-0)^2\}\\&=2a^2+2b^2+4c^2-4ac\\&=2(a^2+b^2+2c^2-2ac)\end{aligned}$$

である。また，点 M の座標は (c, 0) となるから，

$$\begin{aligned}2(AM^2+BM^2)&=2[\{(a-c)^2+(b-0)^2\}+(c^2+0^2)]\\&=2(a^2+b^2+2c^2-2ac)\end{aligned}$$

である。

よって，　$AB^2+AC^2=2(AM^2+BM^2)$

問 7　2 点 A(6, −1)，B(4, 7) を結ぶ線分 AB について，次の点の座標を求めよ。

教科書 p.64

(1)　中点 M　　(2)　5：3 に内分する点 P

(3)　5：3 に外分する点 Q　　(4)　3：5 に外分する点 R

ガイド

ここがポイント **[平面上の内分点・外分点]**

2 点 A(x_1, y_1)，B(x_2, y_2) に対して，線分 AB を

$m:n$ に内分する点の座標は，　$\left(\dfrac{nx_1+mx_2}{m+n},\ \dfrac{ny_1+my_2}{m+n}\right)$

$m:n$ に外分する点の座標は，　$\left(\dfrac{-nx_1+mx_2}{m-n},\ \dfrac{-ny_1+my_2}{m-n}\right)$

とくに，線分 AB の中点の座標は，　$\left(\dfrac{x_1+x_2}{2},\ \dfrac{y_1+y_2}{2}\right)$

解答　(1)　点 M の座標を (x, y) とすると，

$$x=\frac{6+4}{2}=5,\quad y=\frac{-1+7}{2}=3$$

よって，点 M の座標は，　**(5, 3)**

(2) 点Pの座標を $(x,\ y)$ とすると，

$$x=\frac{3\times6+5\times4}{5+3}=\frac{19}{4},\qquad y=\frac{3\times(-1)+5\times7}{5+3}=4$$

よって，点Pの座標は， $\left(\boldsymbol{\frac{19}{4},\ 4}\right)$

(3) 点Qの座標を $(x,\ y)$ とすると，

$$x=\frac{-3\times6+5\times4}{5-3}=1,\qquad y=\frac{-3\times(-1)+5\times7}{5-3}=19$$

よって，点Qの座標は， $\boldsymbol{(1,\ 19)}$

(4) 点Rの座標を $(x,\ y)$ とすると，

$$x=\frac{-5\times6+3\times4}{3-5}=9,\qquad y=\frac{-5\times(-1)+3\times7}{3-5}=-13$$

よって，点Rの座標は， $\boldsymbol{(9,\ -13)}$

問 8 点 $A(-2,\ 1)$ に関して，点 $P(-6,\ -1)$ と対称な点Qの座標を求めよ。

教科書 p.64

ガイド 線分 PQ の中点が点Aになる。

解答 点Qの座標を $(x,\ y)$ とすると，線分 PQ の中点が点Aであるから，

$$\frac{-6+x}{2}=-2,\qquad \frac{-1+y}{2}=1$$

したがって， $x=2,\ y=3$

よって，点Qの座標は，

$\boldsymbol{(2,\ 3)}$

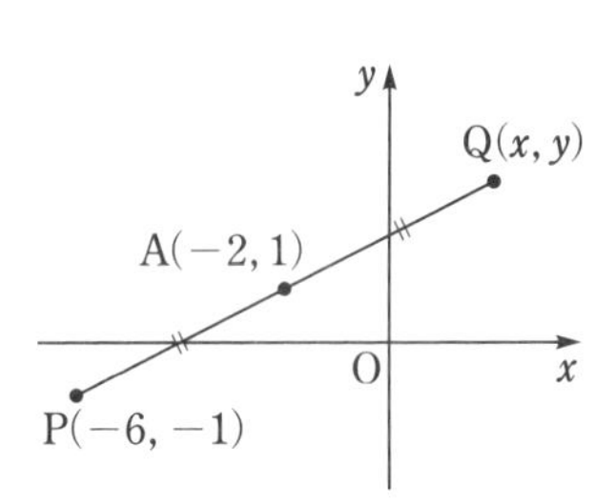

問 9 3点 $A(2,\ 5)$，$B(1,\ -1)$，$C(4,\ -3)$ を頂点とする △ABC の重心Gの座標を求めよ。

教科書 p.65

ガイド 三角形の3つの中線は1点で交わる。この点はこの三角形の**重心**である。

ここがポイント [三角形の重心]

3点 $A(x_1,\ y_1)$，$B(x_2,\ y_2)$，$C(x_3,\ y_3)$ を頂点とする △ABC の重心Gの座標は， $\left(\boldsymbol{\frac{x_1+x_2+x_3}{3},\ \frac{y_1+y_2+y_3}{3}}\right)$

解答 重心Gの座標を $(x,\ y)$ とすると，

$$x=\frac{2+1+4}{3}=\frac{7}{3}$$

$$y=\frac{5+(-1)+(-3)}{3}=\frac{1}{3}$$

よって，重心Gの座標は，$\left(\boldsymbol{\frac{7}{3}},\ \boldsymbol{\frac{1}{3}}\right)$

3　直線の方程式

問 10 次の方程式の表す図形を座標平面上にかけ。

教科書 p.66

(1)　$4x+3y-12=0$　　(2)　$x+3=0$　　(3)　$2y-5=0$

ガイド 傾きが m で，y 軸と点 $(0,\ n)$ で交わる直線は方程式 $y=mx+n$ で表される。この直線を**直線 $y=mx+n$** といい，$y=mx+n$ を，この**直線の方程式**という。

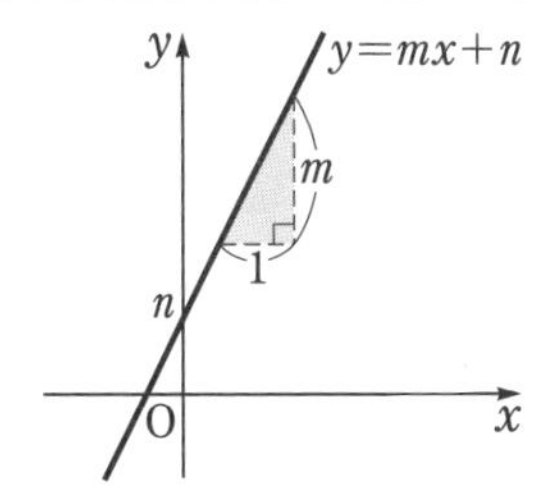

一般に，x，y についての方程式を満たす点 $(x,\ y)$ の集合を**方程式の表す図形**または**方程式のグラフ**という。また，その方程式を**図形の方程式**という。

この問題では，方程式の表す図形の形がわかるように，方程式を変形する。

解答 (1)　方程式を変形すると，$y=-\frac{4}{3}x+4$

であるから，点 $(0,\ 4)$ を通り，傾き $-\frac{4}{3}$ の直線である。

(2)　方程式を変形すると，$x=-3$ であるから，点 $(-3,\ 0)$ を通り，y 軸に平行な直線である。

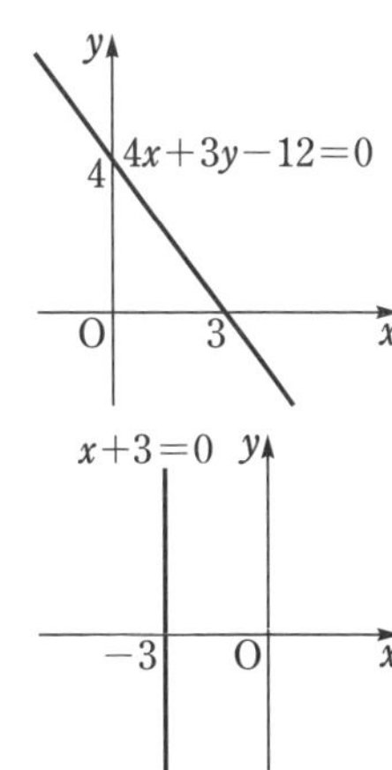

(3) 方程式を変形すると，$y=\frac{5}{2}$ であるから，点 $\left(0,\ \frac{5}{2}\right)$ を通り，x 軸に平行な直線である。

y, $2y-5=0$, $\frac{5}{2}$, O, x

注意 一般に，x，y についての1次方程式 $ax+by+c=0$ の表す図形は，直線である。この方程式で表される直線を，**直線 $\boldsymbol{ax+by+c=0}$** という。

問 11 点 $(-3,\ 2)$ を通り，次の条件を満たす直線の方程式を求めよ。

教科書 p.67

(1) 傾きが $\frac{1}{3}$　(2) 傾きが -1　(3) x 軸に平行

ガイド

ここがポイント [1点と傾きの与えられた直線の方程式]
点 $(x_1,\ y_1)$ を通り，傾き m の直線の方程式は，

$$y-y_1=m(x-x_1)$$

解答 (1) 点 $(-3,\ 2)$ を通り，傾き $\frac{1}{3}$ の直線の方程式は，

$$y-2=\frac{1}{3}\{x-(-3)\}$$

すなわち，　$\boldsymbol{y=\frac{1}{3}x+3}$

(2) 点 $(-3,\ 2)$ を通り，傾き -1 の直線の方程式は，

$$y-2=-\{x-(-3)\}$$

すなわち，　$\boldsymbol{y=-x-1}$

(3) x 軸に平行であるので，直線の傾きは0である。
点 $(-3,\ 2)$ を通り，傾き0の直線の方程式は，

$$y-2=0\cdot\{x-(-3)\}$$

すなわち，　$\boldsymbol{y=2}$

プラスワン 直線が y 軸に平行であるとき，傾きを定義することはできない。したがって，上の公式を利用することができない。
この場合は，x の値が決まっていて，y の値は何でもよいと考え，$x=\triangle$ と答える。

問 12　次の2点を通る直線の方程式を求めよ。

教科書 p.68

(1)　(3, 1), (5, 7)　　(2)　(3, −2), (−1, 5)

(3)　(1, 3), (1, −2)　　(4)　(−1, 4), (3, 4)

ガイド

ここがポイント　[2点を通る直線の方程式]

異なる2点 $(x_1,\ y_1)$, $(x_2,\ y_2)$ を通る直線の方程式は，

$x_1 \neq x_2$ のとき，　$\boldsymbol{y-y_1=\dfrac{y_2-y_1}{x_2-x_1}(x-x_1)}$

$x_1 = x_2$ のとき，　$\boldsymbol{x=x_1}$

解答　(1)　2点 (3, 1), (5, 7) を通る直線の方程式は，

$$y-1=\frac{7-1}{5-3}(x-3) \qquad \text{すなわち，} \qquad \boldsymbol{y=3x-8}$$

(2)　2点 (3, −2), (−1, 5) を通る直線の方程式は，

$$y-(-2)=\frac{5-(-2)}{-1-3}(x-3) \qquad \text{すなわち，} \qquad \boldsymbol{y=-\frac{7}{4}x+\frac{13}{4}}$$

(3)　2点 (1, 3), (1, −2) は x 座標が等しいので，この2点を通る直線の方程式は，　$\boldsymbol{x=1}$

(4)　2点 (−1, 4), (3, 4) を通る直線の方程式は，

$$y-4=\frac{4-4}{3-(-1)}\{x-(-1)\} \qquad \text{すなわち，} \qquad \boldsymbol{y=4}$$

問 13　x 切片が3，y 切片が −4 の直線の方程式を求めよ。

教科書 p.68

ガイド　直線と x 軸の交点の x 座標を **x 切片**，直線と y 軸の交点の y 座標を **y 切片**という。

$a \neq 0$，$b \neq 0$ のとき，x 切片が a，y 切片が b の直線の方程式は，

$$\boldsymbol{\frac{x}{a}+\frac{y}{b}=1}$$

解答　$\dfrac{x}{a}+\dfrac{y}{b}=1$ に，$a=3$，$b=-4$ を代入して，

$$\frac{x}{3}+\frac{y}{-4}=1 \qquad \text{すなわち，} \qquad \boldsymbol{\frac{x}{3}-\frac{y}{4}=1}$$

注意　分母を払って，$4x-3y=12$ としてもよい。

4 2直線の関係

問 14 次の直線のうち，互いに平行なもの，互いに垂直なものを選べ。

教科書 p.70

① $y=-\frac{3}{5}x+4$　② $\frac{x}{5}+\frac{y}{2}=1$　③ $10x+4y=7$

④ $5x+2y+3=0$　⑤ $5x-2y=0$

ガイド

ここがポイント [2直線の平行と垂直]

2直線 $y=mx+n$，$y=m'x+n'$ について，

2直線が平行 $\Longleftrightarrow$ $m=m'$

2直線が垂直 $\Longleftrightarrow$ $mm'=-1$

この問題では，まずそれぞれの直線の傾きを求める。

解答 ①の直線の傾きは，$-\frac{3}{5}$

②の直線の傾きは，$y=-\frac{2}{5}x+2$ より，$-\frac{2}{5}$

③の直線の傾きは，$y=-\frac{5}{2}x+\frac{7}{4}$ より，$-\frac{5}{2}$

④の直線の傾きは，$y=-\frac{5}{2}x-\frac{3}{2}$ より，$-\frac{5}{2}$

⑤の直線の傾きは，$y=\frac{5}{2}x$ より，$\frac{5}{2}$

よって，

互いに平行な直線は，　③と④

互いに垂直な直線は，　②と⑤

である。

プラスワン y 軸に平行な直線には傾きがないから，このような直線を含む2直線が互いに平行，または，垂直であっても，傾きが等しい，または，傾きの積が -1 であるとはいえない。

よって，上の m，m' についての条件式は，2直線の直線の方程式が $y=mx+n$，$y=m'x+n'$ の形で表せるときのみ使える。

問 15　点 $(2,\ -3)$ を通り，直線 $3x-4y-1=0$ に平行な直線の方程式，垂直な直線の方程式を，それぞれ求めよ。

教科書 p.70

ガイド　直線 $3x-4y-1=0$ に平行な直線と垂直な直線の傾きを求める。

解答　直線 $3x-4y-1=0$ を ℓ とすると，ℓ の傾きは，$\dfrac{3}{4}$

したがって，**ℓ に平行な直線**は，傾きが $\dfrac{3}{4}$ で，点 $(2,\ -3)$ を通るから，

$$y-(-3)=\frac{3}{4}(x-2)$$

よって，　$\boldsymbol{3x-4y-18=0}$

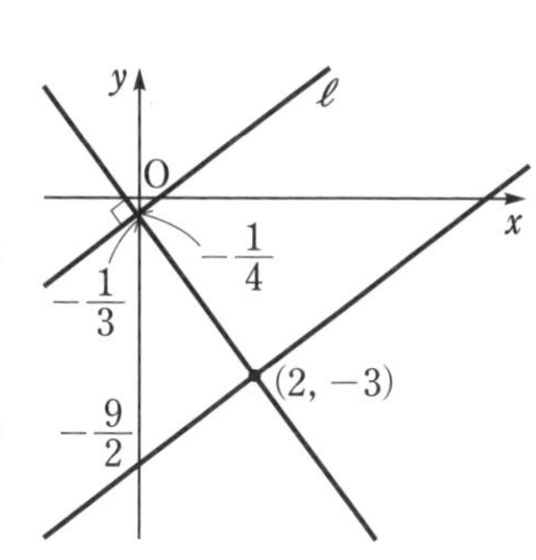

また，ℓ に垂直な直線の傾きを m とすると，$\dfrac{3}{4}m=-1$ より，　$m=-\dfrac{4}{3}$

したがって，**ℓ に垂直な直線**は，傾きが $-\dfrac{4}{3}$ で，点 $(2,\ -3)$ を通るから，

$$y-(-3)=-\frac{4}{3}(x-2)$$

よって，　$\boldsymbol{4x+3y+1=0}$

問 16　直線 $3x+2y+1=0$ に関して，点 $(-2,\ -4)$ と対称な点の座標を求めよ。

教科書 p.71

ガイド　2点 P，Q が直線 ℓ に関して対称であるのは，次の(i)，(ii)が成り立つときである。

(i)　直線 PQ は ℓ と垂直である。

(ii)　線分 PQ の中点は ℓ 上にある。

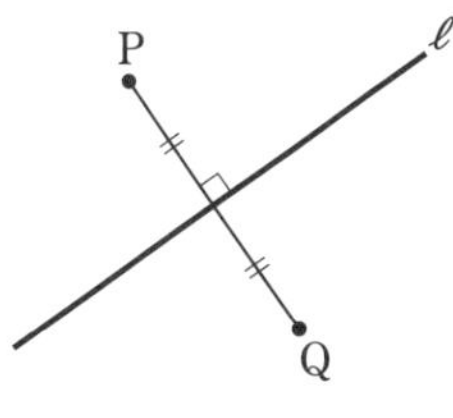

解答　与えられた直線を ℓ，点 $(-2,\ -4)$ を P とし，求める点を $\mathrm{Q}(a,\ b)$ とする。

直線 ℓ の傾きは $-\dfrac{3}{2}$，直線 PQ の傾きは $\dfrac{b+4}{a+2}$ で，$\ell\perp\mathrm{PQ}$ であるから，

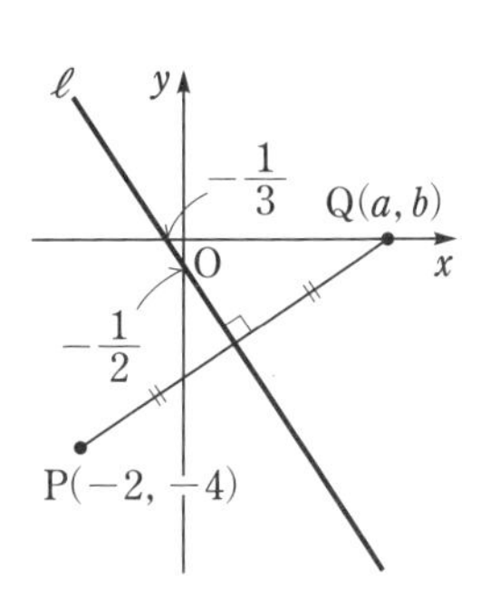

$$-\frac{3}{2}\cdot\frac{b+4}{a+2}=-1$$

すなわち，　$2a-3b=8$　……①

また，線分 PQ の中点$\left(\frac{a-2}{2},\ \frac{b-4}{2}\right)$は，

直線 $3x+2y+1=0$ 上にあるから，

$$3\cdot\frac{a-2}{2}+2\cdot\frac{b-4}{2}+1=0$$

すなわち，　$3a+2b=12$　……②

①，②を解いて，　$a=4,\ b=0$

よって，求める点の座標は，　**(4，0)**

問 17　点 $\mathrm{P}(x_1,\ y_1)$ から直線 $ax+by+c=0$ に下ろした垂線 PH の長さは，

教科書 p.72

$$\mathrm{PH}=\frac{|ax_1+by_1+c|}{\sqrt{a^2+b^2}}\quad\cdots\cdots①$$

である。a，b の一方だけが 0 のときも，①が成り立つことを示せ。

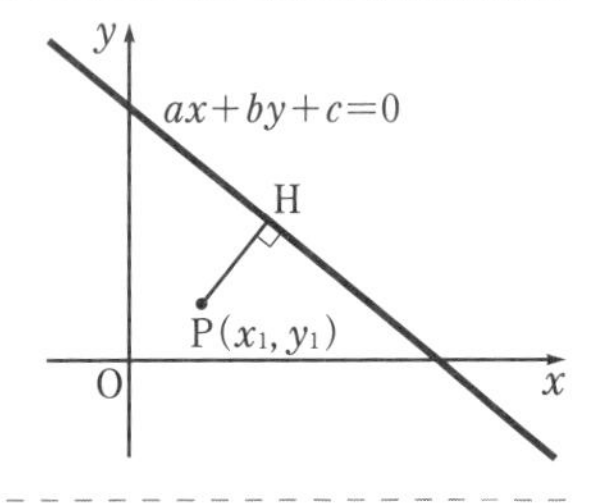

ガイド　$a=0$，$b=0$ のそれぞれの場合について，PH の長さを求める。

解答　$a=0$，$b\neq0$ のとき，直線の方程式は，

$by+c=0$　すなわち，　$y=-\frac{c}{b}$

$$\mathrm{PH}=\left|y_1-\left(-\frac{c}{b}\right)\right|=\left|\frac{by_1+c}{b}\right|$$

$$=\frac{|by_1+c|}{|b|}=\frac{|by_1+c|}{\sqrt{b^2}}$$

よって，a だけが 0 のとき，①は成り立つ。

$a\neq0$，$b=0$ のとき，直線の方程式は，

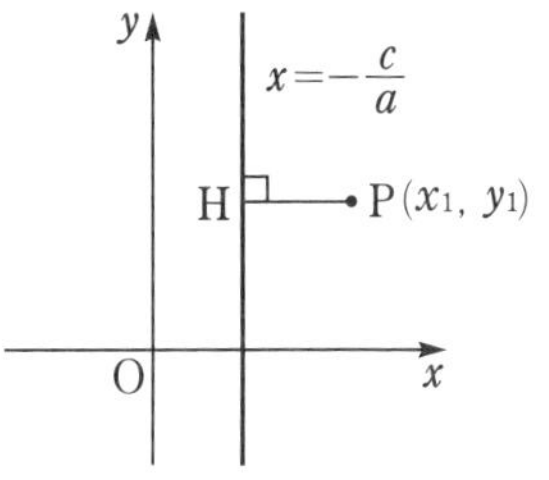

$ax+c=0$　すなわち，　$x=-\frac{c}{a}$

$$\mathrm{PH}=\left|x_1-\left(-\frac{c}{a}\right)\right|=\left|\frac{ax_1+c}{a}\right|$$

$$=\frac{|ax_1+c|}{|a|}=\frac{|ax_1+c|}{\sqrt{a^2}}$$

よって，b だけが 0 のとき，①は成り立つ。

問 18　次の点と直線の距離を求めよ。

教科書 p.73

(1)　点 $(1,\ 2)$ と直線 $3x-4y-5=0$

(2)　原点Oと直線 $5x+12y-6=0$

(3)　点 $(3,\ -3)$ と直線 $y=4x+2$

ガイド　点Pから直線 ℓ に下ろした垂線PHの長さを**点と直線の距離**という。

ここがポイント **[点と直線の距離]**

点 $(x_1,\ y_1)$ と直線 $ax+by+c=0$ の距離 d は,

$$\boldsymbol{d=\frac{|ax_1+by_1+c|}{\sqrt{a^2+b^2}}}$$

とくに, 原点Oと直線 $ax+by+c=0$ の距離 d は,

$$\boldsymbol{d=\frac{|c|}{\sqrt{a^2+b^2}}}$$

解答　求める距離を d とする。

(1)　$d=\dfrac{|3\cdot1-4\cdot2-5|}{\sqrt{3^2+(-4)^2}}=\dfrac{|-10|}{\sqrt{25}}=\dfrac{10}{5}=\mathbf{2}$

(2)　$d=\dfrac{|-6|}{\sqrt{5^2+12^2}}=\dfrac{|-6|}{\sqrt{169}}=\boldsymbol{\dfrac{6}{13}}$

(3)　$y=4x+2$ を変形すると, $4x-y+2=0$ となるから,

$$d=\frac{|4\cdot3-(-3)+2|}{\sqrt{4^2+(-1)^2}}=\frac{|17|}{\sqrt{17}}=\boldsymbol{\sqrt{17}}$$

プラスワン　(1)において, 点 $(1,\ 2)$ をAとし, 直線 $3x-4y-5=0$ 上に動点Pをとると, 求めた距離 d は, AP の長さの最小値になっている。

Pの座標を $\left(t,\ \dfrac{3t-5}{4}\right)$ とおくと,

$$\begin{aligned}\mathrm{AP}&=\sqrt{(t-1)^2+\left(\frac{3t-5}{4}-2\right)^2}\\&=\sqrt{\frac{25}{16}t^2-\frac{55}{8}t+\frac{185}{16}}\\&=\sqrt{\frac{25}{16}\left(t-\frac{11}{5}\right)^2+4}\end{aligned}$$

したがって, AP は, $t=\dfrac{11}{5}$ のとき最小値 $\sqrt{4}=2$ をとる。

問 19　2 直線 $4x+3y+12=0$，$x-2y-2=0$ の交点と点 $(6,\ 8)$ を通る直線の方程式を求めよ。

教科書 p. 74

ガイド　異なる 2 直線 $ax+by+c=0$，$a'x+b'y+c'=0$ の交点を通る直線の方程式は，k を定数として，次のように表される。

$$ax+by+c+k(a'x+b'y+c')=0$$

解答　$x-2y-2=0$ は点 $(6,\ 8)$ を通らないので，求める直線の方程式は，k を定数として，

$$4x+3y+12+k(x-2y-2)=0 \quad \cdots\cdots①$$

とおける。

この直線が点 $(6,\ 8)$ を通るから，

$$4\cdot6+3\cdot8+12+k(6-2\cdot8-2)=0$$

$$60-12k=0$$

したがって，　$k=5$

これを①に代入して，

$$4x+3y+12+5(x-2y-2)=0$$

よって，　$\boldsymbol{9x-7y+2=0}$

注意　方程式 $ax+by+c+k(a'x+b'y+c')=0$ は，2 直線

$$ax+by+c=0,\quad a'x+b'y+c'=0$$

の交点を通る直線を表しているが，直線 $a'x+b'y+c'=0$ は表せないことに注意する。

節末問題　第1節　点と直線

1　教科書 p.75

2点 A(−1, 1), B(2, 4) から等距離にある x 軸上の点Pの座標を求めよ。

ガイド　点Pは x 軸上にあるから，P(x, 0) とおける。2点間の距離の公式を用いて，AP=BP，すなわち，$AP^2=BP^2$ を満たす x の値を求める。

解答　点Pは x 軸上にあるので，その座標は (x, 0) とおける。

AP=BP より $AP^2=BP^2$ であるから，

$$(x+1)^2+(-1)^2=(x-2)^2+(-4)^2$$

これを解いて，　$x=3$

よって，点Pの座標は，　**(3, 0)**

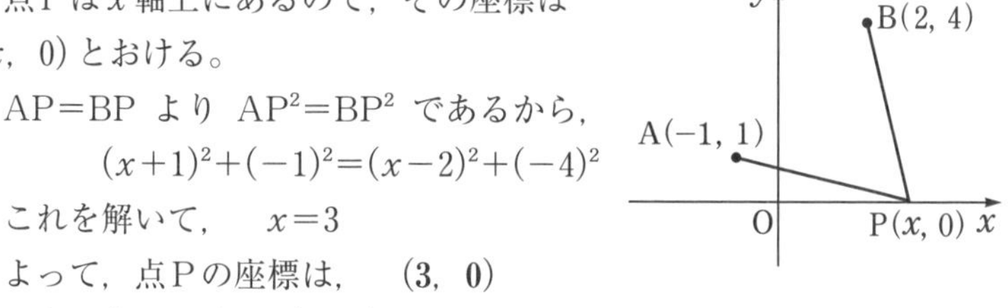

別解　2点 A(−1, 1), B(2, 4) から等距離にある点 P(x, y) は，$(x+1)^2+(y-1)^2=(x-2)^2+(y-4)^2$ より，$x+y-3=0$ を満たしている。

直線 $x+y-3=0$ と x 軸との交点の x 座標は，　$x=3$

よって，点Pの座標は，　**(3, 0)**

2　教科書 p.75

3点 A(−1, 3), B(1, 0), C(4, 2) を頂点とする △ABC はどのような三角形か。

ガイド　三角形の3辺の長さを，それぞれ求める。

解答　$AB^2=\{1-(-1)\}^2+(0-3)^2=13$

$BC^2=(4-1)^2+(2-0)^2=13$

$CA^2=(-1-4)^2+(3-2)^2=26$

よって，$AB^2=BC^2$ で，AB>0, BC>0 より，　AB=BC

また，$CA^2=AB^2+BC^2$ であるから，三平方の定理の逆より，∠B=90°

したがって，△ABC は **AB=BC の直角二等辺三角形**（**∠B=90° の直角二等辺三角形**）である。

3 教科書 p.75

平面上に長方形 ABCD がある。点 P をこの平面上のどこにとっても，

$$PA^2+PC^2=PB^2+PD^2$$

が成り立つことを証明せよ。

ガイド 点Bを原点にとり，AB$=a$，BC$=c$ として，3点 A，C，D の座標を定める。

解答 点Bを原点，直線 BC を x 軸，直線 AB を y 軸にとる。

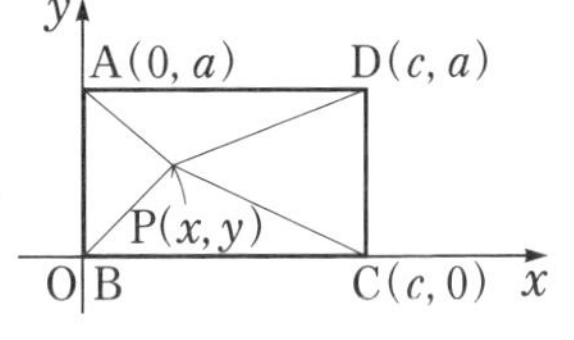

このとき，A，C，D の座標は，それぞれ，

A$(0,\ a)$，C$(c,\ 0)$，D$(c,\ a)$

とおくことができる。

点Pの座標を $(x,\ y)$ とすると，

$$PA^2+PC^2=\{(0-x)^2+(a-y)^2\}+\{(c-x)^2+(0-y)^2\}$$
$$=2x^2+2y^2+a^2+c^2-2ay-2cx$$

である。また，

$$PB^2+PD^2=(x^2+y^2)+\{(c-x)^2+(a-y)^2\}$$
$$=2x^2+2y^2+a^2+c^2-2ay-2cx$$

である。

よって，　$PA^2+PC^2=PB^2+PD^2$

別解 下の図のように座標を定めると，

$$PA^2+PC^2=(-a-x)^2+(b-y)^2+(a-x)^2+(0-y)^2$$
$$=(a+x)^2+(b-y)^2+(a-x)^2+y^2$$
$$PB^2+PD^2=(-a-x)^2+(0-y)^2+(a-x)^2+(b-y)^2$$
$$=(a+x)^2+(b-y)^2+(a-x)^2+y^2$$

よって，　$PA^2+PC^2=PB^2+PD^2$

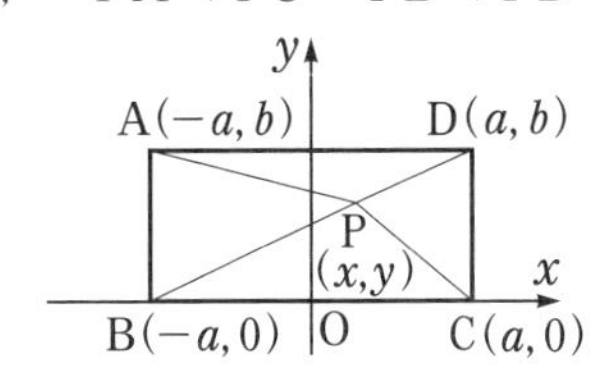

4 教科書 p.75

3点A，B，Cがあり，A$(-2,\ 1)$，B$(4,\ 3)$である。このとき，次の問いに答えよ。

(1) 点Bが線分ACを $2:3$ に内分する点であるとき，点Cの座標を求めよ。

(2) △ABCの重心Gの座標が$(3,\ -1)$であるとき，点Cの座標を求めよ。

ガイド 点Cの座標を$(x,\ y)$として考える。

解答 点Cの座標を$(x,\ y)$とする。

(1) 点Bが線分ACを $2:3$ に内分するとき，

$$4=\frac{3\times(-2)+2\times x}{2+3},\qquad 3=\frac{3\times1+2\times y}{2+3}$$

これらを解いて，　$x=13,\ y=6$

よって，点Cの座標は，　**(13，6)**

(2) △ABCの重心Gの座標が$(3,\ -1)$のとき，

$$3=\frac{(-2)+4+x}{3},\qquad -1=\frac{1+3+y}{3}$$

これらを解いて，　$x=7,\ y=-7$

よって，点Cの座標は，　**(7，−7)**

5 教科書 p.75

3点A$(1,\ 3)$，B$(-2,\ -1)$，C$(2,\ 0)$を3つの頂点にもつ平行四辺形ABCDの頂点Dの座標を求めよ。

ガイド 平行四辺形の対角線は，それぞれの中点で交わるから，線分ACの中点と線分BDの中点は一致する。

解答 頂点Dの座標を$(a,\ b)$とする。

平行四辺形の対角線は，それぞれの中点で交わるから，線分ACの中点と線分BDの中点は一致する。

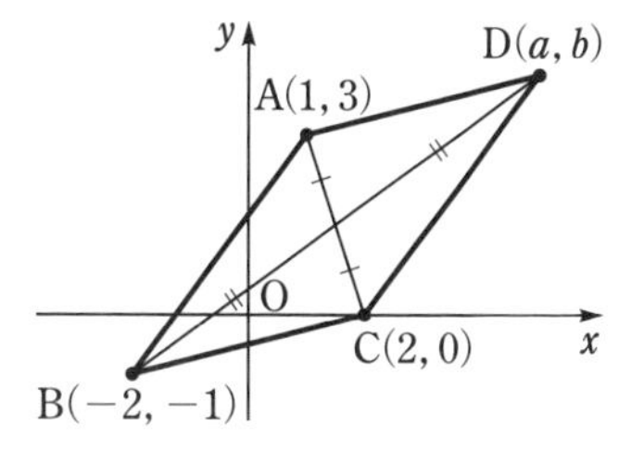

よって，

$$\frac{1+2}{2}=\frac{-2+a}{2}$$

$$\frac{3+0}{2}=\frac{-1+b}{2}$$

これらを解いて，　$a=5,\ b=4$

よって，点Dの座標は，　**(5，4)**

☐ **6**　教科書 p.75

2点 A(−2, 1), B(4, 5) を結ぶ線分 AB の垂直二等分線の方程式を求めよ。

ガイド 線分 AB の中点を通り，直線 AB に垂直な直線の方程式を求める。

解答 求める直線の傾きを m とすると，直線 AB の傾きは，

$\dfrac{5-1}{4-(-2)}=\dfrac{2}{3}$ であるから，$m\cdot\dfrac{2}{3}=-1$ より，　$m=-\dfrac{3}{2}$

また，線分 AB の中点の座標は，$\left(\dfrac{-2+4}{2},\ \dfrac{1+5}{2}\right)$ より，　(1, 3)

よって，求める直線の方程式は，

$y-3=-\dfrac{3}{2}(x-1)$　　すなわち，　$\boldsymbol{3x+2y-9=0}$

☐ **7**　教科書 p.75

3点 A(2, −8), B(5, 7), C(−1, 3) について，次の問いに答えよ。

(1) 直線 BC の方程式を求めよ。

(2) 点Aと直線 BC の距離を求めよ。

(3) △ABC の面積を求めよ。

ガイド (3) 線分 BC を底辺と見て長さを求め，(2)を利用する。

解答 (1) 2点 (5, 7), (−1, 3) を通る直線の方程式は，

$y-7=\dfrac{3-7}{-1-5}(x-5)$　　すなわち，　$\boldsymbol{2x-3y+11=0}$

(2) 点Aと直線 BC の距離を d とすると，

$$d=\frac{|2\cdot2-3\cdot(-8)+11|}{\sqrt{2^2+(-3)^2}}=\frac{|39|}{\sqrt{13}}=\frac{39}{\sqrt{13}}=\boldsymbol{3\sqrt{13}}$$

(3) $BC=\sqrt{(-1-5)^2+(3-7)^2}$

$=\sqrt{52}=2\sqrt{13}$

よって，△ABC の面積は，(2)の結果を利用して，

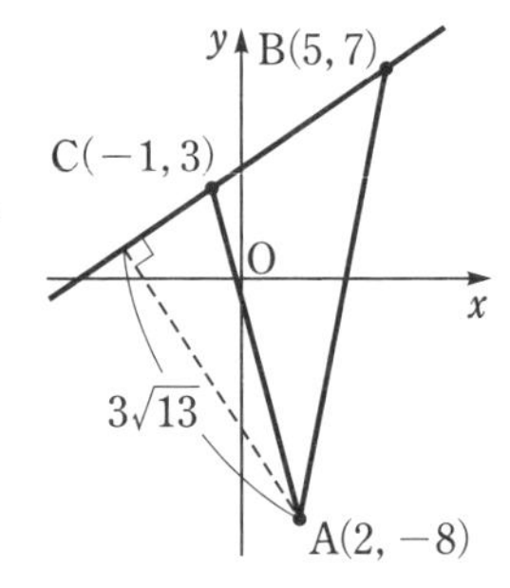

$\triangle ABC=\dfrac{1}{2}\times BC\times d$

$=\dfrac{1}{2}\times2\sqrt{13}\times3\sqrt{13}$

$=\boldsymbol{39}$

第2節　円と直線

1　円の方程式

問 20　次の条件を満たす円の方程式を求めよ。

教科書 p. 76

(1)　中心が点 (4, 2)，半径が 3　　(2)　中心が原点，半径が $\sqrt{2}$

ガイド

ここがポイント　[円の方程式]

中心が点 $(a,\ b)$，半径が r の円の方程式は，

$$(\boldsymbol{x}-\boldsymbol{a})^2+(\boldsymbol{y}-\boldsymbol{b})^2=\boldsymbol{r}^2$$

とくに，原点Oを中心とする半径が r の円の方程式は，

$$\boldsymbol{x}^2+\boldsymbol{y}^2=\boldsymbol{r}^2$$

解答　(1)　中心が点 (4, 2)，半径が 3 の円の方程式は，

$(x-4)^2+(y-2)^2=3^2$

すなわち，　$\boldsymbol{(x-4)^2+(y-2)^2=9}$

(2)　中心が原点，半径が $\sqrt{2}$ の円の方程式は，

$x^2+y^2=(\sqrt{2})^2$

すなわち，　$\boldsymbol{x^2+y^2=2}$

問 21　次の円の中心の座標と半径を求めよ。

教科書 p. 76

(1)　$(x+2)^2+(y+3)^2=5$　　(2)　$(x-4)^2+y^2=16$

ガイド　右辺の正の平方根が半径となる。

解答　(1)　円 $(x+2)^2+(y+3)^2=5$ の**中心の座標**は $\boldsymbol{(-2,\ -3)}$，**半径**は $\boldsymbol{\sqrt{5}}$ である。

(2)　円 $(x-4)^2+y^2=16$ の**中心の座標**は $\boldsymbol{(4,\ 0)}$，**半径**は **4** である。

問 22　2点 A(−5, 6)，B(3, 4) を直径の両端とする円の方程式を求めよ。

教科書 p. 77

ガイド　線分 AB の中点が円の中心となる。中心の座標を求めた後は，点Bと中心の距離，すなわち，半径を求める。

解答 円の中心をCとすると，線分ABの中点が点Cであるから，点Cの座標は，

$\left(\dfrac{-5+3}{2},\ \dfrac{6+4}{2}\right)$

すなわち，$(-1,\ 5)$

半径は，$CB=\sqrt{\{3-(-1)\}^2+(4-5)^2}$

$=\sqrt{17}$

よって，円の方程式は，

$\boldsymbol{(x+1)^2+(y-5)^2=17}$

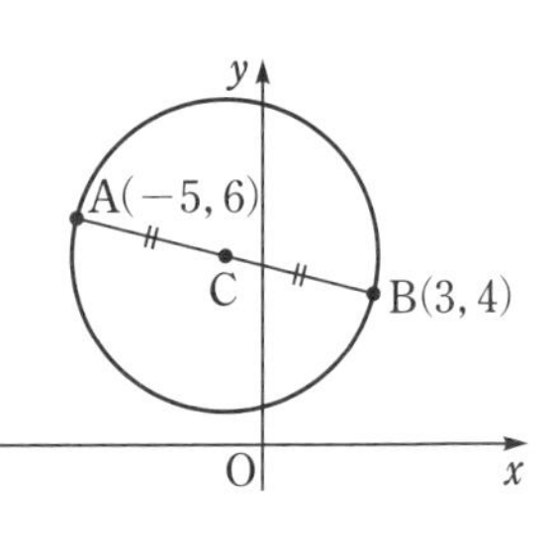

問 23 次の方程式は，どのような図形を表すか。

教科書 p.77

(1) $x^2+y^2+8x-6y-11=0$　　(2) $x^2+y^2-4x-2y+5=0$

ガイド 円の方程式は，ℓ，m，n を定数として，

$\boldsymbol{x^2+y^2+\ell x+my+n=0}$ ……①

の形に表される。

一般に，方程式①を $(x-a)^2+(y-b)^2=k$ の形に変形したとき，

$k>0$ ならば，中心が点 $(a,\ b)$，半径が $\sqrt{k}$ の円を表す。

$k=0$ ならば，1点 $(a,\ b)$ を表す。

$k<0$ ならば，この方程式の表す図形はない。

このように，方程式①は必ずしも円を表すとは限らない。

解答 (1) 方程式 $x^2+y^2+8x-6y-11=0$ を変形すると，

$(x+4)^2-4^2+(y-3)^2-3^2-11=0$

よって，$(x+4)^2+(y-3)^2=36$

これは，**中心が点 $(-4,\ 3)$，半径が 6 の円**を表す。

(2) 方程式 $x^2+y^2-4x-2y+5=0$ を変形すると，

$(x-2)^2-2^2+(y-1)^2-1^2+5=0$

よって，$(x-2)^2+(y-1)^2=0$

これは，**1点 $(2,\ 1)$** を表す。

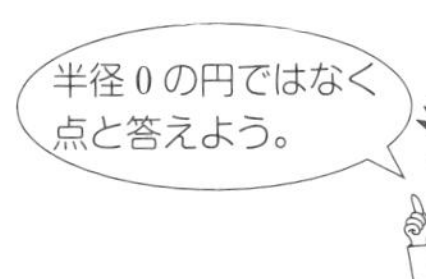

問 24　3点 $A(5,\ 2)$，$B(-1,\ 0)$，$C(3,\ -2)$ がある。このとき，次の問いに答えよ。

教科書 p.78

(1)　3点 A，B，C を通る円の方程式を求めよ。

(2)　△ABC の外心の座標と，外接円の半径を求めよ。

ガイド　(1)　求める円の方程式を $x^2+y^2+\ell x+my+n=0$ とおいて，3点 A，B，C の座標を代入する。

(2)　△ABC の3つの頂点 A，B，C を通る円は，△ABC の**外接円**であり，その中心は △ABC の**外心**である。

解答　(1)　求める円の方程式を $x^2+y^2+\ell x+my+n=0$ とする。

この円が3点 $A(5,\ 2)$，$B(-1,\ 0)$，$C(3,\ -2)$ を通るから，

$$\begin{cases} 5^2+2^2+5\ell+2m+n=0 \\ (-1)^2+0^2-\ell+0+n=0 \\ 3^2+(-2)^2+3\ell-2m+n=0 \end{cases}$$

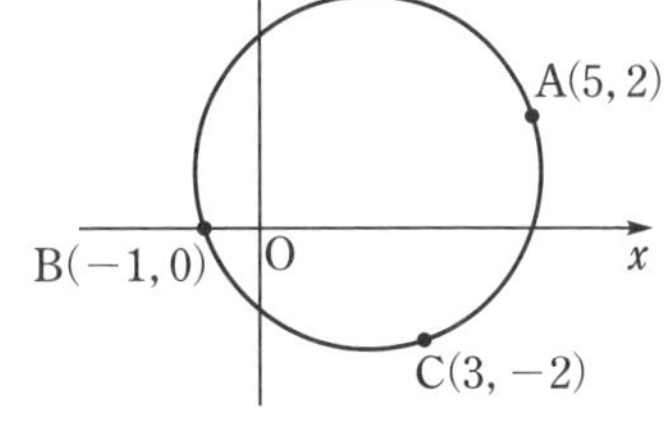

整理すると，

$$\begin{cases} 5\ell+2m+n=-29 & \cdots\cdots① \\ -\ell \qquad\quad +n=\ -1 & \cdots\cdots② \\ 3\ell-2m+n=-13 & \cdots\cdots③ \end{cases}$$

①＋③より，$8\ell+2n=-42$　　よって，$4\ell+n=-21$　……④

②，④より，　$\ell=-4$，$n=-5$

したがって，①より，　$m=-2$

よって，求める円の方程式は，　$\boldsymbol{x^2+y^2-4x-2y-5=0}$

(2)　(1)で求めた方程式を変形すると，

$$(x-2)^2+(y-1)^2=10$$

よって，**外心の座標**は $\mathbf{(2,\ 1)}$ で，**外接円の半径**は $\boldsymbol{\sqrt{10}}$ である。

プラスワン　(1)のように，円の方程式は3つの定数 ℓ，m，n を用いて，$x^2+y^2+\ell x+my+n=0$ と表せる。逆に，ℓ，m，n を決めると，円の方程式は1通りに決まるから，円の通る3点を与えられると円の方程式が1通りに決まる。

(1)の連立方程式は解くのが大変だから
ゆっくり解こうね。

2 円と直線

問 25 次の円と直線の共有点の座標を求めよ。

教科書 p.79

(1) $x^2+y^2=25$, $y=x-1$　　(2) $x^2+y^2=5$, $x-2y-5=0$

ガイド (2) $x-2y-5=0$ を $x=2y+5$ と変形して，円の方程式に代入する。

解答 (1) $\begin{cases} x^2+y^2=25 & \cdots\cdots ① \\ y=x-1 & \cdots\cdots ② \end{cases}$

とおく。

②を①に代入して整理すると，

$x^2-x-12=0$

これを解いて，　$x=-3,\ 4$

②より，

$x=-3$ のとき，$y=-4$

$x=4$ のとき，$y=3$

よって，共有点の座標は，　**$(-3,\ -4)$，$(4,\ 3)$**

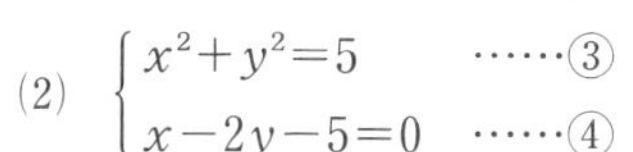

(2) $\begin{cases} x^2+y^2=5 & \cdots\cdots ③ \\ x-2y-5=0 & \cdots\cdots ④ \end{cases}$

とおく。

④より，　$x=2y+5$　$\cdots\cdots ⑤$

⑤を③に代入して整理すると，

$y^2+4y+4=0$

これを解いて，　$y=-2$

⑤に代入して，　$x=1$

よって，共有点の座標は，　**$(1,\ -2)$**

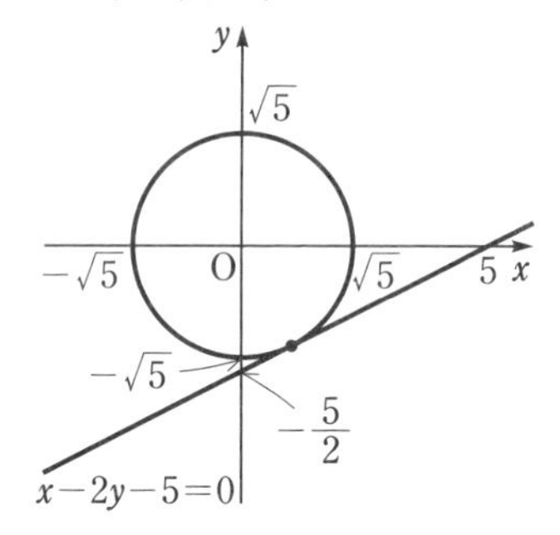

プラスワン (2)のように，円と直線が1点のみを共有するとき，その円と直線は接している。そして，その直線は円の接線であり，その共有点は接点である。

☑問 26　円 $x^2+y^2=2$ と直線 $y=-x+k$ が異なる 2 点で交わるような定数 k の値の範囲を求めよ。また，接するときの k の値と，接点の座標を求めよ。

教科書 p.80

ガイド　一般に，円と直線の共有点の個数は，それらの方程式から 1 つの文字を消去して得られる 2 次方程式の異なる実数解の個数と一致する。この 2 次方程式の判別式を D とすると，次のことが成り立つ。

Dの符号	$D>0$	$D=0$	$D<0$
円と直線の位置関係	異なる 2 点で交わる	接する	共有点をもたない
共有点の個数	2 個	1 個	0 個

解答　連立方程式

$$\begin{cases} x^2+y^2=2 & \cdots\cdots① \\ y=-x+k & \cdots\cdots② \end{cases}$$

において，②を①に代入して整理すると，

$$2x^2-2kx+k^2-2=0 \quad \cdots\cdots③$$

円と直線が異なる 2 点で交わるのは，

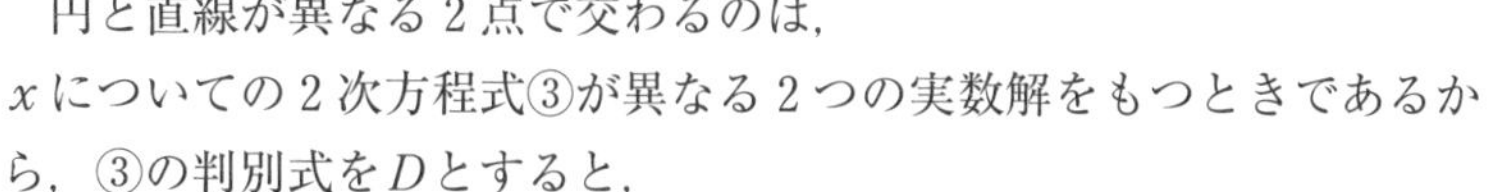

x についての 2 次方程式③が異なる 2 つの実数解をもつときであるから，③の判別式を D とすると，

$$\frac{D}{4}=(-k)^2-2(k^2-2)>0$$

これより，$-k^2+4>0$　すなわち，$k^2-4<0$　よって，$\boldsymbol{-2<k<2}$

また，円と直線が接するのは，x についての 2 次方程式③が重解をもつときであるから，

$$\frac{D}{4}=-k^2+4=0$$

これより，$k^2=4$　　よって，$\boldsymbol{k=\pm 2}$

$k=2$ のとき，③に代入して整理すると，　$x^2-2x+1=0$

これを解くと，　$x=1$　　このとき，$y=-1+2=1$

よって，**接点の座標**は，　$(\mathbf{1},\ \mathbf{1})$

$k=-2$ のとき，③に代入して整理すると，　$x^2+2x+1=0$

これを解くと，　$x=-1$　　このとき，$y=-(-1)-2=-1$

よって，**接点の座標**は，　$(\mathbf{-1},\ \mathbf{-1})$

問 27 円 $x^2+y^2=2$ と直線 $y=-x+k$ が共有点をもたないような定数 k の値の範囲を求めよ。

教科書 p.81

ガイド 円と直線の位置関係について，円の中心Cから直線 ℓ までの距離を d，円の半径を r とすると，次のことが成り立つ。

d と r の大小	$d<r$	$d=r$	$d>r$
円と直線の位置関係	異なる2点で交わる	接する	共有点をもたない
共有点の個数	2個	1個	0個

解答 円 $x^2+y^2=2$ の中心は原点Oで，半径 r は，$r=\sqrt{2}$ である。

直線の方程式を変形すると，

$$x+y-k=0$$

原点と直線 $x+y-k=0$ の距離を d とすると，

$$d=\frac{|-k|}{\sqrt{1^2+1^2}}=\frac{|k|}{\sqrt{2}}$$

円と直線が共有点をもたないのは，$d>r$ のときであるから，

$$\frac{|k|}{\sqrt{2}}>\sqrt{2}$$

すなわち，　$|k|>2$

よって，　$\boldsymbol{k<-2,\ 2<k}$

プラスワン 問 27 は 問 26 のように，2次方程式の判別式 D を用いた方法で解くこともできる。

$x^2+y^2=2$ に $y=-x+k$ を代入して整理した式，

$$2x^2-2kx+k^2-2=0$$

の判別式を D として，

$$\frac{D}{4}=(-k)^2-2(k^2-2)=-k^2+4<0$$

となることを利用する。

問 28　半径 r の円 $x^2+y^2=r^2$ と直線 $4x-3y-20=0$ が接するような r の値を求めよ。

教科書 p.81

ガイド　円の中心，すなわち，原点と直線の距離と r が等しいときの r の値を求める。

解答　原点と直線 $4x-3y-20=0$ の距離を d とすると，

$$d=\frac{|-20|}{\sqrt{4^2+(-3)^2}}=\frac{20}{\sqrt{25}}=4$$

円と直線が接するのは，$d=r$ のときであるから，　$\boldsymbol{r=4}$

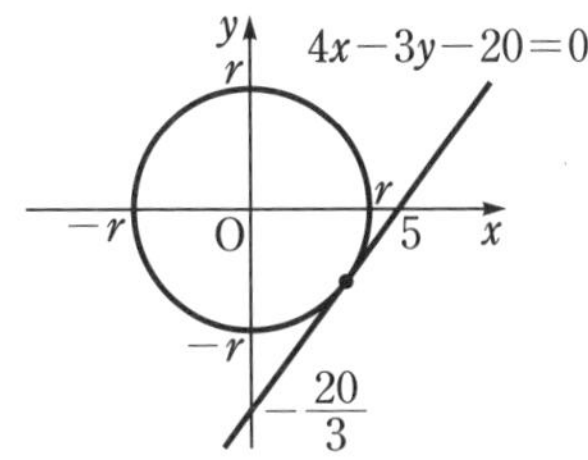

注意　2次方程式の判別式を利用する方法でも解けるが，計算が複雑になる。計算しやすい解き方を選ぼう。

問 29　円 $x^2+y^2=13$ 上の点 $(3,\ -2)$ における接線の方程式を求めよ。

教科書 p.82

ガイド

ここがポイント　**[円上の点における接線の方程式]**

円 $x^2+y^2=r^2$ 上の点 $(x_1,\ y_1)$ における接線の方程式は，

$$\boldsymbol{x_1x+y_1y=r^2}$$

解答　円 $x^2+y^2=13$ 上の点 $(3,\ -2)$ における接線の方程式は，

$3\cdot x+(-2)\cdot y=13$　　すなわち，　$\boldsymbol{3x-2y=13}$

注意　円の接線の方程式の公式は丸暗記するだけではなく，教科書 p.82 で示されている証明をよく読んで，自力で導けるようにしておきたい。

また，公式に頼らなくても解けるようにしておくのがよい。次のような，公式に頼らない別解も掲載しておく。

別解　接点を P(3，−2) とするとき，円の中心Oと結んだ直線 OP と接線とは直交する。

接線の傾きを a とすると，$-\dfrac{2}{3}\cdot a=-1$ より，　$a=\dfrac{3}{2}$

したがって，求める接線の方程式は，

$$y+2=\frac{3}{2}(x-3)$$

整理すると，　$\boldsymbol{3x-2y=13}$

問 30　点 $(3,\ -1)$ から円 $x^2+y^2=5$ に引いた接線の方程式を求めよ。

教科書 p.83

ガイド　接点の座標を $(x_1,\ y_1)$ として接線の方程式を作る。その接線が点 $(3,\ -1)$ を通るような x_1, y_1 の値を求めればよい。

解答　接点の座標を $(x_1,\ y_1)$ とすると，求める接線の方程式は，

$$x_1x+y_1y=5 \quad \cdots\cdots①$$

点 $(3,\ -1)$ がこの接線上にあるから，

$$3x_1-y_1=5 \quad \cdots\cdots②$$

点 $(x_1,\ y_1)$ は円 $x^2+y^2=5$ 上の点でもあるから，

$$x_1{}^2+y_1{}^2=5 \quad \cdots\cdots③$$

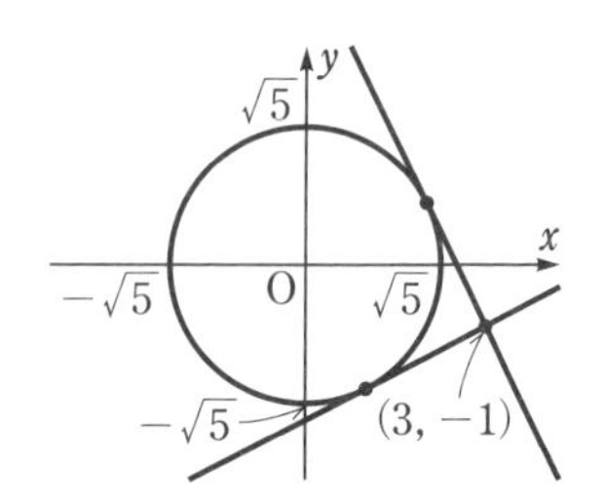

②，③より，y_1 を消去すると，

$$x_1{}^2+(3x_1-5)^2=5$$

$$10x_1{}^2-30x_1+20=0$$

$$x_1{}^2-3x_1+2=0$$

$$(x_1-1)(x_1-2)=0$$

これより，　$x_1=1,\ 2$

②より，　$x_1=1$ のとき，$y_1=-2$

　　　　$x_1=2$ のとき，$y_1=1$

これらを①に代入して，求める接線の方程式は，

$\boldsymbol{x-2y=5}$，　$\boldsymbol{2x+y=5}$

問 31　中心が点 $(2,\ 1)$ で，円 $x^2+y^2=45$ に内接する円の方程式を求めよ。

教科書 p.84

ガイド　半径が，それぞれ r，r' である2つの円 C，C′ の中心間の距離を d とし，$r>r'$ とすると，2つの円の位置関係には次のような場合がある。

(ア)　互いに外部にある（共有点なし）

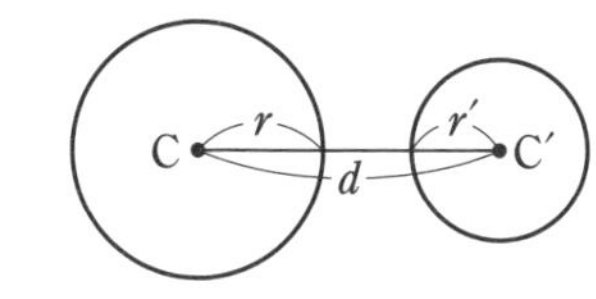

$d>r+r'$

(イ)　外接する（1点を共有）

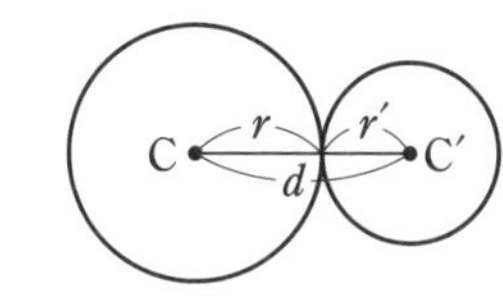

$d=r+r'$

(ウ)　2点で交わる（2点を共有）

$r-r'<d<r+r'$

(エ)　内接する（1点を共有）

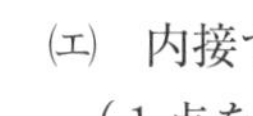

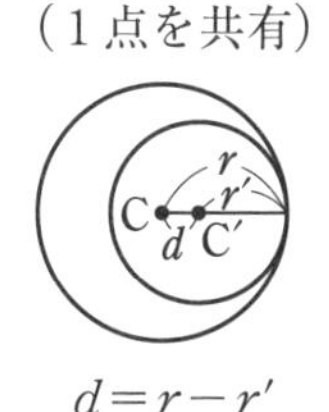

$d=r-r'$

(オ)　一方が他方の内部にある（共有点なし）

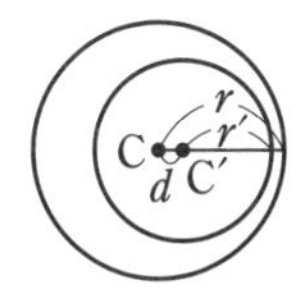

$d<r-r'$

解答　点 $(2,\ 1)$ を点Cとする。

円 $x^2+y^2=45$ の中心は原点O，半径は $3\sqrt{5}$ である。

2つの円の中心間の距離 d は，

$$d=\mathrm{OC}=\sqrt{2^2+1^2}=\sqrt{5}$$

求める円の半径を r とすると，

$$r=3\sqrt{5}-d=2\sqrt{5}$$

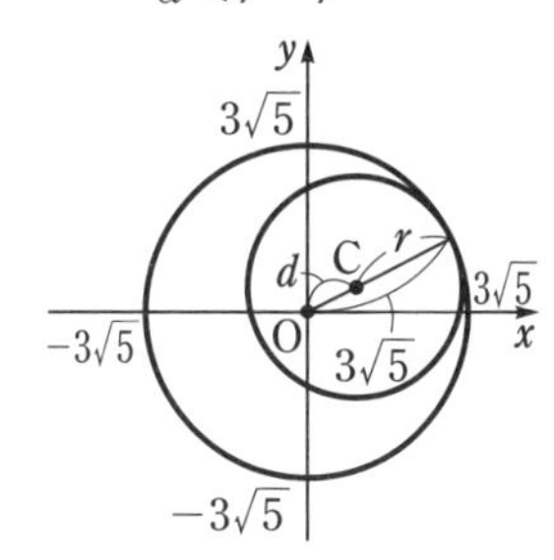

よって，求める円の方程式は，　$\boldsymbol{(x-2)^2+(y-1)^2=20}$

節末問題 第2節 円と直線

1 教科書 p.85

次の円の方程式を求めよ。

(1) 中心が点 $(-3,\ -4)$ で，x 軸に接する円

(2) 中心が第4象限にあり，x 軸，y 軸に接する半径2の円

(3) 中心が点 $(-2,\ 4)$ で，直線 $x-2y-5=0$ に接する円

(4) 中心が直線 $y=2x+4$ 上にあり，2点 $\mathrm{A}(2,\ 3)$，$\mathrm{B}(-2,\ -1)$ を通る円

ガイド (4) 中心の座標は，$(a,\ 2a+4)$ とおける。

解答 (1) x 軸に接するから，半径は4である。

よって，求める円の方程式は，

$$(\boldsymbol{x}+3)^2+(\boldsymbol{y}+4)^2=16$$

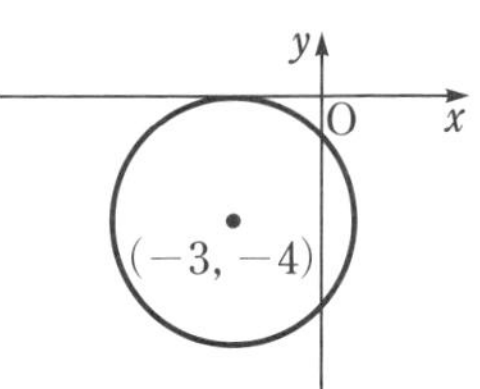

(2) 中心が第4象限にあり，x 軸，y 軸に接するから，中心の座標は，半径を r として，$(r,\ -r)$ とおける。

半径が2であるから，$r=2$

よって，求める円の方程式は，

$$(\boldsymbol{x}-2)^2+(\boldsymbol{y}+2)^2=4$$

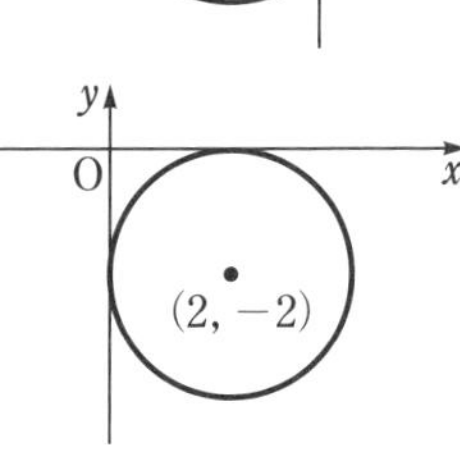

(3) 点 $(-2,\ 4)$ と直線 $x-2y-5=0$ の距離 d は，

$$d=\frac{|(-2)-2\cdot4-5|}{\sqrt{1^2+(-2)^2}}=\frac{|-15|}{\sqrt{5}}=3\sqrt{5}$$

求める円の半径は d に等しいから，求める円の方程式は，

$$(\boldsymbol{x}+2)^2+(\boldsymbol{y}-4)^2=45$$

(4) 中心の座標は，$(a,\ 2a+4)$ とおけるから，求める円の方程式は，半径を r とすると，次のように表せる。

$$(x-a)^2+\{y-(2a+4)\}^2=r^2 \quad \cdots\cdots①$$

この円が2点 $\mathrm{A}(2,\ 3)$，$\mathrm{B}(-2,\ -1)$ を通るから，

$$(2-a)^2+\{3-(2a+4)\}^2=r^2$$

すなわち，$5a^2+5=r^2$

$$(-2-a)^2+\{-1-(2a+4)\}^2=r^2$$

すなわち，$5a^2+24a+29=r^2$

これらを解いて，　$a=-1$，$r^2=10$

①に代入して，　$(\boldsymbol{x}+1)^2+(\boldsymbol{y}-2)^2=10$

□ **2** 教科書 **p.85**

方程式 $x^2+y^2+2x+4y+a=0$ が円を表すような定数 a の値の範囲を求めよ。

ガイド $(x-p)^2+(y-q)^2=k$ と変形したときに，$k>0$ となるように a の値の範囲を定める。

解答 方程式 $x^2+y^2+2x+4y+a=0$ を変形すると，

$$(x+1)^2+(y+2)^2=-a+5$$

この方程式が円を表すのは，$-a+5>0$ のときである。

よって，　$\boldsymbol{a<5}$

□ **3** 教科書 **p.85**

点 $(1,\ 5)$ を通る傾きが m の直線と，円 $x^2+y^2-2x-4=0$ が接するような m の値と，接点の座標を求めよ。

ガイド 接するとき，(円の中心と直線の距離)＝(円の半径) である。

解答 直線の方程式は，

$$y-5=m(x-1) \quad \cdots\cdots①$$

よって，　$mx-y-m+5=0$

円の方程式を変形すると，

$$(x-1)^2+y^2=5 \quad \cdots\cdots②$$

この円の中心の座標は，$(1,\ 0)$ で，半径を r とすると，$r=\sqrt{5}$ である。

円の中心と直線 $mx-y-m+5=0$ の距離を d とすると，

$$d=\frac{|m\cdot1-0-m+5|}{\sqrt{m^2+(-1)^2}}=\frac{5}{\sqrt{m^2+1}}$$

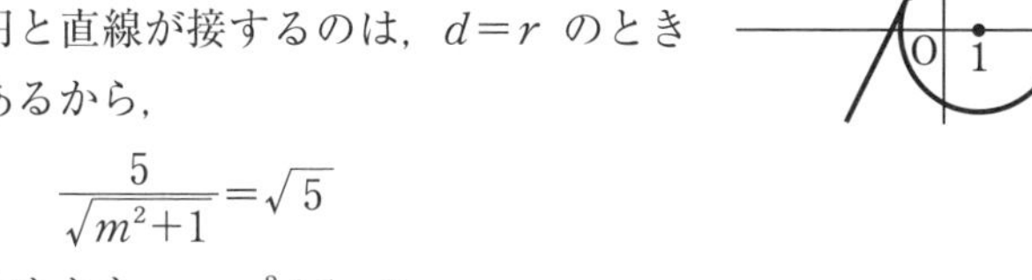

円と直線が接するのは，$d=r$ のときであるから，

$$\frac{5}{\sqrt{m^2+1}}=\sqrt{5}$$

すなわち，　$m^2+1=5$

よって，$m^2=4$ であるから，　$\boldsymbol{m=\pm2}$

第２章　図形と方程式

(i) **$m=2$ のとき**

①より，接線の方程式は，$y=2x+3$

これを②に代入すると，

$(x-1)^2+(2x+3)^2=5$

$5x^2+10x+5=0$

$x^2+2x+1=0$

$(x+1)^2=0$

よって，　$x=-1$

このとき，　$y=2\cdot(-1)+3=1$

よって，**接点の座標**は，　$(\mathbf{-1,\ 1})$

(ii) **$m=-2$ のとき**

①より，接線の方程式は，$y=-2x+7$

これを②に代入すると，

$(x-1)^2+(-2x+7)^2=5$

$5x^2-30x+45=0$

$x^2-6x+9=0$

$(x-3)^2=0$

よって，　$x=3$

このとき，　$y=-2\cdot3+7=1$

よって，**接点の座標**は，　$(\mathbf{3,\ 1})$

プラスワン　m の値は，2次方程式の判別式を利用する方法でも求められる。

別解　直線の方程式は，

$y-5=m(x-1)$　　よって，　$y=mx-m+5$　……①

①を円の方程式 $x^2+y^2-2x-4=0$ に代入して整理すると，

$(m^2+1)x^2-2(m^2-5m+1)x+(m-3)(m-7)=0$　……②

円と直線が接するのは，x についての2次方程式②が重解をもつときであるから，②の判別式を D とすると，

$$\frac{D}{4}=\{-(m^2-5m+1)\}^2-(m^2+1)(m-3)(m-7)=0$$

これより，　$5m^2-20=0$　　すなわち，　$m^2=4$

よって，　$\boldsymbol{m=\pm2}$

4	円 $x^2+y^2=5$ と直線 $y=-2x+a$ の共有点の個数は，定数 a の値によってどのように変わるか。
教科書 p.85	

ガイド　円と直線の方程式から y を消去して得られる2次方程式の判別式を利用する。

解答　連立方程式

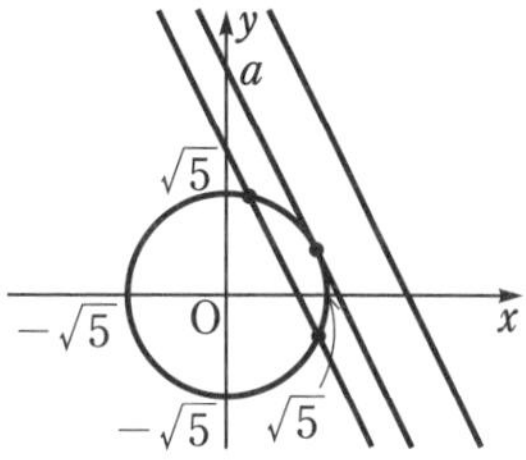

$$\begin{cases} x^2+y^2=5 & \cdots\cdots① \\ y=-2x+a & \cdots\cdots② \end{cases}$$

において，②を①に代入して整理すると，

$$5x^2-4ax+a^2-5=0 \quad \cdots\cdots③$$

③の判別式を D とすると，

$$\frac{D}{4}=(-2a)^2-5(a^2-5)=-a^2+25 \quad \cdots\cdots④$$

(i)　$D>0$ のとき

④より，　$-a^2+25>0$　　すなわち，　$a^2-25<0$

よって，　$-5<a<5$

(ii)　$D=0$ のとき

④より，　$-a^2+25=0$　　すなわち，　$a^2-25=0$

よって，$a=\pm 5$

(iii)　$D<0$ のとき

④より，　$-a^2+25<0$　　すなわち，　$a^2-25>0$

よって，　$a<-5$，$5<a$

(i)～(iii)より，共有点の個数は，

$-5<a<5$ のとき，2個

$a=\pm 5$ のとき，1個

$a<-5$，$5<a$ のとき，0個

プラスワン　この問題は，円の中心と直線の距離と円の半径の大小を考える方法でも解ける。

別解　直線の方程式を変形すると，

$$2x+y-a=0$$

円 $x^2+y^2=5$ の中心は原点Oで，半径を r とすると，$r=\sqrt{5}$ である。

原点と直線 $2x+y-a=0$ の距離を d とすると，

$$d=\frac{|-a|}{\sqrt{2^2+1^2}}=\frac{|a|}{\sqrt{5}} \quad \cdots\cdots①$$

(i) $d<r$ のとき

①より， $\dfrac{|a|}{\sqrt{5}}<\sqrt{5}$ すなわち， $|a|<5$

よって， $-5<a<5$

(ii) $d=r$ のとき

①より， $\dfrac{|a|}{\sqrt{5}}=\sqrt{5}$ すなわち， $|a|=5$

よって， $a=\pm 5$

(iii) $d>r$ のとき

①より， $\dfrac{|a|}{\sqrt{5}}>\sqrt{5}$ すなわち， $|a|>5$

よって， $a<-5,\ 5<a$

(i)〜(iii)より，共有点の個数は，

$-5<a<5$ のとき，2個

$a=\pm 5$ のとき，1個

$a<-5,\ 5<a$ のとき，0個

□ **5** 教科書 p.85

円 $x^2+y^2=10$ において，直線 $y=3x-7$ と平行な接線の方程式を求めよ。

ガイド 求める接線の方程式を $y=3x+k$ とおき，円と接することから，k の値を求める。

解答 直線 $y=3x-7$ の傾きは3であるから，求める接線の方程式は $y=3x+k$ とおける。

連立方程式 $\begin{cases} x^2+y^2=10 & \cdots\cdots ① \\ y=3x+k & \cdots\cdots ② \end{cases}$

において，②を①に代入して整理すると，

$10x^2+6kx+k^2-10=0 \quad \cdots\cdots ③$

円と直線が接するのは，x についての2次方程式③が重解をもつときであるから，③の判別式をDとすると，

$$\frac{D}{4}=(3k)^2-10\cdot(k^2-10)=0$$

これより， $-k^2+100=0$ すなわち， $k=\pm 10$

よって，求める接線の方程式は，

$y=3x+10,\quad y=3x-10$

6 教科書 p.85

点 (7, 1) から円 $x^2+y^2=25$ に引いた2つの接線の接点を A, B とするとき，直線 AB の方程式を求めよ。

ガイド 接点の座標を $(x_1,\ y_1)$ として接線の方程式を作る。その接線が点 (7, 1) を通るような x_1, y_1 の値を求め，直線 AB の方程式を求める。

解答 接点の座標を $(x_1,\ y_1)$ とすると，接線の方程式は，

$x_1x+y_1y=25$

点 (7, 1) がこの接線上にあるから，

$7x_1+y_1=25$ ……①

点 $(x_1,\ y_1)$ は円 $x^2+y^2=25$ 上の点でもあるから，

$x_1{}^2+y_1{}^2=25$ ……②

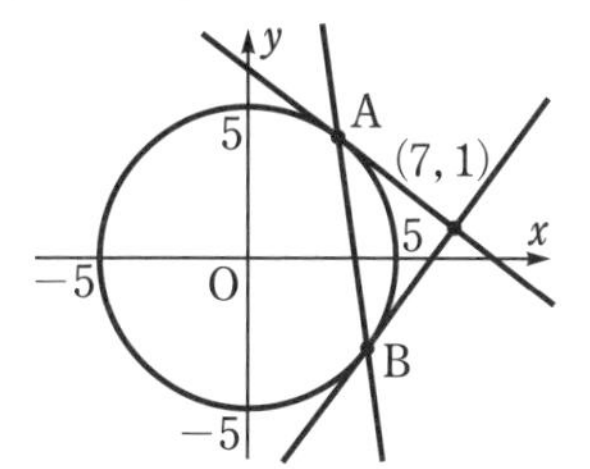

①，②より，y_1 を消去すると，

$x_1{}^2+(25-7x_1)^2=25$

$50x_1{}^2-350x_1+600=0$

$x_1{}^2-7x_1+12=0$

$(x_1-3)(x_1-4)=0$

これより，　$x_1=3,\ 4$

①より，　$x_1=3$ のとき，$y_1=4$

$x_1=4$ のとき，$y_1=-3$

よって，A(3, 4)，B(4, −3) とおける。

2点 A，B を通る直線，すなわち，直線 AB の方程式は，

$$y-4=\frac{-3-4}{4-3}(x-3)$$

よって，　$\boldsymbol{7x+y=25}$

別解 接点 A，B の座標をそれぞれ $(x_1,\ y_1)$，$(x_2,\ y_2)$ とすると，接線の方程式は，それぞれ，

$x_1x+y_1y=25$,　$x_2x+y_2y=25$

点 (7, 1) がこれらの接線上にあるから，

$7x_1+y_1=25$ ……①

$7x_2+y_2=25$ ……②

①，②より，直線 $7x+y=25$ は，2点 A，B を通る。

よって，求める直線 AB の方程式は，　$\boldsymbol{7x+y=25}$

7 教科書 p.85

$a>0$ とする。２つの円 $(x-a)^2+y^2=a^2$，$x^2+(y-6)^2=9$ が接するような定数 a の値を求めよ。

ガイド ２つの円の中心間の距離と半径から考える。

解答 円 $(x-a)^2+y^2=a^2$ を円①，円 $x^2+(y-6)^2=9$ を円②とする。

２つの円の中心の座標は，それぞれ，$(a,\ 0)$，$(0,\ 6)$ であるから，２つの円の中心間の距離 d は，

$$d=\sqrt{(0-a)^2+(6-0)^2}=\sqrt{a^2+36}$$

また，２つの円の半径は，それぞれ，a，３である。

(i) 円①と円②の一方が他方に内接するとき

$$\sqrt{a^2+36}=|a-3|$$

両辺を２乗して，　$a^2+36=(a-3)^2$

これを解いて，　$a=-\dfrac{9}{2}$

これは $a>0$ に反する。

(ii) 円①と円②が外接するとき

$$\sqrt{a^2+36}=a+3$$

両辺を２乗して，　$a^2+36=(a+3)^2$

これを解いて，　$a=\dfrac{9}{2}$

これは $a>0$ を満たす。

(i)，(ii)より，　$\boldsymbol{a=\dfrac{9}{2}}$

第3節　軌跡と領域

1　軌　跡

問 32　平面上で，∠AOB の内部にあって，OA，OB への距離が等しい点 P の軌跡はどのような図形か。

教科書 p.86

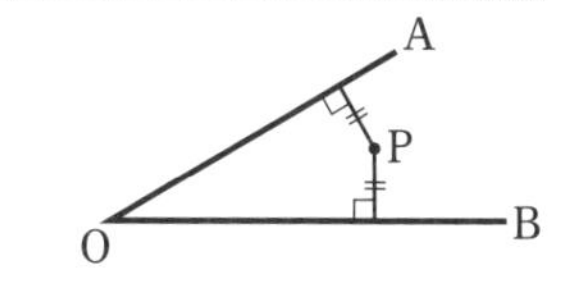

ガイド　平面上で，与えられた条件を満たす点全体の集合が作る図形を，この条件を満たす点の**軌跡**という。条件に合うように，点 P を動かしてみる。

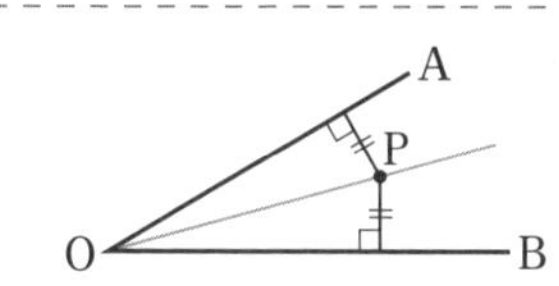

解答　**∠AOB の二等分線**
ただし，点 O を除く。

問 33　2 点 A(1, 5)，B(3, 1) に対して，次の条件を満たす点 P の軌跡を求めよ。

教科書 p.87

(1)　$AP^2-BP^2=2$　　(2)　$AP^2+BP^2=12$

ガイド　与えられた条件を満たす座標平面上の点 P の軌跡を求めるには，次の手順(Ⅰ)，(Ⅱ)をたどればよい。

(Ⅰ)　点 P の座標を (x, y) とし，点 P についての条件を x，y についての方程式で表し，この式がどのような図形を表すかを調べる。

(Ⅱ)　(Ⅰ)で求めた図形上に，与えられた条件を満たさない点があるかどうかを調べ，あった場合は，それらの点を除外する。

なお，方程式を導く手順が，与えられた条件と同値な条件への単純な式変形であって，手順(Ⅰ)で求めた図形上の任意の点が与えられた条件を満たすことが明らかな場合，手順(Ⅱ)を省略することが多い。

解答　(1)　条件を満たす点 P の座標を (x, y) とする。

$AP^2-BP^2=2$ より

$$\{(x-1)^2+(y-5)^2\}-\{(x-3)^2+(y-1)^2\}=2$$

整理すると，　$2x-4y+7=0$　……①

よって，点 P は直線①上にある。

逆に，直線①上の任意の点 $P(x, y)$ をとると，方程式①を導く手順を逆にたどることによって条件の式を導くことができる。

よって，直線①上のすべての点Pは条件を満たす。

以上より，点Pの軌跡は，**直線 $2x-4y+7=0$** である。

(2) 条件を満たす点Pの座標を $(x,\ y)$ とする。

$AP^2+BP^2=12$ より，

$$\{(x-1)^2+(y-5)^2\}+\{(x-3)^2+(y-1)^2\}=12$$

整理すると，　$x^2+y^2-4x-6y+12=0$ ……①

よって，点Pは，円①上にある。

逆に，円①上の任意の点 $P(x,\ y)$ をとると，方程式①を導く手順を逆にたどることによって条件の式を導くことができる。

よって，円①上のすべての点Pは条件を満たす。

①を変形すると，$(x-2)^2+(y-3)^2=1$ であるから，点Pの軌跡は，**中心が点 (2, 3)，半径が1の円**である。

問34 2点 A(1, 0)，B(6, 0) からの距離の比が 2：3 である点Pの軌跡を求めよ。

教科書 p.88

ガイド 一般に，2定点A，Bからの距離の比が $m:n$ である点Pの軌跡は，$m \neq n$ のとき，線分ABを $m:n$ に内分する点と外分する点を直径の両端とする円である。

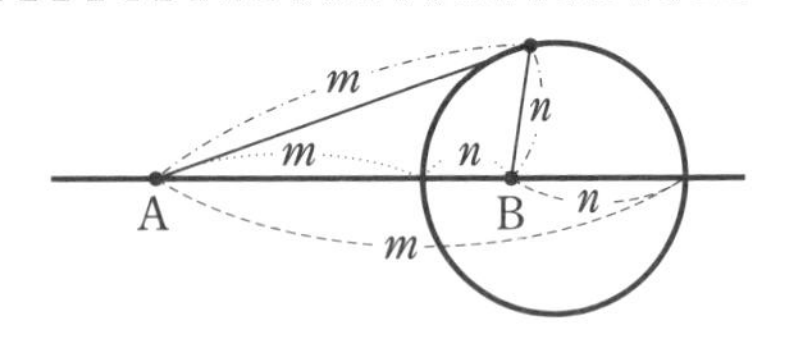

この円を**アポロニウスの円**という。

なお，$m=n$ のときは，点Pの軌跡は，2定点A，Bを結ぶ線分ABの垂直二等分線である。

解答 条件を満たす点Pの座標を $(x,\ y)$ とすると，

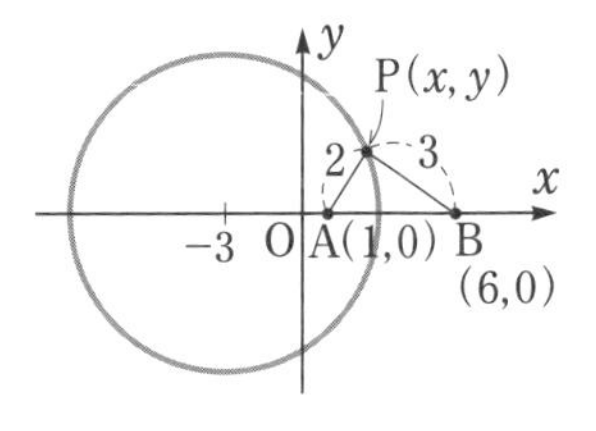

$$AP^2=(x-1)^2+y^2 \quad \cdots\cdots①$$

$$BP^2=(x-6)^2+y^2 \quad \cdots\cdots②$$

$$AP:BP=2:3$$

すなわち，$3AP=2BP$ であるから，

$$9AP^2=4BP^2$$

これに①，②を代入して，

$$9\{(x-1)^2+y^2\}=4\{(x-6)^2+y^2\}$$

展開して整理すると，　$5x^2+30x+5y^2-135=0$

$x^2+6x+y^2-27=0$

$(x+3)^2+y^2=36$

よって，点Pの軌跡は，**中心が点 $(-3,\ 0)$，半径が 6 の円**である。

プラスワン　アポロニウスの円を利用して解くこともできる。

別解　線分 AB を 2：3 に，

内分する点の座標は，$\left(\dfrac{3\cdot1+2\cdot6}{2+3},\ \dfrac{3\cdot0+2\cdot0}{2+3}\right)$ より，$(3,\ 0)$

外分する点の座標は，$\left(\dfrac{(-3)\cdot1+2\cdot6}{2-3},\ \dfrac{(-3)\cdot0+2\cdot0}{2-3}\right)$ より，

$(-9,\ 0)$

条件より，点Pの軌跡は，この2点を直径の両端とする円である。

したがって，中心は，$\left(\dfrac{3-9}{2},\ \dfrac{0+0}{2}\right)$ すなわち，$(-3,\ 0)$

半径は，$3-(-3)=6$

よって，点Pの軌跡は，**中心が点 $(-3,\ 0)$，半径が 6 の円**である。

問 35　教科書 p.89

点Pが円 $(x-6)^2+y^2=9$ 上を動くとき，原点Oと点Pを結ぶ線分 OP を 2：1 に内分する点Qの軌跡を求めよ。

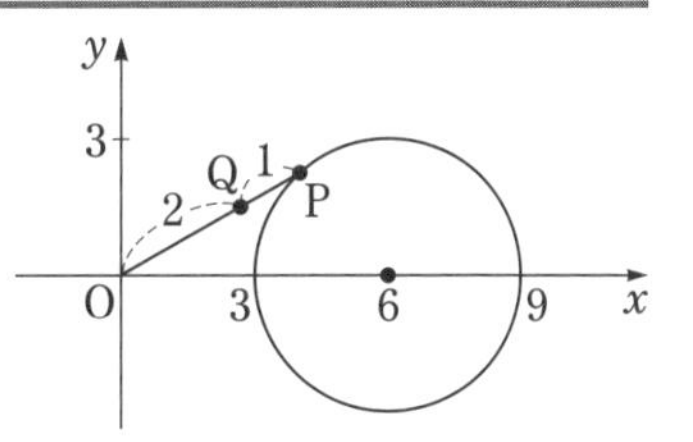

ガイド　求めるのは点Qの軌跡であるから，点Qの座標を $(x,\ y)$ とする。そして，点Pの座標を $(s,\ t)$ として，$Q(x,\ y)$ が線分 OP を 2：1 に内分する点であることを用いて，$(s-6)^2+t^2=9$ から x と y の関係式を導く。

解答　点Qの座標を $(x,\ y)$，点Pの座標を $(s,\ t)$ とする。

点Pは円 $(x-6)^2+y^2=9$ 上にあるから，

$(s-6)^2+t^2=9$　……①

点Qは線分 OP を 2：1 に内分する点であるから，

$x=\dfrac{1\cdot0+2\cdot s}{2+1}=\dfrac{2}{3}s,\qquad y=\dfrac{1\cdot0+2\cdot t}{2+1}=\dfrac{2}{3}t$

この式を s，t について解くと，

$$s=\frac{3}{2}x,\quad t=\frac{3}{2}y$$

これらを①に代入して,

$$\left(\frac{3}{2}x-6\right)^2+\left(\frac{3}{2}y\right)^2=9$$

$$(x-4)^2+y^2=4$$

よって，点Qの軌跡は，**中心が点 (4, 0)，半径が 2 の円**である。

2 不等式の表す領域

問36 次の不等式の表す領域を図示せよ。

教科書 p.91

(1) $y>-x+2$ (2) $3x+4y\leqq 1$ (3) $5x-2y-3\leqq 0$

ガイド 一般に，x, y についての不等式を満たす点 (x, y) 全体の集合を，その不等式の表す**領域**という。

ここがポイント [直線を境界線とする領域]

1 不等式 $y>mx+n$ の表す領域は，直線 $y=mx+n$ の上側

2 不等式 $y<mx+n$ の表す領域は，直線 $y=mx+n$ の下側

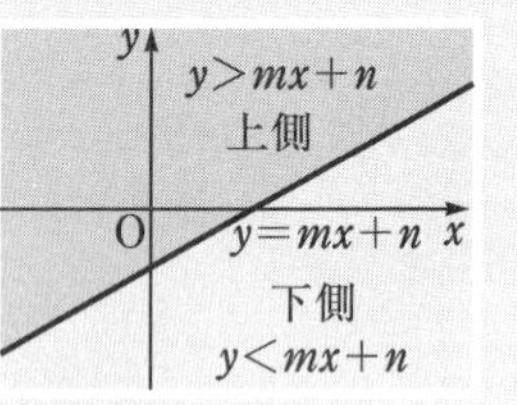

$y\geqq mx+n$ の表す領域は，$y>mx+n$ の表す領域と直線 $y=mx+n$ を合わせたもので，境界線を含む領域になる。

解答 (1) 与えられた不等式は，直線 $y=-x+2$ の上側の領域を表す。

よって，求める領域は右の図の斜線部分で，境界線を含まない。

(2) 与えられた不等式は，$y\leqq -\frac{3}{4}x+\frac{1}{4}$ と変形できるから，直線 $y=-\frac{3}{4}x+\frac{1}{4}$ とその下側の領域を表す。

よって，求める領域は右の図の斜線部分で，境界線を含む。

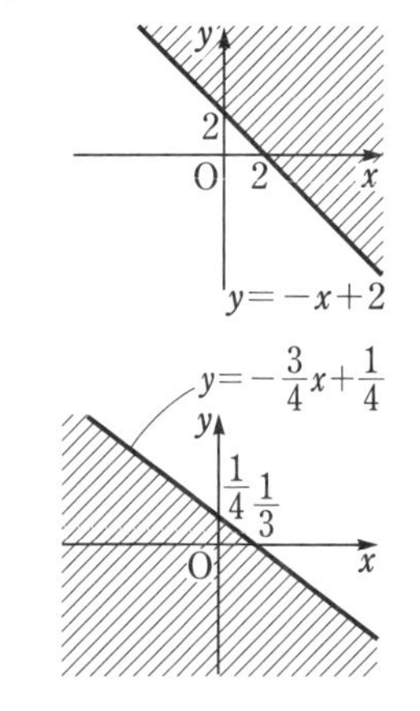

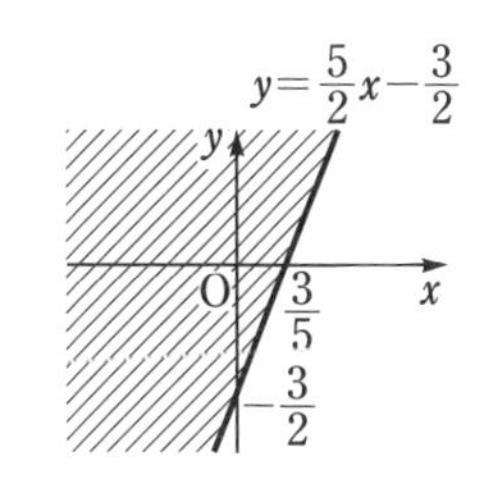

(3)　与えられた不等式は，$y \geqq \frac{5}{2}x-\frac{3}{2}$ と変形できるから，直線 $y=\frac{5}{2}x-\frac{3}{2}$ とその上側の領域を表す。

よって，求める領域は右の図の斜線部分で，境界線を含む。

プラスワン　不等式の表す領域が境界線のどちら側になるかは，適当な1点，たとえば，原点Oの座標を不等式に代入してみて，成り立つかどうかで確認するとよい。

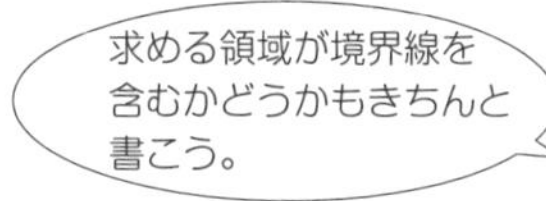

問37　次の不等式の表す領域を図示せよ。

教科書 p.91

(1)　$x \leqq -1$　　(2)　$2x+3>0$　　(3)　$y \geqq 0$

ガイド　(2)　与えられた不等式を，$x>-\frac{3}{2}$ と変形する。

解答　(1)　与えられた不等式の表す領域は，y の値によらず，x の値が -1 以下の点 $(x,\ y)$ の集合であるから，直線 $x=-1$ とその左側にある点全体である。

よって，求める領域は右の図の斜線部分で，境界線を含む。

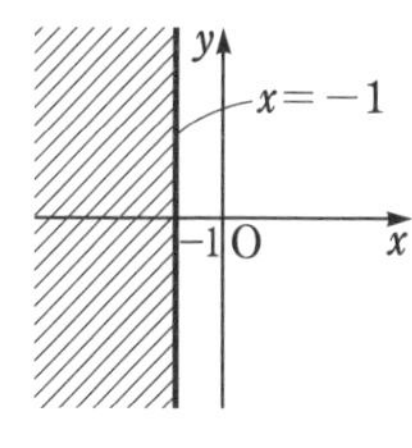

(2)　与えられた不等式は，$x>-\frac{3}{2}$ と変形できるから，与えられた不等式の表す領域は，y の値によらず，x の値が $-\frac{3}{2}$ より大きい点 $(x,\ y)$ の集合であるから，直線 $x=-\frac{3}{2}$ の右側にある点全体である。

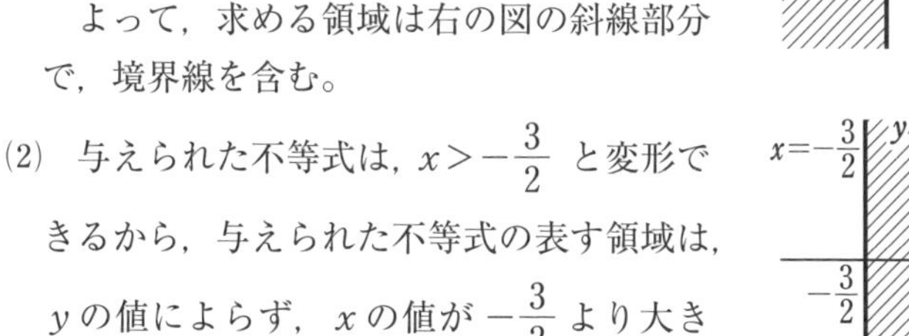

よって，求める領域は上の図の斜線部分で，境界線を含まない。

(3)　与えられた不等式の表す領域は，x の値によらず，y の値が 0 以上の点 $(x,\ y)$ の集合であるから，直線 $y=0$ とその上側にある点全体である。

　よって，求める領域は右の図の斜線部分で，境界線を含む。

問 38　次の図の斜線部分を不等式を用いて表せ。ただし，境界線は直線である。

教科書 p.91

(1)

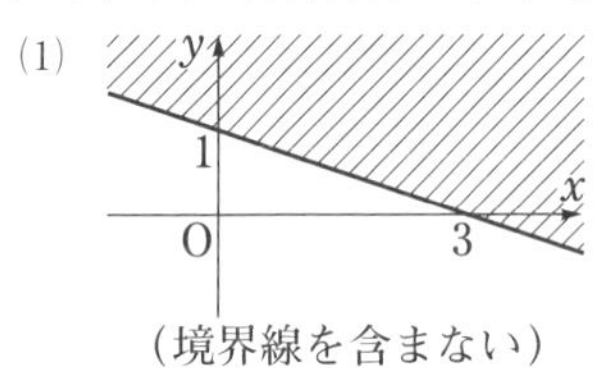

(境界線を含まない)

(2)

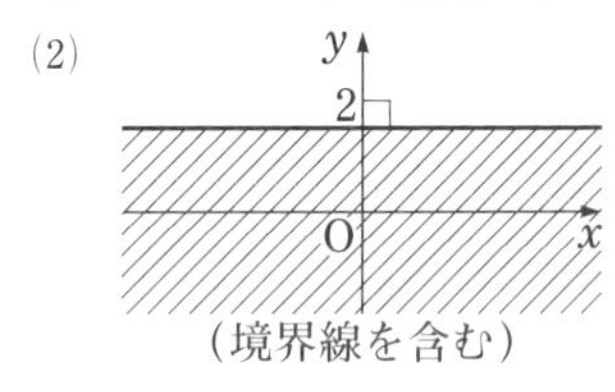

(境界線を含む)

ガイド　直線 $y=mx+n$ の上側を表す不等式は，　$y>mx+n$

直線 $y=mx+n$ の下側を表す不等式は，　$y<mx+n$

解答　(1)　境界線を表す直線の方程式は，

$$y=-\frac{1}{3}x+1$$

　斜線部分はこの直線の上側を表す (境界線を含まない) ので，

求める不等式は，　$\boldsymbol{y>-\frac{1}{3}x+1}$

(2)　境界線を表す直線の方程式は，

$$y=2$$

　斜線部分はこの直線とその下側を表す (境界線を含む) ので，

求める不等式は，　$\boldsymbol{y\leqq 2}$

別解　(1)　境界線を表す直線の方程式は，　$y=-\frac{1}{3}x+1$　……①

　斜線部分に含まれる点 $(0,\ 2)$ の座標を①の左辺と右辺に代入すると，

$$左辺=2$$

$$右辺=-\frac{1}{3}\cdot 0+1=1<2$$

　また，斜線部分は境界線を含まないので，求める不等式は，

$$\boldsymbol{y>-\frac{1}{3}x+1}$$

問 39　次の不等式の表す領域を図示せよ。

教科書 p.92

(1)　$x^2+y^2<4$　　(2)　$(x-2)^2+(y+1)^2 \geqq 9$

(3)　$x^2+y^2>6x$　　(4)　$x^2+y^2+4x-6y \leqq 0$

ガイド

ここがポイント **[円を境界線とする領域]**

円 $(x-a)^2+(y-b)^2=r^2$ をCとする。

1　不等式 $(x-a)^2+(y-b)^2<r^2$ の表す領域は，円Cの内部

2　不等式 $(x-a)^2+(y-b)^2>r^2$ の表す領域は，円Cの外部

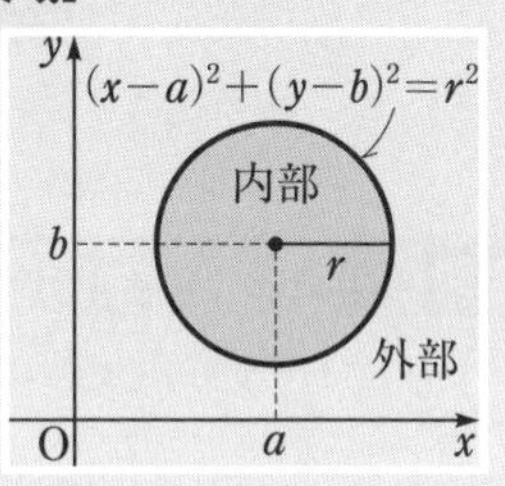

解答　(1)　与えられた不等式は，円

$$x^2+y^2=4$$

の内部の領域を表す。

よって，求める領域は右の図の斜線部分で，境界線を含まない。

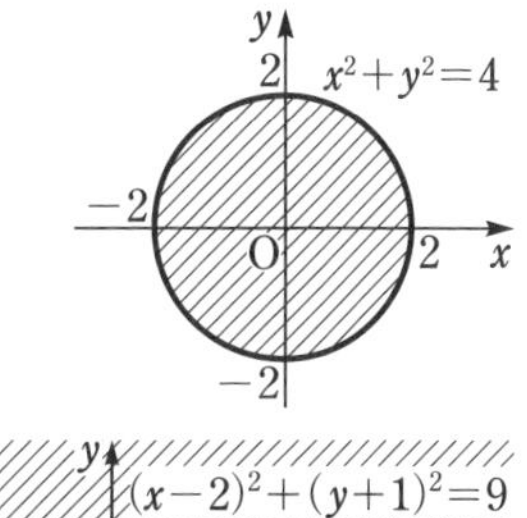

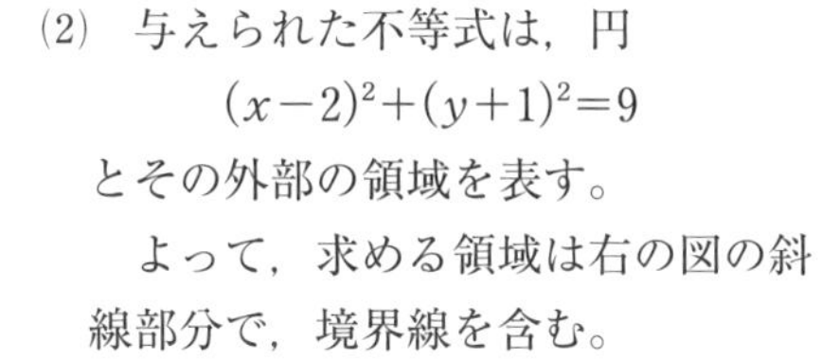

(2)　与えられた不等式は，円

$$(x-2)^2+(y+1)^2=9$$

とその外部の領域を表す。

よって，求める領域は右の図の斜線部分で，境界線を含む。

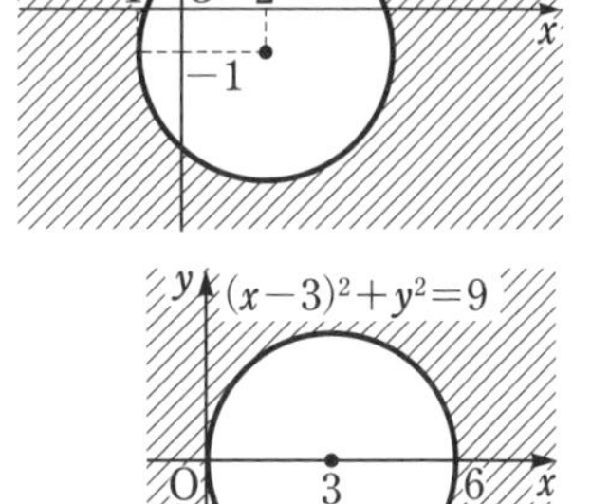

(3)　与えられた不等式は，

$$(x-3)^2+y^2>9$$

と変形できるから，円

$$(x-3)^2+y^2=9$$

の外部の領域を表す。

よって，求める領域は右の図の斜線部分で，境界線を含まない。

第２章　図形と方程式

(4)　与えられた不等式は，

$$(x+2)^2+(y-3)^2 \leqq 13$$

と変形できるから，円

$$(x+2)^2+(y-3)^2=13$$

とその内部の領域を表す。

よって，求める領域は右の図の斜線部分で，境界線を含む。

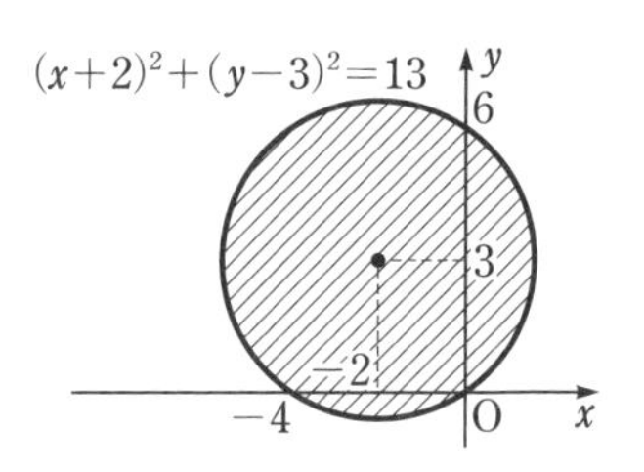

問 40　次の不等式の表す領域を図示せよ。

教科書 p.93

(1)　$y<4-x^2$　　(2)　$y \leqq x^2-2x$

ガイド　一般に，曲線 $y=f(x)$ に対して，不等式 $y>f(x)$ の表す領域は曲線 $y=f(x)$ の上側，不等式 $y<f(x)$ の表す領域は曲線 $y=f(x)$ の下側となる。

解答　(1)　与えられた不等式の表す領域は，放物線

$$y=4-x^2$$

の下側の部分であり，図示すると右の図の斜線部分で，境界線を含まない。

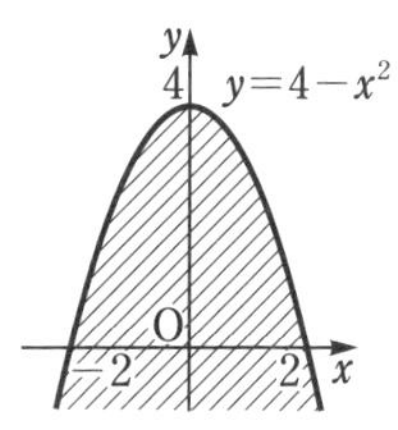

(2)　与えられた不等式は，

$$y \leqq (x-1)^2-1$$

と変形できるから，放物線

$$y=(x-1)^2-1$$

とその下側の部分であり，図示すると右の図の斜線部分で，境界線を含む。

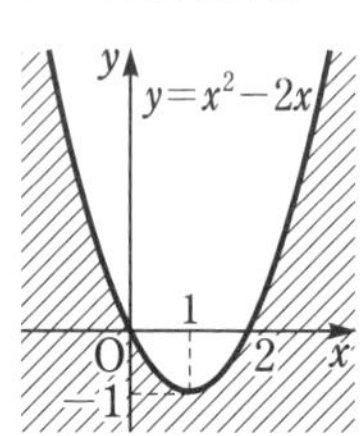

不等式の表す領域を図示するには，境界線の図形をかけないといけないね。

問 41　次の連立不等式の表す領域を図示せよ。

教科書 p.93

(1) $\begin{cases} y \leqq 1-x \\ y \geqq x-1 \end{cases}$　　　(2) $\begin{cases} 3x+2y-9<0 \\ x-y+2>0 \end{cases}$

ガイド　いくつかの不等式を同時に満たす点全体の集合を，その**連立不等式の表す領域**という。

この問題では，上の不等式の表す領域Aと下の不等式の表す領域Bの共通部分 $A\cap B$ を図示する。

解答　(1) $\begin{cases} y \leqq 1-x & \cdots\cdots① \\ y \geqq x-1 & \cdots\cdots② \end{cases}$

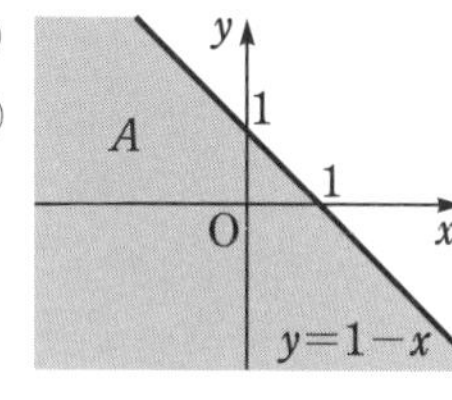

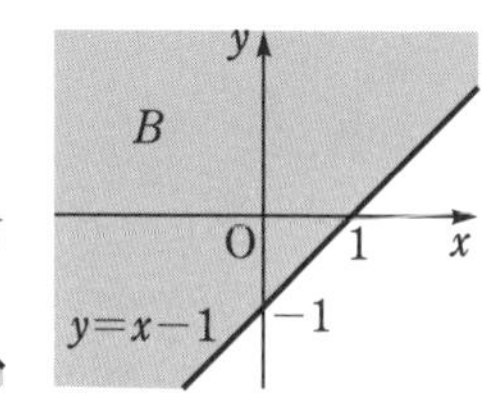

①，②の表す領域は，それぞれ右の図の A，B である。

したがって，上の連立不等式の表す領域は，AとBの共通部分 $A\cap B$ である。

よって，求める領域は右の図の斜線部分で，境界線を含む。

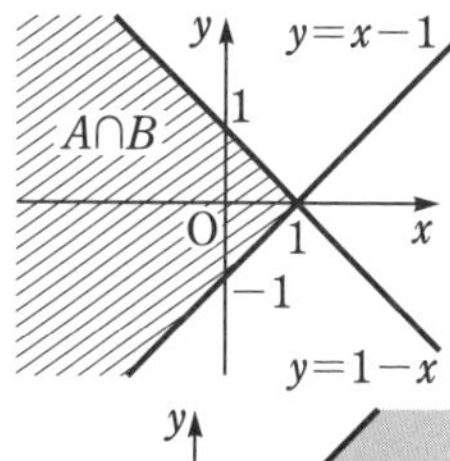

(2) $\begin{cases} 3x+2y-9<0 \\ \qquad\qquad\cdots\cdots① \\ x-y+2>0 \\ \qquad\qquad\cdots\cdots② \end{cases}$

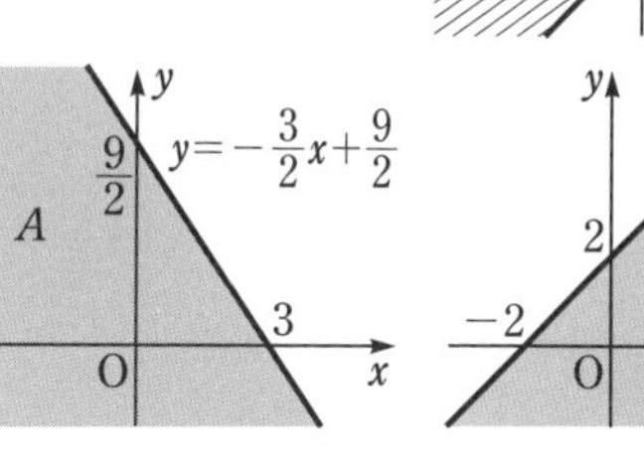

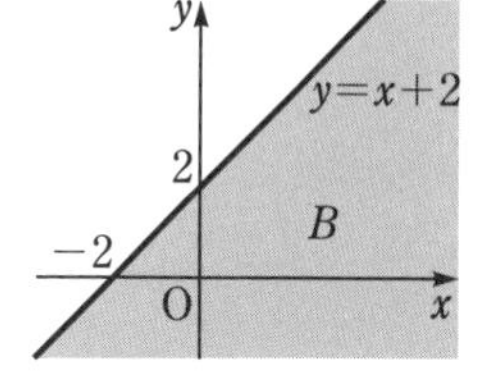

①は，$y<-\dfrac{3}{2}x+\dfrac{9}{2}$，②は，$y<x+2$ であるから，①，②の表す領域は，それぞれ上の図の A，B である。

したがって，上の連立不等式の表す領域は，AとBの共通部分 $A\cap B$ である。

よって，求める領域は右の図の斜線部分で，境界線を含まない。

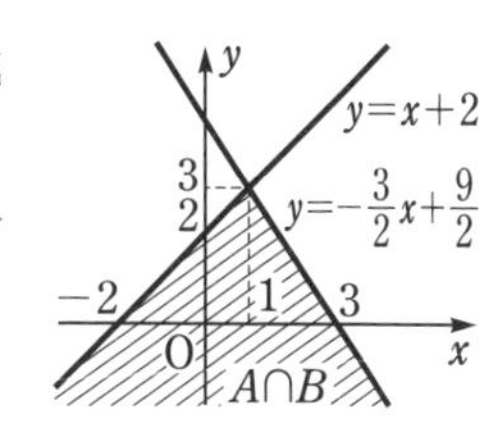

第２章　図形と方程式

問 42　次の連立不等式の表す領域を図示せよ。

教科書 p.94

(1) $\begin{cases} x+y-2>0 \\ x^2+y^2>9 \end{cases}$　　(2) $\begin{cases} x^2+y^2-6x+5\leqq 0 \\ x+y\leqq 5 \end{cases}$

ガイド　2つの不等式の共通部分が求める領域となる。

(1) $x+y-2>0$ は，直線の上側の部分を表し，
$x^2+y^2>9$ は，円の外部を表している。

(2) $x^2+y^2-6x+5\leqq 0$ は，円の周上とその内部を表し，
$x+y\leqq 5$ は，直線とその下側の部分を表している。

解答　(1) 不等式 $x+y-2>0$ は，

$$y>-x+2$$

であるから，求める領域は，
直線 $y=-x+2$ の上側と
円 $x^2+y^2=9$ の外部
の共通部分，すなわち，右の図の
斜線部分で，境界線を含まない。

(2) 不等式 $x^2+y^2-6x+5\leqq 0$ は，

$$(x-3)^2+y^2\leqq 4$$

不等式 $x+y\leqq 5$ は，

$$y\leqq -x+5$$

であるから，求める領域は，
円 $(x-3)^2+y^2=4$ とその内部と
直線 $y=-x+5$ とその下側
の共通部分，すなわち，右の図の
斜線部分で，境界線を含む。

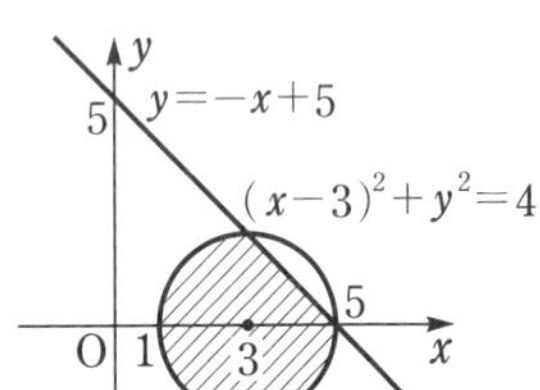

それぞれの不等式の
表す領域の重なる部
分になるのね。

問 43　次の不等式の表す領域を図示せよ。

教科書 p.94

(1)　$(3x-2y)(x+y+5)<0$　　　(2)　$(x^2+y^2-4)(x+y-2)\leqq 0$

ガイド　(1)　$(3x-2y)(x+y+5)<0$ となるのは，

$\begin{cases} 3x-2y>0 \\ x+y+5<0 \end{cases}$ または $\begin{cases} 3x-2y<0 \\ x+y+5>0 \end{cases}$ のときである。

(2)　$(x^2+y^2-4)(x+y-2)\leqq 0$ となるのは，

$\begin{cases} x^2+y^2-4\geqq 0 \\ x+y-2\leqq 0 \end{cases}$ または $\begin{cases} x^2+y^2-4\leqq 0 \\ x+y-2\geqq 0 \end{cases}$ のときである。

解答　(1)　与えられた不等式は，

$\begin{cases} 3x-2y>0 \\ x+y+5<0 \end{cases}$ ……①　または $\begin{cases} 3x-2y<0 \\ x+y+5>0 \end{cases}$ ……②

ということと同じである。

よって，求める領域は，①の表す領域Aと②の表す領域Bの和集合 $A\cup B$，すなわち，右の図の斜線部分で，境界線を含まない。

(2)　与えられた不等式は，

$\begin{cases} x^2+y^2-4\geqq 0 \\ x+y-2\leqq 0 \end{cases}$ ……①

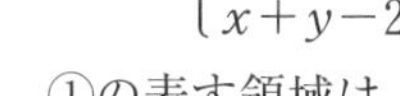

または $\begin{cases} x^2+y^2-4\leqq 0 \\ x+y-2\geqq 0 \end{cases}$ ……②　ということと同じである。

①の表す領域は，

$\begin{cases} \text{円 } x^2+y^2=4 \text{ とその外部} \\ \text{直線 } y=-x+2 \text{ とその下側} \end{cases}$

の共通部分で，境界線を含む。

②の表す領域は，

$\begin{cases} \text{円 } x^2+y^2=4 \text{ とその内部} \\ \text{直線 } y=-x+2 \text{ とその上側} \end{cases}$

の共通部分で，境界線を含む。

よって，求める領域は，①の表す領域Aと②の表す領域Bの和集合 $A\cup B$，すなわち，右の図の斜線部分で，境界線を含む。

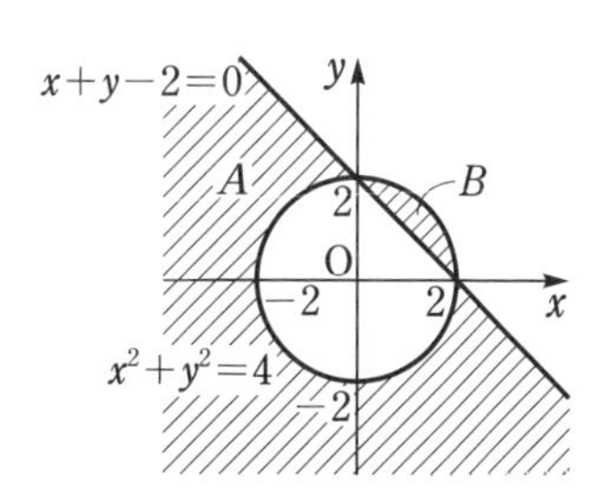

問 44 連立不等式 $x+2y \leqq 8$，$3x+y \leqq 9$，$x \geqq 0$，$y \geqq 0$ の表す領域D内を点$P(x,\ y)$が動くとき，次の式の最大値と最小値を求めよ。

教科書 p.95

(1)　$2x+y$　　　　(2)　$-x+3y$

ガイド (1)では，$2x+y=k$，(2)では，$-x+3y=k$ とおき，これらの直線が領域Dと共有点をもつようなkの値の範囲を調べる。

解答 領域Dは，4点$(0,\ 0)$，$(3,\ 0)$，$(2,\ 3)$，$(0,\ 4)$を頂点とする四角形の周とその内部である。

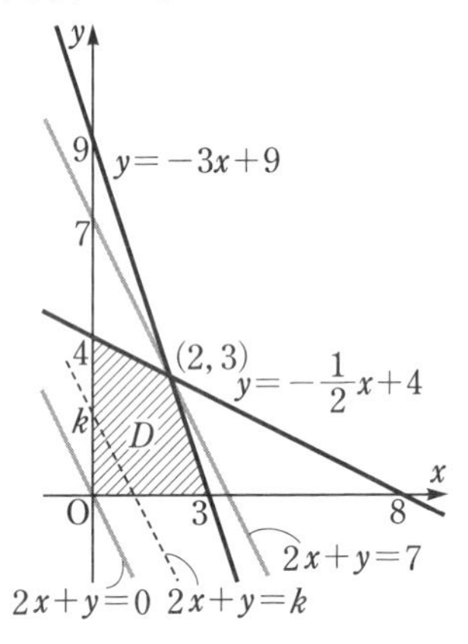

(1)　　$2x+y=k$　……①

とおくと，①は傾きが -2 でy切片がkの直線の方程式である。

右の図より，直線①が領域Dと共有点をもちながらy切片kを変化させるとき，kの値が最大になるのは，①が点$(2,\ 3)$を通るときであり，最小になるのは，①が点$(0,\ 0)$を通るときである。

よって，$2x+y$は，$x=2$，$y=3$ **のとき**，**最大値 7**，
$x=0$，$y=0$ **のとき**，**最小値 0** をとる。

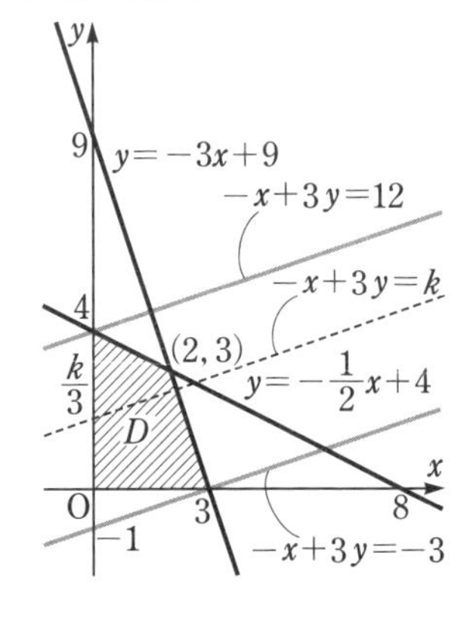

(2)　　$-x+3y=k$　……②

とおくと，②は傾きが $\frac{1}{3}$ でy切片が $\frac{k}{3}$ の直線の方程式である。

右の図より，直線②が領域Dと共有点をもちながらy切片 $\frac{k}{3}$ を変化させるとき，kの値が最大になるのは，②が点$(0,\ 4)$を通るときであり，最小になるのは，②が点$(3,\ 0)$を通るときである。

よって，$-x+3y$は，$x=0$，$y=4$ **のとき**，**最大値 12**，
$x=3$，$y=0$ **のとき**，**最小値 -3** をとる。

節末問題　第3節　軌跡と領域

1 教科書 p.96

点A(0, 2)を通り，x 軸に接する円の中心Pの軌跡を求めよ。

ガイド 点Pから x 軸に下ろした垂線をPHとすると，PH＝AP である。点Pの座標を $(x,\ y)$ として，この条件を用いる。

解答 円の中心Pの座標を $(x,\ y)$，点Pから x 軸に下ろした垂線をPHとする。

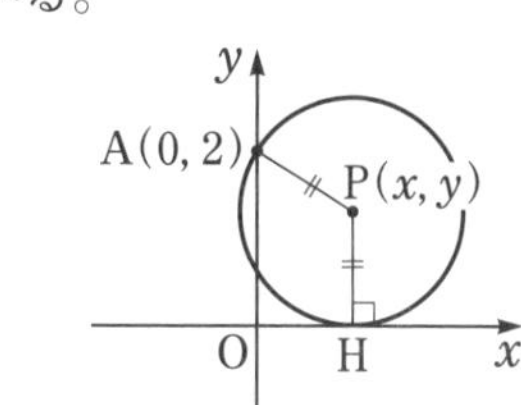

PH＝AP より，$PH^2=AP^2$ であるから，

$y^2=(x-0)^2+(y-2)^2$

整理すると，$y=\frac{1}{4}x^2+1$

よって，点Pの軌跡は，**放物線 $y=\frac{1}{4}x^2+1$** である。

2 教科書 p.96

平面上に2点A(6, 0)，B(0, 9)があり，点Pが円 $x^2+y^2=4$ 上を動くとき，△PABの重心Qの軌跡を求めよ。

ガイド 点Qの座標を $(x,\ y)$，点Pの座標を $(s,\ t)$ とおく。点Qが△PABの重心であることから，x，y を s，t を用いて表す。

解答 点Qの座標を $(x,\ y)$，点Pの座標を $(s,\ t)$ とする。

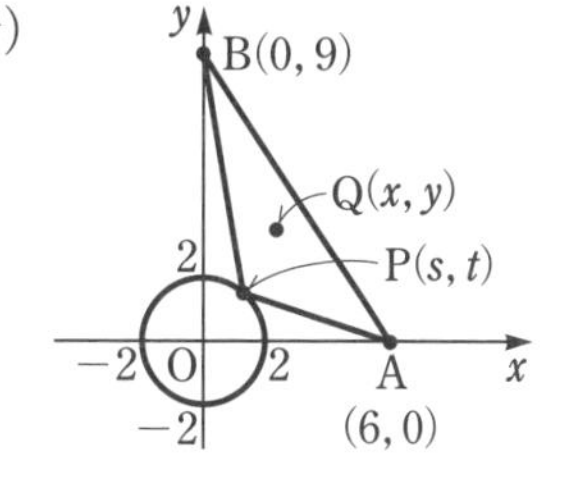

点Pは円 $x^2+y^2=4$ 上にあるから，

$s^2+t^2=4$ ……①

点Qは△PABの重心であるから，

$x=\frac{s+6+0}{3}$，　$y=\frac{t+0+9}{3}$

この式を s，t について解くと，　$s=3x-6$，　$t=3y-9$

これらを①に代入して，

$$(3x-6)^2+(3y-9)^2=4 \quad すなわち，\quad (x-2)^2+(y-3)^2=\frac{4}{9}$$

よって，点Qの軌跡は，**中心が点(2, 3)，半径が $\frac{2}{3}$ の円**である。

プラスワン　点Qの軌跡の円

$$(x-2)^2+(y-3)^2=\frac{4}{9}$$

の中心は，△OAB の重心となっている。

点Qの軌跡は，△OAB の重心を中心とし，

半径が定円 $x^2+y^2=4$ の半径の $\frac{1}{3}$，すなわち，$\frac{2}{3}$

の円である。

といえる。

□ **3**　教科書 p.96

平面上に2点 A$(-2,\ -4)$，B$(1,\ 2)$ が与えられているとき，次の条件を満たす点Pの存在範囲を図示せよ。

(1)　$\mathrm{AP}^2>\mathrm{BP}^2$　　(2)　$4\mathrm{AP}^2<\mathrm{BP}^2$

ガイド　点Pの座標を $(x,\ y)$ として，与えられた条件から x，y が満たす不等式を求める。

解答　点Pの座標を $(x,\ y)$ とする。

(1)　$\mathrm{AP}^2>\mathrm{BP}^2$ であるから，

$(x+2)^2+(y+4)^2>(x-1)^2+(y-2)^2$

整理すると，　$2x+4y+5>0$

よって，点Pの存在範囲は右の図の斜線部分で，境界線を含まない。

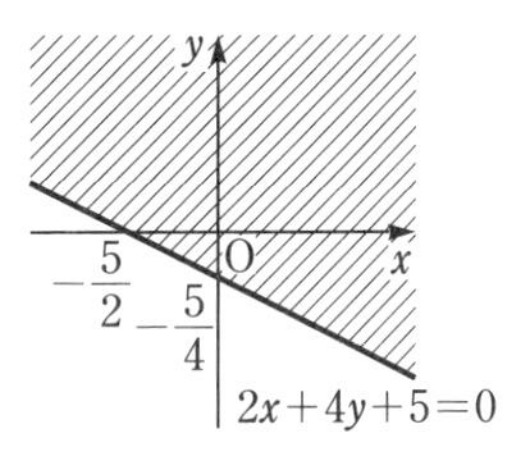

(2)　$4\mathrm{AP}^2<\mathrm{BP}^2$ であるから，

$$4\{(x+2)^2+(y+4)^2\}<(x-1)^2+(y-2)^2$$

整理すると，　$(x+3)^2+(y+6)^2<20$

よって，点Pの存在範囲は，下の図の斜線部分で，境界線を含まない。

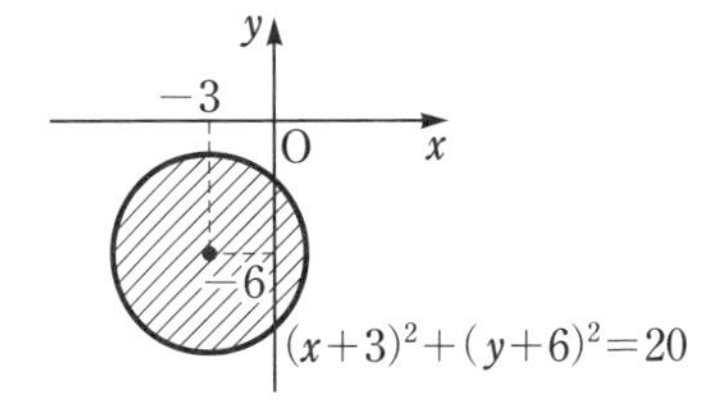

4 教科書 p.96

次の不等式の表す領域を図示せよ。

(1)　$x^2<y<x$　　　(2)　$x<x^2+y^2<1$

(3)　$(2x+y)(x^2+y^2-5)\geqq 0$

ガイド　(1)　$x^2<y$ かつ $y<x$ の表す領域を求める。

(2)　$x<x^2+y^2$ かつ $x^2+y^2<1$ の表す領域を求める。

解答　(1)　与えられた不等式は，

連立不等式 $\begin{cases} x^2<y \\ y<x \end{cases}$ と同じである。

$x^2<y$ は，$y>x^2$ であるから，

求める領域は，

放物線 $y=x^2$ の上側，

直線 $y=x$ の下側

の共通部分，すなわち，右の図の斜線部分で，境界線を含まない。

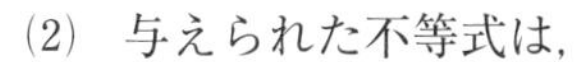

(2)　与えられた不等式は，

連立不等式 $\begin{cases} x<x^2+y^2 \\ x^2+y^2<1 \end{cases}$ と同じである。

$x<x^2+y^2$ は，$\left(x-\dfrac{1}{2}\right)^2+y^2>\dfrac{1}{4}$ であるから，

円 $\left(x-\dfrac{1}{2}\right)^2+y^2=\dfrac{1}{4}$ の外部，

円 $x^2+y^2=1$ の内部

の共通部分，すなわち，右の図の斜線部分で，境界線を含まない。

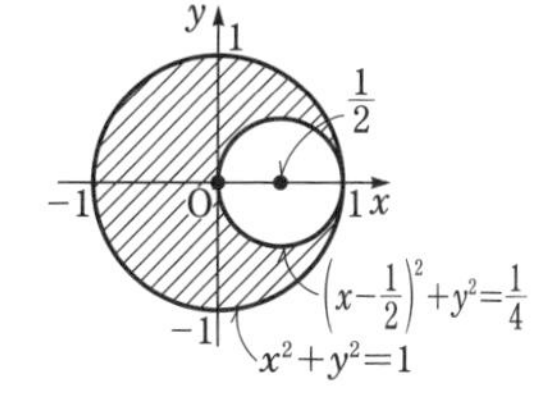

(3)　与えられた不等式は，

$\begin{cases} 2x+y\geqq 0 \\ x^2+y^2-5\geqq 0 \end{cases}$ ……①　または　$\begin{cases} 2x+y\leqq 0 \\ x^2+y^2-5\leqq 0 \end{cases}$ ……②

ということと同じである。

よって，求める領域は，①の表す領域Aと②の表す領域Bの和集合 $A\cup B$，すなわち，右の図の斜線部分で，境界線を含む。

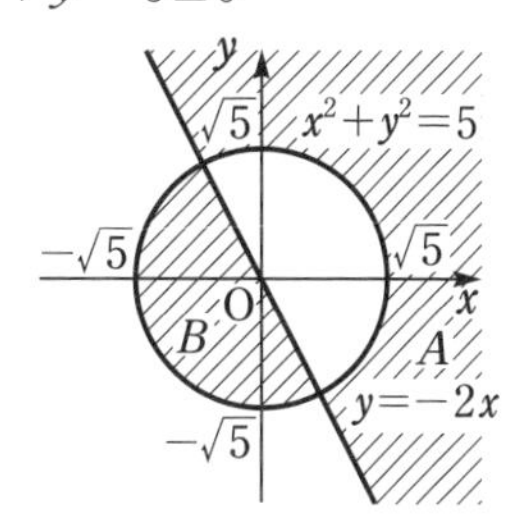

☐ **5** 教科書 p.96

右の図の斜線部分を不等式を用いて表せ。ただし，境界線は直線である。

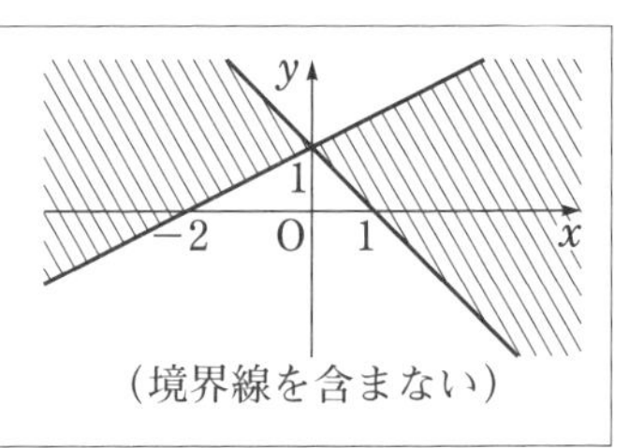

ガイド 境界線を表す直線の方程式は，　$y=-x+1$，$y=\frac{1}{2}x+1$

この２本の直線にはさまれた斜線部分を不等式を用いて表す。

解答 図より，$\begin{cases} y>-x+1 \\ y<\frac{1}{2}x+1 \end{cases}$ または $\begin{cases} y<-x+1 \\ y>\frac{1}{2}x+1 \end{cases}$

すなわち，$\begin{cases} x+y-1>0 \\ x-2y+2>0 \end{cases}$ または $\begin{cases} x+y-1<0 \\ x-2y+2<0 \end{cases}$

よって，求める不等式は，　$\boldsymbol{(x+y-1)(x-2y+2)>0}$

☐ **6** 教科書 p.96

次の連立不等式の表す領域を D とする。点 $P(x,\ y)$ がこの領域 D 内を動くとき，$x-y$ の最大値と最小値を求めよ。

$2x-y\geqq 0$，　$x+y\leqq 6$，　$y\geqq 0$

ガイド 領域 D は，３つの直線 $2x-y=0$，$x+y=6$，$y=0$ で囲まれる三角形の周とその内部である。$x-y=k$ とおき，この直線と領域 D が共有点をもつような k の値の範囲を調べる。

解答 領域 D は，３点 $(0,\ 0)$，$(6,\ 0)$，$(2,\ 4)$ を頂点とする三角形の周とその内部である。

$x-y=k$ ……①

とおくと，①は傾きが１，y 切片が $-k$ の直線の方程式である。

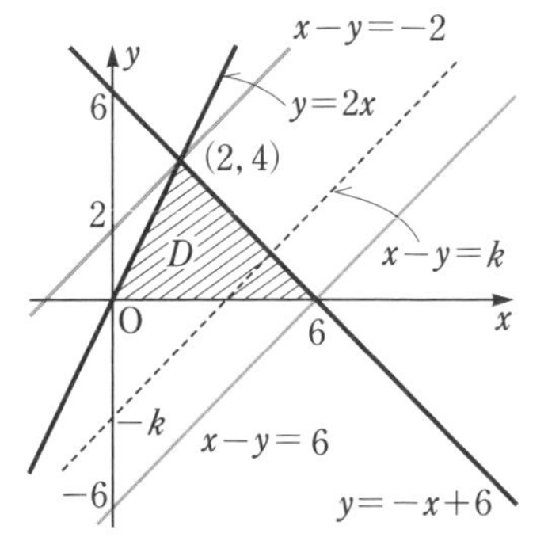

右の図より，直線①が領域 D と共有点をもちながら y 切片 $-k$ を変化させるとき，k の値が最大になるのは，①が点 $(6,\ 0)$ を通るときであり，最小になるのは，①が点 $(2,\ 4)$ を通るときである。

よって，$x-y$ は，$\boldsymbol{x=6}$，$\boldsymbol{y=0}$ **のとき**，**最大値** 6，

$\boldsymbol{x=2}$，$\boldsymbol{y=4}$ **のとき**，**最小値** -2 をとる。

⚠注意　①の y 切片は $-k$ であるから，y 切片が最大のとき k は最小であり，y 切片が最小のとき k は最大である。

また，①の傾きと領域 D の境界線の傾きの大小関係も重要である。

たとえば，①ではなく，直線 $y=3x-k$ を考える場合（これは $3x-y$ の値を求める場合である），直線の傾き 3 は領域 D の境界線の 1 つ，$2x-y=0$ の傾き 2 より大きいので，k の値が最小となるのは，点 $(0,\ 0)$，すなわち，原点を通るときになる。

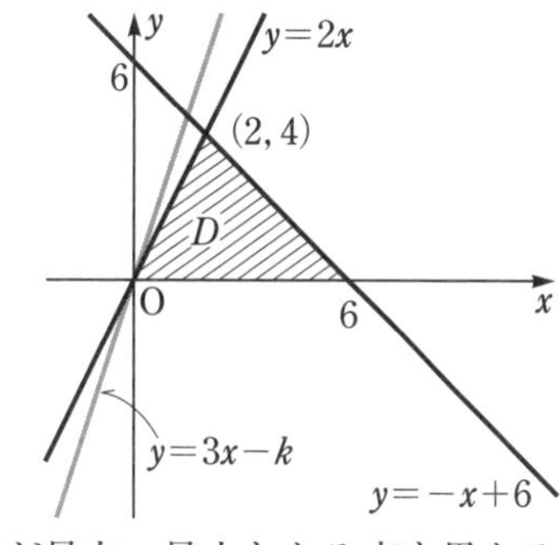

考える直線の傾きが異なれば k の値が最大・最小となる点も異なるから，図をかくことが必要である。

章末問題

A

1 教科書 p.98

2点 A(1, 1), B(3, 1) があり，直線 $y=x+1$ を ℓ とするとき，次の問いに答えよ。

(1) 直線 ℓ に関して点Bと対称な点B′の座標を求めよ。

(2) AP＋BP が最小になるような ℓ 上の点Pの座標を求めよ。

ガイド (2) AP＋BP＝AP＋B′P であるから，AP＋B′P が最小となるときの点Pの座標を求めればよい。

解答 (1) 点B′の座標を $(a,\ b)$ とすると，直線 ℓ の傾きは1，直線BB′の傾きは $\dfrac{b-1}{a-3}$ で，$\ell \perp$ BB′ であるから，

$$1\cdot\frac{b-1}{a-3}=-1 \quad \text{すなわち，} \quad a+b-4=0 \quad \cdots\cdots①$$

また，線分BB′の中点 $\left(\dfrac{a+3}{2},\ \dfrac{b+1}{2}\right)$ は，直線 $y=x+1$ 上にあるから，

$$\frac{b+1}{2}=\frac{a+3}{2}+1 \quad \text{すなわち，} \quad a-b+4=0 \quad \cdots\cdots②$$

①，②を解いて，　$a=0,\ b=4$

よって，点B′の座標は，　**(0, 4)**

(2) BP＝B′P より，AP＋BP＝AP＋B′P であるから，点Pは AP＋B′P が最小になるような直線 ℓ 上の点である。

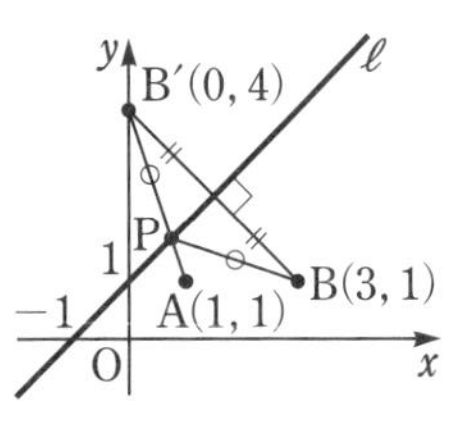

右の図より，直線 ℓ と直線AB′の交点が求める点Pである。

2点 A(1, 1), B′(0, 4) を通る直線の方程式は，

$$y-1=\frac{4-1}{0-1}(x-1) \qquad \text{すなわち，} \qquad y=-3x+4$$

これと $y=x+1$ を連立して解くと，　$x=\dfrac{3}{4},\ y=\dfrac{7}{4}$

よって，点Pの座標は，　$\left(\boldsymbol{\dfrac{3}{4},\ \dfrac{7}{4}}\right)$

2 教科書 p.98

次の直線は定数kの値に関わらず定点を通る。この定点の座標を求めよ。

(1) $y=kx-3k+2$ (2) $(2k-3)x+(k-2)y+k+1=0$

ガイド 与えられた式をkについての恒等式と考える。

解答 (1) 与えられた式をkについて整理すると，

$$(x-3)k-y+2=0$$

これがkの値に関わらず成り立つから，

$$\begin{cases} x-3=0 \\ -y+2=0 \end{cases}$$

これより，　$x=3$，$y=2$

よって，定点の座標は，　**(3，2)**

(2) 与えられた式をkについて整理すると，

$$(2x+y+1)k-3x-2y+1=0$$

これがkの値に関わらず成り立つから，

$$\begin{cases} 2x+y+1=0 \\ -3x-2y+1=0 \end{cases}$$

これを解いて，　$x=-3$，$y=5$

よって，定点の座標は，　**(−3，5)**

3 教科書 p.98

点Pが円 $x^2+y^2-4x=0$ 上を動くとき，点A(0，4)と点Pとの距離APの最大値と最小値を求めよ。

ガイド 点Aと円の中心を結ぶ直線と円の交点のうち，点Aから遠い方が距離APが最大になるときの点P，近い方が距離APが最小になるときの点Pである。

解答 円 $x^2+y^2-4x=0$ の中心を点Cとする。

右の図のように，直線ACと円の交点をAから近い順にP_1，P_2とすると，距離AP_2が求める最大値，距離AP_1が求める最小値となる。

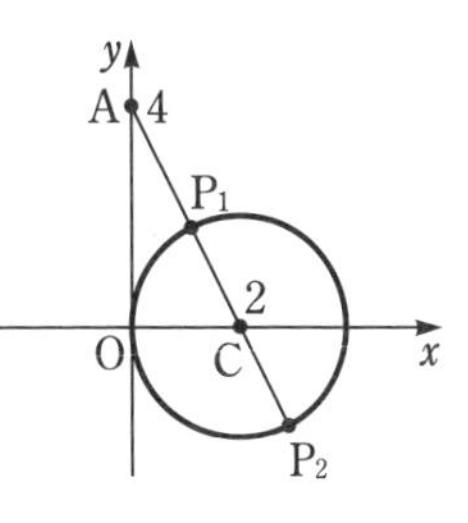

方程式 $x^2+y^2-4x=0$ を変形すると，

$$(x-2)^2+y^2=4$$

よって，点Cの座標は(2，0)で，円の半径をrとすると，　$r=2$

点 A(0, 4) と点 C(2, 0) の距離 AC は,

$$AC=\sqrt{(2-0)^2+(0-4)^2}=2\sqrt{5}$$

求める**最大値**は, $AP_2=AC+r=\mathbf{2\sqrt{5}+2}$,

最小値は, $AP_1=AC-r=\mathbf{2\sqrt{5}-2}$

☐ **4** 教科書 p.98

円 $x^2+(y-a)^2=9$ と直線 $y=2x-1$ が異なる2点で交わるような a の値の範囲を求めよ。また, $a=1$ のとき, この直線が円によって切り取られる線分の長さを求めよ。

ガイド 円の中心Cから直線 ℓ までの距離を d, 円の半径を r とすると, 円と直線が異なる2点で交わるのは, $d<r$ のときである。

また, 円の中心Cから直線 ℓ に下ろした垂線を CH とし, 円と直線 ℓ の交点を A, B とすると, この直線が円によって切り取られる線分 AB の長さは, 三平方の定理により,

$$AB=2AH=2\sqrt{CA^2-CH^2}=2\sqrt{r^2-d^2}$$

解答 円 $x^2+(y-a)^2=9$ の中心をCとすると, 点Cの座標は $(0,\ a)$ で, 円の半径を r とすると, $r=3$

直線の方程式を変形すると, $2x-y-1=0$

点Cと直線 $2x-y-1=0$ の距離を d とすると,

$$d=\frac{|-a-1|}{\sqrt{2^2+(-1)^2}}=\frac{|a+1|}{\sqrt{5}} \quad \cdots\cdots①$$

円と直線が異なる2点で交わるのは, $d<r$ のときであるから,

$$\frac{|a+1|}{\sqrt{5}}<3 \quad すなわち, \quad |a+1|<3\sqrt{5}$$

これより, $-3\sqrt{5}<a+1<3\sqrt{5}$

よって, $\mathbf{-1-3\sqrt{5}<a<-1+3\sqrt{5}}$

また, $a=1$ のとき, ①より,

$$d=\frac{|1+1|}{\sqrt{5}}=\frac{2}{\sqrt{5}}$$

円の中心Cから直線に下ろした垂線を CH とすると, 線分 CH の長さは, 点Cと直線の距離に等しいから,

$$CH=d=\frac{2}{\sqrt{5}}$$

ここで，円と直線の交点をA，Bとすると，△CAH は直角三角形であるから，三平方の定理により，

$$\mathrm{AH}=\sqrt{\mathrm{CA}^2-\mathrm{CH}^2}$$
$$=\sqrt{3^2-\left(\frac{2}{\sqrt{5}}\right)^2}$$
$$=\sqrt{\frac{41}{5}}=\frac{\sqrt{205}}{5}$$

そして，△CAB は CA=CB の二等辺三角形であるから，

$$\mathrm{AH}=\mathrm{BH}$$

よって，求める**線分の長さ**は，　$\mathrm{AB}=2\mathrm{AH}=\boldsymbol{\frac{2\sqrt{205}}{5}}$

別解 連立方程式

$$\begin{cases} x^2+(y-a)^2=9 & \cdots\cdots① \\ y=2x-1 & \cdots\cdots② \end{cases}$$

において，②を①に代入して整理すると，

$$5x^2-4(a+1)x+(a+1)^2-9=0 \quad \cdots\cdots③$$

円と直線が異なる2点で交わるのは，x についての2次方程式③が異なる2つの実数解をもつときであるから，③の判別式を D とすると，

$$\frac{D}{4}=\{-2(a+1)\}^2-5\cdot\{(a+1)^2-9\}>0$$

これより，　$-(a+1)^2+45>0$　　$(a+1)^2<45$

すなわち，　$-\sqrt{45}<a+1<\sqrt{45}$

よって，　$\boldsymbol{-1-3\sqrt{5}<a<-1+3\sqrt{5}}$

また，$a=1$ のとき，③は，　$5x^2-8x-5=0$　……④

となり，$-1-3\sqrt{5}<1<-1+3\sqrt{5}$ であるから，④は異なる2つの実数解をもつ。

そこで，それらの実数解を α，β とすると，円と直線の交点の座標は $(\alpha,\ 2\alpha-1)$，$(\beta,\ 2\beta-1)$ であるから，この直線が円によって切り取られる線分の長さを s とすると，

$$s=\sqrt{(\beta-\alpha)^2+\{(2\beta-1)-(2\alpha-1)\}^2}$$
$$=\sqrt{5(\beta-\alpha)^2}$$

ここで，解と係数の関係から，

$$\alpha+\beta=\frac{8}{5},\qquad \alpha\beta=-1$$

したがって，　$(\beta-\alpha)^2=(\alpha+\beta)^2-4\alpha\beta$

$$=\frac{64}{25}-4\cdot(-1)=\frac{164}{25}$$

よって，求める**線分の長さ**は，

$$s=\sqrt{5(\beta-\alpha)^2}=\sqrt{5\cdot\frac{164}{25}}=\boldsymbol{\frac{2\sqrt{205}}{5}}$$

☐ **5** 教科書 p.98

円 $x^2+y^2-2x+ky=0$ 上の点 P(4, 2) における接線を ℓ とするとき，次の問いに答えよ。ただし，k は定数とする。

(1) k の値を求めよ。

(2) 円の中心Cの座標を求めよ。

(3) ℓ の方程式を求めよ。

ガイド (3) 直線 CP と ℓ が垂直であり，点Pが接線上にあることを用いる。

解答 (1) 点Pは円 $x^2+y^2-2x+ky=0$ 上の点であるから，

$$4^2+2^2-2\cdot4+k\cdot2=0$$

これを解いて，　$\boldsymbol{k=-6}$

(2) (1)の結果より，円の方程式は，

$$x^2+y^2-2x-6y=0$$

変形すると，　$(x-1)^2+(y-3)^2=10$

よって，点Cの座標は，　**(1, 3)**

(3) 直線 CP の傾きは，

$$\frac{2-3}{4-1}=-\frac{1}{3}$$

直線 CP と直線 ℓ は垂直であるから，直線 ℓ の傾きを m とすると，　$m\cdot\left(-\frac{1}{3}\right)=-1$ より，　$m=3$

点Pは直線 ℓ 上の点であるから，直線 ℓ の方程式は，

$$y-2=3(x-4)$$

よって，　$\boldsymbol{y=3x-10}$

教科書 p.98

6　a がすべての実数値を動くとき，放物線 $y=x^2-ax+a+3$ の頂点Pの軌跡を求めよ。

ガイド　点Pの座標を $(x,\ y)$ とする。放物線の式を平方完成し，頂点の座標を a を使って表す。

解答　点Pの座標を $(x,\ y)$ とする。

放物線の式を平方完成すると，

$$y=\left(x-\frac{1}{2}a\right)^2-\frac{1}{4}a^2+a+3$$

これより，放物線の頂点の座標は，$\left(\frac{1}{2}a,\ -\frac{1}{4}a^2+a+3\right)$

点Pは放物線の頂点であるから，

$$x=\frac{1}{2}a \quad \cdots\cdots①$$

$$y=-\frac{1}{4}a^2+a+3 \quad \cdots\cdots②$$

①，②より a を消去すると，　$y=-x^2+2x+3$

よって，点Pの軌跡は，**放物線 $y=-x^2+2x+3$** である。

教科書 p.98

7　不等式 $x^2+y^2\leqq 40$ を満たす $x,\ y$ について，$3x-y$ の最大値と最小値を求めよ。

ガイド　$3x-y=k$ とおくと，$y=3x-k$ となる。この直線が円 $x^2+y^2=40$ と接するときを考える。

解答　不等式 $x^2+y^2\leqq 40$ が表す領域を T とすると，領域 T は円 $x^2+y^2=40$ の周とその内部である。

$$3x-y=k \quad \cdots\cdots①$$

とおくと，①は傾きが3，y 切片が $-k$ の直線の方程式である。

右の図より，直線①が領域 T と共有点をもちながら y 切片 $-k$ を変化させるとき，k の値が最大・最小になるのは，円 $x^2+y^2=40$ と直線①が接するときである。

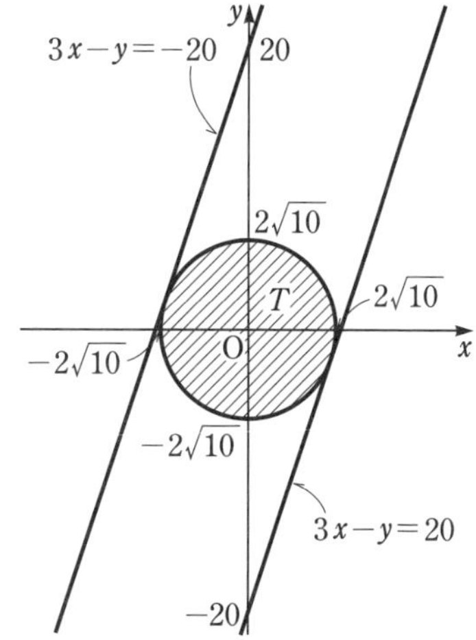

第2章　図形と方程式

連立方程式

$$\begin{cases} x^2+y^2=40 & \cdots\cdots② \\ y=3x-k & \cdots\cdots③ \end{cases}$$

において，③を②に代入して整理すると，

$$10x^2-6kx+k^2-40=0 \quad \cdots\cdots④$$

円と直線が接するのは，x についての2次方程式④が重解をもつときであるから，④の判別式を D とすると，

$$\frac{D}{4}=(-3k)^2-10(k^2-40)=0$$

これより，　$-k^2+400=0$　　すなわち，　$k^2=400$

よって，　$k=\pm 20$

(i) $k=20$ のとき

④より，

$$10x^2-120x+360=0 \qquad x^2-12x+36=0 \qquad (x-6)^2=0$$

これより，　$x=6$

このとき，　$y=3\cdot 6-20=-2$

(ii) $k=-20$ のとき

④より，

$$10x^2+120x+360=0 \qquad x^2+12x+36=0 \qquad (x+6)^2=0$$

これより，　$x=-6$

このとき，　$y=3\cdot(-6)-(-20)=2$

よって，$3x-y$ は，**$x=6$，$y=-2$ のとき，最大値 20，**

$x=-6$，$y=2$ のとき，最小値 -20 をとる。

プラスワン 円 $x^2+y^2=40$ と直線①が接するときの k を求める方法は，判別式 D を利用する他に，点と直線の距離を利用する方法がある。

円 $x^2+y^2=40$ の中心は原点Oで，半径 r は，$r=2\sqrt{10}$ である。

原点と直線①，すなわち，直線 $3x-y-k=0$ の距離を d とすると，

$$d=\frac{|-k|}{\sqrt{3^2+(-1)^2}}=\frac{|k|}{\sqrt{10}}$$

円と直線が接するのは，$d=r$ のときであるから，

$$\frac{|k|}{\sqrt{10}}=2\sqrt{10}$$

すなわち，　$|k|=20$

よって，　$k=\pm 20$

B

8 教科書 p.99

3 点 $(2,\ 5)$, $(0,\ a)$, $(a,\ 3)$ が一直線上にあるような定数 a の値を求めよ。

ガイド　2 点を通る直線が，残る 1 点を通るように定数 a を定める。

解答　2 点 $(2,\ 5)$, $(0,\ a)$ を通る直線の方程式は，

$$y-5=\frac{a-5}{0-2}(x-2)$$

すなわち，　$y=-\frac{a-5}{2}x+a$

この直線が点 $(a,\ 3)$ を通るから，

$$3=-\frac{a-5}{2}\cdot a+a$$

整理すると，　$a^2-7a+6=0$

これを解いて，　$\boldsymbol{a=1,\ 6}$

9 教科書 p.99

3 直線 $x-2y-2=0$ ……①，$3x+2y=6$ ……②，$ax-3y-4=0$ ……③ が直角三角形を作るような定数 a の値を求めよ。

ガイド　直線①と②は垂直でないから，直角三角形を作るのは，直線①と③が垂直，または直線②と③が垂直のときである。ただし，直線①と②の交点を直線③が通るときは三角形ができないことに注意する。

解答　直線①，②，③の傾きはそれぞれ，$\frac{1}{2}$，$-\frac{3}{2}$，$\frac{a}{3}$ である。

直線①と②は垂直でないから，3 直線が直角三角形を作るのは，直線①と③が垂直，または直線②と③が垂直のときである。

また，直線①と②の交点を直線③が通るときは三角形ができない。

①を変形すると，

$$2y=x-2$$

これを②に代入すると，

$$3x+(x-2)=6 \qquad よって， \qquad x=2$$

このとき，　$y=0$

したがって，直線①と②の交点の座標は，　$(2,\ 0)$

直線③が点 (2, 0) を通るとき，

$a\cdot 2-3\cdot 0-4=0$　　よって，　$a=2$

したがって，$a=2$ は解ではない。

(i)　直線①と③が垂直であるとき

$\frac{1}{2}\cdot\frac{a}{3}=-1$　　よって，　$a=-6$

(ii)　直線②と③が垂直であるとき

$-\frac{3}{2}\cdot\frac{a}{3}=-1$　　よって，　$a=2$

$a=2$ は解ではないから，適さない。

よって，求める a の値は，　$\boldsymbol{a=-6}$

10　教科書 p.99

次の問いに答えよ。

(1)　2直線 $a_1x+b_1y+c_1=0$ と $a_2x+b_2y+c_2=0$ について，次のことを示せ。ただし，$b_1\neq 0$，$b_2\neq 0$ とする。

2直線が平行 $\Longleftrightarrow$ $a_1b_2-a_2b_1=0$

2直線が垂直 $\Longleftrightarrow$ $a_1a_2+b_1b_2=0$

(2)　2直線 $(a-1)x-3y-3=0$，$2x-(a+4)y-6=0$ が平行であるとき，および垂直であるときの，定数 a の値を，それぞれ求めよ。ただし，平行には2直線が一致する場合を含む。

ガイド　(1)　2直線 $y=mx+n$，$y=m'x+n'$ について，

2直線が平行 $\Longleftrightarrow$ $m=m'$，　2直線が垂直 $\Longleftrightarrow$ $mm'=-1$

(2)　(1)の結果を使う。

解答　(1)　$b_1\neq 0$，$b_2\neq 0$ であるから，

$a_1x+b_1y+c_1=0$ より，　$y=-\frac{a_1}{b_1}x-\frac{c_1}{b_1}$

$a_2x+b_2y+c_2=0$ より，　$y=-\frac{a_2}{b_2}x-\frac{c_2}{b_2}$

よって，　2直線が平行　$\Longleftrightarrow$ $-\frac{a_1}{b_1}=-\frac{a_2}{b_2}$

すなわち，　2直線が平行 $\Longleftrightarrow$ $a_1b_2-a_2b_1=0$　……①

また，　2直線が垂直　$\Longleftrightarrow$ $-\frac{a_1}{b_1}\cdot\left(-\frac{a_2}{b_2}\right)=-1$

すなわち，　2直線が垂直 $\Longleftrightarrow$ $a_1a_2+b_1b_2=0$　……②

(2)　2 直線が**平行のとき**，①より，

$$(a-1)\{-(a+4)\}-2\cdot(-3)=0$$
$$-a^2-3a+10=0$$
$$a^2+3a-10=0$$
$$(a+5)(a-2)=0$$

よって，　$\boldsymbol{a=-5,\ 2}$

2 直線が**垂直のとき**，②より，

$$(a-1)\cdot 2+(-3)\{-(a+4)\}=0$$
$$5a+10=0$$

よって，　$\boldsymbol{a=-2}$

注意 (2)で，$a=2$ のとき，2 直線の方程式はどちらも $x-3y-3=0$ となり，一致する。

11　教科書 p.99

次の問いに答えよ。

(1)　3 点 O(0, 0)，A(x_1, y_1)，B(x_2, y_2) を頂点とする △OAB がある。

点 B から直線 OA に垂線 BH を引くとき，BH の長さを求めて，△OAB の面積 S が，

$$S=\frac{1}{2}|x_1y_2-x_2y_1|$$

で表されることを示せ。

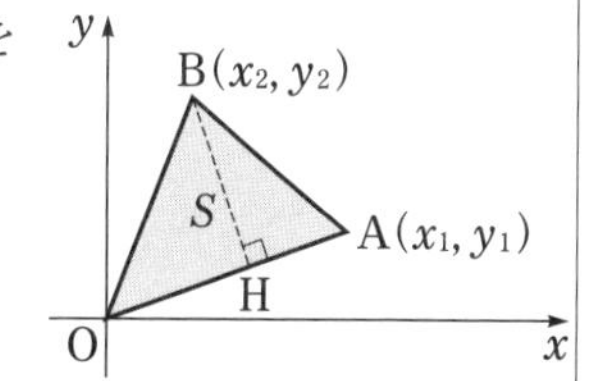

(2)　3 つの直線 $2x-y=0$，$x-4y=0$，$3x+2y-14=0$ で囲まれた三角形の面積 S を求めよ。

ガイド　(1)　BH の長さは点と直線の距離の式を利用する。そのために直線 OA の方程式を求める。

(2)　3 つの直線で囲まれた三角形の 3 つの頂点を求め，(1)の式を利用する。

解答　(1)　$x_1 \neq 0$ のとき，2 点 O(0, 0)，A(x_1, y_1) を通る直線の方程式は，

$$y-0=\frac{y_1-0}{x_1-0}(x-0) \qquad \text{すなわち，} \qquad y_1x-x_1y=0$$

これは，$x_1=0$ のときも成り立つ。

したがって，

$$\mathrm{BH}=\frac{|y_1x_2-x_1y_2|}{\sqrt{y_1{}^2+(-x_1)^2}}=\frac{|x_1y_2-x_2y_1|}{\sqrt{x_1{}^2+y_1{}^2}}$$

また，$\mathrm{OA}=\sqrt{x_1{}^2+y_1{}^2}$ であるから，

$$S=\frac{1}{2}\cdot\mathrm{OA}\cdot\mathrm{BH}=\frac{1}{2}\cdot\sqrt{x_1{}^2+y_1{}^2}\cdot\frac{|x_1y_2-x_2y_1|}{\sqrt{x_1{}^2+y_1{}^2}}$$

$$=\frac{1}{2}|x_1y_2-x_2y_1|$$

(2) 直線 $2x-y=0$ の方程式を変形すると，

$y=2x$ ……①

直線 $x-4y=0$ の方程式を変形すると，

$y=\frac{1}{4}x$ ……②

直線 $3x+2y-14=0$ の方程式を変形すると，

$y=-\frac{3}{2}x+7$ ……③

①，②を解いて，　$x=0$，$y=0$

②，③を解いて，　$x=4$，$y=1$

①，③を解いて，　$x=2$，$y=4$

よって，3つの直線で囲まれた三角形の頂点の座標は，$(0,\ 0)$，$(4,\ 1)$，$(2,\ 4)$ である。

(1)の結果より，

$S=\frac{1}{2}|4\times4-2\times1|=\mathbf{7}$

(1)の面積の公式は覚えてもいいよ。

12 教科書 p.99

直線 $y=x+k$ と円 $x^2+y^2=2$ が異なる2点Q，Rで交わるとき，線分QRの中点をPとして，次の問いに答えよ。

(1) 定数 k の値の範囲を求めよ。

(2) 点Pの座標を $(x,\ y)$ とし，x と y を k を用いて表せ。

(3) k の値が(1)で求めた範囲で変化するとき，点Pの軌跡を図示せよ。

ガイド (2) 直線の方程式と円の方程式を連立させて得られる x についての2次方程式で，2点Q，Rの x 座標を，それぞれ α，β として，解と係数の関係を用いる。

解答 (1) 連立方程式

$$\begin{cases} y=x+k & \cdots\cdots① \\ x^2+y^2=2 & \cdots\cdots② \end{cases}$$

において，①を②に代入して整理すると，

$$2x^2+2kx+k^2-2=0 \quad \cdots\cdots③$$

円と直線が異なる 2 点で交わるのは，x についての 2 次方程式③が異なる 2 つの実数解をもつときであるから，③の判別式を D とすると，

$$\frac{D}{4}=k^2-2(k^2-2)>0$$

これより，　$-k^2+4>0$　　すなわち，　$k^2-4<0$

よって，　$\boldsymbol{-2<k<2}$

(2) ①，②の 2 つの交点Q，R の座標をそれぞれ $(\alpha,\ \alpha')$，$(\beta,\ \beta')$ とする。

α, β は③の解であるから，解と係数の関係により，

$$\alpha+\beta=-\frac{2k}{2}=-k \quad \cdots\cdots④$$

2 点 Q，R が直線①上にあることと④により，

$$\alpha'+\beta'=(\alpha+k)+(\beta+k)=(\alpha+\beta)+2k=k$$

よって，線分 QR の中点 P$(x,\ y)$ について，

$$\boldsymbol{x}=\frac{\alpha+\beta}{2}=\boldsymbol{-\frac{k}{2}},\qquad \boldsymbol{y}=\frac{\alpha'+\beta'}{2}=\boldsymbol{\frac{k}{2}}$$

(3) (2)の結果 $x=-\dfrac{k}{2}$，$y=\dfrac{k}{2}$ より k を消去すると，　$y=-x$

また，(1)の結果より，$-2<k<2$ であるから，

$$-1<-\frac{k}{2}<1$$

すなわち，　$-1<x<1$

よって，点 P の軌跡は右の図のようになる。

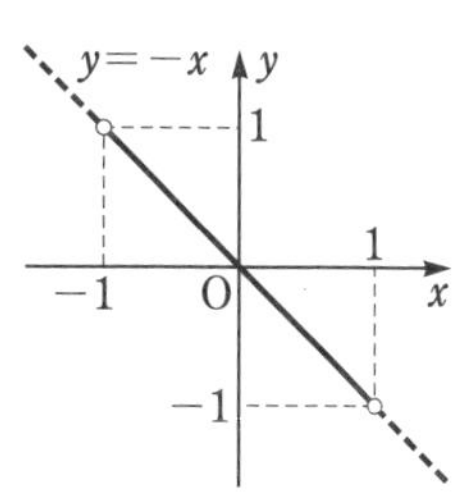

第3章　三角関数

第1節　一般角の三角関数

1　一般角

問 1　OX を始線として，次の角の動径 OP を図示せよ。

教科書 p. 103

(1)　210°　　(2)　−120°　　(3)　495°　　(4)　−780°

ガイド　平面上で，定点Oを中心として，半直線 OP を回転させることを考える。このとき，回転する半直線 OP を**動径**といい，その最初の位置を表す半直線 OX を**始線**という。

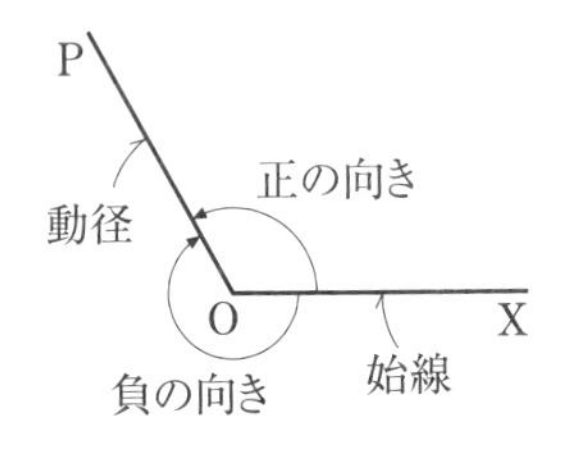

動径の回転する向きは 2 通りある。時計の針の回転と逆の向きを**正の向き**，時計の針の回転と同じ向きを**負の向き**という。また，正の向きの回転の角を**正の角**，負の向きの回転の角を**負の角**という。

このように，回転する向きや 360° 以上回転する場合も考えて拡張した角を**一般角**という。

解答　(1)

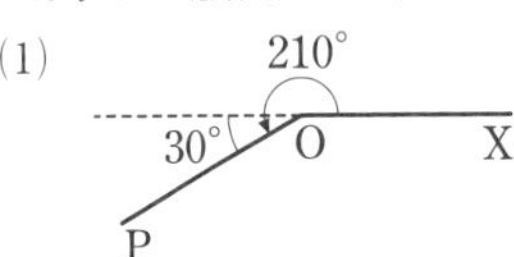

(2)

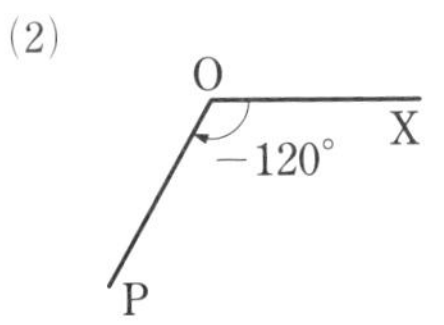

(3)

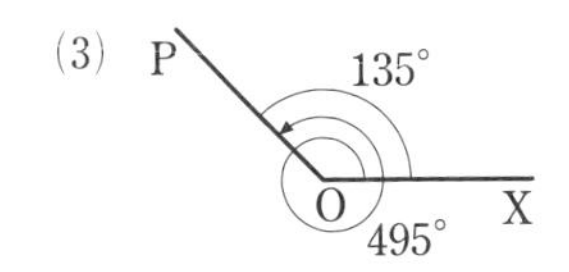

(4)

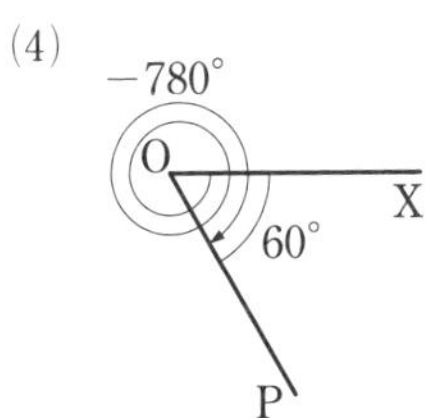

問 2　次の角の動径の表す一般角を，$\alpha+360°\times n$（n は整数）の形に表せ。

教科書 p.103

ただし，$0°\leqq\alpha<360°$ とする。

(1)　430°　(2)　900°　(3)　$-240°$　(4)　$-405°$

ガイド　一般に，動径 OP と始線 OX のなす角の1つを α とすると，

$$\boldsymbol{\theta=\alpha+360°\times n}\quad (n\text{ は整数})$$

で表される θ の動径は，α の動径と一致する。この θ を**動径 OP の表す一般角**という。

解答　(1)　$430°=70°+360°\times 1$

であるから，一般角は，

$\boldsymbol{70°+360°\times n}$　（$\boldsymbol{n}$ **は整数**）

(2)　$900°=180°+360°\times 2$

であるから，一般角は，

$\boldsymbol{180°+360°\times n}$　（$\boldsymbol{n}$ **は整数**）

(3)　$-240°=120°+360°\times(-1)$

であるから，一般角は，

$\boldsymbol{120°+360°\times n}$　（$\boldsymbol{n}$ **は整数**）

(4)　$-405°=315°+360°\times(-2)$

であるから，一般角は，

$\boldsymbol{315°+360°\times n}$　（$\boldsymbol{n}$ **は整数**）

2 弧度法

問 3 弧度法による次の角を，度数法で表せ。

教科書 p.104

(1) $\dfrac{13}{6}\pi$ (2) $\dfrac{3}{5}\pi$ (3) $-\dfrac{19}{8}\pi$

ガイド 1つの円において，半径と同じ長さの弧に対する中心角の大きさを **1ラジアン**（1弧度）という。円の半径と弧の長さは比例するから，1ラジアンは円の半径によらず一定の大きさの角である。半径1の円では，長さ1の弧に対する中心角の大きさが1ラジアンであり，長さθの弧に対する中心角の大きさがθラジアンである。このような角の大きさの表し方を**弧度法**という。半径1の円において，中心角180°に対する弧の長さはπである。

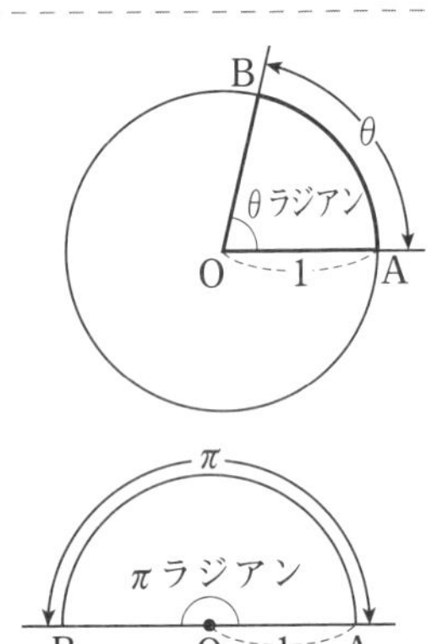

ここがポイント

$$180° = \pi \text{ ラジアン}, \quad 1 \text{ ラジアン} = \left(\frac{180}{\pi}\right)^{\circ} \fallingdotseq 57.3°$$

弧度法では，単位名のラジアンを省略することが多い。

解答 (1) $\dfrac{13}{6}\pi = \dfrac{13}{6} \times 180° = \mathbf{390°}$

(2) $\dfrac{3}{5}\pi = \dfrac{3}{5} \times 180° = \mathbf{108°}$

(3) $-\dfrac{19}{8}\pi = -\dfrac{19}{8} \times 180° = -19 \times 22.5° = \mathbf{-427.5°}$

問 4 次の角の動径の表す一般角を，弧度法を用いて表せ。

教科書 p.105

(1) 15° (2) 405° (3) −135°

ガイド 弧度法を用いると，αの動径OPの表す一般角θは次のように表される。

$$\boldsymbol{\theta = \alpha + 2n\pi} \quad (\boldsymbol{n} \text{ は整数})$$

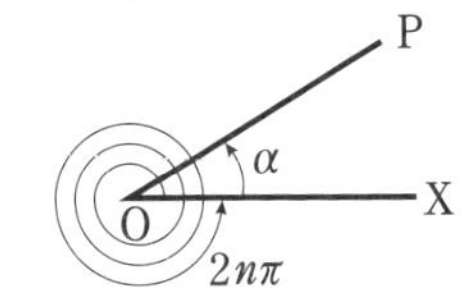

解答 (1) $15°=\dfrac{180°}{12}=\dfrac{\pi}{12}$ より，

$$\boldsymbol{\frac{\pi}{12}+2n\pi}\quad \textbf{(}\boldsymbol{n}\textbf{ は整数)}$$

(2) $405°=135°\times3=\dfrac{3}{4}\pi\times3=\dfrac{9}{4}\pi$ より，

$$\boldsymbol{\frac{9}{4}\pi+2n\pi}\quad \textbf{(}\boldsymbol{n}\textbf{ は整数)}$$

(3) $-135°=-\dfrac{3}{4}\pi$ より，

$$\boldsymbol{-\frac{3}{4}\pi+2n\pi}\quad \textbf{(}\boldsymbol{n}\textbf{ は整数)}$$

注意 度数法の場合と同様に，弧度法による一般角は，$0\leqq\alpha<2\pi$ となる α を用いて，$\alpha+2n\pi$ (n は整数) の形に表すことが多い。この場合，本問の(2)，(3)はそれぞれ次のように表される。

(2) $405°=45°+360°$，$45°=\dfrac{\pi}{4}$ より，$\dfrac{\pi}{4}+2n\pi$ (n は整数)

(3) $-135°=225°+360°\times(-1)$，$225°=45°\times5=\dfrac{5}{4}\pi$ より，

$$\frac{5}{4}\pi+2n\pi\quad (n \text{ は整数})$$

問 5 半径 8，中心角 $\dfrac{3}{4}\pi$ の扇形の弧の長さと面積を求めよ。

教科書 p.105

ガイド

ここがポイント **[扇形の弧の長さと面積]**

半径が r，中心角が θ の扇形(おうぎ)の弧の長さを ℓ，面積を S とすると，

$$\boldsymbol{\ell=r\theta}$$

$$\boldsymbol{S=\frac{1}{2}r^2\theta=\frac{1}{2}r\ell}$$

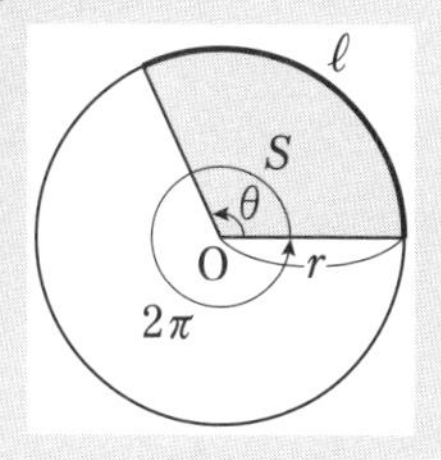

解答 **弧の長さ ℓ は，**　$\ell=8\times\dfrac{3}{4}\pi=\boldsymbol{6\pi}$

面積 S は，　$S=\dfrac{1}{2}\times8^2\times\dfrac{3}{4}\pi=\boldsymbol{24\pi}$

3 一般角の三角関数

問 6 θが次の値のとき，$\sin\theta$，$\cos\theta$，$\tan\theta$の値を求めよ。

教科書 p.106 (1) $\dfrac{11}{6}\pi$ (2) $-\dfrac{4}{3}\pi$ (3) $\dfrac{9}{4}\pi$ (4) -3π

ガイド 座標平面上で原点Oを中心とする半径rの円を考える。x軸の正の部分を始線とし，一般角θの動径と円Oの交点をP$(x,\ y)$とする。

ここがポイント [三角関数の定義]

$$\sin\theta=\frac{y}{r},\quad \cos\theta=\frac{x}{r},\quad \tan\theta=\frac{y}{x}$$

$\sin\theta$，$\cos\theta$，$\tan\theta$を，それぞれθの**正弦**，**余弦**，**正接**という。これらはいずれもθの関数であり，**三角関数**とよばれる。

解答 (1) 右の図のように OP=2 とすれば，P$(\sqrt{3},\ -1)$となるから，

$$\sin\frac{11}{6}\pi=\frac{-1}{2}=-\frac{1}{2}$$

$$\cos\frac{11}{6}\pi=\frac{\sqrt{3}}{2}$$

$$\tan\frac{11}{6}\pi=\frac{-1}{\sqrt{3}}=-\frac{1}{\sqrt{3}}$$

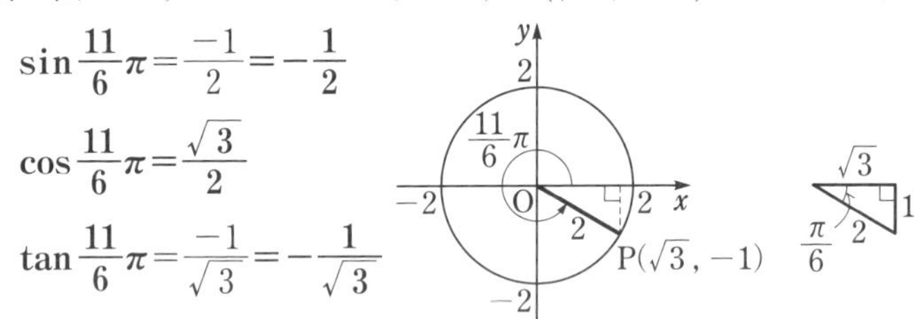

(2) 右の図のように OP=2 とすれば，P$(-1,\ \sqrt{3})$となるから，

$$\sin\left(-\frac{4}{3}\pi\right)=\frac{\sqrt{3}}{2}$$

$$\cos\left(-\frac{4}{3}\pi\right)=\frac{-1}{2}=-\frac{1}{2}$$

$$\tan\left(-\frac{4}{3}\pi\right)=\frac{\sqrt{3}}{-1}=-\sqrt{3}$$

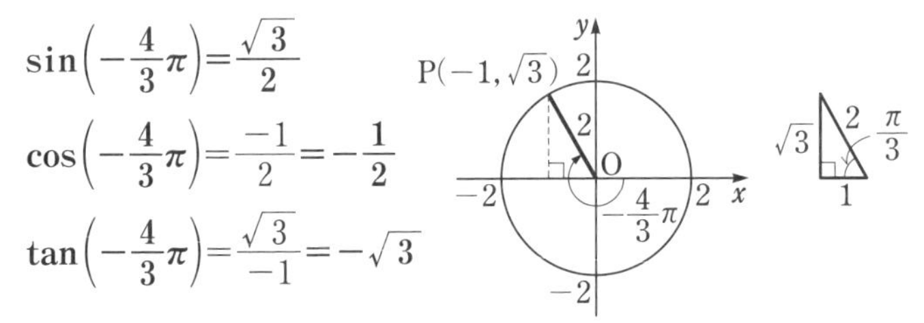

(3) 右の図のように OP$=\sqrt{2}$ とすれば，P$(1,\ 1)$となるから，

$$\sin\frac{9}{4}\pi=\frac{1}{\sqrt{2}}$$

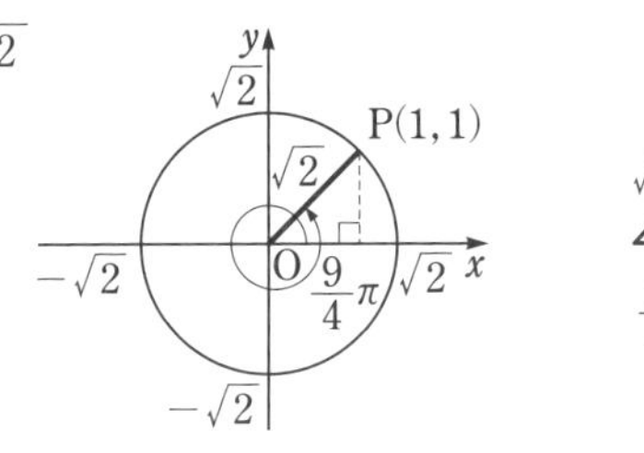

$$\cos\frac{9}{4}\pi=\frac{1}{\sqrt{2}},\quad \tan\frac{9}{4}\pi=\frac{1}{1}=1$$

(4)　右の図のように OP=1 とすれば，P(−1, 0) となるから，

$$\sin(-3\pi)=\frac{0}{1}=0$$

$$\cos(-3\pi)=\frac{-1}{1}=-1$$

$$\tan(-3\pi)=\frac{0}{-1}=0$$

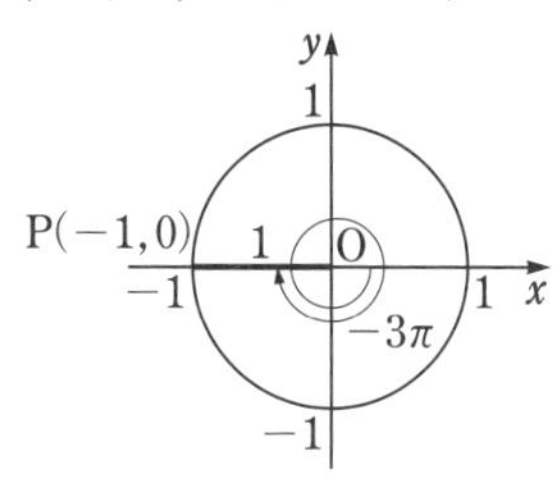

第3章　三角関数

問 7　次の条件を満たすような θ の動径は，第何象限にあるか。

教科書 p.107

(1)　$\sin\theta<0$ かつ $\cos\theta<0$　　(2)　$\cos\theta>0$ かつ $\tan\theta<0$

ガイド　原点Oを中心とする半径1の円を**単位円**という。

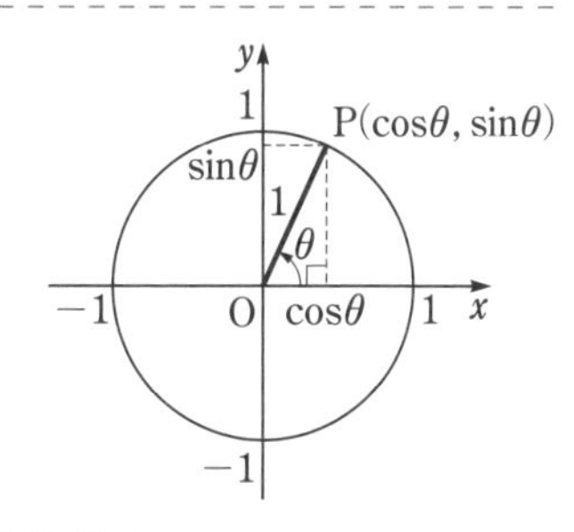

三角関数の定義で $r=1$ とすると，P$(x,\ y)$ は単位円周上にあり，$\boldsymbol{x=\cos\theta,\ y=\sin\theta}$ となる。すなわち，点Pの座標は，$\mathbf{P}(\boldsymbol{\cos\theta,\ \sin\theta})$ になる。

ここで，θ を動かすと，x，y はそれぞれ $-1\leqq x\leqq 1$，$-1\leqq y\leqq 1$ の範囲全体を動くので，$\boldsymbol{-1\leqq\sin\theta\leqq 1}$，$\boldsymbol{-1\leqq\cos\theta\leqq 1}$ が成り立つ。

さらに，$\theta\neq\frac{\pi}{2}+n\pi$ (n は整数) のとき，点 A(1, 0) を通り，x 軸に垂直な直線と，直線 OP の交点を T$(1,\ m)$ とすると，

$\tan\theta=\frac{y}{x}=\frac{m}{1}=m$ である。

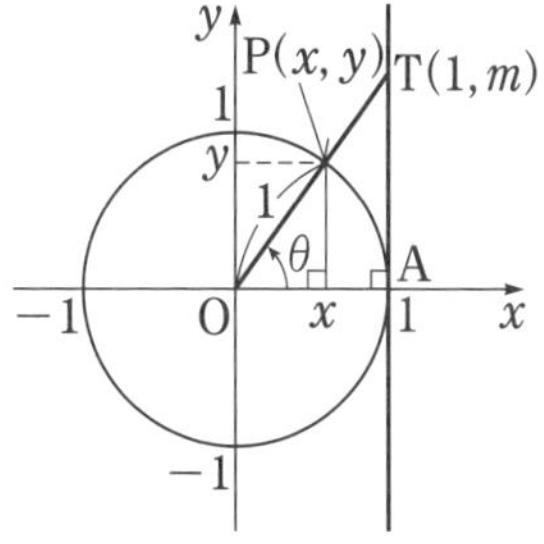

$\theta\neq\frac{\pi}{2}+n\pi$ (n は整数) を満たしながら θ を動かすと，m は実数全体を動くので，**$\tan\theta$ はすべての実数値をとる**。

また，$y=\sin\theta$，$x=\cos\theta$，$m=\tan\theta$ より，θ の動径が第何象限にあるかによって，三角関数の値の符号が決まり，図で示すと次のようになる。

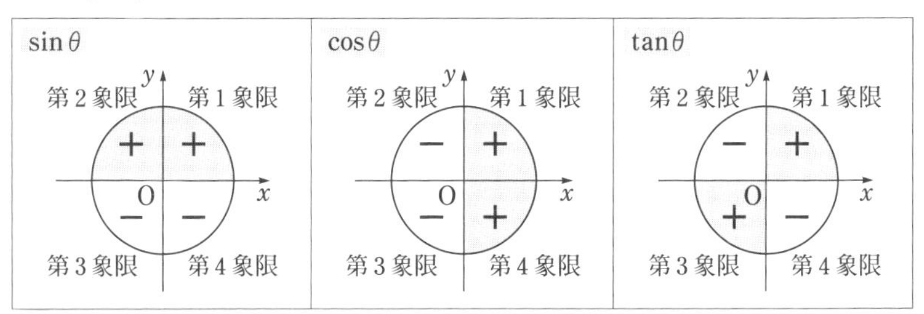

解答 (1) **第3象限**　　(2) **第4象限**

4 三角関数の相互関係

問 8 θ が第4象限の角で，$\cos\theta=\dfrac{1}{3}$ のとき，$\sin\theta$，$\tan\theta$ の値を求めよ。

教科書 p. 108

ガイド

ここがポイント [三角関数の相互関係]

$$\tan\theta=\frac{\sin\theta}{\cos\theta},\quad \sin^2\theta+\cos^2\theta=1,\quad 1+\tan^2\theta=\frac{1}{\cos^2\theta}$$

θ の動径が第1象限にあるとき，θ を**第1象限の角**という。他の象限についても同様である。

解答 $\sin^2\theta+\cos^2\theta=1$ であるから，

$$\sin^2\theta=1-\left(\frac{1}{3}\right)^2=\frac{8}{9}$$

θ は第4象限の角であるから，　$\sin\theta<0$

よって，　$\boldsymbol{\sin\theta=-\sqrt{\frac{8}{9}}=-\frac{2\sqrt{2}}{3}}$

$$\boldsymbol{\tan\theta}=\frac{\sin\theta}{\cos\theta}=\left(-\frac{2\sqrt{2}}{3}\right)\div\frac{1}{3}=\boldsymbol{-2\sqrt{2}}$$

問 9 θ が第3象限の角で，$\tan\theta=4$ のとき，$\sin\theta$，$\cos\theta$ の値を求めよ。

教科書 p. 108

ガイド　$1+\tan^2\theta=\dfrac{1}{\cos^2\theta}$ を利用して，まず $\cos\theta$ の値を求める。

解答　$1+\tan^2\theta=\dfrac{1}{\cos^2\theta}$ であるから，

$$\cos^2\theta=\frac{1}{1+\tan^2\theta}=\frac{1}{1+4^2}=\frac{1}{17}$$

θ は第3象限の角であるから，　$\cos\theta<0$

よって，　$\boldsymbol{\cos\theta}=-\sqrt{\dfrac{1}{17}}=\boldsymbol{-\dfrac{\sqrt{17}}{17}}$

$$\boldsymbol{\sin\theta}=\cos\theta\tan\theta=\left(-\frac{\sqrt{17}}{17}\right)\times 4=\boldsymbol{-\frac{4\sqrt{17}}{17}}$$

注意　$\sin\theta$ の値は $\sin^2\theta+\cos^2\theta=1$ を利用して求めることもできるが，$\sin\theta=\cos\theta\tan\theta$ を利用すると，符号の確認をしなくて済む。

問10　教科書 p.109

$\sin\theta-\cos\theta=\dfrac{1}{3}$ のとき，次の式の値を求めよ。

(1)　$\sin\theta\cos\theta$　　(2)　$\sin^3\theta-\cos^3\theta$　　(3)　$\tan\theta+\dfrac{1}{\tan\theta}$

ガイド　(1)　$\sin\theta-\cos\theta=\dfrac{1}{3}$ の両辺を2乗して，$\sin^2\theta+\cos^2\theta=1$ を利用する。

(2)　$a^3-b^3=(a-b)(a^2+ab+b^2)$ を利用する。

(3)　$\tan\theta+\dfrac{1}{\tan\theta}$ を $\sin\theta$ と $\cos\theta$ で表す。

解答　(1)　$\sin\theta-\cos\theta=\dfrac{1}{3}$ の両辺を2乗すると，

$$\sin^2\theta-2\sin\theta\cos\theta+\cos^2\theta=\frac{1}{9}$$

したがって，　$1-2\sin\theta\cos\theta=\dfrac{1}{9}$

よって，　$\sin\theta\cos\theta=\boldsymbol{\dfrac{4}{9}}$

(2)　$\sin^3\theta-\cos^3\theta=(\sin\theta-\cos\theta)(\sin^2\theta+\sin\theta\cos\theta+\cos^2\theta)$

$$=(\sin\theta-\cos\theta)(1+\sin\theta\cos\theta)$$

$$=\frac{1}{3}\times\left(1+\frac{4}{9}\right)=\boldsymbol{\frac{13}{27}}$$

(3) $\tan\theta+\dfrac{1}{\tan\theta}=\dfrac{\sin\theta}{\cos\theta}+\dfrac{\cos\theta}{\sin\theta}=\dfrac{\sin^2\theta+\cos^2\theta}{\sin\theta\cos\theta}$

$=\dfrac{1}{\sin\theta\cos\theta}=\boldsymbol{\dfrac{9}{4}}$

プラスワン (2)は，$a^3-b^3=(a-b)^3+3ab(a-b)$ を利用する方法もある。

別解 (2) $\sin^3\theta-\cos^3\theta=(\sin\theta-\cos\theta)^3+3\sin\theta\cos\theta(\sin\theta-\cos\theta)$

$=\left(\dfrac{1}{3}\right)^3+3\times\dfrac{4}{9}\times\dfrac{1}{3}$

$=\boldsymbol{\dfrac{13}{27}}$

問 11

教科書 p.109

等式 $\dfrac{\sin\theta}{1+\cos\theta}+\dfrac{\sin\theta}{1-\cos\theta}=\dfrac{2}{\sin\theta}$ を証明せよ。

ガイド 左辺を通分して変形し，右辺と等しくなることを示す。

解答 $\dfrac{\sin\theta}{1+\cos\theta}+\dfrac{\sin\theta}{1-\cos\theta}=\dfrac{\sin\theta(1-\cos\theta)+\sin\theta(1+\cos\theta)}{(1+\cos\theta)(1-\cos\theta)}$

$=\dfrac{2\sin\theta}{1-\cos^2\theta}=\dfrac{2\sin\theta}{\sin^2\theta}=\dfrac{2}{\sin\theta}$

よって， $\dfrac{\sin\theta}{1+\cos\theta}+\dfrac{\sin\theta}{1-\cos\theta}=\dfrac{2}{\sin\theta}$

問 12

教科書 p.111

次の□にあてはまる鋭角を求めよ。

(1) $\sin\dfrac{11}{8}\pi=-\sin\square$　　(2) $\cos\dfrac{7}{10}\pi=-\cos\square$

(3) $\tan\dfrac{11}{6}\pi=-\dfrac{1}{\tan\square}$　　(4) $\cos\dfrac{\pi}{3}=\sin\square$

ガイド

ここがポイント

[$\theta+2n\pi$ の三角関数]

[1] $\sin(\theta+2n\pi)=\sin\theta$
$\cos(\theta+2n\pi)=\cos\theta$
$\tan(\theta+2n\pi)=\tan\theta$
（n は整数）

[$-\theta$ の三角関数]

[2] $\sin(-\theta)=-\sin\theta$
$\cos(-\theta)=\cos\theta$
$\tan(-\theta)=-\tan\theta$

$\left[\theta+\dfrac{\pi}{2}\right.$ の三角関数$\left.\right]$

③ $\sin\left(\theta+\dfrac{\pi}{2}\right)=\cos\theta$

$\cos\left(\theta+\dfrac{\pi}{2}\right)=-\sin\theta$

$\tan\left(\theta+\dfrac{\pi}{2}\right)=-\dfrac{1}{\tan\theta}$

[$\theta+\pi$ の三角関数]

④ $\sin(\theta+\pi)=-\sin\theta$

$\cos(\theta+\pi)=-\cos\theta$

$\tan(\theta+\pi)=\tan\theta$

③，④の等式において，θ を $-\theta$ でおき換えると，次の等式が得られる。

⑤ $\sin\left(\dfrac{\pi}{2}-\theta\right)=\cos\theta$

$\cos\left(\dfrac{\pi}{2}-\theta\right)=\sin\theta$

$\tan\left(\dfrac{\pi}{2}-\theta\right)=\dfrac{1}{\tan\theta}$

⑥ $\sin(\pi-\theta)=\sin\theta$

$\cos(\pi-\theta)=-\cos\theta$

$\tan(\pi-\theta)=-\tan\theta$

これらの等式を使えば，どのような角に対する三角関数の値も，鋭角に対する三角関数の値で表すことができる。

解答 (1) $\sin\dfrac{11}{8}\pi=\sin\left(\dfrac{3}{8}\pi+\pi\right)=-\sin\dfrac{3}{8}\pi$ より，　$\boldsymbol{\dfrac{3}{8}\pi}$

(2) $\cos\dfrac{7}{10}\pi=\cos\left(\pi-\dfrac{3}{10}\pi\right)=-\cos\dfrac{3}{10}\pi$ より，　$\boldsymbol{\dfrac{3}{10}\pi}$

(3) $\tan\dfrac{11}{6}\pi=\tan\left(\dfrac{5}{6}\pi+\pi\right)=\tan\dfrac{5}{6}\pi$

$=\tan\left(\dfrac{\pi}{3}+\dfrac{\pi}{2}\right)=-\dfrac{1}{\tan\dfrac{\pi}{3}}$ より，　$\boldsymbol{\dfrac{\pi}{3}}$

(4) $\cos\dfrac{\pi}{3}=\cos\left(\dfrac{\pi}{2}-\dfrac{\pi}{6}\right)=\sin\dfrac{\pi}{6}$ より，　$\boldsymbol{\dfrac{\pi}{6}}$

5　三角関数のグラフ

問 13　次の関数のグラフをかけ。また，その周期を求めよ。

教科書 p.115

(1) $y=\cos\left(\theta-\dfrac{\pi}{6}\right)$　　(2) $y=\sin\left(\theta+\dfrac{\pi}{4}\right)$

ガイド 関数 $y=\sin\theta$ と $y=\cos\theta$ のグラフをかくと，次のようになる。

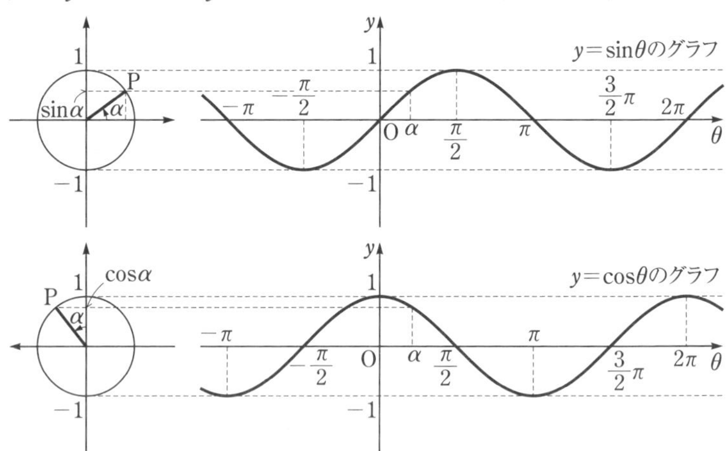

$y=\sin\theta$ や $y=\cos\theta$ のグラフの形の曲線を**正弦曲線**（サインカーブ）という。関数 $y=\tan\theta$ のグラフをかくと，次のようになる。

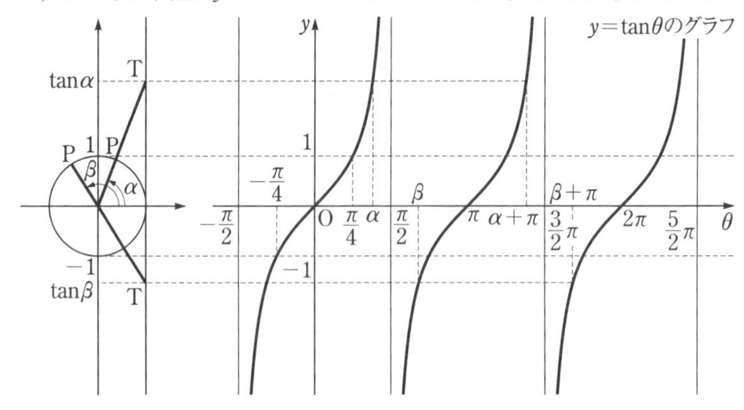

$0<\theta<\dfrac{\pi}{2}$ の範囲で考えると，$y=\tan\theta$ のグラフは，θ の値が $\dfrac{\pi}{2}$ に限りなく近づくとき，直線 $\theta=\dfrac{\pi}{2}$ に限りなく近づく。

このように，曲線が限りなく近づく直線を，その曲線の**漸近線**（ぜんきんせん）という。

$y=\tan\theta$ のグラフの漸近線は，

直線 $\theta=\dfrac{\pi}{2}$，$\theta=-\dfrac{\pi}{2}$，$\theta=\dfrac{3}{2}\pi$，$\theta=-\dfrac{3}{2}\pi$，……

となり，これらは，直線 $\boldsymbol{\theta=\dfrac{\pi}{2}+n\pi}$（$n$ は整数）と表すことができる。

一般に，関数 $y=f(\theta)$ が0でない定数 c に対して，つねに，

$$\boldsymbol{f(\theta+c)=f(\theta)}$$

となるとき，このような関数を，c を**周期**とする**周期関数**という。

$\sin(\theta+2\pi)=\sin\theta$, $\cos(\theta+2\pi)=\cos\theta$ であるから，関数 $y=\sin\theta$ や $y=\cos\theta$ は 2π を周期とする周期関数である。

また，$\sin(-\theta)=-\sin\theta$, $\cos(-\theta)=\cos\theta$, $\tan(-\theta)=-\tan\theta$ であるから，$y=\sin\theta$ と $y=\tan\theta$ のグラフは原点に関して対称であり，$y=\cos\theta$ のグラフは y 軸に関して対称である。

一般に，関数 $f(x)$ において，

$f(-x)=-f(x)$ が成り立つとき，$f(x)$ を**奇関数**，

$f(-x)=f(x)$ が成り立つとき，$f(x)$ を**偶関数**

という。たとえば，$y=\sin\theta$ は奇関数，$y=\cos\theta$ は偶関数である。

第3章　三角関数

解答　(1)　関数 $y=\cos\left(\theta-\dfrac{\pi}{6}\right)$ のグラフは，$y=\cos\theta$ のグラフを θ 軸方向に $\dfrac{\pi}{6}$ だけ平行移動したもので，**周期**は $\boldsymbol{2\pi}$ である。

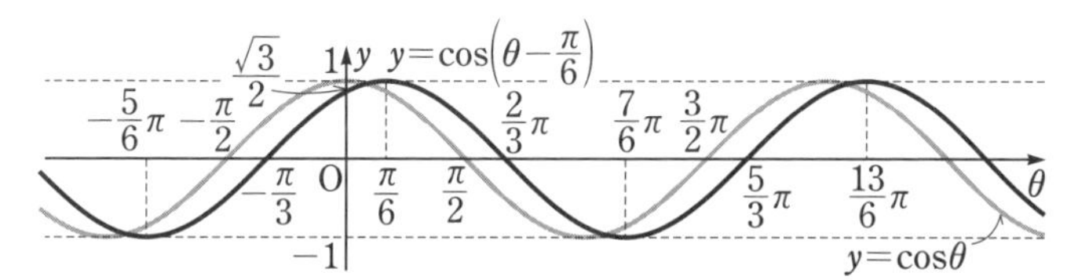

(2)　関数 $y=\sin\left(\theta+\dfrac{\pi}{4}\right)$ のグラフは，$y=\sin\theta$ のグラフを θ 軸方向に $-\dfrac{\pi}{4}$ だけ平行移動したもので，**周期**は $\boldsymbol{2\pi}$ である。

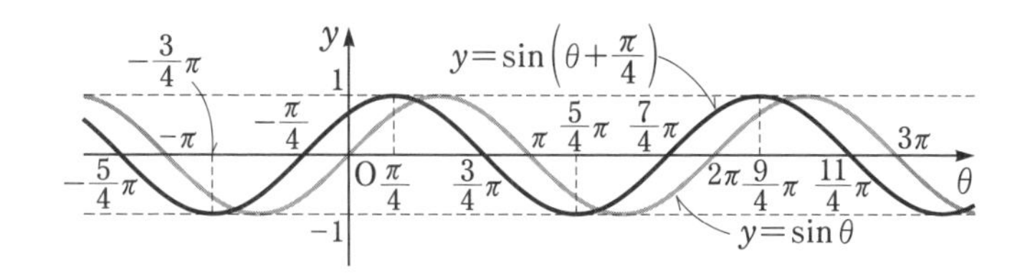

問14　次の関数のグラフをかけ。また，その周期を求めよ。

教科書 p.115

(1)　$y=\dfrac{1}{2}\sin\theta$　　(2)　$y=-2\cos\theta$

ガイド (2) $y=-2\cos\theta$ のグラフは，$y=-\cos\theta$ のグラフを θ 軸を基準にして y 軸方向に2倍に拡大したものである。

解答 (1) 関数 $y=\dfrac{1}{2}\sin\theta$ のグラフは，$y=\sin\theta$ のグラフを θ 軸を基準にして y 軸方向に $\dfrac{1}{2}$ 倍に縮小したもので，**周期は 2π** である。

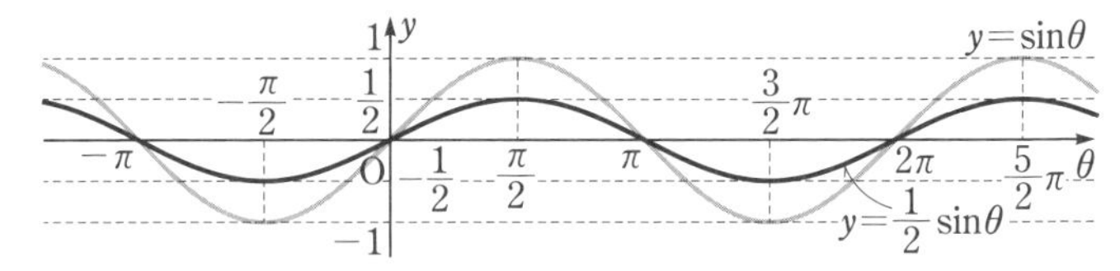

(2) 関数 $y=-2\cos\theta$ のグラフは，$y=\cos\theta$ のグラフを θ 軸に関して対称移動し，θ 軸を基準にして y 軸方向に2倍に拡大したもので，**周期は 2π** である。

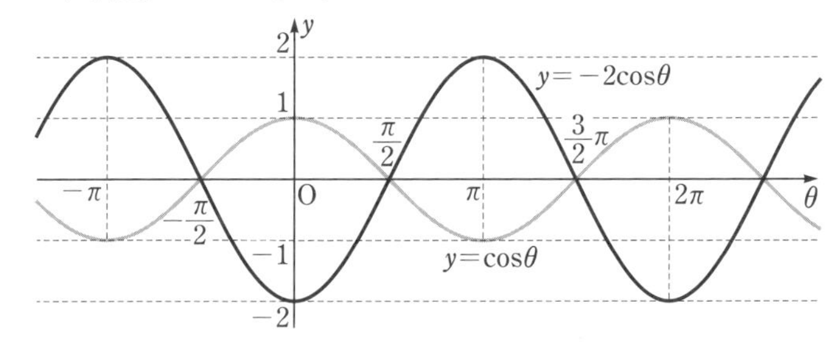

問15 次の関数のグラフをかけ。また，その周期を求めよ。

教科書 p.116

(1) $y=\cos 3\theta$　　(2) $y=\tan\dfrac{\theta}{2}$

ガイド $y=\cos\theta$ のグラフや $y=\tan\theta$ のグラフを，y 軸を基準にして θ 軸方向にそれぞれ何倍したものかを考える。

解答 (1) $\theta=\dfrac{\alpha}{3}$ のときの $\cos 3\theta$ の値は，$\cos\alpha$，すなわち，$\theta=\alpha$ のときの $\cos\theta$ の値に等しい。このグラフは，$y=\cos\theta$ のグラフを y 軸を基準にして θ 軸方向に $\dfrac{1}{3}$ 倍に縮小したもので，**周期は $\dfrac{2}{3}\pi$** である。

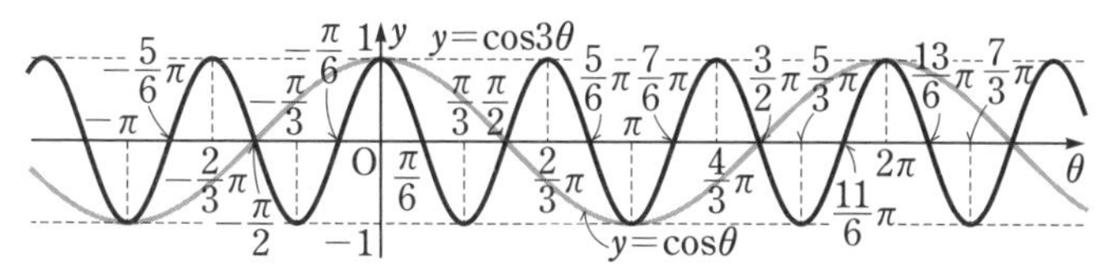

(2)　$\theta=2\alpha$ のときの $\tan\dfrac{\theta}{2}$ の値は，$\tan\alpha$，すなわち，$\theta=\alpha$ のときの $\tan\theta$ の値に等しい。よって，この関数のグラフは，$y=\tan\theta$ のグラフを y 軸を基準にして θ 軸方向に2倍に拡大したもので，**周期**は 2π である。

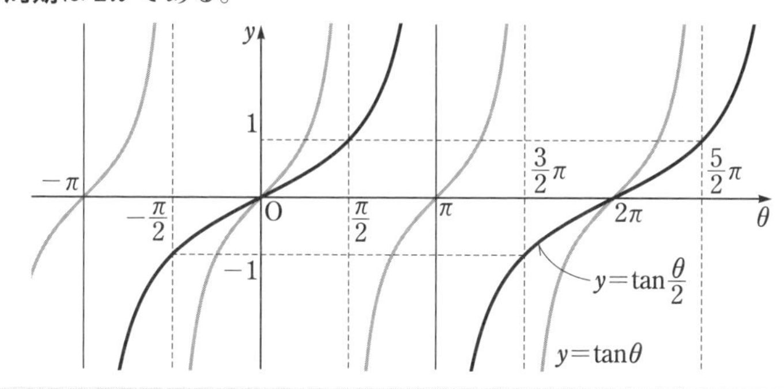

ポイント プラス

$y=\sin k\theta$，$y=\cos k\theta$ の周期は，$\dfrac{2\pi}{k}$

$y=\tan k\theta$ の周期は，$\dfrac{\pi}{k}$　　　ただし，$k>0$

問 16　関数 $y=\cos\left(\dfrac{\theta}{2}-\dfrac{\pi}{6}\right)$ のグラフをかけ。また，その周期を求めよ。

教科書 p.116

ガイド　θ の係数をくくり出して考える。

解答　$y=\cos\left(\dfrac{\theta}{2}-\dfrac{\pi}{6}\right)=\cos\dfrac{1}{2}\left(\theta-\dfrac{\pi}{3}\right)$ であるから，

関数 $y=\cos\left(\dfrac{\theta}{2}-\dfrac{\pi}{6}\right)$ のグラフは，$y=\cos\dfrac{\theta}{2}$ のグラフを θ 軸方向に $\dfrac{\pi}{3}$ だけ平行移動したものである。

また，**周期**は，$y=\cos\dfrac{\theta}{2}$ の周期に等しく，$2\pi\div\dfrac{1}{2}=\boldsymbol{4\pi}$ である。

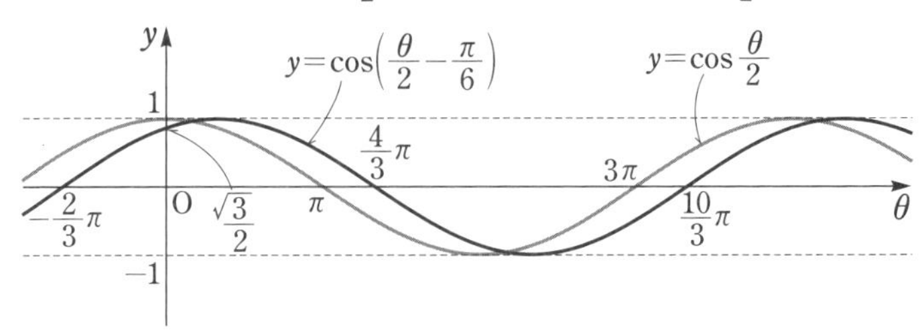

6 三角関数を含む方程式・不等式

問 17 $0\leqq\theta<2\pi$ のとき，次の方程式を解け。

教科書 p.117

(1) $\cos\theta=-\dfrac{1}{2}$　　(2) $\sin\theta+1=0$　　(3) $\tan\theta=-1$

ガイド 単位円を用いて，三角関数の定義をもとにして解く。

解答 (1) 単位円と θ の動径の交点の x 座標が $-\dfrac{1}{2}$ である点は，右の図の P，P′ で，この動径 OP，OP′ の表す角が求める θ である。

$0\leqq\theta<2\pi$ の範囲では，

$$\boldsymbol{\theta=\frac{2}{3}\pi,\ \frac{4}{3}\pi}$$

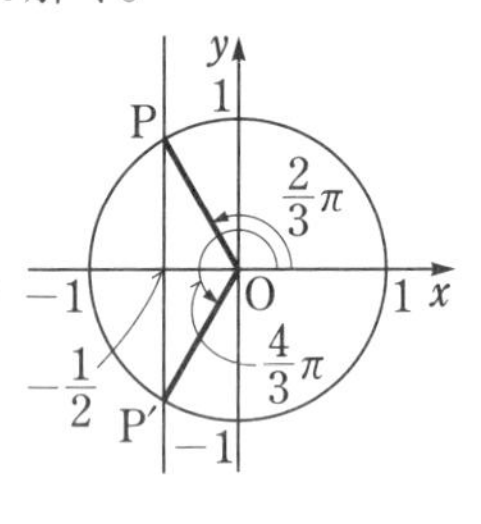

(2) $\sin\theta+1=0$ より，　$\sin\theta=-1$

単位円と θ の動径の交点の y 座標が -1 である点は，右の図の P で，この動径 OP の表す角が求める θ である。

$0\leqq\theta<2\pi$ の範囲では，　$\boldsymbol{\theta=\dfrac{3}{2}\pi}$

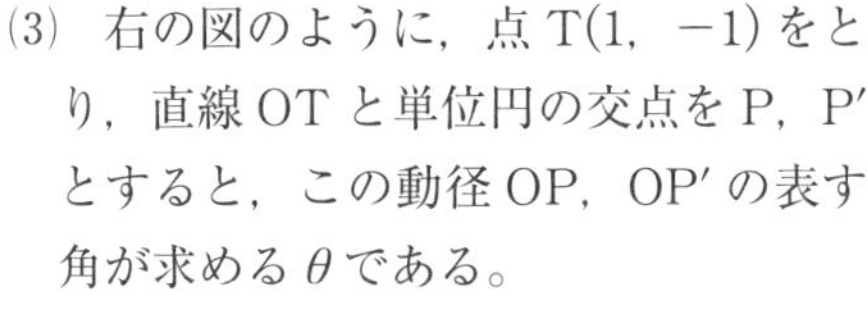

(3) 右の図のように，点 T(1，-1) をとり，直線 OT と単位円の交点を P，P′ とすると，この動径 OP，OP′ の表す角が求める θ である。

$0\leqq\theta<2\pi$ の範囲では，

$$\boldsymbol{\theta=\frac{3}{4}\pi,\ \frac{7}{4}\pi}$$

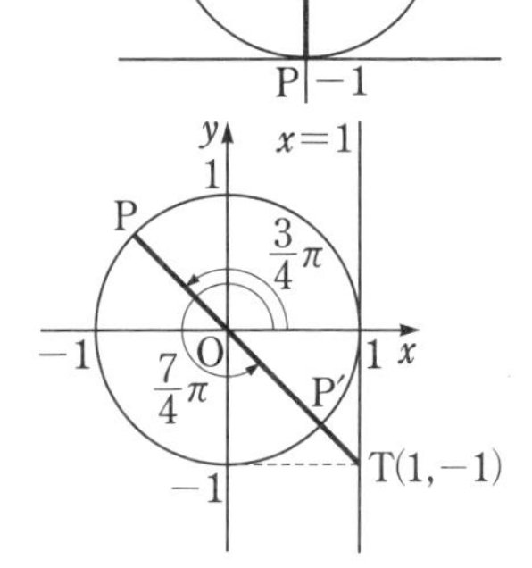

問 18　次の方程式を解け。

教科書 p.117

(1)　$\cos\theta=-\dfrac{1}{2}$　　(2)　$\sin\theta+1=0$　　(3)　$\tan\theta=-1$

ガイド　θ の値の範囲に制限がないときは，解は一般角で表す。

解答　(1)　$0\leqq\theta<2\pi$ の範囲では，$\theta=\dfrac{2}{3}\pi$，$\dfrac{4}{3}\pi$ が解であるから，

$$\theta=\frac{2}{3}\pi+2n\pi,\ \frac{4}{3}\pi+2n\pi\quad(n\text{は整数})$$

(2)　$0\leqq\theta<2\pi$ の範囲では，$\theta=\dfrac{3}{2}\pi$ が解であるから，

$$\theta=\frac{3}{2}\pi+2n\pi\quad(n\text{は整数})$$

(3)　$0\leqq\theta<\pi$ の範囲では，$\theta=\dfrac{3}{4}\pi$ が解であるから，

$$\theta=\frac{3}{4}\pi+n\pi\quad(n\text{は整数})$$

問題文に θ の値の範囲が書いてあるかどうかを確認しようね。

問 19　$0\leqq\theta<2\pi$ のとき，次の不等式を解け。

教科書 p.118

(1)　$\sin\theta>\dfrac{1}{2}$　　(2)　$\cos\theta\geqq\dfrac{\sqrt{3}}{2}$　　(3)　$\tan\theta\leqq1$

ガイド　まず不等号を等号にした方程式を解く。

解答　(1)　$0\leqq\theta<2\pi$ の範囲で $\sin\theta=\dfrac{1}{2}$ を満たす θ の値は，　$\theta=\dfrac{\pi}{6}$，$\dfrac{5}{6}\pi$

よって，右の図から，

$\sin\theta>\dfrac{1}{2}$ を満たす θ の値の範囲は，

$$\frac{\pi}{6}<\theta<\frac{5}{6}\pi$$

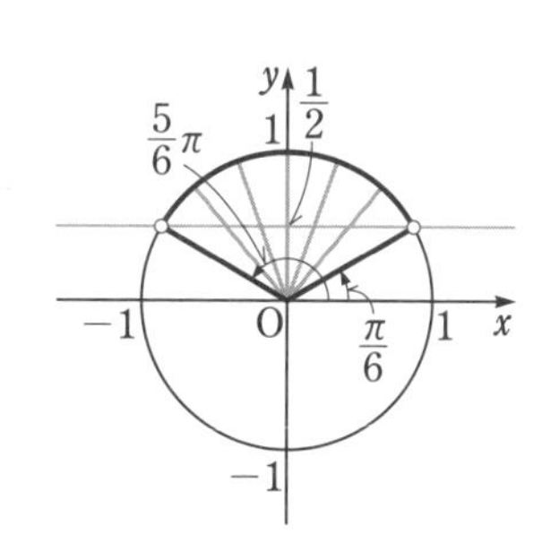

第3章 三角関数

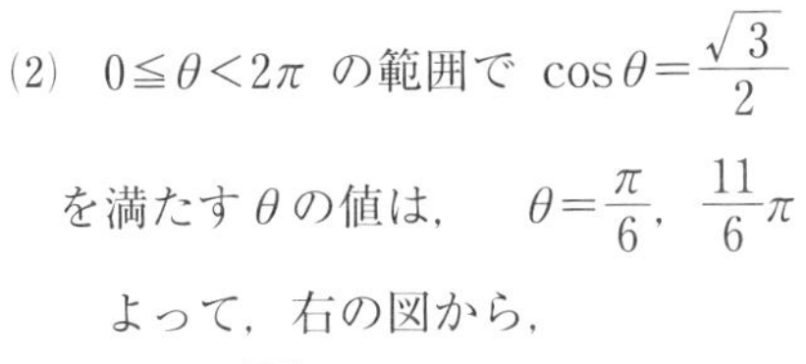

(2) $0 \leqq \theta < 2\pi$ の範囲で $\cos\theta = \dfrac{\sqrt{3}}{2}$

を満たす θ の値は，　$\theta = \dfrac{\pi}{6}$，$\dfrac{11}{6}\pi$

よって，右の図から，

$\cos\theta \geqq \dfrac{\sqrt{3}}{2}$ を満たす θ の値の範囲は，

$$\boldsymbol{0 \leqq \theta \leqq \frac{\pi}{6},\ \frac{11}{6}\pi \leqq \theta < 2\pi}$$

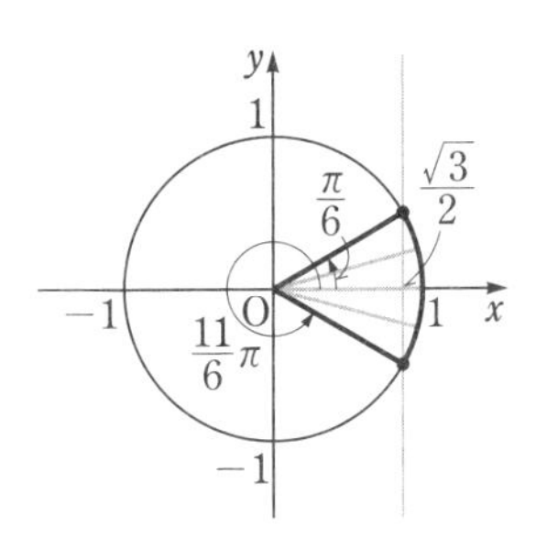

(3) $0 \leqq \theta < 2\pi$ の範囲で $\tan\theta = 1$ を満たす θ の値は，　$\theta = \dfrac{\pi}{4}$，$\dfrac{5}{4}\pi$

よって，右の図から，

$\tan\theta \leqq 1$ を満たす θ の値の範囲は，

$$\boldsymbol{0 \leqq \theta \leqq \frac{\pi}{4},\ \frac{\pi}{2} < \theta \leqq \frac{5}{4}\pi,}$$

$$\boldsymbol{\frac{3}{2}\pi < \theta < 2\pi}$$

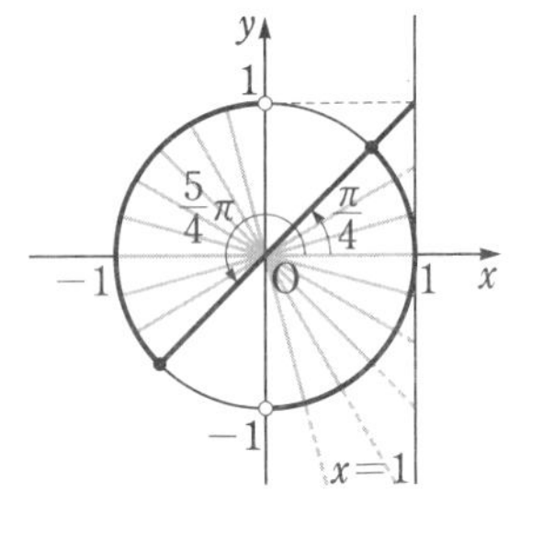

プラスワン 本問は，三角関数のグラフを利用して解くこともできる。

たとえば，(1)について考えると，求める θ の値の範囲は，$0 \leqq \theta < 2\pi$ において，$y = \sin\theta$ のグラフが直線 $y = \dfrac{1}{2}$ より上側にあるような θ の値の範囲であるから，$\dfrac{\pi}{6} < \theta < \dfrac{5}{6}\pi$ となる。

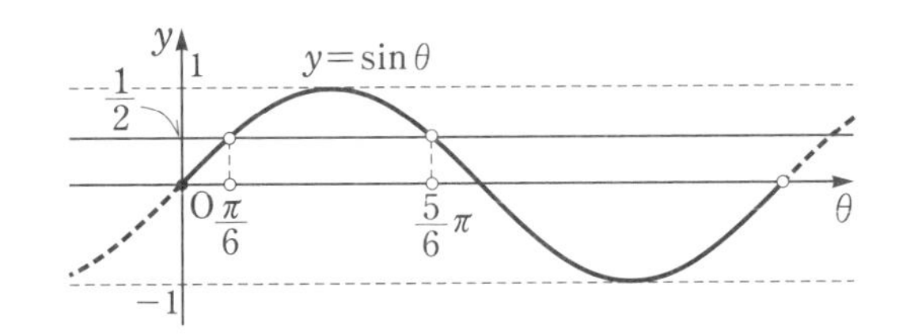

問 20 $0 \leqq \theta < 2\pi$ のとき，次の方程式を解け。

教科書 p.119

(1) $\sin\left(\theta + \dfrac{5}{6}\pi\right) = \dfrac{\sqrt{3}}{2}$　　(2) $\cos\left(\theta - \dfrac{\pi}{3}\right) = \dfrac{\sqrt{2}}{2}$

ガイド 括弧内の式を t とおく。t のとり得る値の範囲に注意する。

解答 (1) $\theta+\frac{5}{6}\pi=t$ とおくと，　$\sin t=\frac{\sqrt{3}}{2}$ ……①

$0\leqq\theta<2\pi$ であるから，　$\frac{5}{6}\pi\leqq t<\frac{17}{6}\pi$ ……②

②の範囲で①を満たす t の値は，

$t=\frac{7}{3}\pi,\ \frac{8}{3}\pi$

したがって，

$\theta+\frac{5}{6}\pi=\frac{7}{3}\pi,\ \frac{8}{3}\pi$

よって，　$\boldsymbol{\theta=\frac{3}{2}\pi,\ \frac{11}{6}\pi}$

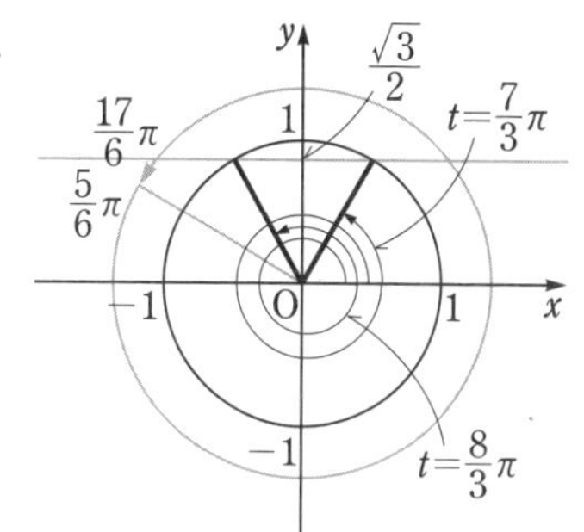

(2) $\theta-\frac{\pi}{3}=t$ とおくと，　$\cos t=\frac{\sqrt{2}}{2}$ ……③

$0\leqq\theta<2\pi$ であるから，　$-\frac{\pi}{3}\leqq t<\frac{5}{3}\pi$ ……④

④の範囲で③を満たす t の値は，

$t=-\frac{\pi}{4},\ \frac{\pi}{4}$

したがって，

$\theta-\frac{\pi}{3}=-\frac{\pi}{4},\ \frac{\pi}{4}$

よって，　$\boldsymbol{\theta=\frac{\pi}{12},\ \frac{7}{12}\pi}$

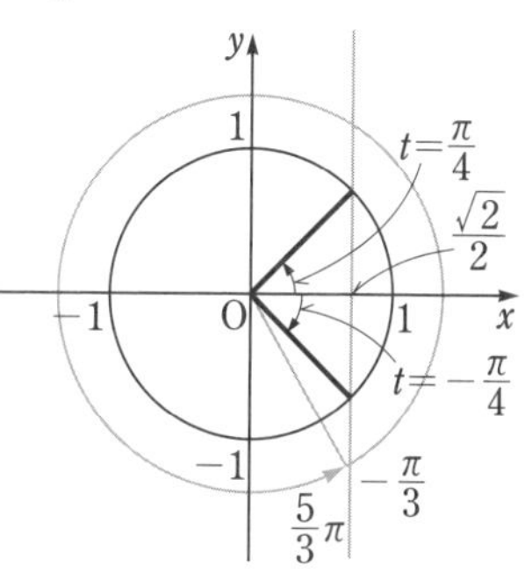

注意 θ の方程式を t の方程式に変形しているから，t の方程式を解くときには t のとり得る値の範囲で方程式を解かなければならない。そのために θ の値の範囲から t のとり得る値の範囲を求める必要がある。

t の方程式の解を求めたら，その t の値に対応する θ の値を求める。求めた θ の値がもともとの θ の値の範囲に入っているかも確認しよう。

プラスワン グラフを利用して解くこともできる。

文字のおき換えは手間に思えるかもしれないけど，間違いは減るよ。

節末問題 第1節 一般角の三角関数

1 教科書 p.120

$\sin\theta+\cos\theta=\dfrac{2}{3}$ のとき，次の式の値を求めよ。

(1) $\sin\theta\cos\theta$ (2) $\sin\theta-\cos\theta$ (3) $\sin^3\theta+\cos^3\theta$

ガイド 与えられた条件を利用できるように式を変形する。

(1) $(\sin\theta+\cos\theta)^2=\sin^2\theta+2\sin\theta\cos\theta+\cos^2\theta$

$=1+2\sin\theta\cos\theta$

(2) $(\sin\theta-\cos\theta)^2=\sin^2\theta-2\sin\theta\cos\theta+\cos^2\theta$

$=1-2\sin\theta\cos\theta$

と変形すれば，(1)の結果が利用できる。

$(\sin\theta-\cos\theta)^2=\sin^2\theta-2\sin\theta\cos\theta+\cos^2\theta$

$=(\sin\theta+\cos\theta)^2-4\sin\theta\cos\theta$

と変形して，もとの条件と(1)の結果を用いてもよい。

(3) 3次式の因数分解の公式により，

$\sin^3\theta+\cos^3\theta=(\sin\theta+\cos\theta)(\sin^2\theta-\sin\theta\cos\theta+\cos^2\theta)$

解答 (1) $\sin\theta+\cos\theta=\dfrac{2}{3}$ の両辺を2乗すると，

$$\sin^2\theta+2\sin\theta\cos\theta+\cos^2\theta=\frac{4}{9}$$

$\sin^2\theta+\cos^2\theta=1$ であるから，

$$1+2\sin\theta\cos\theta=\frac{4}{9}$$

よって，$\sin\theta\cos\theta=\boldsymbol{-\dfrac{5}{18}}$

(2) $(\sin\theta-\cos\theta)^2=\sin^2\theta-2\sin\theta\cos\theta+\cos^2\theta$

$$=1-2\times\left(-\frac{5}{18}\right)=\frac{14}{9}$$

よって，$\sin\theta-\cos\theta=\boldsymbol{\pm\dfrac{\sqrt{14}}{3}}$

(3) $\sin^3\theta+\cos^3\theta=(\sin\theta+\cos\theta)(\sin^2\theta-\sin\theta\cos\theta+\cos^2\theta)$

$=(\sin\theta+\cos\theta)(1-\sin\theta\cos\theta)$

$$=\frac{2}{3}\times\left\{1-\left(-\frac{5}{18}\right)\right\}=\boldsymbol{\frac{23}{27}}$$

別解 (3) $\sin^3\theta+\cos^3\theta=(\sin\theta+\cos\theta)^3-3\sin\theta\cos\theta(\sin\theta+\cos\theta)$

$$=\left(\frac{2}{3}\right)^3-3\times\left(-\frac{5}{18}\right)\times\frac{2}{3}=\mathbf{\frac{23}{27}}$$

☑ **2**　教科書 p.120

$\sin\left(\theta+\frac{\pi}{2}\right)\cos(\pi-\theta)-\sin(\theta+\pi)\sin(-\theta)$ を簡単にせよ。

ガイド $\sin\theta$ と $\cos\theta$ だけの式にする。

解答 $\sin\left(\theta+\frac{\pi}{2}\right)\cos(\pi-\theta)-\sin(\theta+\pi)\sin(-\theta)$

$=\cos\theta\cdot(-\cos\theta)-(-\sin\theta)\cdot(-\sin\theta)$

$=-\cos^2\theta-\sin^2\theta$

$=-(\sin^2\theta+\cos^2\theta)$

$=\mathbf{-1}$

プラスワン 三角関数について，以下のような式も成り立つ。

$$\sin\left(\theta-\frac{\pi}{2}\right)=-\cos\theta$$

$$\cos\left(\theta-\frac{\pi}{2}\right)=\sin\theta$$

$$\tan\left(\theta-\frac{\pi}{2}\right)=-\frac{1}{\tan\theta}$$

$$\sin(\theta-\pi)=-\sin\theta$$

$$\cos(\theta-\pi)=-\cos\theta$$

$$\tan(\theta-\pi)=\tan\theta$$

tan に関する式は，忘れてしまっても sin と cos の式から求めることができる。

三角関数の角の部分を統一すると，この問題のように式を簡単にすることができたり，方程式や不等式を解くときにも見通しをよくすることができる。

「三角関数の性質」で出てきた式は第2節で学習する三角関数の加法定理から導くこともできるよ。

3 教科書 p.120

次の関数のグラフをかけ。また，その周期を求めよ。

(1) $y=\tan\left(\theta-\frac{\pi}{6}\right)$　　(2) $y=3\cos\frac{\theta}{2}$

(3) $y=\sin\left(2\theta-\frac{2}{3}\pi\right)$　　(4) $y=\cos 2\theta+1$

ガイド (2), (3) $y=\sin\theta$ ($y=\cos\theta$) のグラフの拡大・縮小，および平行移動については，次のようになる。

$y=r\sin k(\theta-c)$　(cos)

- c → θ 軸方向に c だけ平行移動
- k → θ 軸方向に $\frac{1}{k}$ 倍 $\left(\text{周期は } \frac{2\pi}{k}\right)$
- r → y 軸方向に r 倍 (値域は $-|r|\leqq y\leqq|r|$)

解答 (1) 関数 $y=\tan\left(\theta-\frac{\pi}{6}\right)$ のグラフは，$y=\tan\theta$ のグラフを θ 軸方向に $\frac{\pi}{6}$ だけ平行移動したもので，**周期は π** である。

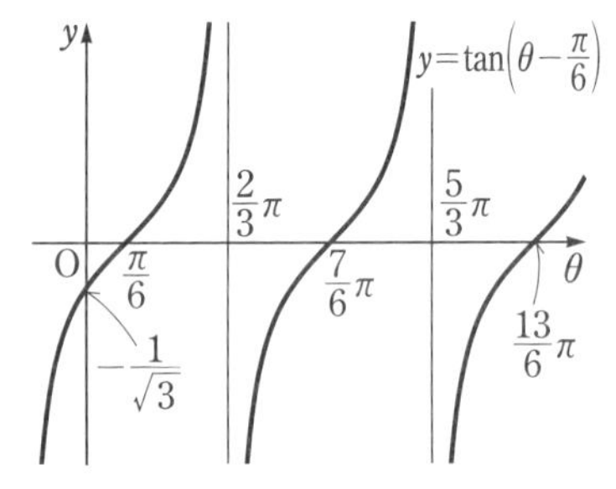

(2) 関数 $y=3\cos\frac{\theta}{2}$ のグラフは，$y=\cos\theta$ のグラフを，θ 軸方向に2倍に拡大し，y 軸方向に3倍に拡大したもので，**周期は 4π** である。

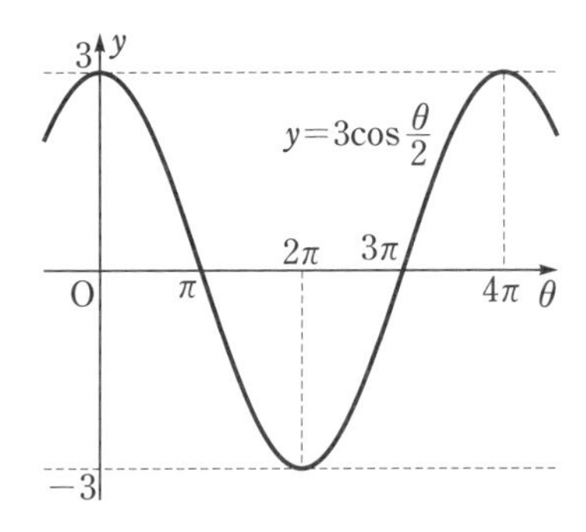

(3)　$y=\sin\left(2\theta-\frac{2}{3}\pi\right)=\sin 2\left(\theta-\frac{\pi}{3}\right)$ であるから，関数

$y=\sin\left(2\theta-\frac{2}{3}\pi\right)$ のグラフは，$y=\sin 2\theta$ のグラフを θ 軸方向

に $\frac{\pi}{3}$ だけ平行移動したものである。

また，**周期**は，$y=\sin 2\theta$ の周期に等しく，$\boldsymbol{\pi}$ である。

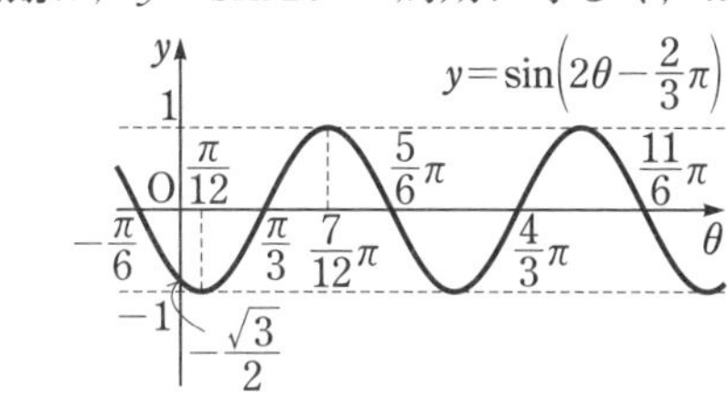

(4)　$y-1=\cos 2\theta$ と変形できるので，このグラフは $y=\cos 2\theta$ のグラフを y 軸方向に１だけ平行移動したもので，**周期**は $\boldsymbol{\pi}$ である。

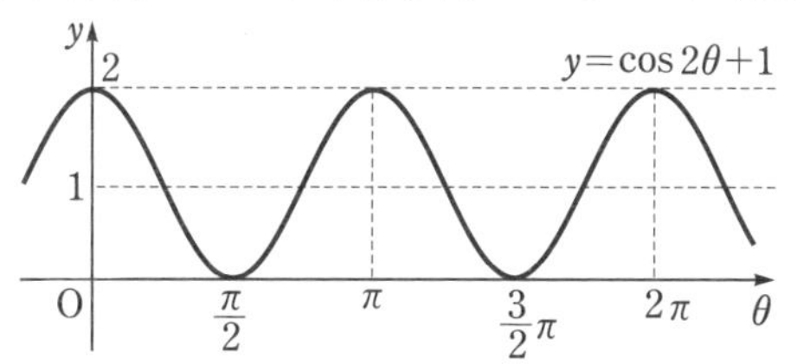

4　教科書 p.120

$0\leqq\theta<2\pi$ のとき，次の方程式を解け。

(1)　$2\cos\theta+\sqrt{3}=0$

(2)　$\sin\theta=\sin\frac{\pi}{3}$

(3)　$2\sin\left(\theta+\frac{\pi}{3}\right)=1$

(4)　$4\sin^2\theta-1=0$

ガイド　(2)　$\sin\frac{\pi}{3}=\frac{\sqrt{3}}{2}$ であるから，$\sin\theta=\frac{\sqrt{3}}{2}$ を解く。

(4)　$\sin\theta=\pm\frac{1}{2}$ となるから，$\sin\theta=\frac{1}{2}$ と $\sin\theta=-\frac{1}{2}$ を解く。

第３章　三角関数

解答 (1) $2\cos\theta+\sqrt{3}=0$ より， $\cos\theta=-\dfrac{\sqrt{3}}{2}$

単位円と θ の動径の交点の x 座標が $-\dfrac{\sqrt{3}}{2}$ である点は，右の図の P，P′ で，この動径 OP，OP′ の表す角が求める θ である。$0\leqq\theta<2\pi$ の範囲では，

$\boldsymbol{\theta=\dfrac{5}{6}\pi,\ \dfrac{7}{6}\pi}$

(2) $\sin\dfrac{\pi}{3}=\dfrac{\sqrt{3}}{2}$ であるから，$\sin\theta=\dfrac{\sqrt{3}}{2}$

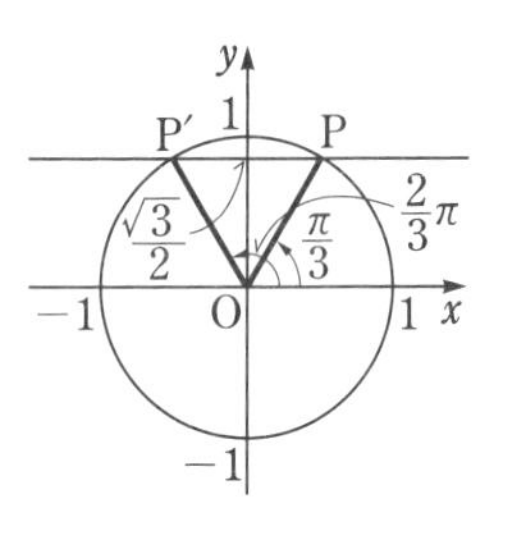

単位円と θ の動径の交点の y 座標が $\dfrac{\sqrt{3}}{2}$ である点は，右の図の P，P′ で，この動径 OP，OP′ の表す角が求める θ である。$0\leqq\theta<2\pi$ の範囲では，

$\boldsymbol{\theta=\dfrac{\pi}{3},\ \dfrac{2}{3}\pi}$

(3) $2\sin\left(\theta+\dfrac{\pi}{3}\right)=1$ より， $\sin\left(\theta+\dfrac{\pi}{3}\right)=\dfrac{1}{2}$

$\theta+\dfrac{\pi}{3}=t$ とおくと， $\sin t=\dfrac{1}{2}$ ……①

$0\leqq\theta<2\pi$ であるから， $\dfrac{\pi}{3}\leqq t<\dfrac{7}{3}\pi$ ……②

②の範囲で①を満たす t の値は，

$t=\dfrac{5}{6}\pi,\ \dfrac{13}{6}\pi$

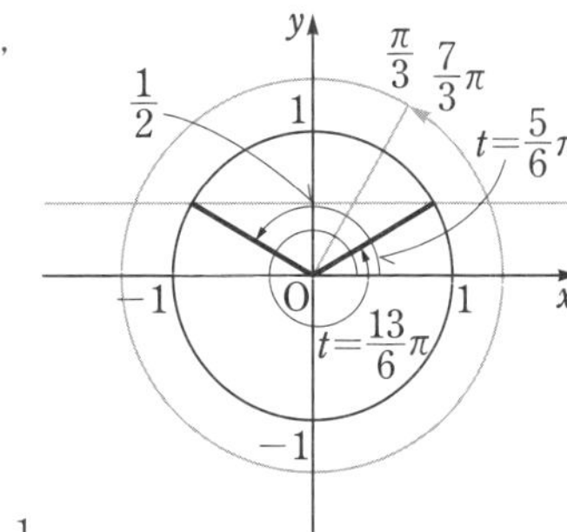

したがって，

$\theta+\dfrac{\pi}{3}=\dfrac{5}{6}\pi,\ \dfrac{13}{6}\pi$

よって， $\boldsymbol{\theta=\dfrac{\pi}{2},\ \dfrac{11}{6}\pi}$

(4) $4\sin^2\theta-1=0$ より， $\sin^2\theta=\dfrac{1}{4}$

よって， $\sin\theta=\pm\dfrac{1}{2}$

(i)　$\sin\theta=\dfrac{1}{2}$ のとき

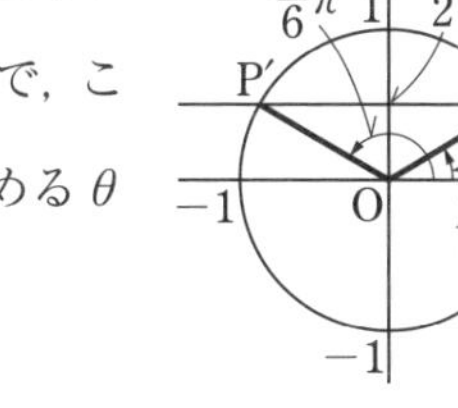

単位円と θ の動径の交点の y 座標が $\dfrac{1}{2}$ である点は，右の図の P，P′ で，この動径 OP，OP′ の表す角が求める θ である。$0\leqq\theta<2\pi$ の範囲では，

$$\theta=\frac{\pi}{6},\ \frac{5}{6}\pi$$

(ii)　$\sin\theta=-\dfrac{1}{2}$ のとき

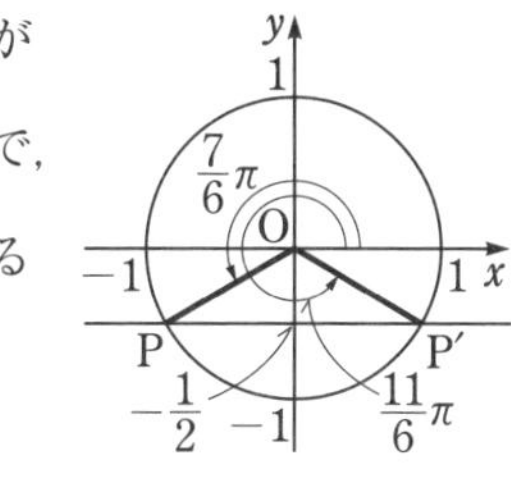

単位円と θ の動径の交点の y 座標が $-\dfrac{1}{2}$ である点は，右の図の P，P′ で，この動径 OP，OP′ の表す角が求める θ である。$0\leqq\theta<2\pi$ の範囲では，

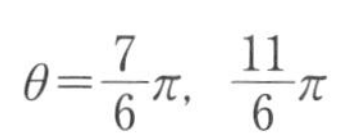

$$\theta=\frac{7}{6}\pi,\ \frac{11}{6}\pi$$

よって，(i)，(ii)より，　$\boldsymbol{\theta=\dfrac{\pi}{6},\ \dfrac{5}{6}\pi,\ \dfrac{7}{6}\pi,\ \dfrac{11}{6}\pi}$

5　教科書 p.120

$0\leqq\theta<2\pi$ のとき，次の不等式を解け。

(1)　$2\cos\theta+\sqrt{2}\leqq0$　　(2)　$-1<2\sin\theta\leqq\sqrt{3}$　　(3)　$-1<\tan\theta<\sqrt{3}$

ガイド　(2)　$-1<2\sin\theta$ かつ $2\sin\theta\leqq\sqrt{3}$ を満たす θ の値の範囲を求める。

(3)　$-1<\tan\theta$ かつ $\tan\theta<\sqrt{3}$ を満たす θ の値の範囲を求める。

解答　(1)　$2\cos\theta+\sqrt{2}\leqq0$ より，　$\cos\theta\leqq-\dfrac{\sqrt{2}}{2}$

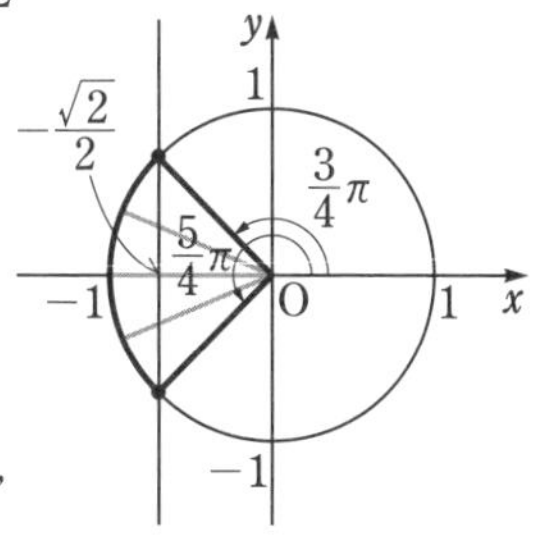

$0\leqq\theta<2\pi$ の範囲で $\cos\theta=-\dfrac{\sqrt{2}}{2}$ を満たす θ の値は，　$\theta=\dfrac{3}{4}\pi,\ \dfrac{5}{4}\pi$

よって，右の図から，

$\cos\theta\leqq-\dfrac{\sqrt{2}}{2}$ を満たす θ の値の範囲は，

$$\frac{3}{4}\pi \leqq \theta \leqq \frac{5}{4}\pi$$

(2) (i) $-1<2\sin\theta$ すなわち，$\sin\theta>-\frac{1}{2}$ のとき

$0\leqq\theta<2\pi$ の範囲で $\sin\theta=-\frac{1}{2}$

を満たす θ の値は，$\theta=\frac{7}{6}\pi,\ \frac{11}{6}\pi$

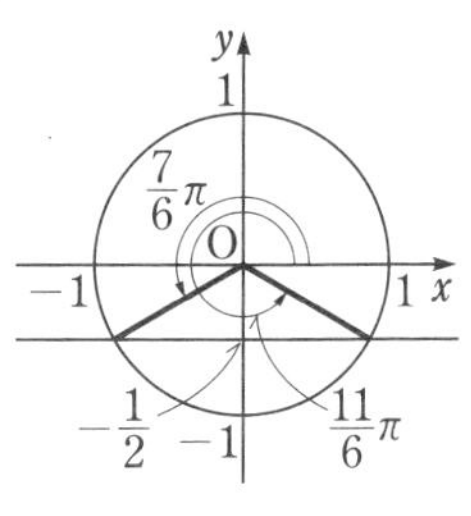

よって，右の図から，

$\sin\theta>-\frac{1}{2}$ を満たす θ の値の範囲は，

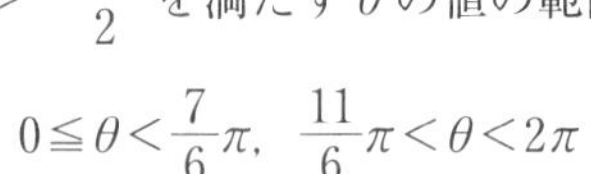

$$0\leqq\theta<\frac{7}{6}\pi,\ \frac{11}{6}\pi<\theta<2\pi$$

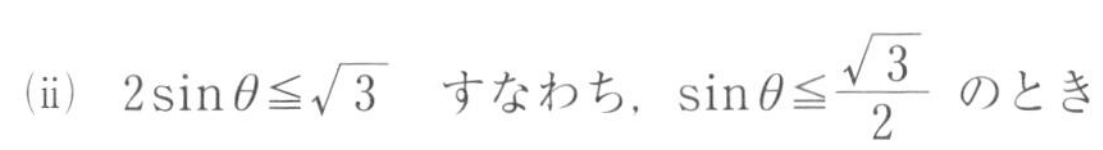

(ii) $2\sin\theta\leqq\sqrt{3}$ すなわち，$\sin\theta\leqq\frac{\sqrt{3}}{2}$ のとき

$0\leqq\theta<2\pi$ の範囲で $\sin\theta=\frac{\sqrt{3}}{2}$

を満たす θ の値は，$\theta=\frac{\pi}{3},\ \frac{2}{3}\pi$

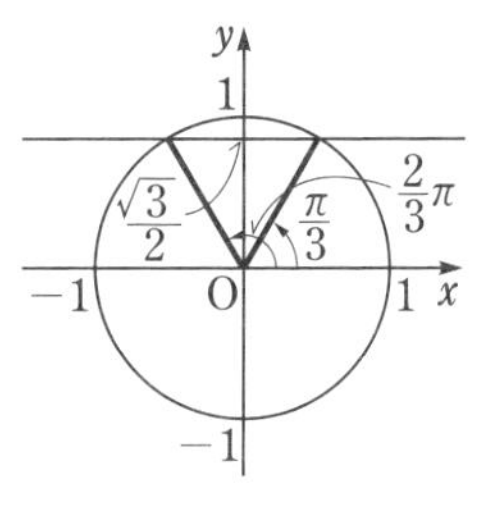

よって，右の図から，

$\sin\theta\leqq\frac{\sqrt{3}}{2}$ を満たす θ の値の範囲は，

$$0\leqq\theta\leqq\frac{\pi}{3},\ \frac{2}{3}\pi\leqq\theta<2\pi$$

(i)，(ii)の共通範囲を求めて，

$$\boldsymbol{0\leqq\theta\leqq\frac{\pi}{3},\ \frac{2}{3}\pi\leqq\theta<\frac{7}{6}\pi,\ \frac{11}{6}\pi<\theta<2\pi}$$

(3) (i) $-1<\tan\theta$ すなわち，$\tan\theta>-1$ のとき

$0\leqq\theta<2\pi$ の範囲で $\tan\theta=-1$

を満たす θ の値は，$\theta=\frac{3}{4}\pi,\ \frac{7}{4}\pi$

よって，右の図から，

$\tan\theta>-1$ を満たす θ の値の範囲は，

$$0\leqq\theta<\frac{\pi}{2},\ \frac{3}{4}\pi<\theta<\frac{3}{2}\pi,$$

$$\frac{7}{4}\pi<\theta<2\pi$$

(ii)　$\tan\theta<\sqrt{3}$ のとき

$0\leqq\theta<2\pi$ の範囲で $\tan\theta=\sqrt{3}$ を満たす θ の値は，$\theta=\dfrac{\pi}{3}$，$\dfrac{4}{3}\pi$

よって，右の図から，$\tan\theta<\sqrt{3}$ を満たす θ の値の範囲は，

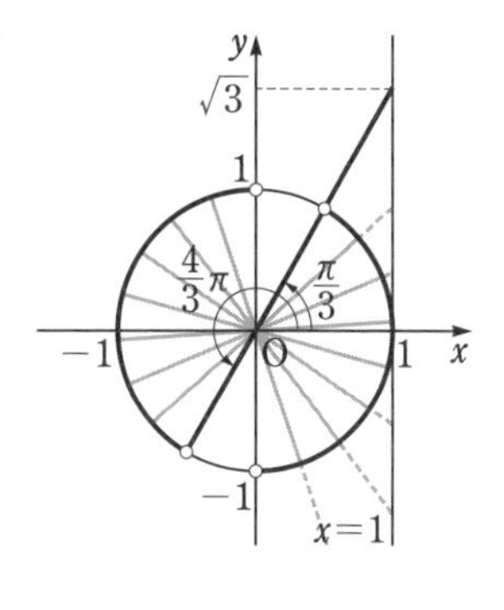

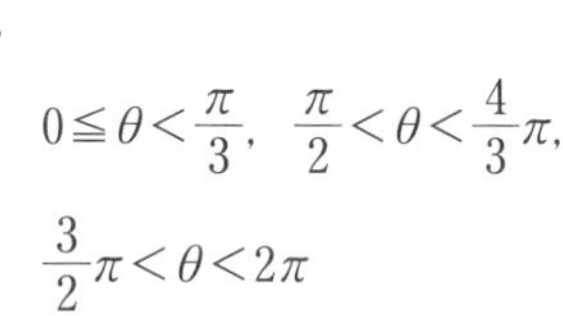

$$0\leqq\theta<\frac{\pi}{3},\ \frac{\pi}{2}<\theta<\frac{4}{3}\pi,$$

$$\frac{3}{2}\pi<\theta<2\pi$$

(i)，(ii)の共通範囲を求めて，

$$\boldsymbol{0\leqq\theta<\frac{\pi}{3},\ \frac{3}{4}\pi<\theta<\frac{4}{3}\pi,\ \frac{7}{4}\pi<\theta<2\pi}$$

☐ **6**　教科書 p.120

$0\leqq\theta<2\pi$ のとき，関数 $y=-\cos^2\theta-\sin\theta+2$ について次の問いに答えよ。

(1)　$\sin\theta=t$ とおいて，y を $y=a(t-p)^2+q$ の形に表せ。

(2)　$0\leqq\theta<2\pi$ のとき，y の最大値と最小値を求めよ。また，そのときの θ の値を求めよ。

ガイド　$\sin\theta$ だけの式に変形する。t のとり得る値の範囲に注意する。

解答　(1)　$y=-\cos^2\theta-\sin\theta+2$

$=-(1-\sin^2\theta)-\sin\theta+2$

$=\sin^2\theta-\sin\theta+1$

$=t^2-t+1=\boldsymbol{\left(t-\frac{1}{2}\right)^2+\frac{3}{4}}$　……①

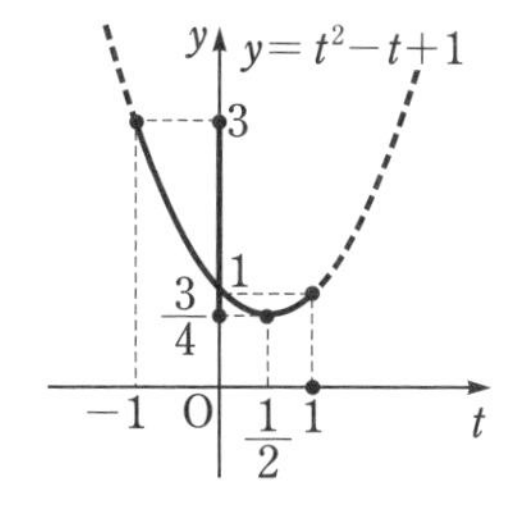

(2)　$0\leqq\theta<2\pi$ のとき，$-1\leqq\sin\theta\leqq1$ であるから，$-1\leqq t\leqq1$

したがって，①より，y は，

$t=-1$ のとき最大値 3，$t=\dfrac{1}{2}$ のとき最小値 $\dfrac{3}{4}$ をとる。

よって，$0\leqq\theta<2\pi$ より，$\boldsymbol{\theta=\frac{3}{2}\pi}$ **のとき最大値 3，**

$\boldsymbol{\theta=\frac{\pi}{6},\ \frac{5}{6}\pi}$ **のとき最小値** $\boldsymbol{\frac{3}{4}}$ をとる。

第2節 三角関数の加法定理

1 三角関数の加法定理

問 21 加法定理を用いて，$\cos 75^\circ$，$\cos 15^\circ$ の値を求めよ。

教科書 p.123

ガイド

ここがポイント **[正弦・余弦の加法定理]**

1. $\sin(\alpha+\beta)=\sin\alpha\cos\beta+\cos\alpha\sin\beta$
   $\sin(\alpha-\beta)=\sin\alpha\cos\beta-\cos\alpha\sin\beta$
2. $\cos(\alpha+\beta)=\cos\alpha\cos\beta-\sin\alpha\sin\beta$
   $\cos(\alpha-\beta)=\cos\alpha\cos\beta+\sin\alpha\sin\beta$

$75^\circ=45^\circ+30^\circ$，$15^\circ=45^\circ-30^\circ$ を利用する。

解答

$$\cos 75^\circ=\cos(45^\circ+30^\circ)$$
$$=\cos 45^\circ\cos 30^\circ-\sin 45^\circ\sin 30^\circ$$
$$=\frac{\sqrt{2}}{2}\cdot\frac{\sqrt{3}}{2}-\frac{\sqrt{2}}{2}\cdot\frac{1}{2}=\frac{\sqrt{6}-\sqrt{2}}{4}$$

$$\cos 15^\circ=\cos(45^\circ-30^\circ)$$
$$=\cos 45^\circ\cos 30^\circ+\sin 45^\circ\sin 30^\circ$$
$$=\frac{\sqrt{2}}{2}\cdot\frac{\sqrt{3}}{2}+\frac{\sqrt{2}}{2}\cdot\frac{1}{2}=\frac{\sqrt{6}+\sqrt{2}}{4}$$

注意 正弦の加法定理では，右辺は，sin，cos，cos，sin の順
余弦の加法定理では，右辺は，cos，cos，sin，sin の順
に並んでいることに着目すると覚えやすい。また，余弦の加法定理では，右辺の第2項の符号を間違えやすいので，注意する必要がある。
($\alpha+\beta$……右辺は $-$，$\alpha-\beta$…右辺は$+$ である。)

プラスワン $75^\circ=45^\circ+30^\circ=120^\circ-45^\circ=135^\circ-60^\circ$
$15^\circ=60^\circ-45^\circ=135^\circ-120^\circ=150^\circ-135^\circ$
などの組み合わせもある。どの組み合わせで求めても同じ結果が得られる。

問 22　$\sin\frac{5}{12}\pi$，$\cos\frac{5}{12}\pi$ の値を求めよ。

教科書 p.123

ガイド　$\frac{5}{12}\pi=75°$ であるから，$75°=45°+30°=120°-45°=135°-60°$ などを利用する。

本問では，$75°=120°-45°$　すなわち，$\frac{5}{12}\pi=\frac{2}{3}\pi-\frac{\pi}{4}$ を利用する。

解答

$$\sin\frac{5}{12}\pi=\sin\left(\frac{2}{3}\pi-\frac{\pi}{4}\right)=\sin\frac{2}{3}\pi\cos\frac{\pi}{4}-\cos\frac{2}{3}\pi\sin\frac{\pi}{4}$$
$$=\frac{\sqrt{3}}{2}\cdot\frac{\sqrt{2}}{2}-\left(-\frac{1}{2}\right)\cdot\frac{\sqrt{2}}{2}=\frac{\sqrt{6}+\sqrt{2}}{4}$$

$$\cos\frac{5}{12}\pi=\cos\left(\frac{2}{3}\pi-\frac{\pi}{4}\right)=\cos\frac{2}{3}\pi\cos\frac{\pi}{4}+\sin\frac{2}{3}\pi\sin\frac{\pi}{4}$$
$$=\left(-\frac{1}{2}\right)\cdot\frac{\sqrt{2}}{2}+\frac{\sqrt{3}}{2}\cdot\frac{\sqrt{2}}{2}=\frac{\sqrt{6}-\sqrt{2}}{4}$$

問 23　加法定理を用いて，$\tan 15°$ の値を求めよ。

教科書 p.124

ガイド

ここがポイント　**[正接の加法定理]**

③
$$\tan(\alpha+\beta)=\frac{\tan\alpha+\tan\beta}{1-\tan\alpha\tan\beta}$$
$$\tan(\alpha-\beta)=\frac{\tan\alpha-\tan\beta}{1+\tan\alpha\tan\beta}$$

本問では，$15°=45°-30°$ を利用して，下の方の公式を用いる。

解答

$$\tan 15°=\tan(45°-30°)=\frac{\tan 45°-\tan 30°}{1+\tan 45°\tan 30°}$$
$$=\frac{1-\frac{1}{\sqrt{3}}}{1+1\cdot\frac{1}{\sqrt{3}}}=\frac{\sqrt{3}-1}{\sqrt{3}+1}=\frac{(\sqrt{3}-1)^2}{(\sqrt{3}+1)(\sqrt{3}-1)}$$
$$=\frac{4-2\sqrt{3}}{2}=2-\sqrt{3}$$

問 24 $\tan\frac{7}{12}\pi$ の値を求めよ。

教科書 p.124

ガイド $\frac{7}{12}\pi=105°$ であるから，$105°=60°+45°=135°-30°=150°-45°$ などを利用する。

本問では，$105°=60°+45°$ すなわち，$\frac{7}{12}\pi=\frac{\pi}{3}+\frac{\pi}{4}$ を利用する。

解答 $$\tan\frac{7}{12}\pi=\tan\left(\frac{\pi}{3}+\frac{\pi}{4}\right)=\frac{\tan\frac{\pi}{3}+\tan\frac{\pi}{4}}{1-\tan\frac{\pi}{3}\tan\frac{\pi}{4}}$$

$$=\frac{\sqrt{3}+1}{1-\sqrt{3}\cdot 1}=-\frac{\sqrt{3}+1}{\sqrt{3}-1}=-\frac{(\sqrt{3}+1)^2}{(\sqrt{3}-1)(\sqrt{3}+1)}$$

$$=-\frac{4+2\sqrt{3}}{2}=\mathbf{-2-\sqrt{3}}$$

問 25 2直線 $y=-\frac{1}{3}x+2$，$y=\frac{1}{2}x+4$ のなす角 θ を求めよ。ただし，$0\leqq\theta\leqq\frac{\pi}{2}$ とする。

教科書 p.125

ガイド 右の図において，2直線 $y=m_1x+n_1$，$y=m_2x+n_2$ のなす角 θ は，$y=m_1x$ と $y=m_2x$ のなす角に等しく，$\tan\alpha=m_1$，$\tan\beta=m_2$ であるから，$m_1m_2\neq-1$ のとき，

$$\tan\theta=\frac{m_1-m_2}{1+m_1m_2} \quad \cdots\cdots①$$

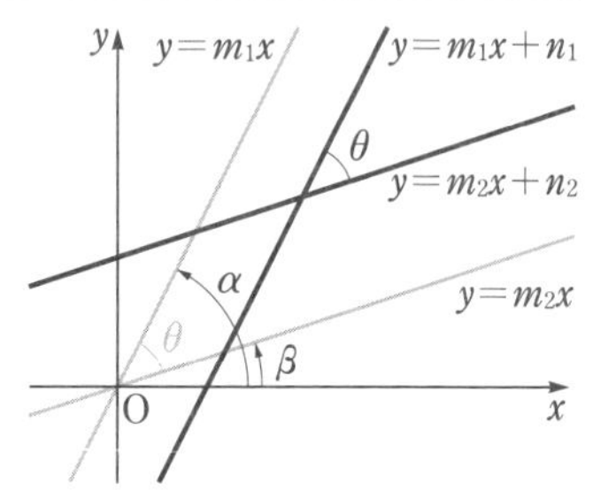

となる。なお，2直線のなす角としては，通常は $0\leqq\theta\leqq\frac{\pi}{2}$ の範囲にあるものを考える。よって，①を満たす θ が $\frac{\pi}{2}<\theta\leqq\pi$ となった場合は，$\pi-\theta$ を2直線のなす角とすればよい。

解答 2 直線 $y=-\frac{1}{3}x+2$, $y=\frac{1}{2}x+4$ のなす角は，2 直線 $y=-\frac{1}{3}x$, $y=\frac{1}{2}x$ のなす角に等しい。

2 直線 $y=-\frac{1}{3}x$, $y=\frac{1}{2}x$ のなす角 θ' について，

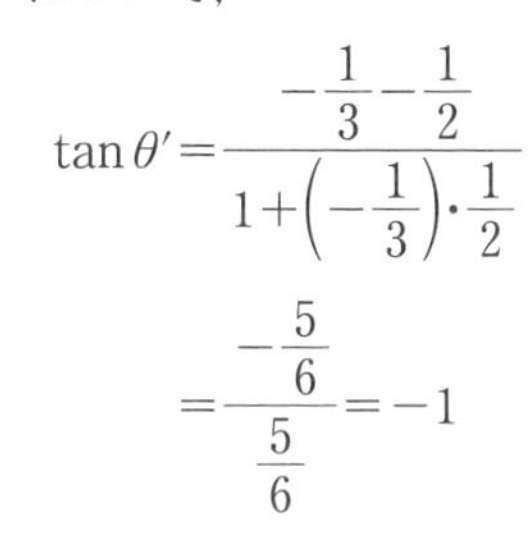

$$\tan\theta'=\frac{-\frac{1}{3}-\frac{1}{2}}{1+\left(-\frac{1}{3}\right)\cdot\frac{1}{2}}$$

$$=\frac{-\frac{5}{6}}{\frac{5}{6}}=-1$$

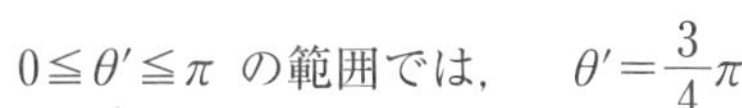

$0\leqq\theta'\leqq\pi$ の範囲では，　$\theta'=\frac{3}{4}\pi$

よって，$0\leqq\theta\leqq\frac{\pi}{2}$ より，求めるなす角 θ は，

$$\theta=\pi-\theta'=\pi-\frac{3}{4}\pi=\frac{\pi}{4}$$

2　2 倍角・半角の公式

問 26 教科書 p. 126

$\frac{\pi}{2}<\alpha<\pi$ で，$\cos\alpha=-\frac{\sqrt{5}}{3}$ のとき，次の値を求めよ。

(1)　$\sin 2\alpha$　　(2)　$\cos 2\alpha$　　(3)　$\tan 2\alpha$

ガイド

ここがポイント [2 倍角の公式]

1　$\sin 2\alpha=2\sin\alpha\cos\alpha$

2　$\cos 2\alpha=\cos^2\alpha-\sin^2\alpha$

$=1-2\sin^2\alpha=2\cos^2\alpha-1$

3　$\tan 2\alpha=\frac{2\tan\alpha}{1-\tan^2\alpha}$

本問では，まず $\sin\alpha$ を求める。

解答 $\dfrac{\pi}{2}<\alpha<\pi$ より $\sin\alpha>0$ であるから，

$$\sin\alpha=\sqrt{1-\left(-\frac{\sqrt{5}}{3}\right)^2}=\frac{2}{3}$$

(1) $\sin 2\alpha=2\sin\alpha\cos\alpha=2\cdot\dfrac{2}{3}\cdot\left(-\dfrac{\sqrt{5}}{3}\right)=-\dfrac{4\sqrt{5}}{9}$

(2) $\cos 2\alpha=2\cos^2\alpha-1=2\cdot\left(-\dfrac{\sqrt{5}}{3}\right)^2-1=\dfrac{1}{9}$

(3) $\tan\alpha=\dfrac{\sin\alpha}{\cos\alpha}=\dfrac{2}{3}\div\left(-\dfrac{\sqrt{5}}{3}\right)=-\dfrac{2}{\sqrt{5}}=-\dfrac{2\sqrt{5}}{5}$ より，

$$\tan 2\alpha=\frac{2\tan\alpha}{1-\tan^2\alpha}=\frac{2\cdot\left(-\frac{2\sqrt{5}}{5}\right)}{1-\left(-\frac{2\sqrt{5}}{5}\right)^2}=-4\sqrt{5}$$

別解 (3) $\tan 2\alpha=\dfrac{\sin 2\alpha}{\cos 2\alpha}=\left(-\dfrac{4\sqrt{5}}{9}\right)\div\dfrac{1}{9}=-4\sqrt{5}$

問 27　$3\alpha=2\alpha+\alpha$ であることを利用して，次の3倍角の公式を証明せよ。

教科書 p.126

(1) $\sin 3\alpha=3\sin\alpha-4\sin^3\alpha$　　(2) $\cos 3\alpha=4\cos^3\alpha-3\cos\alpha$

ガイド $3\alpha=2\alpha+\alpha$ として加法定理を用いる。

解答 (1)
$$\begin{aligned}\sin 3\alpha&=\sin(2\alpha+\alpha)\\&=\sin 2\alpha\cos\alpha+\cos 2\alpha\sin\alpha\\&=2\sin\alpha\cos^2\alpha+(1-2\sin^2\alpha)\sin\alpha\\&=2\sin\alpha(1-\sin^2\alpha)+\sin\alpha-2\sin^3\alpha\\&=2\sin\alpha-2\sin^3\alpha+\sin\alpha-2\sin^3\alpha\\&=3\sin\alpha-4\sin^3\alpha\end{aligned}$$

(2)
$$\begin{aligned}\cos 3\alpha&=\cos(2\alpha+\alpha)\\&=\cos 2\alpha\cos\alpha-\sin 2\alpha\sin\alpha\\&=(2\cos^2\alpha-1)\cos\alpha-2\sin^2\alpha\cos\alpha\\&=2\cos^3\alpha-\cos\alpha-2(1-\cos^2\alpha)\cos\alpha\\&=2\cos^3\alpha-\cos\alpha-2\cos\alpha+2\cos^3\alpha\\&=4\cos^3\alpha-3\cos\alpha\end{aligned}$$

問 28　正弦，余弦の半角の公式を利用して，$\tan^2\dfrac{\alpha}{2}=\dfrac{1-\cos\alpha}{1+\cos\alpha}$ を示せ。

教科書 p.127

ガイド

ここがポイント **[半角の公式]**

1. $\boldsymbol{\sin^2\dfrac{\alpha}{2}=\dfrac{1-\cos\alpha}{2}}$
2. $\boldsymbol{\cos^2\dfrac{\alpha}{2}=\dfrac{1+\cos\alpha}{2}}$

$\tan\theta=\dfrac{\sin\theta}{\cos\theta}$ の関係と2つの半角の公式を用いて導く。

解答

$$\tan^2\frac{\alpha}{2}=\left(\frac{\sin\frac{\alpha}{2}}{\cos\frac{\alpha}{2}}\right)^2=\frac{\sin^2\frac{\alpha}{2}}{\cos^2\frac{\alpha}{2}}$$

$$=\frac{\frac{1-\cos\alpha}{2}}{\frac{1+\cos\alpha}{2}}=\frac{1-\cos\alpha}{1+\cos\alpha}$$

問 29　$\sin\dfrac{\pi}{8}$，$\cos\dfrac{5}{8}\pi$ の値を求めよ。

教科書 p.127

ガイド　半角の公式を利用する。

解答

$$\sin^2\frac{\pi}{8}=\sin^2\frac{\frac{\pi}{4}}{2}=\frac{1-\cos\frac{\pi}{4}}{2}=\frac{1-\frac{1}{\sqrt{2}}}{2}=\frac{2-\sqrt{2}}{4}$$

$\sin\dfrac{\pi}{8}>0$ であるから，　$\boldsymbol{\sin\dfrac{\pi}{8}=\dfrac{\sqrt{2-\sqrt{2}}}{2}}$

$$\cos^2\frac{5}{8}\pi=\cos^2\frac{\frac{5}{4}\pi}{2}=\frac{1+\cos\frac{5}{4}\pi}{2}=\frac{1-\frac{1}{\sqrt{2}}}{2}=\frac{2-\sqrt{2}}{4}$$

$\cos\dfrac{5}{8}\pi<0$ であるから，　$\boldsymbol{\cos\dfrac{5}{8}\pi=-\dfrac{\sqrt{2-\sqrt{2}}}{2}}$

問30 教科書 p.127

$\frac{\pi}{2}<\alpha<\pi$ で，$\cos\alpha=-\frac{3}{5}$ のとき，次の値を求めよ。

(1) $\sin\frac{\alpha}{2}$　(2) $\cos\frac{\alpha}{2}$　(3) $\tan\frac{\alpha}{2}$

ガイド 半角の公式を利用する。$\frac{\alpha}{2}$ のとり得る値の範囲に注意する。

解答 $\frac{\pi}{2}<\alpha<\pi$ より，$\frac{\pi}{4}<\frac{\alpha}{2}<\frac{\pi}{2}$ であるから，

$$\sin\frac{\alpha}{2}>0,\ \cos\frac{\alpha}{2}>0$$

(1) $\sin^2\frac{\alpha}{2}=\frac{1-\cos\alpha}{2}=\frac{1-\left(-\frac{3}{5}\right)}{2}=\frac{4}{5}$

$\sin\frac{\alpha}{2}>0$ であるから，　$\sin\frac{\alpha}{2}=\sqrt{\frac{4}{5}}=\boldsymbol{\frac{2\sqrt{5}}{5}}$

(2) $\cos^2\frac{\alpha}{2}=\frac{1+\cos\alpha}{2}=\frac{1+\left(-\frac{3}{5}\right)}{2}=\frac{1}{5}$

$\cos\frac{\alpha}{2}>0$ であるから，　$\cos\frac{\alpha}{2}=\sqrt{\frac{1}{5}}=\boldsymbol{\frac{\sqrt{5}}{5}}$

(3) $\tan\frac{\alpha}{2}=\frac{\sin\frac{\alpha}{2}}{\cos\frac{\alpha}{2}}=\frac{2\sqrt{5}}{5}\div\frac{\sqrt{5}}{5}=\boldsymbol{2}$

別解 (3) 問28より，$\tan^2\frac{\alpha}{2}=\frac{1-\cos\alpha}{1+\cos\alpha}$ であるから，

$$\tan^2\frac{\alpha}{2}=\frac{1-\left(-\frac{3}{5}\right)}{1+\left(-\frac{3}{5}\right)}=4$$

$\frac{\pi}{4}<\frac{\alpha}{2}<\frac{\pi}{2}$ より，$\tan\frac{\alpha}{2}>0$ であるから，

$$\tan\frac{\alpha}{2}=\boldsymbol{2}$$

問31　$0 \leqq \theta < 2\pi$ のとき，方程式 $\cos 2\theta + \sin\theta - 1 = 0$ を解け。

教科書 p.128

ガイド　2倍角の公式を利用して，方程式の左辺を変形する。

解答　$\cos 2\theta = 1 - 2\sin^2\theta$ より，方程式は，

$$(1-2\sin^2\theta)+\sin\theta-1=0$$

$$-2\sin^2\theta+\sin\theta=0$$

$$2\sin^2\theta-\sin\theta=0$$

したがって，$\sin\theta(2\sin\theta-1)=0$ となり，

$$\sin\theta=0 \quad \text{または} \quad \sin\theta=\frac{1}{2}$$

$0 \leqq \theta < 2\pi$ の範囲で，

$\sin\theta=0$ を満たす θ の値は，　$\theta=0,\ \pi$

$\sin\theta=\dfrac{1}{2}$ を満たす θ の値は，　$\theta=\dfrac{\pi}{6},\ \dfrac{5}{6}\pi$

よって，　$\boldsymbol{\theta=0,\ \dfrac{\pi}{6},\ \dfrac{5}{6}\pi,\ \pi}$

問32　$0 \leqq \theta < 2\pi$ のとき，不等式 $4\cos 2\theta + 4\sin^2\theta - 1 \leqq 0$ を解け。

教科書 p.128

ガイド　2倍角の公式を利用して，不等式の左辺を変形する。

解答　$\cos 2\theta = 1 - 2\sin^2\theta$ より，不等式は，

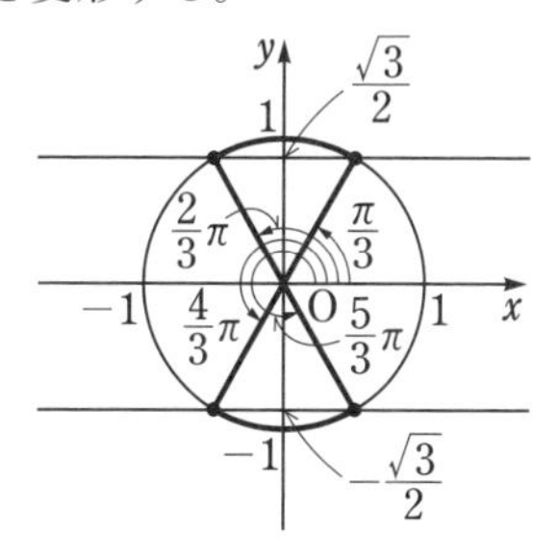

$$4(1-2\sin^2\theta)+4\sin^2\theta-1\leqq 0$$

$$-4\sin^2\theta+3\leqq 0$$

$$4\sin^2\theta-3\geqq 0$$

したがって，

$$(2\sin\theta+\sqrt{3})(2\sin\theta-\sqrt{3})\geqq 0$$

となり，$\sin\theta \leqq -\dfrac{\sqrt{3}}{2},\ \dfrac{\sqrt{3}}{2} \leqq \sin\theta$

$0 \leqq \theta < 2\pi$ より，求める θ の値の範囲は，

$$\boldsymbol{\frac{\pi}{3} \leqq \theta \leqq \frac{2}{3}\pi,\ \frac{4}{3}\pi \leqq \theta \leqq \frac{5}{3}\pi}$$

3 三角関数の合成

問 33 次の式を $r\sin(\theta+\alpha)$ の形に表せ。ただし，$r>0$，$-\pi<\alpha<\pi$ とする。

教科書 p.130

(1) $\sqrt{3}\sin\theta+\cos\theta$　　　(2) $\sin\theta-\cos\theta$

ガイド a，b を定数とするとき，$a\sin\theta+b\cos\theta$ は，次のように変形できる。点 $\mathrm{P}(a,\ b)$ をとると，$\mathrm{OP}=r=\sqrt{a^2+b^2}$ であり，動径 OP の表す角を α とすると，

$$a=r\cos\alpha,\quad b=r\sin\alpha$$

であるから，

$$a\sin\theta+b\cos\theta=r\cos\alpha\cdot\sin\theta+r\sin\alpha\cdot\cos\theta$$
$$=r(\sin\theta\cos\alpha+\cos\theta\sin\alpha)=r\sin(\theta+\alpha)$$

このような変形を**三角関数の合成**という。

ここがポイント **[三角関数の合成]**

$$\boldsymbol{a\sin\theta+b\cos\theta=\sqrt{a^2+b^2}\sin(\theta+\alpha)}$$

ただし，$\cos\alpha=\dfrac{a}{\sqrt{a^2+b^2}}$，$\sin\alpha=\dfrac{b}{\sqrt{a^2+b^2}}$

解答 (1) $\sqrt{(\sqrt{3})^2+1^2}=2$ より，

$$\sqrt{3}\sin\theta+\cos\theta$$
$$=2\left(\frac{\sqrt{3}}{2}\sin\theta+\frac{1}{2}\cos\theta\right)$$
$$=2\left(\sin\theta\cos\frac{\pi}{6}+\cos\theta\sin\frac{\pi}{6}\right)$$
$$=\boldsymbol{2\sin\left(\theta+\frac{\pi}{6}\right)}$$

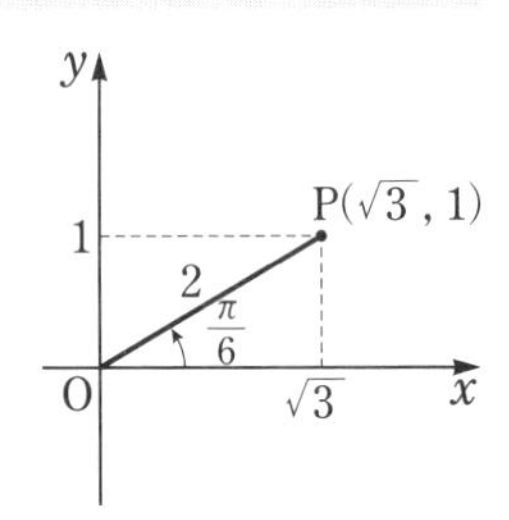

(2) $\sqrt{1^2+(-1)^2}=\sqrt{2}$ より，

$$\sin\theta-\cos\theta$$
$$=\sqrt{2}\left(\frac{1}{\sqrt{2}}\sin\theta-\frac{1}{\sqrt{2}}\cos\theta\right)$$
$$=\sqrt{2}\left\{\sin\theta\cos\left(-\frac{\pi}{4}\right)+\cos\theta\sin\left(-\frac{\pi}{4}\right)\right\}$$
$$=\boldsymbol{\sqrt{2}\sin\left(\theta-\frac{\pi}{4}\right)}$$

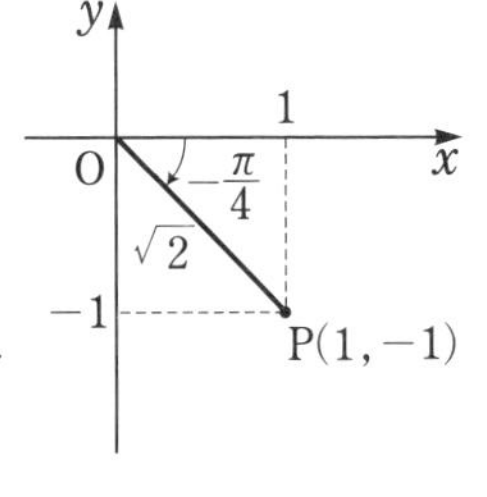

問 34　$0 \leqq \theta < 2\pi$ のとき，次の関数の最大値と最小値，およびそのときの θ の値を求めよ。

教科書 p.130

(1)　$y=\sqrt{3}\sin\theta+3\cos\theta$　　(2)　$y=-\sin\theta+\sqrt{3}\cos\theta$

ガイド　$y=r\sin(\theta+\alpha)$ の形に変形する。この関数が最大になるのは，$\sin(\theta+\alpha)=1$ のときであり，最小になるのは，$\sin(\theta+\alpha)=-1$ のときである。

解答　(1)　関数の式を変形すると，

$$y=2\sqrt{3}\sin\left(\theta+\frac{\pi}{3}\right)$$

$0 \leqq \theta < 2\pi$ のとき，$\dfrac{\pi}{3} \leqq \theta+\dfrac{\pi}{3} < \dfrac{7}{3}\pi$

であって，y は $-2\sqrt{3} \leqq y \leqq 2\sqrt{3}$ の範囲のすべての値をとる。

$\sin\left(\theta+\dfrac{\pi}{3}\right)=1$ となるのは，$\theta+\dfrac{\pi}{3}=\dfrac{\pi}{2}$ より，$\theta=\dfrac{\pi}{6}$

$\sin\left(\theta+\dfrac{\pi}{3}\right)=-1$ となるのは，$\theta+\dfrac{\pi}{3}=\dfrac{3}{2}\pi$ より，$\theta=\dfrac{7}{6}\pi$

よって，この関数は，

$\theta=\dfrac{\pi}{6}$ のとき最大値 $2\sqrt{3}$，$\theta=\dfrac{7}{6}\pi$ のとき最小値 $-2\sqrt{3}$

をとる。

(2)　関数の式を変形すると，

$$y=2\sin\left(\theta+\frac{2}{3}\pi\right)$$

$0 \leqq \theta < 2\pi$ のとき，$\dfrac{2}{3}\pi \leqq \theta+\dfrac{2}{3}\pi < \dfrac{8}{3}\pi$

であって，y は $-2 \leqq y \leqq 2$ の範囲のすべての値をとる。

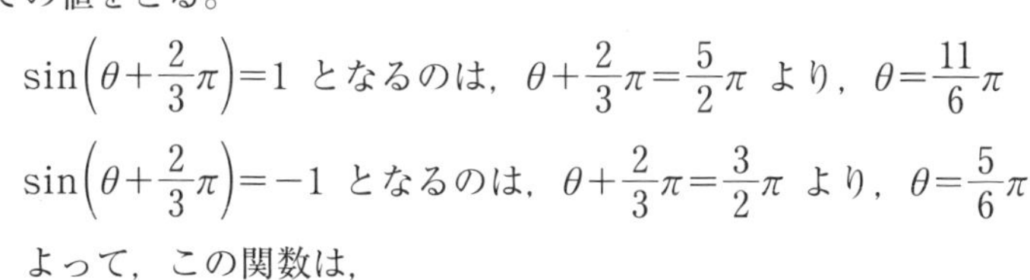

$\sin\left(\theta+\dfrac{2}{3}\pi\right)=1$ となるのは，$\theta+\dfrac{2}{3}\pi=\dfrac{5}{2}\pi$ より，$\theta=\dfrac{11}{6}\pi$

$\sin\left(\theta+\dfrac{2}{3}\pi\right)=-1$ となるのは，$\theta+\dfrac{2}{3}\pi=\dfrac{3}{2}\pi$ より，$\theta=\dfrac{5}{6}\pi$

よって，この関数は，

$\theta=\dfrac{11}{6}\pi$ のとき最大値 2，$\theta=\dfrac{5}{6}\pi$ のとき最小値 -2

をとる。

問 35 $0 \leqq \theta < 2\pi$ のとき，方程式 $\sin\theta - \sqrt{3}\cos\theta = -1$ を解け。

教科書 p.131

ガイド 三角関数の合成を使って，方程式の左辺を変形する。合成した後の角のとり得る値の範囲に注意する。

解答 $\sin\theta - \sqrt{3}\cos\theta = 2\sin\left(\theta - \dfrac{\pi}{3}\right)$

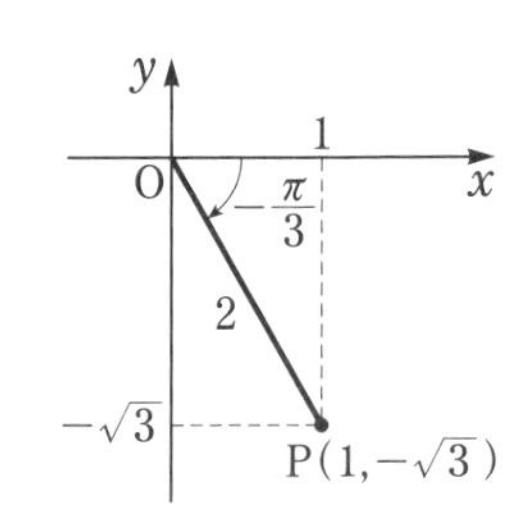

であるから，方程式を変形して，

$$\sin\left(\theta - \frac{\pi}{3}\right) = -\frac{1}{2} \quad \cdots\cdots①$$

$0 \leqq \theta < 2\pi$ のとき，

$$-\frac{\pi}{3} \leqq \theta - \frac{\pi}{3} < \frac{5}{3}\pi$$

この範囲で，①を満たす $\theta - \dfrac{\pi}{3}$ の値は，

$$\theta - \frac{\pi}{3} = -\frac{\pi}{6},\ \frac{7}{6}\pi$$

よって， $\boldsymbol{\theta = \dfrac{\pi}{6},\ \dfrac{3}{2}\pi}$

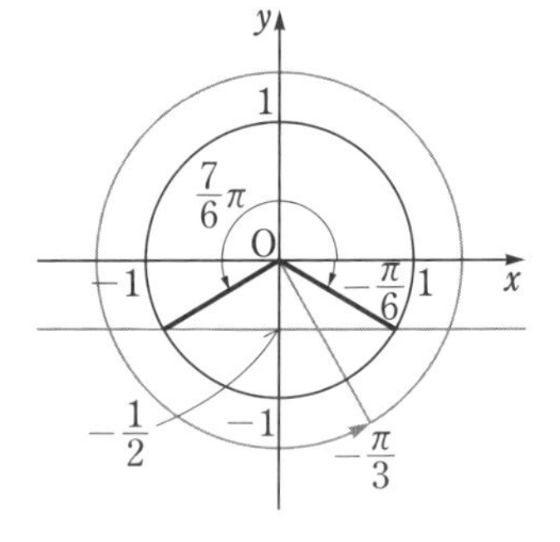

節末問題　第2節　三角関数の加法定理

1 教科書 p.132

α が第1象限，β が第3象限の角で，$\sin\alpha=\frac{3}{5}$，$\cos\beta=-\frac{12}{13}$ のとき，次の値を求めよ。

(1)　$\sin(\alpha-\beta)$　　(2)　$\cos(\alpha+\beta)$

ガイド　$\cos\alpha$，$\sin\beta$ の値を求め，加法定理を用いる。

解答　α は第1象限の角であるから，　$\cos\alpha>0$

$$\cos\alpha=\sqrt{1-\sin^2\alpha}=\sqrt{1-\left(\frac{3}{5}\right)^2}=\frac{4}{5}$$

β は第3象限の角であるから，　$\sin\beta<0$

$$\sin\beta=-\sqrt{1-\cos^2\beta}=-\sqrt{1-\left(-\frac{12}{13}\right)^2}=-\frac{5}{13}$$

(1)　$\sin(\alpha-\beta)=\sin\alpha\cos\beta-\cos\alpha\sin\beta$

$$=\frac{3}{5}\cdot\left(-\frac{12}{13}\right)-\frac{4}{5}\cdot\left(-\frac{5}{13}\right)=\boldsymbol{-\frac{16}{65}}$$

(2)　$\cos(\alpha+\beta)=\cos\alpha\cos\beta-\sin\alpha\sin\beta$

$$=\frac{4}{5}\cdot\left(-\frac{12}{13}\right)-\frac{3}{5}\cdot\left(-\frac{5}{13}\right)=\boldsymbol{-\frac{33}{65}}$$

2 教科書 p.132

2直線 $y=mx+5$，$y=3x-6$ のなす角が $\frac{\pi}{4}$ のとき，定数 m の値を求めよ。

ガイド　直線 $y=3x$ から正の向きと負の向きにそれぞれ $\frac{\pi}{4}$ の角をなす。

解答　2直線 $y=mx+5$，$y=3x-6$ のなす角は，2直線 $y=mx$，$y=3x$ のなす角に等しい。

また，2直線のなす角 θ は，$\frac{\pi}{4}$ のときと $\pi-\frac{\pi}{4}=\frac{3}{4}\pi$ のときがある。

2直線 $y=mx$，$y=3x$ のなす角 θ について，

$$\tan\theta=\frac{m-3}{1+3m}$$

(i) $\theta=\dfrac{\pi}{4}$ のとき

$\dfrac{m-3}{1+3m}=1$ これを解いて， $m=-2$

(ii) $\theta=\dfrac{3}{4}\pi$ のとき

$\dfrac{m-3}{1+3m}=-1$ これを解いて， $m=\dfrac{1}{2}$

よって，(i)，(ii)より， $\boldsymbol{m=-2,\ \dfrac{1}{2}}$

プラスワン 3直線 $y=-2x$，$y=\dfrac{1}{2}x$，$y=3x$ を図示すると，右の図のようになる。

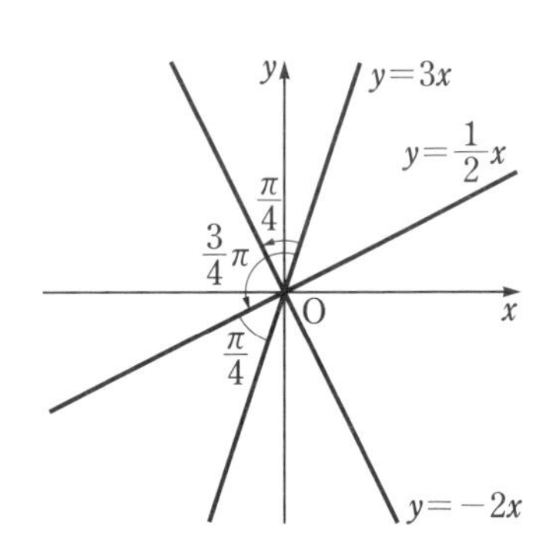

3 次の問いに答えよ。ただし，$0\leqq\alpha<2\pi$ とする。

教科書 p.132

(1) α が鋭角で，$\cos\alpha=\dfrac{2}{3}$ のとき，$\sin 2\alpha$，$\cos 2\alpha$，$\tan 2\alpha$ の値を求めよ。

(2) α が第3象限の角で，$\sin\alpha=-\dfrac{4}{5}$ のとき，$\sin\dfrac{\alpha}{2}$，$\cos\dfrac{\alpha}{2}$，$\tan\dfrac{\alpha}{2}$ の値を求めよ。

ガイド (1) $\sin\alpha$ の値を求め，2倍角の公式を用いる。

(2) $\cos\alpha$ の値を求め，半角の公式を用いる。

$\dfrac{\alpha}{2}$ の値の範囲に注意する。

解答 (1) α は鋭角であるから， $\sin\alpha>0$

よって， $\sin\alpha=\sqrt{1-\cos^2\alpha}=\sqrt{1-\left(\dfrac{2}{3}\right)^2}=\dfrac{\sqrt{5}}{3}$

したがって，

$$\sin 2\alpha=2\sin\alpha\cos\alpha=2\cdot\frac{\sqrt{5}}{3}\cdot\frac{2}{3}=\frac{4\sqrt{5}}{9}$$

$$\cos 2\alpha=2\cos^2\alpha-1=2\cdot\left(\frac{2}{3}\right)^2-1=-\frac{1}{9}$$

$$\tan 2\alpha=\frac{\sin 2\alpha}{\cos 2\alpha}=\frac{4\sqrt{5}}{9}\div\left(-\frac{1}{9}\right)=-4\sqrt{5}$$

(2)　α は第３象限の角であるから，　$\cos\alpha<0$

よって，　$\cos\alpha=-\sqrt{1-\sin^2\alpha}=-\sqrt{1-\left(-\frac{4}{5}\right)^2}=-\frac{3}{5}$

したがって，

$$\sin^2\frac{\alpha}{2}=\frac{1-\cos\alpha}{2}=\frac{1-\left(-\frac{3}{5}\right)}{2}=\frac{4}{5}$$

$$\cos^2\frac{\alpha}{2}=\frac{1+\cos\alpha}{2}=\frac{1+\left(-\frac{3}{5}\right)}{2}=\frac{1}{5}$$

$\pi<\alpha<\frac{3}{2}\pi$ より，$\frac{\pi}{2}<\frac{\alpha}{2}<\frac{3}{4}\pi$ であるから，

$$\sin\frac{\alpha}{2}>0,\ \cos\frac{\alpha}{2}<0$$

よって，

$$\sin\frac{\alpha}{2}=\sqrt{\frac{4}{5}}=\frac{2\sqrt{5}}{5}$$

$$\cos\frac{\alpha}{2}=-\sqrt{\frac{1}{5}}=-\frac{\sqrt{5}}{5}$$

$$\tan\frac{\alpha}{2}=\frac{\sin\frac{\alpha}{2}}{\cos\frac{\alpha}{2}}$$

$$=\frac{2\sqrt{5}}{5}\div\left(-\frac{\sqrt{5}}{5}\right)=-2$$

第３章　三角関数

☐ **4**　教科書 p.132

$0\leqq\theta\leqq\pi$ のとき，次の関数の最大値と最小値，およびそのときの θ の値を求めよ。

(1)　$y=\cos 2\theta-2\sin\theta$　　(2)　$y=\sqrt{2}\sin\theta-\sqrt{6}\cos\theta$

ガイド (1)　2倍角の公式を用いて，y を $\sin\theta$ だけの式で表し，$\sin\theta=t$ とおいて，t の2次関数にする。

(2)　$y=r\sin(\theta+\alpha)$ の形に変形する。$0\leqq\theta\leqq\pi$ であることに注意して，y のとり得る値の範囲を考える。

解答 (1)　$y=\cos 2\theta-2\sin\theta=(1-2\sin^2\theta)-2\sin\theta$

$=-2\sin^2\theta-2\sin\theta+1$

$\sin\theta=t$ とおくと，$0\leqq\theta\leqq\pi$ であるから，

$0\leqq t\leqq 1$　……①

y を t で表すと，

$y=-2t^2-2t+1$

$=-2\left(t+\dfrac{1}{2}\right)^2+\dfrac{3}{2}$

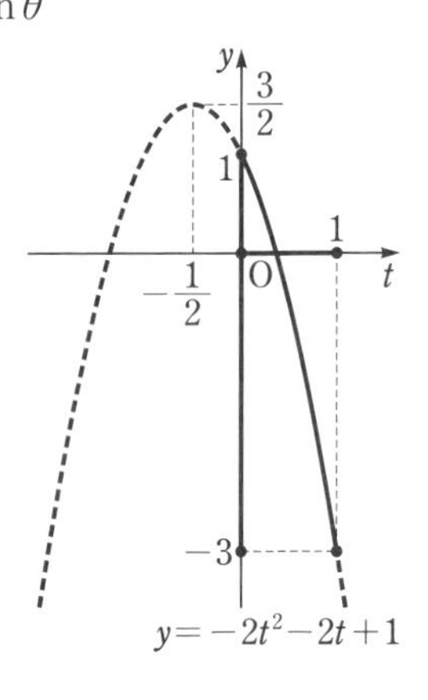

したがって，①の範囲において，y は，$t=0$ のとき最大値1，$t=1$ のとき最小値 -3 をとる。

よって，$0\leqq\theta\leqq\pi$ より，**$\theta=0$，π のとき最大値1，**

$\theta=\dfrac{\pi}{2}$ のとき最小値 -3 をとる。

(2)　$y=\sqrt{2}\sin\theta-\sqrt{6}\cos\theta$

$=2\sqrt{2}\sin\left(\theta-\dfrac{\pi}{3}\right)$

$0\leqq\theta\leqq\pi$ であるから，

$-\dfrac{\pi}{3}\leqq\theta-\dfrac{\pi}{3}\leqq\dfrac{2}{3}\pi$

したがって，$-\dfrac{\sqrt{3}}{2}\leqq\sin\left(\theta-\dfrac{\pi}{3}\right)\leqq 1$

であるから，　$-\sqrt{6}\leqq y\leqq 2\sqrt{2}$

よって，$\theta-\dfrac{\pi}{3}=\dfrac{\pi}{2}$，すなわち，**$\theta=\dfrac{5}{6}\pi$ のとき最大値 $2\sqrt{2}$，**

$\theta-\dfrac{\pi}{3}=-\dfrac{\pi}{3}$，すなわち，**$\theta=0$ のとき最小値 $-\sqrt{6}$** をとる。

5　教科書 p.132

$0 \leqq \theta < 2\pi$ のとき，次の方程式，不等式を解け。

(1)　$\sin 2\theta = \cos\theta$　　　(2)　$\cos 2\theta + \cos\theta \geqq 0$

(3)　$2\sin\theta - 2\cos\theta = \sqrt{2}$　　　(4)　$\sqrt{3}\sin\theta - \cos\theta < 1$

ガイド　(1), (2)　２倍角の公式を利用する。

(3), (4)　三角関数の合成を利用する。

解答　(1)　$\sin 2\theta = 2\sin\theta\cos\theta$ より，方程式は，　$2\sin\theta\cos\theta = \cos\theta$

したがって，$\cos\theta(2\sin\theta - 1) = 0$ となり，

$$\cos\theta = 0 \quad \text{または} \quad \sin\theta = \frac{1}{2}$$

$0 \leqq \theta < 2\pi$ の範囲で，

$\cos\theta = 0$ を満たす θ の値は，　$\theta = \frac{\pi}{2},\ \frac{3}{2}\pi$

$\sin\theta = \frac{1}{2}$ を満たす θ の値は，　$\theta = \frac{\pi}{6},\ \frac{5}{6}\pi$

よって，　$\boldsymbol{\theta = \frac{\pi}{6},\ \frac{\pi}{2},\ \frac{5}{6}\pi,\ \frac{3}{2}\pi}$

(2)　$\cos 2\theta = 2\cos^2\theta - 1$ より，不等式は，

$$(2\cos^2\theta - 1) + \cos\theta \geqq 0$$

$$2\cos^2\theta + \cos\theta - 1 \geqq 0$$

したがって，$(\cos\theta + 1)(2\cos\theta - 1) \geqq 0$

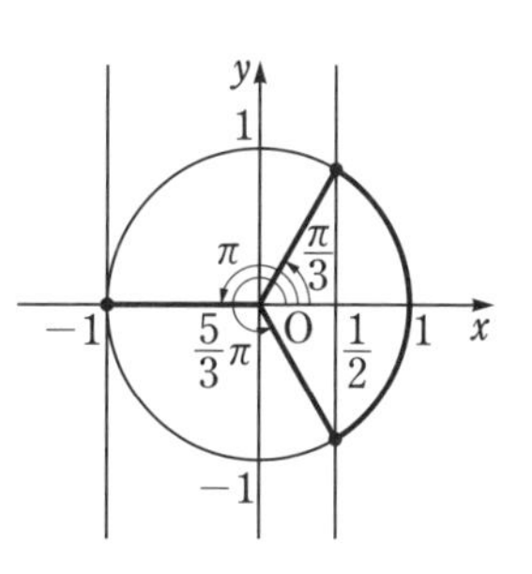

となり，$\cos\theta \leqq -1,\ \frac{1}{2} \leqq \cos\theta$

$0 \leqq \theta < 2\pi$ より，求める θ の値の範囲は，$\boldsymbol{0 \leqq \theta \leqq \frac{\pi}{3},\ \theta = \pi,\ \frac{5}{3}\pi \leqq \theta < 2\pi}$

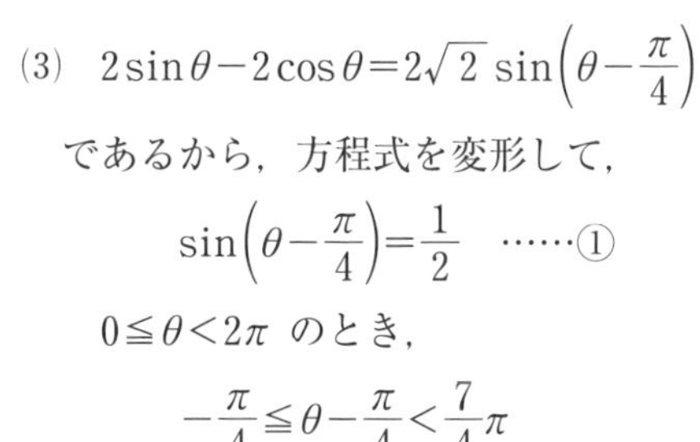

(3)　$2\sin\theta - 2\cos\theta = 2\sqrt{2}\sin\left(\theta - \frac{\pi}{4}\right)$

であるから，方程式を変形して，

$$\sin\left(\theta - \frac{\pi}{4}\right) = \frac{1}{2} \quad \cdots\cdots①$$

$0 \leqq \theta < 2\pi$ のとき，

$$-\frac{\pi}{4} \leqq \theta - \frac{\pi}{4} < \frac{7}{4}\pi$$

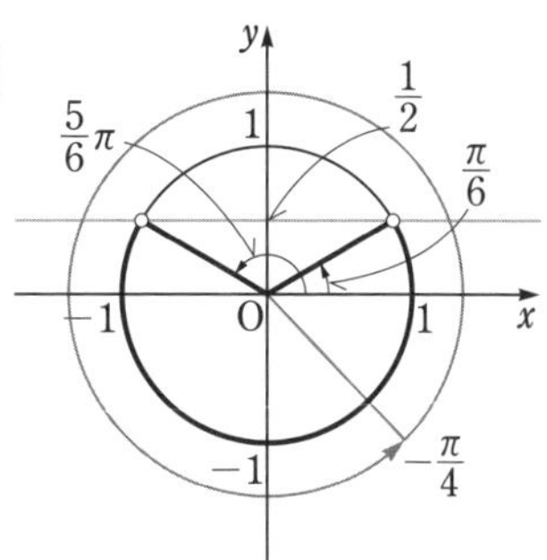

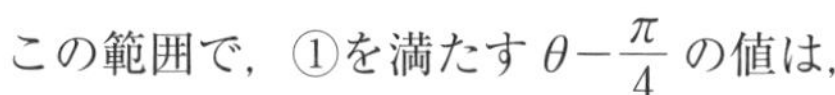

この範囲で，①を満たす $\theta - \frac{\pi}{4}$ の値は，

$$\theta-\frac{\pi}{4}=\frac{\pi}{6},\ \frac{5}{6}\pi$$

よって，　$\boldsymbol{\theta=\frac{5}{12}\pi,\ \frac{13}{12}\pi}$

(4) $\sqrt{3}\sin\theta-\cos\theta=2\sin\left(\theta-\frac{\pi}{6}\right)$ であるから，

不等式を変形して，

$$\sin\left(\theta-\frac{\pi}{6}\right)<\frac{1}{2}\quad\cdots\cdots②$$

$0\leqq\theta<2\pi$ のとき，

$$-\frac{\pi}{6}\leqq\theta-\frac{\pi}{6}<\frac{11}{6}\pi$$

この範囲で，②を満たす $\theta-\frac{\pi}{6}$ の値の範囲は，

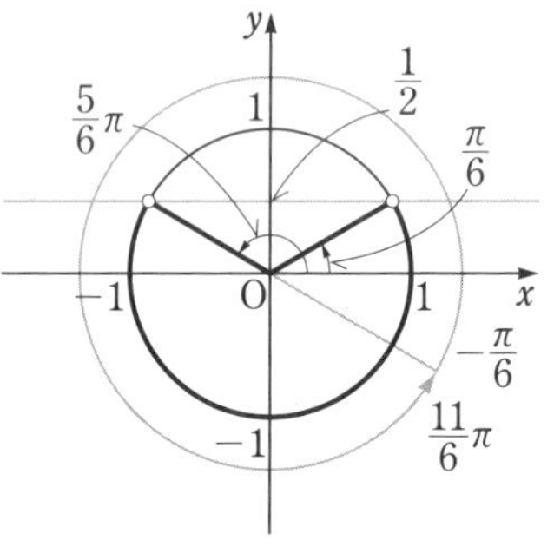

$$-\frac{\pi}{6}\leqq\theta-\frac{\pi}{6}<\frac{\pi}{6},$$

$$\frac{5}{6}\pi<\theta-\frac{\pi}{6}<\frac{11}{6}\pi$$

よって，　$\boldsymbol{0\leqq\theta<\frac{\pi}{3},\ \pi<\theta<2\pi}$

参考　積を和，和を積に直す公式　〈発展〉

加法定理において，2つの等式の和や差を考えることで，次の公式を導くことができる。

$$\sin\alpha\cos\beta=\frac{1}{2}\{\sin(\alpha+\beta)+\sin(\alpha-\beta)\} \quad \cdots\cdots①$$

$$\cos\alpha\sin\beta=\frac{1}{2}\{\sin(\alpha+\beta)-\sin(\alpha-\beta)\}$$

$$\cos\alpha\cos\beta=\frac{1}{2}\{\cos(\alpha+\beta)+\cos(\alpha-\beta)\}$$

$$\sin\alpha\sin\beta=-\frac{1}{2}\{\cos(\alpha+\beta)-\cos(\alpha-\beta)\}$$

たとえば，①を導くには，

$$\sin(\alpha+\beta)=\sin\alpha\cos\beta+\cos\alpha\sin\beta \quad \cdots\cdots②$$

$$\sin(\alpha-\beta)=\sin\alpha\cos\beta-\cos\alpha\sin\beta \quad \cdots\cdots③$$

とすると，②+③ より，

$$\sin(\alpha+\beta)+\sin(\alpha-\beta)=2\sin\alpha\cos\beta$$

よって，　$\sin\alpha\cos\beta=\frac{1}{2}\{\sin(\alpha+\beta)+\sin(\alpha-\beta)\}$

また，上の 4 つの式で $\alpha+\beta=A$，$\alpha-\beta=B$ とおくと，$\alpha=\frac{A+B}{2}$，$\beta=\frac{A-B}{2}$ であるから，左辺と右辺を入れ換えて，両辺に 2 または -2 を掛けると，次の公式を導くことができる。

$$\sin A+\sin B=2\sin\frac{A+B}{2}\cos\frac{A-B}{2}$$

$$\sin A-\sin B=2\cos\frac{A+B}{2}\sin\frac{A-B}{2}$$

$$\cos A+\cos B=2\cos\frac{A+B}{2}\cos\frac{A-B}{2}$$

$$\cos A-\cos B=-2\sin\frac{A+B}{2}\sin\frac{A-B}{2}$$

章末問題

A

1　教科書 p.134

右の図が次の関数のグラフであるとき，定数 r_1，r_2，k，ℓ，α，β の値を求めよ。ただし，答えが複数ある場合は，正の最小値を求めよ。

(1)　$y=r_1\sin(k\theta-\alpha)$

(2)　$y=r_2\cos(\ell\theta-\beta)$

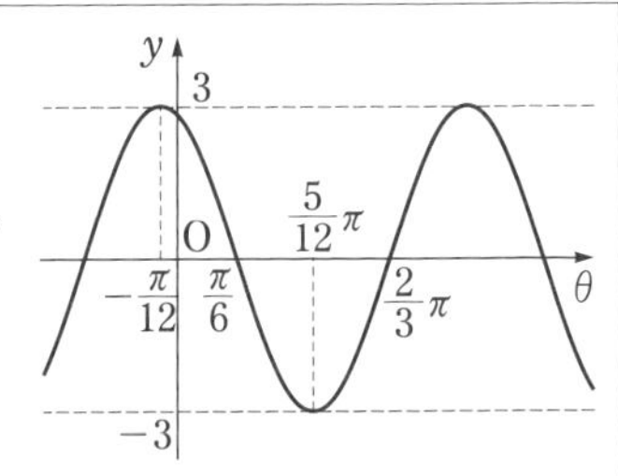

ガイド　最大値・最小値，周期などに着目する。

解答　(1)　最大値3，最小値 −3 であることから，　$\boldsymbol{r_1=3}$

最大値をとるときの θ が $\theta=-\dfrac{\pi}{12}$ で，そこから y の値が減少して初めて最小値をとるときの θ が $\theta=\dfrac{5}{12}\pi$ であることから，周期は，

$$\left\{\frac{5}{12}\pi-\left(-\frac{\pi}{12}\right)\right\}\times 2=\pi$$

よって，$\dfrac{2\pi}{k}=\pi$ より，　$\boldsymbol{k=2}$

点 $\left(\dfrac{5}{12}\pi,\ -3\right)$ を通るから，　$-3=3\sin\left(2\times\dfrac{5}{12}\pi-\alpha\right)$

すなわち，　$\sin\left(\dfrac{5}{6}\pi-\alpha\right)=-1$

$\dfrac{5}{6}\pi-\alpha=\dfrac{3}{2}\pi+2n\pi$ (n は整数) であるから，

$\alpha=-\dfrac{2}{3}\pi-2n\pi$　正の最小値を選ぶと，　$\boldsymbol{\alpha=\dfrac{4}{3}\pi}$

(2)　(1)と同様にして，　$\boldsymbol{r_2=3,\ \ell=2}$

点 $\left(\dfrac{5}{12}\pi,\ -3\right)$ を通るから，　$-3=3\cos\left(2\times\dfrac{5}{12}\pi-\beta\right)$

すなわち，　$\cos\left(\dfrac{5}{6}\pi-\beta\right)=-1$

$\dfrac{5}{6}\pi-\beta=\pi+2n\pi$ (n は整数) であるから，

$\beta=-\dfrac{\pi}{6}-2n\pi$　正の最小値を選ぶと，　$\boldsymbol{\beta=\dfrac{11}{6}\pi}$

2 教科書 p.134

$-\pi\leqq\theta<\pi$ のとき，次の方程式，不等式を解け。

(1) $\sin\left(\theta+\dfrac{\pi}{6}\right)=-\dfrac{1}{2}$　　(2) $\sin2\theta\geqq\dfrac{\sqrt{3}}{2}$

ガイド θ の値の範囲に注意する。

(2) $-2\pi\leqq2\theta<2\pi$ である。

解答 (1) $\theta+\dfrac{\pi}{6}=t$ とおくと，　$\sin t=-\dfrac{1}{2}$　……①

$-\pi\leqq\theta<\pi$ であるから，　$-\dfrac{5}{6}\pi\leqq t<\dfrac{7}{6}\pi$　……②

②の範囲で①を満たす t の値は，

$t=-\dfrac{5}{6}\pi,\ -\dfrac{\pi}{6}$

したがって，

$\theta+\dfrac{\pi}{6}=-\dfrac{5}{6}\pi,\ -\dfrac{\pi}{6}$

よって，　$\boldsymbol{\theta=-\pi,\ -\dfrac{\pi}{3}}$

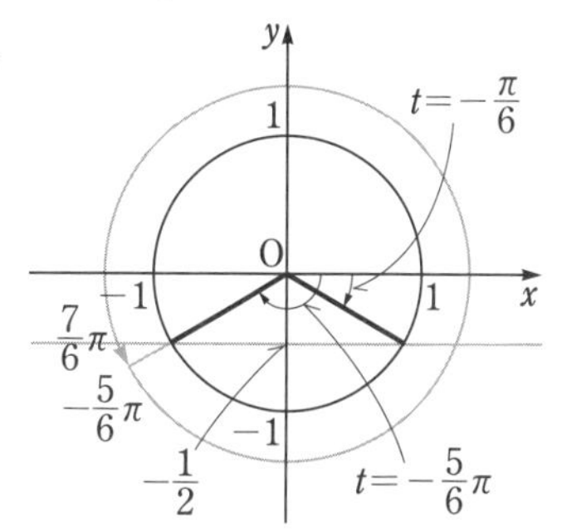

(2) $2\theta=t$ とおくと，　$\sin t\geqq\dfrac{\sqrt{3}}{2}$　……③

$-\pi\leqq\theta<\pi$ であるから，　$-2\pi\leqq t<2\pi$　……④

④の範囲で③を満たす t の値の範囲は，

$-\dfrac{5}{3}\pi\leqq t\leqq-\dfrac{4}{3}\pi,$

$\dfrac{\pi}{3}\leqq t\leqq\dfrac{2}{3}\pi$

したがって，

$-\dfrac{5}{3}\pi\leqq2\theta\leqq-\dfrac{4}{3}\pi,$

$\dfrac{\pi}{3}\leqq2\theta\leqq\dfrac{2}{3}\pi$

よって，

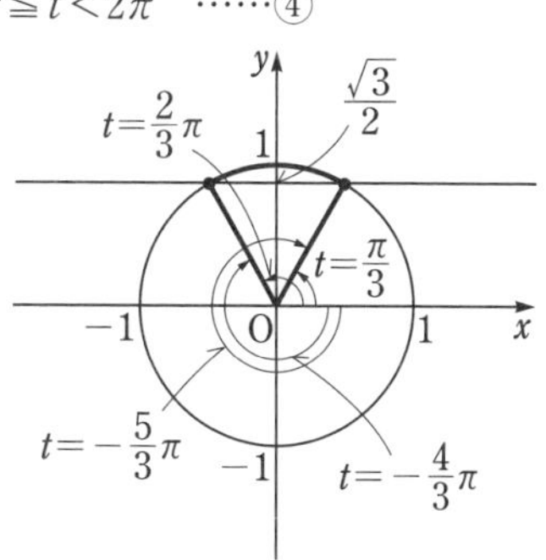

$$-\frac{5}{6}\pi \leqq \theta \leqq -\frac{2}{3}\pi,\quad \frac{\pi}{6} \leqq \theta \leqq \frac{\pi}{3}$$

3 教科書 p.134

次の等式を証明せよ。

(1) $\dfrac{\cos\theta}{1+\sin\theta}+\tan\theta=\dfrac{1}{\cos\theta}$

(2) $\cos(\alpha+\beta)\cos(\alpha-\beta)=\cos^2\alpha-\sin^2\beta$

ガイド (1) 三角関数の相互関係を用いて左辺を変形する。

(2) 余弦の加法定理，三角関数の相互関係を用いて左辺を変形する。

解答 (1)
$$\frac{\cos\theta}{1+\sin\theta}+\tan\theta=\frac{\cos\theta}{1+\sin\theta}+\frac{\sin\theta}{\cos\theta}$$
$$=\frac{\cos^2\theta+\sin\theta(1+\sin\theta)}{\cos\theta(1+\sin\theta)}$$
$$=\frac{\cos^2\theta+\sin\theta+\sin^2\theta}{\cos\theta(1+\sin\theta)}$$
$$=\frac{1+\sin\theta}{\cos\theta(1+\sin\theta)}$$
$$=\frac{1}{\cos\theta}$$

(2) $\cos(\alpha+\beta)\cos(\alpha-\beta)$
$$=(\cos\alpha\cos\beta-\sin\alpha\sin\beta)(\cos\alpha\cos\beta+\sin\alpha\sin\beta)$$
$$=(\cos\alpha\cos\beta)^2-(\sin\alpha\sin\beta)^2$$
$$=\cos^2\alpha\cos^2\beta-\sin^2\alpha\sin^2\beta$$
$$=\cos^2\alpha(1-\sin^2\beta)-(1-\cos^2\alpha)\sin^2\beta$$
$$=\cos^2\alpha-\cos^2\alpha\sin^2\beta-\sin^2\beta+\cos^2\alpha\sin^2\beta$$
$$=\cos^2\alpha-\sin^2\beta$$

4 教科書 p.134

次の問いに答えよ。

(1) $\sin\theta\cos\theta$ を $\sin2\theta$ で表し，$y=\sin\theta\cos\theta$ のグラフをかけ。

(2) $\cos^2\theta$ を $\cos2\theta$ で表し，$y=\cos^2\theta$ のグラフをかけ。

ガイド (2) $\cos^2\theta=\dfrac{1}{2}\cos2\theta+\dfrac{1}{2}$ となるから，$y=\dfrac{1}{2}\cos2\theta$ のグラフを y 軸方向に $\dfrac{1}{2}$ だけ平行移動したグラフになる。

解答 (1) $\sin\theta\cos\theta=\frac{1}{2}\sin 2\theta$

$y=\sin\theta\cos\theta$ のグラフは，$y=\sin\theta$ のグラフを，y 軸を基準にして θ 軸方向に $\frac{1}{2}$ 倍に縮小し，θ 軸を基準にして y 軸方向に $\frac{1}{2}$ 倍に縮小したもので，周期は π である。

また，$-1\leqq\sin 2\theta\leqq 1$ より，値域は $-\frac{1}{2}\leqq y\leqq\frac{1}{2}$ である。

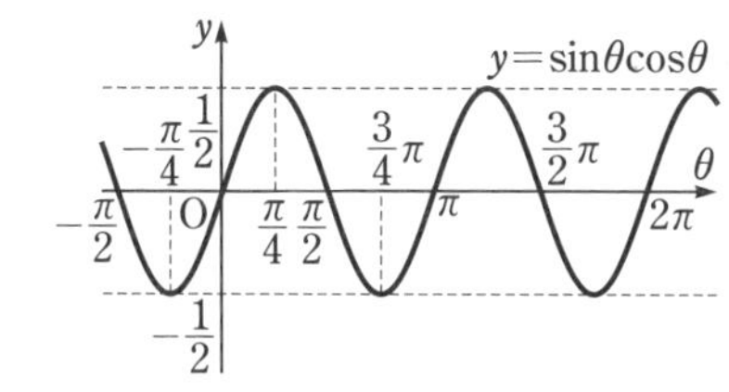

(2) $\cos^2\theta=\frac{1+\cos 2\theta}{2}=\frac{1}{2}\cos 2\theta+\frac{1}{2}$

$y=\frac{1}{2}\cos 2\theta+\frac{1}{2}$ より，$y-\frac{1}{2}=\frac{1}{2}\cos 2\theta$ であるから，このグラフは $y=\frac{1}{2}\cos 2\theta$ のグラフを y 軸方向に $\frac{1}{2}$ だけ平行移動したもので，周期は π である。

また，$-1\leqq\cos 2\theta\leqq 1$ より，$-\frac{1}{2}\leqq\frac{1}{2}\cos 2\theta\leqq\frac{1}{2}$ であるから，値域は $0\leqq y\leqq 1$ である。

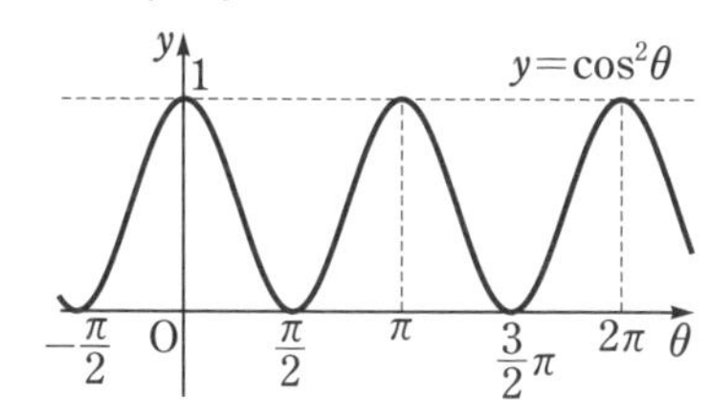

□ **5** 教科書 p.134

$0\leqq\theta<\pi$ のとき，関数 $y=-4\sin\theta+3\cos\theta$ の最大値と最小値を求めよ。

ガイド $y=r\sin(\theta+\alpha)$ の形に変形する，α が具体的な数値で求まらないので，α のままで考える。

解答 関数の式を変形すると，

$y=5\sin(\theta+\alpha)$

ただし，α は右の図のような

$\sin\alpha=\dfrac{3}{5}$，$\cos\alpha=-\dfrac{4}{5}$

を満たす角である。

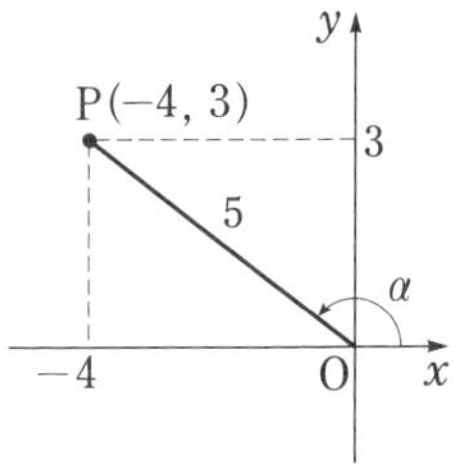

$0\leqq\theta<\pi$ のとき，$\alpha\leqq\theta+\alpha<\alpha+\pi$ であるから，

$-1\leqq\sin(\theta+\alpha)\leqq\sin\alpha$　すなわち，　$-1\leqq\sin(\theta+\alpha)\leqq\dfrac{3}{5}$

これより，　$-5\leqq y\leqq 3$

よって，この関数の**最大値**は **3**，**最小値**は **−5** である。

B

☐ **6** 教科書 p. 135

$0\leqq\theta<2\pi$ のとき，次の方程式，不等式を解け。

(1) $\sin 2\theta-\sqrt{3}\cos 2\theta=0$　　(2) $\cos 4\theta-6\sin^2\theta+2=0$

(3) $2\cos\left(\theta+\dfrac{\pi}{6}\right)+\sin\theta<\dfrac{\sqrt{6}}{2}$　　(4) $\sin 2\theta\geqq\cos\theta$

ガイド (1) 三角関数の合成を用いる。

(2) 2倍角の公式，半角の公式を使って $\cos 2\theta$ についての方程式に変形する。

(3) 加法定理を用いる。

解答 (1) $\sin 2\theta-\sqrt{3}\cos 2\theta=2\sin\left(2\theta-\dfrac{\pi}{3}\right)$ であるから，方程式を変形して，

$\sin\left(2\theta-\dfrac{\pi}{3}\right)=0$ ……①

$0\leqq\theta<2\pi$ のとき，　$-\dfrac{\pi}{3}\leqq 2\theta-\dfrac{\pi}{3}<\dfrac{11}{3}\pi$

この範囲で，①を満たす $2\theta-\dfrac{\pi}{3}$ の値は，

$2\theta-\dfrac{\pi}{3}=0$，π，2π，3π

よって，　$\boldsymbol{\theta=\dfrac{\pi}{6}}$，$\boldsymbol{\dfrac{2}{3}\pi}$，$\boldsymbol{\dfrac{7}{6}\pi}$，$\boldsymbol{\dfrac{5}{3}\pi}$

(2)　$\cos 4\theta = 2\cos^2 2\theta - 1$, $\sin^2\theta = \dfrac{1-\cos 2\theta}{2}$ より，方程式は，

$$(2\cos^2 2\theta - 1) - 6\cdot\frac{1-\cos 2\theta}{2} + 2 = 0$$

$$2\cos^2 2\theta + 3\cos 2\theta - 2 = 0$$

したがって，　$(2\cos 2\theta - 1)(\cos 2\theta + 2) = 0$

$\cos 2\theta + 2 \neq 0$ より，

$$\cos 2\theta = \frac{1}{2} \quad \cdots\cdots ②$$

$0 \leqq \theta < 2\pi$ のとき，$0 \leqq 2\theta < 4\pi$

この範囲で，②を満たす 2θ の値は，

$$2\theta = \frac{\pi}{3},\ \frac{5}{3}\pi,\ \frac{7}{3}\pi,\ \frac{11}{3}\pi$$

よって，　$\boldsymbol{\theta = \frac{\pi}{6},\ \frac{5}{6}\pi,\ \frac{7}{6}\pi,\ \frac{11}{6}\pi}$

(3)　$\cos\left(\theta + \dfrac{\pi}{6}\right) = \cos\theta\cos\dfrac{\pi}{6} - \sin\theta\sin\dfrac{\pi}{6}$ より，不等式は，

$$2\left(\cos\theta\cos\frac{\pi}{6} - \sin\theta\sin\frac{\pi}{6}\right) + \sin\theta < \frac{\sqrt{6}}{2}$$

$$\sqrt{3}\cos\theta - \sin\theta + \sin\theta < \frac{\sqrt{6}}{2}$$

$$\cos\theta < \frac{\sqrt{2}}{2}$$

$0 \leqq \theta < 2\pi$ より，求める θ の値の範囲は，

$$\boldsymbol{\frac{\pi}{4} < \theta < \frac{7}{4}\pi}$$

(4)　$\sin 2\theta = 2\sin\theta\cos\theta$ より，不等式は，

$$2\sin\theta\cos\theta \geqq \cos\theta$$

$$2\sin\theta\cos\theta - \cos\theta \geqq 0$$

したがって，　$\cos\theta(2\sin\theta - 1) \geqq 0$ となり，

$$\begin{cases} \cos\theta \geqq 0 \\ \sin\theta \geqq \dfrac{1}{2} \end{cases} \quad \text{または} \quad \begin{cases} \cos\theta \leqq 0 \\ \sin\theta \leqq \dfrac{1}{2} \end{cases}$$

(i) $\cos\theta \geqq 0$ かつ $\sin\theta \geqq \frac{1}{2}$ のとき，$0 \leqq \theta < 2\pi$ より，

$\cos\theta \geqq 0$ を満たす θ の値の範囲は，

$$0 \leqq \theta \leqq \frac{\pi}{2},\quad \frac{3}{2}\pi \leqq \theta < 2\pi$$

$\sin\theta \geqq \frac{1}{2}$ を満たす θ の値の範囲は，　$\frac{\pi}{6} \leqq \theta \leqq \frac{5}{6}\pi$

よって，　$\frac{\pi}{6} \leqq \theta \leqq \frac{\pi}{2}$

(ii) $\cos\theta \leqq 0$ かつ $\sin\theta \leqq \frac{1}{2}$ のとき，$0 \leqq \theta < 2\pi$ より，

$\cos\theta \leqq 0$ を満たす θ の値の範囲は，　$\frac{\pi}{2} \leqq \theta \leqq \frac{3}{2}\pi$

$\sin\theta \leqq \frac{1}{2}$ を満たす θ の値の範囲は，

$$0 \leqq \theta \leqq \frac{\pi}{6},\quad \frac{5}{6}\pi \leqq \theta < 2\pi$$

よって，　$\frac{5}{6}\pi \leqq \theta \leqq \frac{3}{2}\pi$

したがって，(i)，(ii)より，　$\boldsymbol{\frac{\pi}{6} \leqq \theta \leqq \frac{\pi}{2},\ \frac{5}{6}\pi \leqq \theta \leqq \frac{3}{2}\pi}$

☐ **7** 教科書 p.135

$\sin\alpha + \sin\beta = \frac{1}{2}$，$\cos\alpha + \cos\beta = \frac{1}{4}$ のとき，$\cos(\alpha - \beta)$ の値を求めよ。

ガイド 2つの等式の両辺を2乗して整理する。

解答 与えられた2つの等式の両辺を2乗して，

$$\sin^2\alpha + 2\sin\alpha\sin\beta + \sin^2\beta = \frac{1}{4} \quad \cdots\cdots①$$

$$\cos^2\alpha + 2\cos\alpha\cos\beta + \cos^2\beta = \frac{1}{16} \quad \cdots\cdots②$$

①，②の辺々を加えると，$\sin^2\alpha + \cos^2\alpha = 1$，$\sin^2\beta + \cos^2\beta = 1$ より，

$$1 + 2(\sin\alpha\sin\beta + \cos\alpha\cos\beta) + 1 = \frac{1}{4} + \frac{1}{16}$$

これより，　$\sin\alpha\sin\beta + \cos\alpha\cos\beta = -\frac{27}{32}$

よって，　$\cos(\alpha-\beta)=\cos\alpha\cos\beta+\sin\alpha\sin\beta=-\dfrac{27}{32}$

8 教科書 p.135

関数 $y=\sin 2\theta+2(\sin\theta+\cos\theta)-1$ について，$\sin\theta+\cos\theta=t$ とおくとき，次の問いに答えよ。ただし，$0\leqq\theta<2\pi$ とする。

(1) y を t の式で表せ。

(2) t のとり得る値の範囲を求めよ。

(3) y の最大値と最小値を求めよ。また，そのときの θ の値を求めよ。

ガイド (1) $t^2=1+2\sin\theta\cos\theta$ を使う。　(2) 三角関数の合成を用いる。

解答 (1) $t^2=\sin^2\theta+2\sin\theta\cos\theta+\cos^2\theta=1+2\sin\theta\cos\theta=1+\sin 2\theta$

これより，　$\sin 2\theta=t^2-1$

よって，$\boldsymbol{y}=\sin 2\theta+2(\sin\theta+\cos\theta)-1$

$=(t^2-1)+2t-1=\boldsymbol{t^2+2t-2}$

(2) $t=\sin\theta+\cos\theta=\sqrt{2}\sin\left(\theta+\dfrac{\pi}{4}\right)$

$0\leqq\theta<2\pi$ より，$\dfrac{\pi}{4}\leqq\theta+\dfrac{\pi}{4}<\dfrac{9}{4}\pi$

したがって，$-1\leqq\sin\left(\theta+\dfrac{\pi}{4}\right)\leqq 1$

であるから，　$\boldsymbol{-\sqrt{2}\leqq t\leqq\sqrt{2}}$　……①

(3) $y=t^2+2t-2=(t+1)^2-3$

したがって，①の範囲において，y は，$t=\sqrt{2}$ のとき最大値 $2\sqrt{2}$，$t=-1$ のとき最小値 -3 をとる。

よって，

$t=\sqrt{2}$ すなわち，$\sin\left(\theta+\dfrac{\pi}{4}\right)=1$

$\theta+\dfrac{\pi}{4}=\dfrac{\pi}{2}$ より，

$\boldsymbol{\theta=\dfrac{\pi}{4}}$ **のとき，最大値** $\boldsymbol{2\sqrt{2}}$，

$t=-1$ すなわち，$\sin\left(\theta+\dfrac{\pi}{4}\right)=-\dfrac{1}{\sqrt{2}}$　$\theta+\dfrac{\pi}{4}=\dfrac{5}{4}\pi$，

$\dfrac{7}{4}\pi$ より，$\boldsymbol{\theta=\pi,\ \dfrac{3}{2}\pi}$ **のとき，最小値** $\boldsymbol{-3}$ **をとる。**

9 教科書 p.135

長さ1の線分ABを直径とする半円がある。この半円上を点Pが動くとき，3AP+4BP の最大値を求めよ。

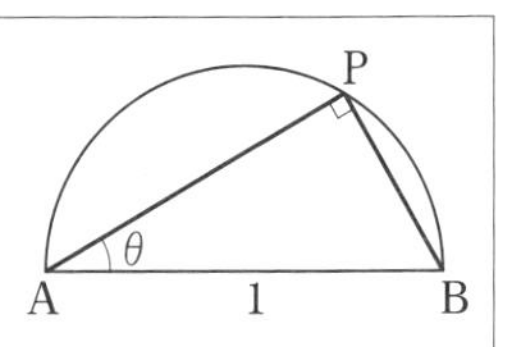

ガイド 点Pが2点A，Bを除く半円上を動くときは，$\angle \mathrm{PAB}=\theta$ とおくと，$\mathrm{AP}=\cos\theta$，$\mathrm{BP}=\sin\theta$ となる。

解答 点Pが点Aと一致するとき，

$$3\mathrm{AP}+4\mathrm{BP}=3\times0+4\times1=4$$

点Pが点Bと一致するとき，

$$3\mathrm{AP}+4\mathrm{BP}=3\times1+4\times0=3$$

点Pが点Aとも点Bとも一致しないとき，$\angle \mathrm{PAB}=\theta$ とおく。

$\mathrm{AP}=\mathrm{AB}\cos\theta=\cos\theta$，$\mathrm{BP}=\mathrm{AB}\sin\theta=\sin\theta$ であるから，

$$3\mathrm{AP}+4\mathrm{BP}=3\cos\theta+4\sin\theta$$
$$=5\sin(\theta+\alpha)$$

ただし，α は右の図のような

$$\sin\alpha=\frac{3}{5},\quad \cos\alpha=\frac{4}{5}$$

を満たす角である。

ここで，$0<\theta<\dfrac{\pi}{2}$ であるから，

$$\alpha<\theta+\alpha<\alpha+\frac{\pi}{2}$$

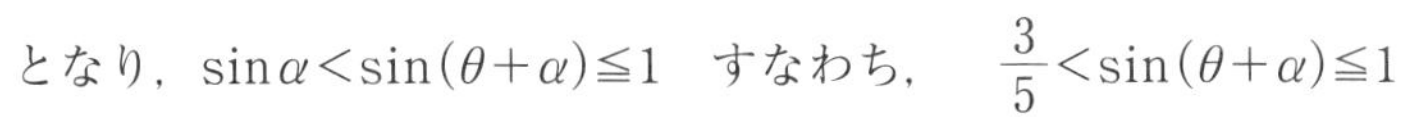
となり，$\sin\alpha<\sin(\theta+\alpha)\leqq1$ すなわち，$\dfrac{3}{5}<\sin(\theta+\alpha)\leqq1$

これより，$3<3\mathrm{AP}+4\mathrm{BP}\leqq5$

よって，求める最大値は**5**

10 教科書 p.135

次の関数を $y=a\sin2\theta+b\cos2\theta+c$ の形に表し，$0\leqq\theta<2\pi$ のときの最大値と最小値を求めよ。また，そのときの θ の値を求めよ。

$$y=\sin^2\theta+4\sin\theta\cos\theta+5\cos^2\theta$$

ガイド 2倍角の公式，半角の公式を使って変形し，三角関数の合成を使って最大・最小を考える。

解答 $2\sin\theta\cos\theta=\sin 2\theta$, $\cos^2\theta=\dfrac{1+\cos 2\theta}{2}$ より，関数の式は，

$$\boldsymbol{y}=2\cdot 2\sin\theta\cos\theta+4\cos^2\theta+\sin^2\theta+\cos^2\theta$$

$$=2\sin 2\theta+4\cdot\frac{1+\cos 2\theta}{2}+1$$

$$\boldsymbol{=2\sin 2\theta+2\cos 2\theta+3}$$

さらに変形すると，

$$y=2\sqrt{2}\sin\left(2\theta+\frac{\pi}{4}\right)+3$$

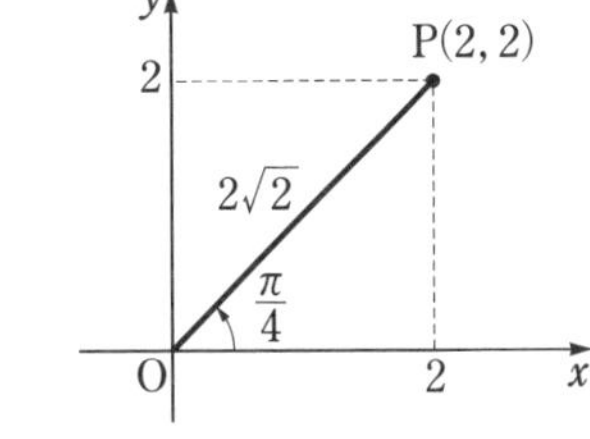

$0\leqq\theta<2\pi$ のとき，

$$\frac{\pi}{4}\leqq 2\theta+\frac{\pi}{4}<\frac{17}{4}\pi$$

したがって，$-1\leqq\sin\left(2\theta+\dfrac{\pi}{4}\right)\leqq 1$ であるから，

$$-2\sqrt{2}\leqq 2\sqrt{2}\sin\left(2\theta+\frac{\pi}{4}\right)\leqq 2\sqrt{2}$$

$$-2\sqrt{2}+3\leqq 2\sqrt{2}\sin\left(2\theta+\frac{\pi}{4}\right)+3\leqq 2\sqrt{2}+3$$

よって，yは，

$2\theta+\dfrac{\pi}{4}=\dfrac{\pi}{2}$, $\dfrac{5}{2}\pi$，すなわち，$\boldsymbol{\theta=\dfrac{\pi}{8}}$, $\boldsymbol{\dfrac{9}{8}\pi}$ **のとき，最大値** $\boldsymbol{2\sqrt{2}+3}$

$2\theta+\dfrac{\pi}{4}=\dfrac{3}{2}\pi$, $\dfrac{7}{2}\pi$，すなわち，$\boldsymbol{\theta=\dfrac{5}{8}\pi}$, $\boldsymbol{\dfrac{13}{8}\pi}$ **のとき，最小値** $\boldsymbol{-2\sqrt{2}+3}$

をとる。

11 教科書 p.135

直径が 120 m で，一周するのに 18 分かかる観覧車がある。観覧車の乗り場は地上 0 m にある。この観覧車のゴンドラが 90 m 以上の高さにあるのは何分間か。ただし，ゴンドラは直径 120 m の円周上を反時計回りに一定の速さで動く点とする。

ガイド 観覧車の乗り場を H，円の中心を O，ゴンドラの位置を P としたとき，ゴンドラの高さは，$60-60\cos\angle\mathrm{HOP}$ で表せる。

解答 観覧車の乗り場をH，円の中心をO，ゴンドラの位置をPとし，点PからOHに下ろした垂線をPIとする。

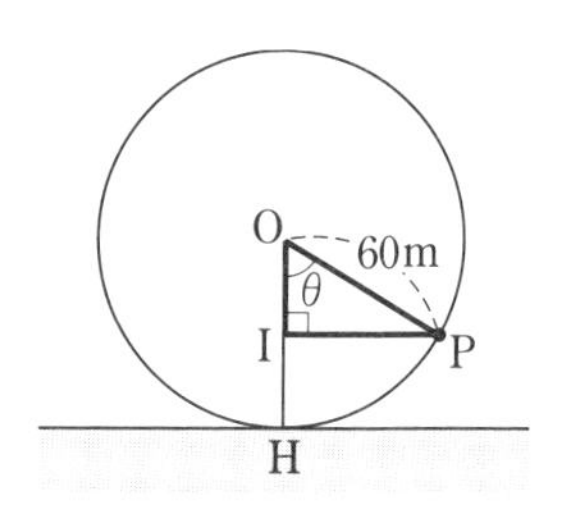

$\angle HOP=\theta$ とすると，
$OI=OP\cos\theta$ であるから，
ゴンドラの高さは，

$$\begin{aligned} IH&=OH-OI \\ &=OH-OP\cos\theta \\ &=60-60\cos\theta\,(\text{m}) \end{aligned}$$

ゴンドラが 90 m 以上の高さにあるとき，

$$60-60\cos\theta \geqq 90 \quad \text{すなわち，} \quad \cos\theta \leqq -\frac{1}{2}$$

ゴンドラが一周するとき，$0\leqq\theta\leqq 2\pi$ であるから，θ の値の範囲は，

$$\frac{2}{3}\pi \leqq \theta \leqq \frac{4}{3}\pi$$

よって，求める時間は，観覧車が $\frac{4}{3}\pi-\frac{2}{3}\pi=\frac{2}{3}\pi$ だけ回転するのにかかる時間である。

観覧車が回転する角度と時間は比例するから，求める時間を t 分間とすると，

$$2\pi : \frac{2}{3}\pi = 18 : t$$

これを解いて， $t=6$

よって，ゴンドラが 90 m 以上の高さにあるのは **6 分間**である。

第4章　指数関数と対数関数

第1節　指数と指数関数

1　指数の拡張

問 1　次の値を求めよ。

教科書 p.138

(1)　10^0　　(2)　3^{-2}　　(3)　$(-2)^{-3}$　　(4)　$\left(\dfrac{1}{2}\right)^{-1}$

ガイド

ここがポイント [a^0 と a^{-n} の定義]

$a \neq 0$ で，n が正の整数のとき，

$$a^0=1,\quad a^{-n}=\frac{1}{a^n}$$

解答　(1)　$10^0=\mathbf{1}$

(2)　$3^{-2}=\dfrac{1}{3^2}=\mathbf{\dfrac{1}{9}}$

(3)　$(-2)^{-3}=\dfrac{1}{(-2)^3}=\dfrac{1}{-8}=\mathbf{-\dfrac{1}{8}}$

(4)　$\left(\dfrac{1}{2}\right)^{-1}=\dfrac{1}{\frac{1}{2}}=\mathbf{2}$

別解　(4)　$\left(\dfrac{1}{2}\right)^{-1}=\dfrac{2}{1}=\mathbf{2}$　(○$^{-1}$ は○の逆数である)

指数が負の整数だと
逆数になるんだね。

問 2 次の計算をせよ。

教科書 p.139

(1) $a^{-3}a^{7}$ (2) $\left(\frac{1}{a}\right)^{-3}a^{-2}$

(3) $(a^{-2}b)^{3}\times(a^{2}b^{-1})^{2}$ (4) $\left(\frac{b}{a^{2}}\right)^{-2}\times\left(\frac{b^{2}}{a}\right)^{3}\div\left(\frac{b}{a}\right)^{2}$

ガイド

ここがポイント **[指数法則]**

$a\neq0$, $b\neq0$ で, m, n が整数のとき,

1 $\boldsymbol{a^{m}a^{n}=a^{m+n}}$ 2 $\boldsymbol{(a^{m})^{n}=a^{mn}}$ 3 $\boldsymbol{(ab)^{n}=a^{n}b^{n}}$

4 $\boldsymbol{a^{m}\div a^{n}=a^{m-n}}$ 5 $\boldsymbol{\left(\frac{a}{b}\right)^{n}=\frac{a^{n}}{b^{n}}}$

解答

(1) $a^{-3}a^{7}=a^{(-3)+7}=\boldsymbol{a^{4}}$

(2) $\left(\frac{1}{a}\right)^{-3}a^{-2}=(a^{-1})^{-3}a^{-2}=a^{(-1)\times(-3)}a^{-2}$

$=a^{3}a^{-2}=a^{3+(-2)}=a^{1}=\boldsymbol{a}$

(3) $(a^{-2}b)^{3}\times(a^{2}b^{-1})^{2}=(a^{-2})^{3}b^{3}\times(a^{2})^{2}(b^{-1})^{2}$

$=a^{-6}b^{3}\times a^{4}b^{-2}=a^{-6+4}b^{3-2}$

$=a^{-2}b^{1}=\boldsymbol{\frac{b}{a^{2}}}$

(4) $\left(\frac{b}{a^{2}}\right)^{-2}\times\left(\frac{b^{2}}{a}\right)^{3}\div\left(\frac{b}{a}\right)^{2}$

$=(a^{-2}b)^{-2}\times(a^{-1}b^{2})^{3}\div(a^{-1}b)^{2}$

$=(a^{-2})^{-2}b^{-2}\times(a^{-1})^{3}(b^{2})^{3}\div(a^{-1})^{2}b^{2}$

$=a^{4}b^{-2}\times a^{-3}b^{6}\div a^{-2}b^{2}$

$=a^{4-3-(-2)}b^{-2+6-2}$

$=\boldsymbol{a^{3}b^{2}}$

文字でも数でも同じような計算のしかただね。

問 3　次の値を求めよ。

教科書 p.140

(1) $\sqrt[3]{27}$　(2) $\sqrt[5]{32}$　(3) $\sqrt[3]{-125}$　(4) $\sqrt[4]{0.0001}$

ガイド　n が2以上の整数のとき，n 乗して a になる数，すなわち，$x^n=a$ を満たす x の値を a の **n 乗根**（じょうこん）といい，a の2乗根（平方根），a の3乗根（立方根），a の4乗根，……を総称して，a の**累乗根**という。

n が奇数のとき，a の n 乗根はただ1つある。これを $\boldsymbol{\sqrt[n]{a}}$ と書く。

n が偶数のとき，正の数 a の n 乗根は正，負1つずつある。これらをそれぞれ，$\boldsymbol{\sqrt[n]{a}}$，$\boldsymbol{-\sqrt[n]{a}}$ と書く。$a<0$ のとき，a の n 乗根は存在しない。

$\sqrt[2]{a}$ は $\sqrt{a}$ と書く。また，$\boldsymbol{\sqrt[n]{0}=0}$ である。

解答

(1) $\sqrt[3]{27}=\mathbf{3}$　(2) $\sqrt[5]{32}=\mathbf{2}$

(3) $\sqrt[3]{-125}=\mathbf{-5}$　(4) $\sqrt[4]{0.0001}=\mathbf{0.1}$

問 4　次の計算をせよ。

教科書 p.141

(1) $\sqrt[3]{4}\sqrt[3]{16}$　(2) $\dfrac{\sqrt[4]{2}}{\sqrt[4]{32}}$

(3) $(\sqrt[5]{9})^3$　(4) $\sqrt[3]{\sqrt{729}}$

ガイド　$a>0$ のとき，$\sqrt[n]{a}$ は a のただ1つの正の n 乗根であり，

$$\boldsymbol{(\sqrt[n]{a})^n=a}$$

が成り立つ。

ここがポイント　**[累乗根の性質]**

$a>0$，$b>0$ で，m，n が正の整数のとき，

1. $\boldsymbol{\sqrt[n]{a}\sqrt[n]{b}=\sqrt[n]{ab}}$
2. $\boldsymbol{\dfrac{\sqrt[n]{a}}{\sqrt[n]{b}}=\sqrt[n]{\dfrac{a}{b}}}$
3. $\boldsymbol{(\sqrt[n]{a})^m=\sqrt[n]{a^m}}$
4. $\boldsymbol{\sqrt[m]{\sqrt[n]{a}}=\sqrt[mn]{a}}$

解答

(1) $\sqrt[3]{4}\sqrt[3]{16}=\sqrt[3]{4\times16}=\sqrt[3]{4\times4^2}=\sqrt[3]{4^3}=\mathbf{4}$

(2) $\dfrac{\sqrt[4]{2}}{\sqrt[4]{32}}=\sqrt[4]{\dfrac{2}{32}}=\sqrt[4]{\dfrac{1}{16}}=\sqrt[4]{\left(\dfrac{1}{2}\right)^4}=\boldsymbol{\dfrac{1}{2}}$

(3)　$(\sqrt[5]{9})^3=\sqrt[5]{9^3}=\sqrt[5]{3^6}=\sqrt[5]{3^5\cdot 3}=\sqrt[5]{3^5}\sqrt[5]{3}=\mathbf{3\sqrt[5]{3}}$

(4)　$\sqrt[3]{\sqrt{729}}=\sqrt[3\times 2]{729}=\sqrt[6]{729}=\sqrt[6]{3^6}=\mathbf{3}$

問 5　次の値を累乗根の形に表せ。

教科書 p.142

(1)　$2^{\frac{2}{3}}$　　(2)　$3^{\frac{1}{5}}$　　(3)　$5^{-\frac{3}{4}}$

ガイド

ここがポイント **[有理数の指数]**

$a>0$ で，m，n が正の整数のとき，

$$a^{\frac{m}{n}}=\sqrt[n]{a^m},\qquad a^{-\frac{m}{n}}=\frac{1}{\sqrt[n]{a^m}}$$

解答

(1)　$2^{\frac{2}{3}}=\sqrt[3]{2^2}=\mathbf{\sqrt[3]{4}}$

(2)　$3^{\frac{1}{5}}=\mathbf{\sqrt[5]{3}}$

(3)　$5^{-\frac{3}{4}}=\dfrac{1}{5^{\frac{3}{4}}}=\dfrac{1}{\sqrt[4]{5^3}}=\mathbf{\dfrac{1}{\sqrt[4]{125}}}$

問 6　$a>0$ のとき，次の式を $a^{\frac{m}{n}}$ の形に表せ。

教科書 p.142

(1)　$\sqrt[3]{a^2}$　　(2)　$\sqrt[4]{a}$　　(3)　$\dfrac{1}{\sqrt{a}}$

ガイド　問 5 の ここがポイント を利用する。

解答

(1)　$\sqrt[3]{a^2}=\boldsymbol{a^{\frac{2}{3}}}$

(2)　$\sqrt[4]{a}=\boldsymbol{a^{\frac{1}{4}}}$

(3)　$\dfrac{1}{\sqrt{a}}=\dfrac{1}{a^{\frac{1}{2}}}=\boldsymbol{a^{-\frac{1}{2}}}$

問 7　次の計算をせよ。

教科書 p.143

(1) $8^{\frac{1}{2}}\times 8^{-\frac{4}{3}}\times 8^{\frac{3}{2}}$　　(2) $(27^{\frac{1}{2}})^{-\frac{4}{3}}$　　(3) $9^{\frac{5}{6}}\times 9^{-\frac{1}{2}}\div 9^{\frac{1}{3}}$

ガイド

ここがポイント [指数法則]

$a>0$, $b>0$ で，p, q が有理数のとき，

1 $a^pa^q=a^{p+q}$　2 $(a^p)^q=a^{pq}$　3 $(ab)^p=a^pb^p$

4 $a^p\div a^q=a^{p-q}$　5 $\left(\dfrac{a}{b}\right)^p=\dfrac{a^p}{b^p}$

解答 (1) $8^{\frac{1}{2}}\times 8^{-\frac{4}{3}}\times 8^{\frac{3}{2}}=(2^3)^{\frac{1}{2}}\times(2^3)^{-\frac{4}{3}}\times(2^3)^{\frac{3}{2}}=2^{3\times\frac{1}{2}}\times 2^{3\times\left(-\frac{4}{3}\right)}\times 2^{3\times\frac{3}{2}}$

$=2^{\frac{3}{2}}\times 2^{-4}\times 2^{\frac{9}{2}}=2^{\frac{3}{2}+(-4)+\frac{9}{2}}=2^2=\mathbf{4}$

(2) $(27^{\frac{1}{2}})^{-\frac{4}{3}}=\{(3^3)^{\frac{1}{2}}\}^{-\frac{4}{3}}=(3^{3\times\frac{1}{2}})^{-\frac{4}{3}}=(3^{\frac{3}{2}})^{-\frac{4}{3}}=3^{\frac{3}{2}\times\left(-\frac{4}{3}\right)}=3^{-2}=\boldsymbol{\frac{1}{9}}$

(3) $9^{\frac{5}{6}}\times 9^{-\frac{1}{2}}\div 9^{\frac{1}{3}}=(3^2)^{\frac{5}{6}}\times(3^2)^{-\frac{1}{2}}\div(3^2)^{\frac{1}{3}}=3^{2\times\frac{5}{6}}\times 3^{2\times\left(-\frac{1}{2}\right)}\div 3^{2\times\frac{1}{3}}$

$=3^{\frac{5}{3}}\times 3^{-1}\div 3^{\frac{2}{3}}=3^{\frac{5}{3}+(-1)-\frac{2}{3}}=3^0=\mathbf{1}$

問 8　次の計算をせよ。ただし，(3)，(4) では $a>0$ とする。

教科書 p.143

(1) $\sqrt[4]{3}\div\sqrt{3}\times\sqrt[4]{3^3}$　　(2) $\sqrt[3]{4}\times\sqrt[4]{8}\div\sqrt[12]{32}$

(3) $\sqrt[3]{a}\times\sqrt[4]{a}\div\sqrt{a}$　　(4) $a\times\sqrt[4]{a}\div\sqrt[3]{\sqrt{a^3}}$

ガイド 指数法則を利用する。分数の指数で表して計算する。

解答 (1) $\sqrt[4]{3}\div\sqrt{3}\times\sqrt[4]{3^3}=3^{\frac{1}{4}}\div 3^{\frac{1}{2}}\times 3^{\frac{3}{4}}=3^{\frac{1}{4}-\frac{1}{2}+\frac{3}{4}}=3^{\frac{1}{2}}=\boldsymbol{\sqrt{3}}$

(2) $\sqrt[3]{4}\times\sqrt[4]{8}\div\sqrt[12]{32}=\sqrt[3]{2^2}\times\sqrt[4]{2^3}\div\sqrt[12]{2^5}=2^{\frac{2}{3}}\times 2^{\frac{3}{4}}\div 2^{\frac{5}{12}}=2^{\frac{2}{3}+\frac{3}{4}-\frac{5}{12}}$

$=2^1=\mathbf{2}$

(3) $\sqrt[3]{a}\times\sqrt[4]{a}\div\sqrt{a}=a^{\frac{1}{3}}\times a^{\frac{1}{4}}\div a^{\frac{1}{2}}=a^{\frac{1}{3}+\frac{1}{4}-\frac{1}{2}}=\boldsymbol{a^{\frac{1}{12}}}$

(4) $a\times\sqrt[4]{a}\div\sqrt[3]{\sqrt{a^3}}=a\times\sqrt[4]{a}\div\sqrt[3\times 2]{a^3}=a\times\sqrt[4]{a}\div\sqrt[6]{a^3}=a\times a^{\frac{1}{4}}\div a^{\frac{3}{6}}$

$=a\times a^{\frac{1}{4}}\div a^{\frac{1}{2}}=a^{1+\frac{1}{4}-\frac{1}{2}}=\boldsymbol{a^{\frac{3}{4}}}$

注意 指数法則は無理数の指数についても成り立つ。したがって，すべての実数の指数について指数法則が成り立つ。

2 指数関数

問 9 指数関数 $y=2^x$ において，x が次の値をとるときの y の値を求めよ。

教科書 p.144

(1) $\dfrac{5}{2}$　　(2) $-\dfrac{3}{2}$　　(3) $-\dfrac{5}{2}$

ガイド $2^{\frac{1}{2}}=\sqrt{2}\fallingdotseq 1.414$ を使う。

解答 (1) $2^{\frac{5}{2}}=2^{2+\frac{1}{2}}=2^2\times 2^{\frac{1}{2}}$

$\fallingdotseq 4\times 1.414=\mathbf{5.656}$

(2) $2^{-\frac{3}{2}}=\dfrac{1}{2^{1+\frac{1}{2}}}=\dfrac{1}{2\times 2^{\frac{1}{2}}}=\dfrac{1}{2\sqrt{2}}$

$=\dfrac{\sqrt{2}}{4}\fallingdotseq\dfrac{1.414}{4}=\mathbf{0.3535}$

(3) $2^{-\frac{5}{2}}=\dfrac{1}{2^{2+\frac{1}{2}}}=\dfrac{1}{4\times 2^{\frac{1}{2}}}=\dfrac{1}{4\sqrt{2}}=\dfrac{\sqrt{2}}{8}$

$\fallingdotseq\dfrac{1.414}{8}=\mathbf{0.17675}$

問 10 次の2つの指数関数のグラフを，同じ座標平面上にかけ。

教科書 p.145

(1) $y=3^x$　　(2) $y=\left(\dfrac{1}{3}\right)^x$

ガイド a が1でない正の定数のとき，$y=a^x$ で表される関数を，a を**底**(てい)とする**指数関数**という。

指数関数 $y=a^x$ のグラフは，次のような形になる。

$a>1$ のとき

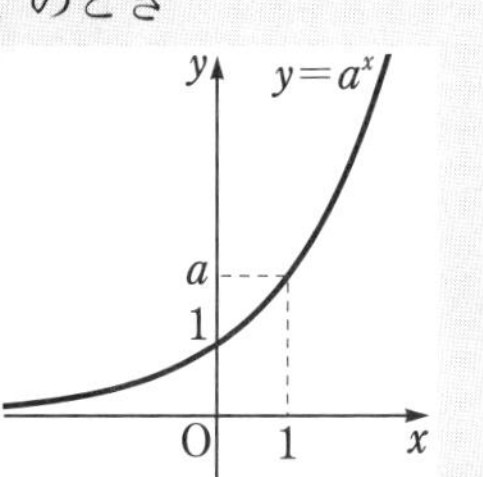

$0<a<1$ のとき

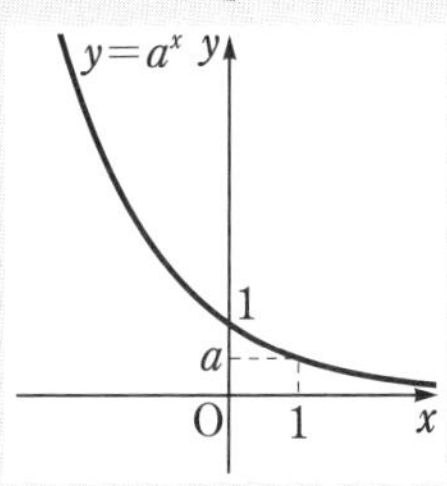

解答 グラフは右の図のようになる。

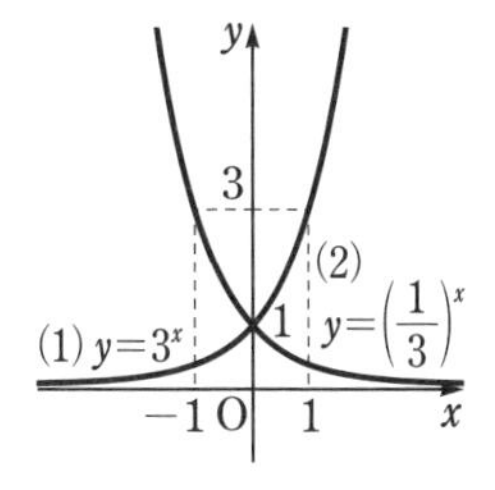

(1)のグラフと(2)のグラフはy軸に関して対称だね。

問 11 次の数の大小を比較せよ。

教科書 p. 146

(1) $\sqrt[3]{2}$, $4^{-\frac{3}{4}}$, $\sqrt[5]{8}$　　　(2) $(0.1)^2$, $(0.1)^{-3}$, 10^{-4}

ガイド

ここがポイント **[指数関数 $y=a^x$ $(a>0,\ a \neq 1)$ の性質]**

1. **定義域は実数全体，値域は正の実数全体**である。
2. グラフは定点 $(0,\ 1)$ を通り，x 軸が漸近線である。
3. **$a>1$ のとき，** $p<q \iff a^p<a^q$
   このことから，x の値が増加すると y の値も増加する。
   $0<a<1$ のとき， $p<q \iff a^p>a^q$
   このことから，x の値が増加すると y の値は減少する。

本問では，底をそろえて，指数を比較する。

解答 (1) $\sqrt[3]{2}=2^{\frac{1}{3}}$, $4^{-\frac{3}{4}}=(2^2)^{-\frac{3}{4}}=2^{-\frac{3}{2}}$, $\sqrt[5]{8}=\sqrt[5]{2^3}=2^{\frac{3}{5}}$

指数を比較して，

$$-\frac{3}{2}<\frac{1}{3}<\frac{3}{5}$$

底は2で1より大きいから，

$$2^{-\frac{3}{2}}<2^{\frac{1}{3}}<2^{\frac{3}{5}}$$

よって，　$4^{-\frac{3}{4}}<\sqrt[3]{2}<\sqrt[5]{8}$

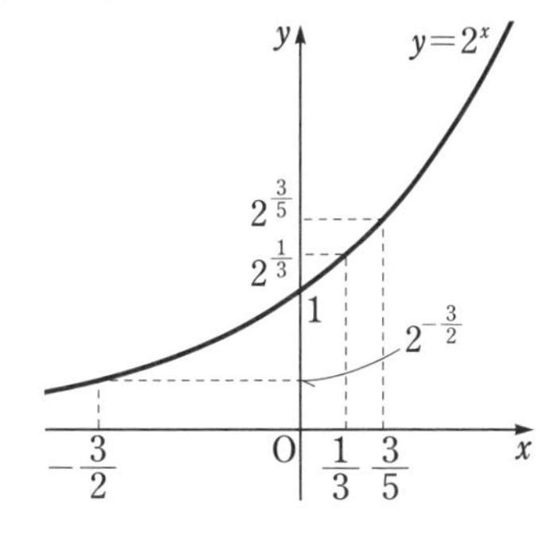

第4章 指数関数と対数関数

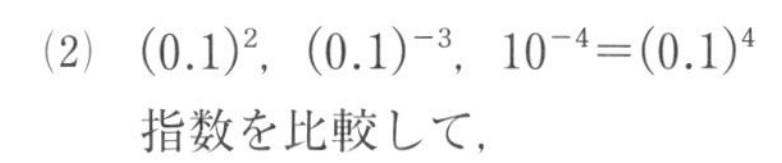

(2)　$(0.1)^2$, $(0.1)^{-3}$, $10^{-4}=(0.1)^4$

指数を比較して，

$-3<2<4$

底は 0.1 で 1 より小さいから，

$(0.1)^4<(0.1)^2<(0.1)^{-3}$

よって，　$\boldsymbol{10^{-4}<(0.1)^2<(0.1)^{-3}}$

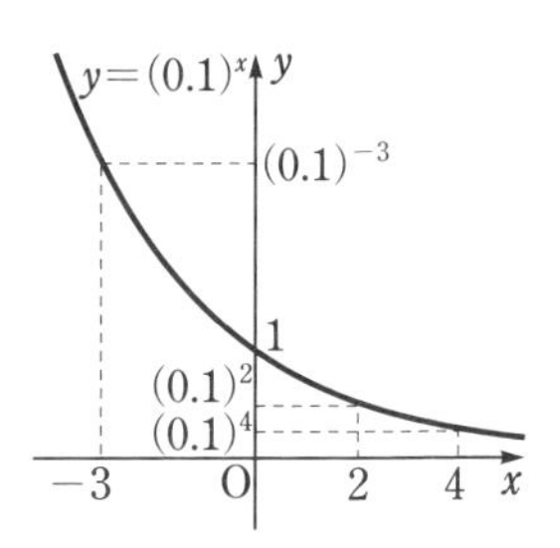

問 12　次の方程式を解け。

教科書 p.147

(1)　$16^x=8$　　(2)　$9^x+6\cdot3^x-27=0$

ガイド　a が 1 でない正の定数のとき，次のことが成り立つ。

$\boldsymbol{a^p=a^q \iff p=q}$

(1)　底を 2 にそろえる。

(2)　$9^x=(3^2)^x=(3^x)^2$ であるから，$3^x=t$ とおくと，与えられた方程式は t の 2 次方程式になる。

解答　(1)　$16^x=(2^4)^x=2^{4x}$ より，　$2^{4x}=2^3$

指数を比較して，　$4x=3$

よって，　$\boldsymbol{x=\frac{3}{4}}$

(2)　$9^x=(3^2)^x=(3^x)^2$ であるから，

$(3^x)^2+6\cdot3^x-27=0$

ここで，$3^x=t$ とおくと，$t>0$ であり，

$t^2+6t-27=0$

$(t-3)(t+9)=0$

これより，　$t=3,\ -9$

$t>0$ であるから，　$t=3$

よって，　$3^x=3$

指数を比較して，　$\boldsymbol{x=1}$

問 13　次の不等式を解け。

教科書 p.148

(1)　$27^x\geqq9^{1-x}$　　(2)　$\left(\frac{1}{8}\right)^x>\frac{1}{4}$

(3)　$4^x-3\cdot2^x-4>0$　　(4)　$9^x-8\cdot3^x-9\leqq0$

ガイド　底が1より大きいか小さいかに注意する。

解答　(1)　$27^x=(3^3)^x=3^{3x}$，$9^{1-x}=(3^2)^{1-x}=3^{2-2x}$ より，　$3^{3x}\geqq 3^{2-2x}$

底は3で1より大きいから，指数を比較して，　$3x\geqq 2-2x$

よって，　$\boldsymbol{x\geqq \frac{2}{5}}$

(2)　$\left(\frac{1}{8}\right)^x=\left\{\left(\frac{1}{2}\right)^3\right\}^x=\left(\frac{1}{2}\right)^{3x}$ より，　$\left(\frac{1}{2}\right)^{3x}>\left(\frac{1}{2}\right)^2$

底は $\frac{1}{2}$ で1より小さいから，指数を比較して，　$3x<2$

よって，　$\boldsymbol{x<\frac{2}{3}}$

(3)　$4^x=(2^2)^x=(2^x)^2$ であるから，　$(2^x)^2-3\cdot 2^x-4>0$

ここで，$2^x=t$ とおくと，$t>0$ であり，

$t^2-3t-4>0$

$(t+1)(t-4)>0$

これより，　$t<-1$，$4<t$

$t>0$ であるから，　$t>4$

したがって，　$2^x>2^2$

底は2で1より大きいから，　$\boldsymbol{x>2}$

(4)　$9^x=(3^2)^x=(3^x)^2$ であるから，　$(3^x)^2-8\cdot 3^x-9\leqq 0$

ここで，$3^x=t$ とおくと，$t>0$ であり，

$t^2-8t-9\leqq 0$

$(t+1)(t-9)\leqq 0$

これより，　$-1\leqq t\leqq 9$

$t>0$ であるから，　$0<t\leqq 9$

したがって，　$0<3^x\leqq 3^2$

底は3で1より大きいから，　$\boldsymbol{x\leqq 2}$

注意　(4)　$3^x>0$ はすべての実数 x で成り立つ。

プラスワン　(2)は，両辺の底を2にそろえて解くこともできる。

別解　(2)　$\left(\frac{1}{8}\right)^x=(2^{-3})^x=2^{-3x}$ より，　$2^{-3x}>2^{-2}$

底は2で1より大きいから，指数を比較して，　$-3x>-2$

よって，　$\boldsymbol{x<\frac{2}{3}}$

節末問題 第1節 指数と指数関数

1 次の計算をせよ。ただし，$a>0$，$b>0$ とする。

教科書 p.149

(1) $2^8\times3^5\times6^{-6}$ (2) $(8^{\frac{1}{2}})^{\frac{4}{3}}\times16^{-0.25}$

(3) $\left(\dfrac{b}{a}\right)^3\times(a^2b)^{-2}$ (4) $\sqrt[3]{a^2}\times\sqrt[4]{a}\times\sqrt[6]{a}$

(5) $\sqrt[4]{32}-3\sqrt[4]{2}$ (6) $\sqrt[3]{54}+\sqrt[3]{16}-\sqrt[3]{2}$

ガイド 累乗根の性質や有理数の指数，指数法則を利用する。

解答 (1) $2^8\times3^5\times6^{-6}=2^8\times3^5\times(2\times3)^{-6}=2^8\times3^5\times2^{-6}\times3^{-6}$

$$=2^{8+(-6)}\times3^{5+(-6)}=2^2\times3^{-1}=\boldsymbol{\frac{4}{3}}$$

(2) $(8^{\frac{1}{2}})^{\frac{4}{3}}\times16^{-0.25}=\{(2^3)^{\frac{1}{2}}\}^{\frac{4}{3}}\times(2^4)^{-\frac{1}{4}}=(2^{3\times\frac{1}{2}})^{\frac{4}{3}}\times(2^4)^{-\frac{1}{4}}$

$$=(2^{\frac{3}{2}})^{\frac{4}{3}}\times(2^4)^{-\frac{1}{4}}=2^{\frac{3}{2}\times\frac{4}{3}}\times2^{4\times\left(-\frac{1}{4}\right)}$$

$$=2^2\times2^{-1}=2^{2+(-1)}=2^1=\boldsymbol{2}$$

(3) $\left(\dfrac{b}{a}\right)^3\times(a^2b)^{-2}=(a^{-1}b)^3\times(a^2b)^{-2}$

$$=a^{-1\times3}\times b^{1\times3}\times a^{2\times(-2)}\times b^{1\times(-2)}$$

$$=a^{-3}\times b^3\times a^{-4}\times b^{-2}=a^{(-3)+(-4)}b^{3+(-2)}$$

$$=\boldsymbol{a^{-7}b}\ \left(=\boldsymbol{\frac{b}{a^7}}\right)$$

(4) $\sqrt[3]{a^2}\times\sqrt[4]{a}\times\sqrt[6]{a}=a^{\frac{2}{3}}\times a^{\frac{1}{4}}\times a^{\frac{1}{6}}=a^{\frac{2}{3}+\frac{1}{4}+\frac{1}{6}}=\boldsymbol{a^{\frac{13}{12}}}\ (=\boldsymbol{a\sqrt[12]{a}})$

(5) $\sqrt[4]{32}-3\sqrt[4]{2}=\sqrt[4]{2^5}-3\sqrt[4]{2}=\sqrt[4]{2^4\cdot2}-3\sqrt[4]{2}=\sqrt[4]{2^4}\sqrt[4]{2}-3\sqrt[4]{2}$

$$=2\sqrt[4]{2}-3\sqrt[4]{2}=\boldsymbol{-\sqrt[4]{2}}$$

(6) $\sqrt[3]{54}+\sqrt[3]{16}-\sqrt[3]{2}=\sqrt[3]{2\cdot3^3}+\sqrt[3]{2^4}-\sqrt[3]{2}$

$$=\sqrt[3]{3^3\cdot2}+\sqrt[3]{2^3\cdot2}-\sqrt[3]{2}$$

$$=\sqrt[3]{3^3}\sqrt[3]{2}+\sqrt[3]{2^3}\sqrt[3]{2}-\sqrt[3]{2}$$

$$=3\sqrt[3]{2}+2\sqrt[3]{2}-\sqrt[3]{2}$$

$$=\boldsymbol{4\sqrt[3]{2}}$$

別解 (3) $\left(\dfrac{b}{a}\right)^3\times(a^2b)^{-2}=\left(\dfrac{b}{a}\right)^3\times\dfrac{1}{(a^2b)^2}=\dfrac{b^3}{a^3}\times\dfrac{1}{a^4b^2}=\boldsymbol{\dfrac{b}{a^7}}$

☐ **2** 教科書 p.149

$a>0$, $b>0$ のとき，次の式を簡単にせよ。

(1) $(a^{\frac{1}{2}}+a^{-\frac{1}{2}})^2$　　(2) $(a^{\frac{1}{3}}-b^{\frac{1}{3}})(a^{\frac{2}{3}}+a^{\frac{1}{3}}b^{\frac{1}{3}}+b^{\frac{2}{3}})$

ガイド (1) $(a+b)^2=a^2+2ab+b^2$ を利用する。

(2) $(a-b)(a^2+ab+b^2)=a^3-b^3$ を利用する。

解答 (1) $(a^{\frac{1}{2}}+a^{-\frac{1}{2}})^2=(a^{\frac{1}{2}})^2+2\cdot a^{\frac{1}{2}}\cdot a^{-\frac{1}{2}}+(a^{-\frac{1}{2}})^2$

$=a^{\frac{1}{2}\times 2}+2a^{\frac{1}{2}+\left(-\frac{1}{2}\right)}+a^{-\frac{1}{2}\times 2}=a^1+2a^0+a^{-1}$

$=\boldsymbol{a+2+\frac{1}{a}}$

(2) $(a^{\frac{1}{3}}-b^{\frac{1}{3}})(a^{\frac{2}{3}}+a^{\frac{1}{3}}b^{\frac{1}{3}}+b^{\frac{2}{3}})=(a^{\frac{1}{3}}-b^{\frac{1}{3}})\{(a^{\frac{1}{3}})^2+a^{\frac{1}{3}}b^{\frac{1}{3}}+(b^{\frac{1}{3}})^2\}$

$=(a^{\frac{1}{3}})^3-(b^{\frac{1}{3}})^3=a^{\frac{1}{3}\times 3}-b^{\frac{1}{3}\times 3}=a^1-b^1$

$=\boldsymbol{a-b}$

☐ **3** 教科書 p.149

$a>0$ で，$a^{2p}=3$ のとき，$\dfrac{a^{2p}-a^{-2p}}{a^p+a^{-p}}$ の値を求めよ。

ガイド $a^{2p}=3$ より，$(a^p)^2=3$ であり，これと $a>0$ から a^p の値を求める。

解答 $a^{2p}=3$ より，　$(a^p)^2=3$

ここで，$a^p>0$ より，　$a^p=\sqrt{3}$

よって，$\dfrac{a^{2p}-a^{-2p}}{a^p+a^{-p}}=\dfrac{(a^p)^2-(a^{-p})^2}{a^p+a^{-p}}=\dfrac{(a^p+a^{-p})(a^p-a^{-p})}{a^p+a^{-p}}$

$=a^p-a^{-p}=a^p-\dfrac{1}{a^p}=\sqrt{3}-\dfrac{1}{\sqrt{3}}=\sqrt{3}-\dfrac{\sqrt{3}}{3}$

$=\boldsymbol{\dfrac{2\sqrt{3}}{3}}$

☐ **4** 教科書 p.149

関数 $y=4\cdot 2^x$ のグラフをかけ。

ガイド $y=4\cdot 2^x=2^{x+2}=2^{x-(-2)}$ と変形する。

解答 $y=4\times2^x=2^2\times2^x=2^{x+2}$
$=2^{x-(-2)}$

と変形できるので，この関数のグラフは，$y=2^x$ のグラフを

x 軸方向に -2 だけ平行移動したもの

である。

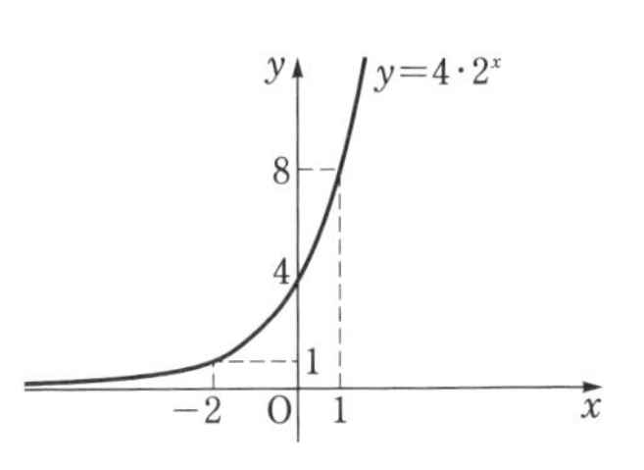

5 教科書 p.149

次の数の大小を比較せよ。

$$(\sqrt{5})^{\frac{1}{3}},\quad 25^{-\frac{1}{3}},\quad \frac{1}{5}$$

ガイド 底をそろえて 5^p の形に表し，指数 p の大小を比較する。

解答 $(\sqrt{5})^{\frac{1}{3}}=(5^{\frac{1}{2}})^{\frac{1}{3}}=5^{\frac{1}{6}}$,　$25^{-\frac{1}{3}}=(5^2)^{-\frac{1}{3}}=5^{-\frac{2}{3}}$,　$\frac{1}{5}=5^{-1}$

指数を比較して，　$-1<-\dfrac{2}{3}<\dfrac{1}{6}$

底は5で1より大きいから，

$5^{-1}<5^{-\frac{2}{3}}<5^{\frac{1}{6}}$

よって，　$\boldsymbol{\dfrac{1}{5}<25^{-\frac{1}{3}}<(\sqrt{5})^{\frac{1}{3}}}$

6 教科書 p.149

次の方程式，不等式を解け。

(1) $4^{x+1}=64$　(2) $2^{2x+1}+7\cdot2^x-4=0$

(3) $5^x>\sqrt[4]{5}$　(4) $3\left(\dfrac{1}{9}\right)^x-4\left(\dfrac{1}{3}\right)^x+1<0$

ガイド (2) $2^x=t$ とおく。t のとり得る値の範囲に注意する。

(4) $3\left(\dfrac{1}{9}\right)^x=3\left\{\left(\dfrac{1}{3}\right)^2\right\}^x=3\left\{\left(\dfrac{1}{3}\right)^x\right\}^2$ であるから，$\left(\dfrac{1}{3}\right)^x=t$ とおく。

t のとり得る値の範囲や底と1の大小関係に注意する。

解答 (1) $4^{x+1}=(2^2)^{x+1}=2^{2x+2}$ より，　$2^{2x+2}=2^6$

指数を比較して，　$2x+2=6$

よって，　$\boldsymbol{x=2}$

(2)　$2^{2x+1}=2\cdot 2^{2x}=2(2^x)^2$ であるから，

$$2(2^x)^2+7\cdot 2^x-4=0$$

ここで，$2^x=t$ とおくと，$t>0$ であり，

$$2t^2+7t-4=0$$

$$(t+4)(2t-1)=0$$

これより，　$t=-4,\ \dfrac{1}{2}$

$t>0$ であるから，　$t=\dfrac{1}{2}$

すなわち，　$2^x=\dfrac{1}{2}$

よって，　$2^x=2^{-1}$

指数を比較して，　$\boldsymbol{x=-1}$

(3)　$\sqrt[4]{5}=5^{\frac{1}{4}}$ より，　$5^x>5^{\frac{1}{4}}$

底は5で1より大きいから，

指数を比較して，　$\boldsymbol{x>\dfrac{1}{4}}$

(4)　$3\left(\dfrac{1}{9}\right)^x=3\left\{\left(\dfrac{1}{3}\right)^2\right\}^x=3\left\{\left(\dfrac{1}{3}\right)^x\right\}^2$ であるから，

$$3\left\{\left(\frac{1}{3}\right)^x\right\}^2-4\left(\frac{1}{3}\right)^x+1<0$$

ここで，$\left(\dfrac{1}{3}\right)^x=t$ とおくと，$t>0$ であり，

$$3t^2-4t+1<0$$

$$(3t-1)(t-1)<0$$

これより，　$\dfrac{1}{3}<t<1$

これは，$t>0$ を満たしている。

したがって，　$\left(\dfrac{1}{3}\right)^1<\left(\dfrac{1}{3}\right)^x<\left(\dfrac{1}{3}\right)^0$

底は $\dfrac{1}{3}$ で1より小さいから，

$\boldsymbol{0<x<1}$

第2節 対数と対数関数

1 対 数

問 14 次の式を $p=\log_a M$ の形に書き換えよ。

教科書 p.151

(1) $3^4=81$　(2) $25^{\frac{1}{2}}=5$　(3) $10^{-3}=0.001$

ガイド a が1でない正の定数のとき，指数関数 $y=a^x$ のグラフからわかるように，どんな正の実数 M に対しても，

$$a^p=M$$

となる実数 p がただ1つ定まる。

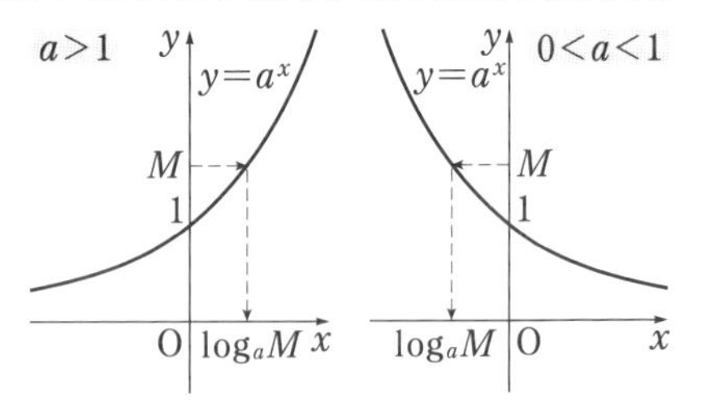

このpを $\log_a M$ と書き，**a を底とする M の対数** という。
また，M を $\log_a M$ の **真数**（しんすう） という。真数はつねに正である。

ここがポイント [指数と対数の関係]

$a>0$，$a\neq1$，$M>0$ のとき，

$$a^p=M \iff p=\log_a M$$

これより，次の等式が成り立つ。

$$a^{\log_a M}=M,\quad \log_a a^p=p$$

解答 (1) $3^4=81$ であるから，　$4=\log_3 81$

(2) $25^{\frac{1}{2}}=5$ であるから，　$\frac{1}{2}=\log_{25}5$

(3) $10^{-3}=0.001$ であるから，　$-3=\log_{10}0.001$

問 15 次の式を $a^p=M$ の形に書き換えよ。

教科書 p.151

(1) $\log_2 16=4$　(2) $\log_3\frac{1}{9}=-2$　(3) $\log_5\sqrt[4]{5}=\frac{1}{4}$

ガイド　問14 と逆の操作を行う。

解答　(1)　$\log_2 16=4$ であるから，　$\mathbf{2^4=16}$

(2)　$\log_3 \frac{1}{9}=-2$ であるから，　$\mathbf{3^{-2}=\frac{1}{9}}$

(3)　$\log_5 \sqrt[4]{5}=\frac{1}{4}$ であるから，　$\mathbf{5^{\frac{1}{4}}=\sqrt[4]{5}}$

問16　次の値を求めよ。

教科書 p.151

(1)　$\log_3 81$　(2)　$\log_2 \sqrt{2}$　(3)　$\log_5 1$

(4)　$\log_{\frac{1}{2}} \frac{1}{16}$　(5)　$\log_{\frac{1}{3}} 3$　(6)　$\log_{0.5} 4$

ガイド　$\log_a a^p=p$ を利用する。

解答　(1)　$\log_3 81=\log_3 3^4=\mathbf{4}$

(2)　$\log_2 \sqrt{2}=\log_2 2^{\frac{1}{2}}=\mathbf{\frac{1}{2}}$

(3)　$\log_5 1=\log_5 5^0=\mathbf{0}$

(4)　$\log_{\frac{1}{2}} \frac{1}{16}=\log_{\frac{1}{2}}\left(\frac{1}{2}\right)^4=\mathbf{4}$

(5)　$\log_{\frac{1}{3}} 3=\log_{\frac{1}{3}}\left(\frac{1}{3}\right)^{-1}=\mathbf{-1}$

(6)　$\log_{0.5} 4=\log_{\frac{1}{2}} 4=\log_{\frac{1}{2}}\left(\frac{1}{2}\right)^{-2}=\mathbf{-2}$

問17　次の値を求めよ。

教科書 p.151

(1)　$\log_8 4$　(2)　$\log_9 \frac{1}{27}$

ガイド　与えられた対数を x とおき，指数関数を含む方程式に変形する。

解答　(1)　$\log_8 4=x$ とおくと，　$8^x=4$

底を２にそろえると，　$2^{3x}=2^2$

指数を比較して，　$3x=2$

すなわち，　$x=\frac{2}{3}$

よって，　$\log_8 4=\mathbf{\frac{2}{3}}$

(2) $\log_9 \dfrac{1}{27} = x$ とおくと，　$9^x = \dfrac{1}{27}$

底を3にそろえると，　$3^{2x} = 3^{-3}$

指数を比較して，　$2x = -3$

すなわち，　$x = -\dfrac{3}{2}$

よって，　$\log_9 \dfrac{1}{27} = -\dfrac{3}{2}$

問 18 $\log_a M = p$, $\log_a N = q$ とおいて，下の②，③が成り立つことを証明せよ。

教科書 p.152

ガイド $a^0 = 1$, $a^1 = a$ より，$\log_a 1 = 0$, $\log_a a = 1$ である。

ここがポイント [対数の性質]

$a > 0$, $a \neq 1$, $M > 0$, $N > 0$ で，r が実数のとき，

① $\log_a MN = \log_a M + \log_a N$

② $\log_a \dfrac{M}{N} = \log_a M - \log_a N$

③ $\log_a M^r = r \log_a M$

解答 ② $\log_a M = p$, $\log_a N = q$ とおくと，

$M = a^p$, $N = a^q$

したがって，$\dfrac{M}{N} = \dfrac{a^p}{a^q} = a^{p-q}$

よって，　$\log_a \dfrac{M}{N} = p - q = \log_a M - \log_a N$

③ $\log_a M = p$ とおくと，

$M = a^p$

したがって，$M^r = (a^p)^r = a^{pr}$

よって，　$\log_a M^r = pr = r \log_a M$

プラスワン これらの対数の性質から，次のことがいえる。

$$\log_a \frac{1}{N} = -\log_a N,\quad \log_a \sqrt[n]{M} = \frac{1}{n} \log_a M$$

問 19 次の計算をせよ。

教科書 p.152

(1) $\log_4 2+\log_4 32$　(2) $\log_3 18-\log_3 2$

(3) $\log_2 \sqrt[3]{2}$　(4) $\log_{10}\dfrac{1}{100}$

ガイド 対数の性質を利用する。

解答 (1) $\log_4 2+\log_4 32=\log_4(2\times 32)=\log_4 64$
$=\log_4 4^3=\mathbf{3}$

(2) $\log_3 18-\log_3 2=\log_3\dfrac{18}{2}=\log_3 9$
$=\log_3 3^2=\mathbf{2}$

(3) $\log_2\sqrt[3]{2}=\log_2 2^{\frac{1}{3}}=\mathbf{\dfrac{1}{3}}$

(4) $\log_{10}\dfrac{1}{100}=\log_{10}1-\log_{10}100=-\log_{10}100$
$=-\log_{10}10^2=\mathbf{-2}$

別解 (4) $\log_{10}\dfrac{1}{100}=\log_{10}10^{-2}=\mathbf{-2}$

問 20 次の式を簡単にせよ。

教科書 p.153

(1) $2\log_{10}5+\log_{10}4$　(2) $\dfrac{1}{2}\log_3 36-\log_3 2$

(3) $2\log_5 3+\log_5\dfrac{\sqrt{5}}{9}$　(4) $\log_3\sqrt{6}-\log_3\dfrac{2}{3}+\log_3\sqrt{2}$

ガイド 対数の性質を利用する。

解答 (1) $2\log_{10}5+\log_{10}4=\log_{10}5^2+\log_{10}4$
$=\log_{10}(25\times 4)$
$=\log_{10}10^2=\mathbf{2}$

(2) $\dfrac{1}{2}\log_3 36-\log_3 2=\dfrac{1}{2}\log_3 6^2-\log_3 2$
$=\log_3 6^{2\times\frac{1}{2}}-\log_3 2$
$=\log_3 6-\log_3 2$
$=\log_3\dfrac{6}{2}$
$=\log_3 3=\mathbf{1}$

(3) $2\log_5 3+\log_5 \frac{\sqrt{5}}{9}=\log_5 3^2+\log_5 \frac{\sqrt{5}}{9}$

$=\log_5\left(3^2\times\frac{\sqrt{5}}{9}\right)$

$=\log_5\sqrt{5}$

$=\log_5 5^{\frac{1}{2}}=\mathbf{\frac{1}{2}}$

(4) $\log_3\sqrt{6}-\log_3\frac{2}{3}+\log_3\sqrt{2}=\log_3\left(\frac{\sqrt{6}\times\sqrt{2}}{\frac{2}{3}}\right)$

$=\log_3 3\sqrt{3}$

$=\log_3 3^{\frac{3}{2}}=\mathbf{\frac{3}{2}}$

問 21 次の式を簡単にせよ。

教科書 p.154

(1) $\log_8 32$　　(2) $\log_9\sqrt{27}$

(3) $\log_2 6-\log_4 9$　　(4) $\log_2 5\times\log_5 8$

ガイド

ここがポイント [底の変換公式]

a, b, c が正の数で，$a\neq1$, $c\neq1$ のとき，

$$\log_a b=\frac{\log_c b}{\log_c a}$$

解答 (1) $\log_8 32=\frac{\log_2 32}{\log_2 8}=\frac{\log_2 2^5}{\log_2 2^3}=\mathbf{\frac{5}{3}}$

(2) $\log_9\sqrt{27}=\frac{\log_3\sqrt{27}}{\log_3 9}=\frac{\log_3 3^{\frac{3}{2}}}{\log_3 3^2}=\frac{3}{2}\div2=\mathbf{\frac{3}{4}}$

(3) $\log_2 6-\log_4 9=\log_2 6-\frac{\log_2 9}{\log_2 4}=\log_2 6-\frac{\log_2 3^2}{\log_2 2^2}$

$=\log_2 6-\frac{2\log_2 3}{2\log_2 2}=\log_2 6-\log_2 3$

$=\log_2\frac{6}{3}=\log_2 2=\mathbf{1}$

(4) $\log_2 5\times\log_5 8=\log_2 5\times\frac{\log_2 8}{\log_2 5}=\log_2 8=\log_2 2^3=\mathbf{3}$

問22　a, b が1でない正の数のとき，次の等式を証明せよ。

教科書 p. 154

$$\log_a b=\frac{1}{\log_b a}$$

ガイド　底の変換公式を利用する。

解答　$\log_a b=\dfrac{\log_c b}{\log_c a}$ において，c を b におき換えると，

$$\log_a b=\frac{\log_b b}{\log_b a}=\frac{1}{\log_b a}$$

よって，a, b が1でない正の数のとき，　$\log_a b=\dfrac{1}{\log_b a}$

2　対数関数

問23　次の2つの対数関数のグラフを，同じ座標平面上にかけ。

教科書 p. 156

(1)　$y=\log_3 x$　　　(2)　$y=\log_{\frac{1}{3}} x$

ガイド　a が1でない正の定数のとき，$y=\log_a x$ で表される関数を，a を**底**とする**対数関数**という。

対数関数の定義域は，正の実数全体である。

対数関数 $y=\log_a x$ のグラフと指数関数 $y=a^x$ のグラフは直線 $y=x$ に関して対称であり，次のようになる。

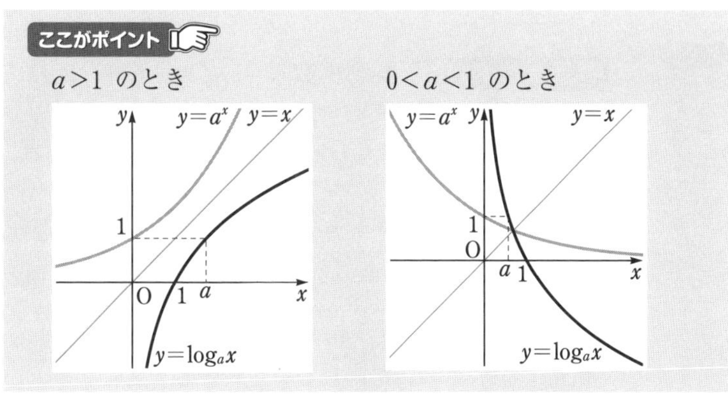

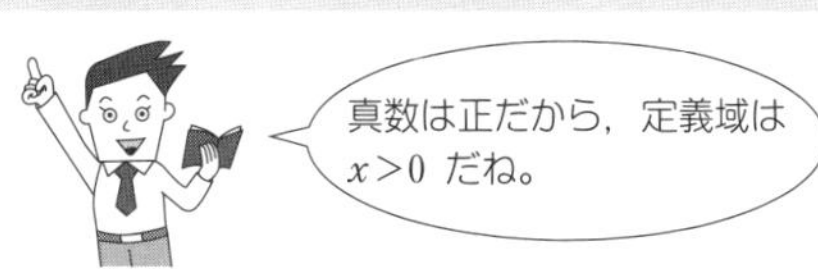

第4章　指数関数と対数関数

解答 グラフは下の図のようになる。

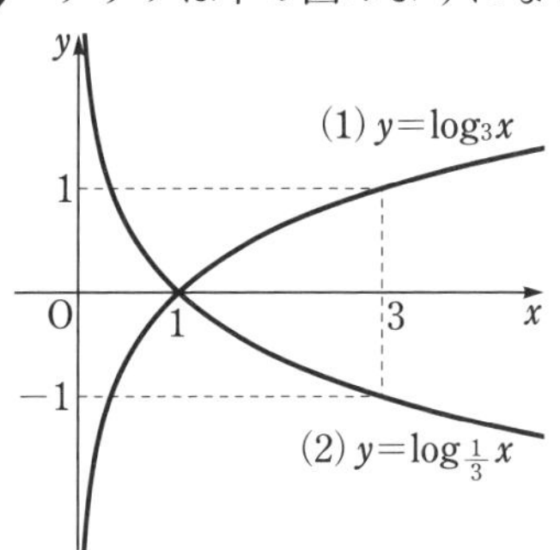

プラスワン $y=\log_{\frac{1}{3}}x$ の右辺を変形すると，

$$y=\log_{\frac{1}{3}}x=\frac{\log_3 x}{\log_3 \frac{1}{3}}$$

$$=\frac{\log_3 x}{\log_3(3^{-1})}=-\log_3 x$$

よって，$y=\log_3 x$ のグラフと $y=\log_{\frac{1}{3}}x$ のグラフは x 軸に関して対称である。

問 24 次の数の大小を比較せよ。

教科書 **p.157**

(1) $\frac{1}{2}\log_2\frac{1}{3}$, -1, $\log_2 3^{-1}$　　(2) $\log_{\frac{1}{3}}4$, $-\log_{\frac{1}{3}}\frac{1}{5}$, -2

ガイド

ここがポイント **[対数関数 $y=\log_a x$ $(a>0,\ a\neq1)$ の性質]**

1. **定義域は正の実数全体，値域は実数全体**である。
2. グラフは点 (1, 0) を通り，y 軸は漸近線である。
3. **$a>1$ のとき，** $0<p<q \iff \log_a p<\log_a q$
   このことから，x の値が増加すると y の値も増加する。
   $0<a<1$ のとき， $0<p<q \iff \log_a p>\log_a q$
   このことから，x の値が増加すると y の値は減少する。

本問では，底をそろえて，真数を比較する。

解答 (1) $\frac{1}{2}\log_2\frac{1}{3}=\log_2\left(\frac{1}{3}\right)^{\frac{1}{2}}=\log_2\frac{1}{\sqrt{3}}$,

$-1=\log_2 2^{-1}=\log_2\frac{1}{2}$,

$\log_2 3^{-1}=\log_2\frac{1}{3}$

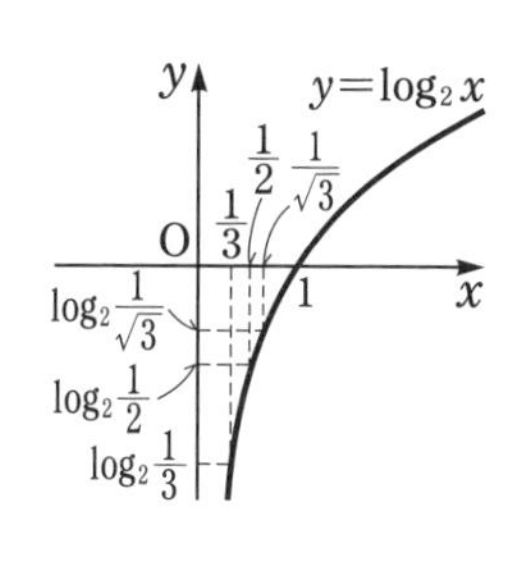

真数を比較して,　$\frac{1}{3}<\frac{1}{2}<\frac{1}{\sqrt{3}}$

底は 2 で 1 より大きいから,

$\log_2\frac{1}{3}<\log_2\frac{1}{2}<\log_2\frac{1}{\sqrt{3}}$

よって,　$\boldsymbol{\log_2 3^{-1}<-1<\frac{1}{2}\log_2\frac{1}{3}}$

(2) $-\log_{\frac{1}{3}}\frac{1}{5}=\log_{\frac{1}{3}}\left(\frac{1}{5}\right)^{-1}=\log_{\frac{1}{3}}5$

$-2=\log_{\frac{1}{3}}\left(\frac{1}{3}\right)^{-2}=\log_{\frac{1}{3}}9$

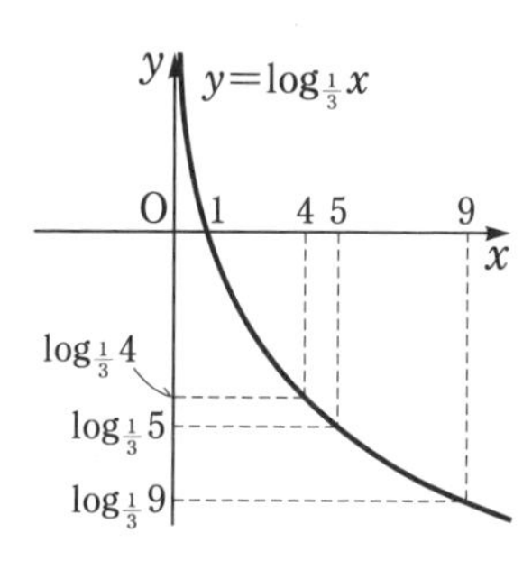

真数を比較して,　$4<5<9$

底は $\frac{1}{3}$ で 1 より小さいから,

$\log_{\frac{1}{3}}9<\log_{\frac{1}{3}}5<\log_{\frac{1}{3}}4$

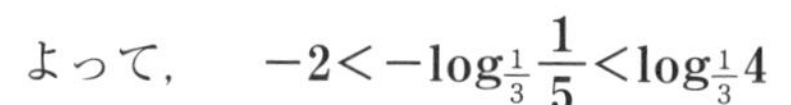

よって,　$\boldsymbol{-2<-\log_{\frac{1}{3}}\frac{1}{5}<\log_{\frac{1}{3}}4}$

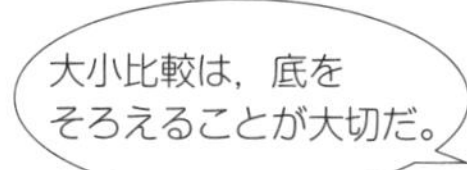

問 25　次の方程式を解け。

教科書 p.158

(1) $\log_2 x=5$　　(2) $\log_4 x=-2$　　(3) $\log_{\frac{1}{2}}(x+2)=-2$

ガイド 対数の定義より，$\log_a x=y \iff x=a^y$ であることを利用する。

解答 (1) 対数の定義より,　$x=2^5$

よって,　$\boldsymbol{x=32}$

(2) 対数の定義より,　$x=4^{-2}$

よって,　$\boldsymbol{x=\frac{1}{16}}$

(3) 対数の定義より，　$x+2=\left(\frac{1}{2}\right)^{-2}$

すなわち，　$x+2=4$

よって，　$\boldsymbol{x=2}$

問 26 次の方程式を解け。

教科書 p.158

(1) $2\log_4 x=\log_4(5x+6)$　　(2) $\log_2(x+1)+\log_2(x+2)=\log_2(2x+8)$

ガイド a が1でない正の定数で $p>0$，$q>0$ のとき，p.204 の3より，次のことが成り立つ。

$$\boldsymbol{\log_a p=\log_a q \iff p=q}$$

解答 (1) 真数は正であるから，　$x>0$　かつ　$5x+6>0$

すなわち，　$x>0$

このとき，与えられた方程式を変形すると，

$\log_4 x^2=\log_4(5x+6)$

真数を比較して，

$x^2=5x+6$

これを整理すると，

$x^2-5x-6=0$

$(x+1)(x-6)=0$ より，　$x=-1,\ 6$

$x>0$ であるから，　$\boldsymbol{x=6}$

(2) 真数は正であるから，

$x+1>0$　かつ　$x+2>0$　かつ　$2x+8>0$

すなわち，　$x>-1$

このとき，与えられた方程式を変形すると，

$\log_2(x+1)(x+2)=\log_2(2x+8)$

真数を比較して，　$(x+1)(x+2)=2x+8$

これを整理すると，　$x^2+x-6=0$

$(x+3)(x-2)=0$ より，　$x=-3,\ 2$

$x>-1$ であるから，　$\boldsymbol{x=2}$

真数が正であることから導かれる不等式の共通範囲をしっかり求めないとなぁ。

問 27　次の不等式を解け。

教科書 p.159

(1)　$\log_3(x-2)\leqq 3$　　(2)　$\log_{\frac{1}{2}}(x+2)>-2$

(3)　$\log_4(2x+3)>\dfrac{1}{2}$　　(4)　$\log_{\frac{1}{2}}x+\log_{\frac{1}{2}}(x+1)\geqq -1$

ガイド　真数が正であることと，底と1の大小関係に注意する。

解答　(1)　真数は正であるから，　$x-2>0$

すなわち，　$x>2$　……①

$3=\log_3 3^3=\log_3 27$ であるから，与えられた不等式を変形すると，

$$\log_3(x-2)\leqq \log_3 27$$

底は3で1より大きいから，真数を比較して，

$x-2\leqq 27$　すなわち，　$x\leqq 29$　……②

①，②を同時に満たす x の値の範囲を求めて，

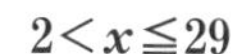

$2<x\leqq 29$

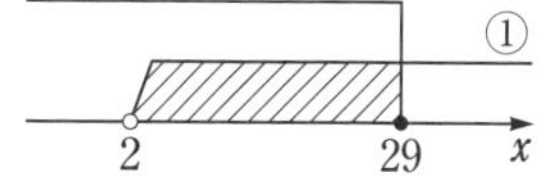

(2)　真数は正であるから，　$x+2>0$

すなわち，　$x>-2$　……③

$-2=\log_{\frac{1}{2}}\left(\dfrac{1}{2}\right)^{-2}=\log_{\frac{1}{2}}4$ であるから，与えられた不等式を変形すると，

$$\log_{\frac{1}{2}}(x+2)>\log_{\frac{1}{2}}4$$

底は $\dfrac{1}{2}$ で1より小さいから，真数を比較して，

$x+2<4$　すなわち，　$x<2$　……④

③，④を同時に満たす x の値の範囲を求めて，

$-2<x<2$

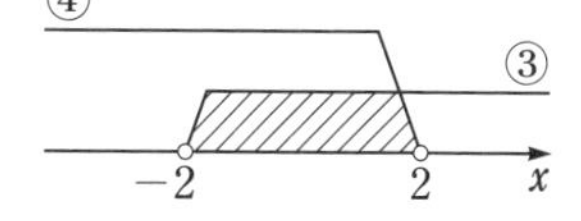

底が1より小さいときに不等号の向きが逆になるのは，指数関数と同じだね。

(3)　真数は正であるから，　$2x+3>0$

すなわち，　$x>-\dfrac{3}{2}$　……⑤

$\dfrac{1}{2}=\log_4 4^{\frac{1}{2}}=\log_4 2$ であるから，与えられた不等式を変形すると，

$$\log_4(2x+3)>\log_4 2$$

底は4で1より大きいから，真数を比較して，

$2x+3>2$　すなわち，　$x>-\dfrac{1}{2}$　……⑥

⑤，⑥を同時に満たす x の値の範囲を求めて，

$$\boldsymbol{x>-\frac{1}{2}}$$

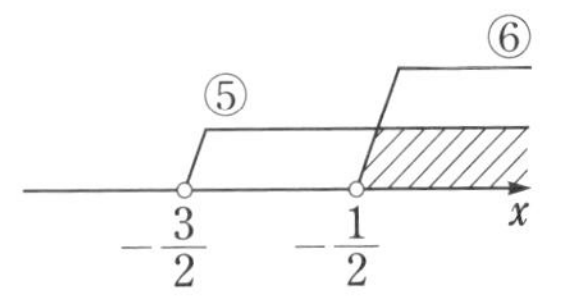

(4)　真数は正であるから，　$x>0$　かつ　$x+1>0$

すなわち，　$x>0$　……⑦

$-1=\log_{\frac{1}{2}}\left(\dfrac{1}{2}\right)^{-1}=\log_{\frac{1}{2}}2$ であるから，与えられた不等式を変形すると，

$$\log_{\frac{1}{2}}x(x+1)\geqq\log_{\frac{1}{2}}2$$

底は $\dfrac{1}{2}$ で1より小さいから，真数を比較して，

$x(x+1)\leqq 2$ より，　$x^2+x-2\leqq 0$

すなわち，　$(x+2)(x-1)\leqq 0$

したがって，　$-2\leqq x\leqq 1$　……⑧

⑦，⑧を同時に満たす x の値の範囲を求めて，

$$\boldsymbol{0<x\leqq 1}$$

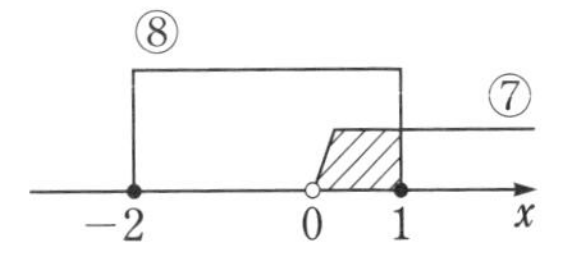

3 常用対数

問28 常用対数表を用いて，$\log_{10}6590$，$\log_{10}0.123$ の値を求めよ。

教科書 p.160

ガイド 10 を底とする対数 $\log_{10}M$ を**常用対数**という。

この問題では，教科書 p.256～p.257 の常用対数表を利用する。

解答 常用対数表より，$\log_{10}6.59=0.8189$ であるから，

$$\boldsymbol{\log_{10}6590}=\log_{10}(6.59\times10^3)=\log_{10}6.59+\log_{10}10^3$$
$$=0.8189+3=\boldsymbol{3.8189}$$

常用対数表より，$\log_{10}1.23=0.0899$ であるから，

$$\boldsymbol{\log_{10}0.123}=\log_{10}(1.23\times10^{-1})=\log_{10}1.23+\log_{10}10^{-1}$$
$$=0.0899-1=\boldsymbol{-0.9101}$$

問29 3^{30} は何桁の数か。ただし，$\log_{10}3=0.4771$ とする。

教科書 p.161

ガイド

ここがポイント　M を整数とするとき，

M が n 桁の正の整数 $\iff 10^{n-1}\leqq M<10^n$

$\iff n-1\leqq\log_{10}M<n$

本問では，まず $\log_{10}3^{30}$ の値を求める。

解答 $\log_{10}3^{30}=30\log_{10}3=30\times0.4771=14.313$ より，

$14<\log_{10}3^{30}<15$

したがって，　$10^{14}<3^{30}<10^{15}$

よって，3^{30} は **15 桁の数**である。

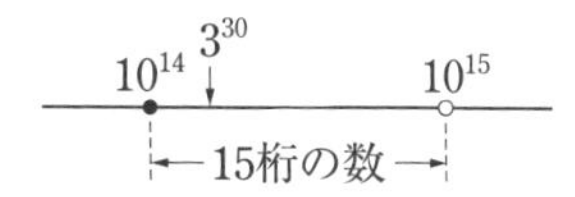

問 30　$\left(\dfrac{1}{2}\right)^{20}$ を小数で表すと，小数第何位に初めて 0 でない数字が現れるか。ただし，$\log_{10}2=0.3010$ とする。

教科書 p.161

ガイド　M を小数で表すと，小数第 n 位に初めて 0 でない数字が現れる

$$\iff 10^{-n} \leqq M < 10^{-n+1}$$

$$\iff -n \leqq \log_{10} M < -n+1$$

解答　$\log_{10}\left(\dfrac{1}{2}\right)^{20} = -20\log_{10}2 = -20\times 0.3010 = -6.020$ より，

$$-7 < \log_{10}\left(\frac{1}{2}\right)^{20} < -6$$

したがって，　$10^{-7} < \left(\dfrac{1}{2}\right)^{20} < 10^{-6}$

$\left(\dfrac{1}{2}\right)^{20}$　10^{-7}　10^{-6}

よって，$\left(\dfrac{1}{2}\right)^{20}$ は**小数第 7 位**に初めて 0 でない数字が現れる。

問 31　1 回のろ過につき，ある菌の 20 % を除去する装置がある。この装置を用いてその菌の 95 % 以上を除去するには，最低何回ろ過を行えばよいか。ただし，$\log_{10}2=0.3010$ とする。

教科書 p.162

ガイド　ろ過を n 回行ったとき，菌がはじめの $\left(1-\dfrac{95}{100}\right)$ 以下となるような n の値の範囲を求める。

解答　1 回のろ過により，菌は $1-\dfrac{20}{100}=\dfrac{4}{5}$ になる。

ろ過を n 回行ったときに，菌がはじめの $1-\dfrac{95}{100}=\dfrac{1}{20}$ 以下になったとすると，　$\left(\dfrac{4}{5}\right)^n \leqq \dfrac{1}{20}$ より，　$\log_{10}\left(\dfrac{4}{5}\right)^n \leqq \log_{10}\dfrac{1}{20}$

これより，　$n(\log_{10}4-\log_{10}5) \leqq -\log_{10}20$

$$n(2\log_{10}2-\log_{10}5) \leqq -(\log_{10}2+1)$$

$\log_{10}2=0.3010$，$\log_{10}5=\log_{10}\dfrac{10}{2}=\log_{10}10-\log_{10}2=0.699$ より，

$$-0.0970n \leqq -1.3010$$

したがって，　$n \geqq \dfrac{1.3010}{0.0970} \fallingdotseq 13.4$

よって，**最低 14 回**行えばよい。

節末問題　第２節　対数と対数関数

1 教科書 p.163

次の式を簡単にせよ。

(1) $\log_2 12+2\log_2 3-\log_2 27$　　(2) $\log_3 6-\log_9 36$

(3) $(\log_2 3+\log_8 9)(\log_3 4+\log_9 16)$　　(4) $\log_3 5\times\log_5 7\times\log_7 9$

ガイド (2) 底を 3 にそろえて計算する。

(3) 底を 2 にそろえて計算する。

(4) 底を 3 にそろえて計算する。

解答 (1) $\log_2 12+2\log_2 3-\log_2 27=\log_2 12+\log_2 3^2-\log_2 27$

$$=\log_2\frac{12\times 9}{27}$$
$$=\log_2 4$$
$$=\log_2 2^2$$
$$=\mathbf{2}$$

(2) $\log_3 6-\log_9 36=\log_3 6-\dfrac{\log_3 36}{\log_3 9}$

$$=\log_3 6-\frac{\log_3 6^2}{\log_3 3^2}$$
$$=\log_3 6-\frac{2\log_3 6}{2}$$
$$=\log_3 6-\log_3 6$$
$$=\mathbf{0}$$

(3) $(\log_2 3+\log_8 9)(\log_3 4+\log_9 16)$

$$=\left(\log_2 3+\frac{\log_2 9}{\log_2 8}\right)\left(\frac{\log_2 4}{\log_2 3}+\frac{\log_2 16}{\log_2 9}\right)$$
$$=\left(\log_2 3+\frac{\log_2 3^2}{\log_2 2^3}\right)\left(\frac{\log_2 2^2}{\log_2 3}+\frac{\log_2 2^4}{\log_2 3^2}\right)$$
$$=\left(\log_2 3+\frac{2\log_2 3}{3}\right)\left(\frac{2}{\log_2 3}+\frac{4}{2\log_2 3}\right)$$
$$=\left(\log_2 3+\frac{2}{3}\log_2 3\right)\left(\frac{2}{\log_2 3}+\frac{2}{\log_2 3}\right)$$
$$=\frac{5}{3}\log_2 3\times\frac{4}{\log_2 3}$$
$$=\mathbf{\frac{20}{3}}$$

(4) $\log_3 5\times\log_5 7\times\log_7 9=\log_3 5\times\dfrac{\log_3 7}{\log_3 5}\times\dfrac{\log_3 9}{\log_3 7}$

$=\log_3 9$

$=\log_3 3^2$

$=\mathbf{2}$

2 教科書 p. 163

$\log_{10}2=p$, $\log_{10}3=q$ とするとき，次の対数を p, q で表せ。

(1) $\log_{10}24$　(2) $\log_{10}5$　(3) $\log_9 16$

ガイド (2) $5=\dfrac{10}{2}$ と考える。

解答 (1) $\log_{10}24=\log_{10}(2^3\times3)=\log_{10}2^3+\log_{10}3$

$=3\log_{10}2+\log_{10}3=\mathbf{3p+q}$

(2) $\log_{10}5=\log_{10}\dfrac{10}{2}=\log_{10}10-\log_{10}2=\mathbf{1-p}$

(3) $\log_9 16=\dfrac{\log_{10}16}{\log_{10}9}=\dfrac{\log_{10}2^4}{\log_{10}3^2}=\dfrac{4\log_{10}2}{2\log_{10}3}=\dfrac{2\log_{10}2}{\log_{10}3}=\boldsymbol{\dfrac{2p}{q}}$

3 教科書 p. 163

関数 $y=\log_2 4x$ のグラフをかけ。

ガイド 関数の式を変形して，$y=\log_2 x$ のグラフとの関係を考える。

解答 $y=\log_2 4x$

$=\log_2 4+\log_2 x=2+\log_2 x$

よって，$y-2=\log_2 x$ と変形できるので，このグラフは $y=\log_2 x$ のグラフを y 軸方向に2だけ平行移動したもので，右の図のようになる。

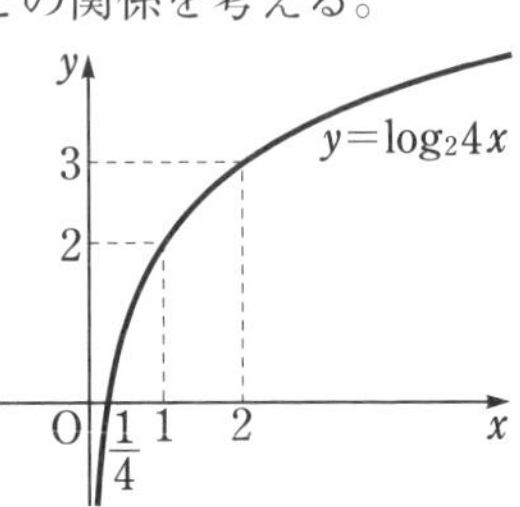

4 教科書 p. 163

次の数の大小を比較せよ。

(1) $3\log_{\frac{1}{2}}3$, $2\log_{\frac{1}{2}}5$, $\dfrac{5}{2}\log_{\frac{1}{2}}4$　(2) $2\log_2 3$, $\log_4 9$, 2

ガイド (2) 底を2にそろえて比較する。

解答 (1) $3\log_{\frac{1}{2}}3=\log_{\frac{1}{2}}3^3=\log_{\frac{1}{2}}27$,

$2\log_{\frac{1}{2}}5=\log_{\frac{1}{2}}5^2=\log_{\frac{1}{2}}25$,

$\frac{5}{2}\log_{\frac{1}{2}}4=\log_{\frac{1}{2}}(2^2)^{\frac{5}{2}}=\log_{\frac{1}{2}}2^5$

$=\log_{\frac{1}{2}}32$

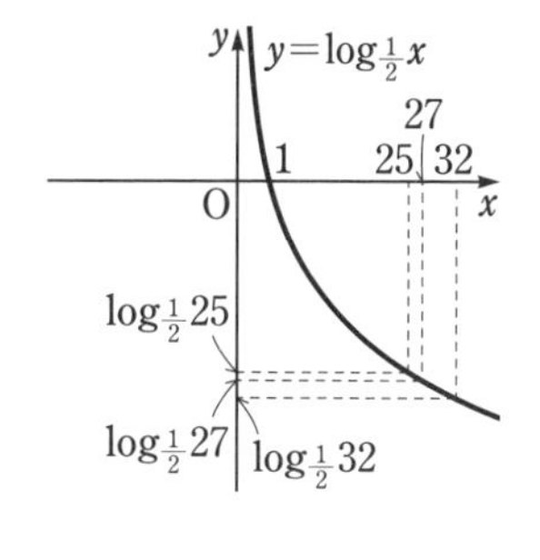

真数を比較して，

$25<27<32$

底は $\frac{1}{2}$ で１より小さいから，

$\log_{\frac{1}{2}}32<\log_{\frac{1}{2}}27<\log_{\frac{1}{2}}25$

よって，

$\boldsymbol{\frac{5}{2}\log_{\frac{1}{2}}4<3\log_{\frac{1}{2}}3<2\log_{\frac{1}{2}}5}$

(2) $2\log_2 3=\log_2 3^2=\log_2 9$,

$\log_4 9=\frac{\log_2 9}{\log_2 4}=\frac{\log_2 3^2}{\log_2 2^2}=\frac{2\log_2 3}{2}$

$=\log_2 3$,

$2=2\log_2 2=\log_2 2^2=\log_2 4$

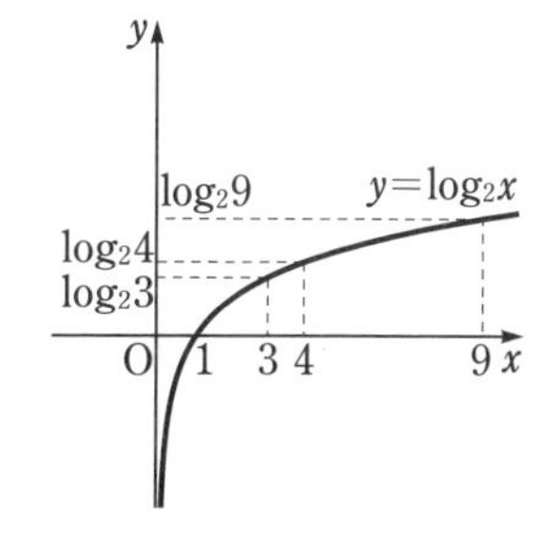

真数を比較して，

$3<4<9$

底は２で１より大きいから，

$\log_2 3<\log_2 4<\log_2 9$

よって，

$\boldsymbol{\log_4 9<2<2\log_2 3}$

第4章　指数関数と対数関数

5 教科書 p.163

$\frac{1}{3}\leqq x\leqq 9$ のとき，関数 $y=(\log_3 x)^2-\log_3 x^2$ について次の問いに答えよ。

(1) $\log_3 x=t$ とおいて，y を t の式で表せ。

(2) t のとり得る値の範囲を求めよ。

(3) y の最大値と最小値を求めよ。また，そのときの x の値を求めよ。

ガイド $\log_3 x=t$ とおくと，y は t の２次関数になる。t の変域に注意して最大値と最小値を求める。

解答 (1) $y=(\log_3 x)^2-\log_3 x^2$
$=(\log_3 x)^2-2\log_3 x$
$\log_3 x=t$ とおくと，$\boldsymbol{y=t^2-2t}$

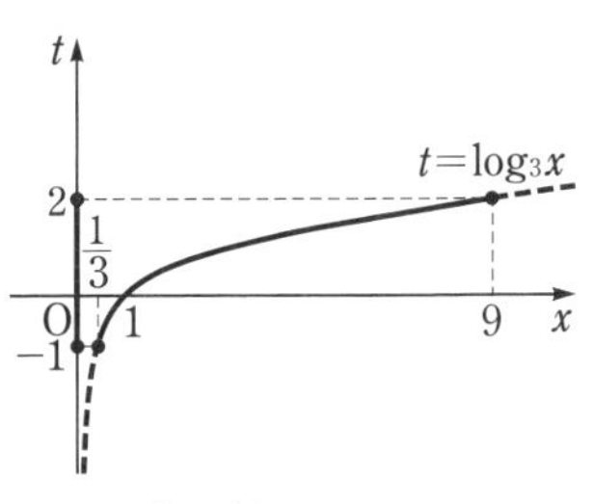

(2) $\dfrac{1}{3}\leqq x\leqq 9$ のとき，3 を底とする対数をとると，底は 1 より大きいから，

$$\log_3\frac{1}{3}\leqq\log_3 x\leqq\log_3 9$$

よって，t のとり得る値の範囲は，　$\boldsymbol{-1\leqq t\leqq 2}$

(3) 与えられた関数は，(1)より，

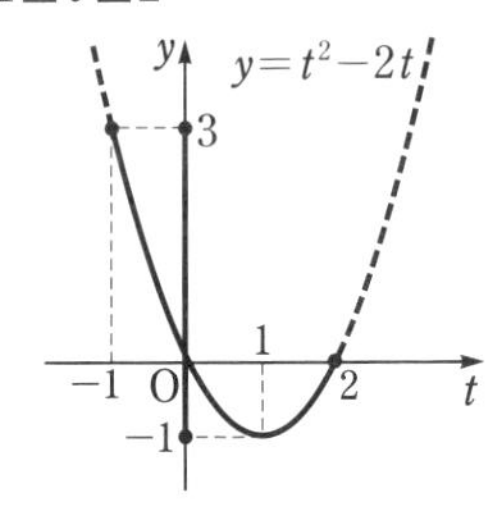

$y=t^2-2t$
$=(t-1)^2-1$

また，(2)より，$-1\leqq t\leqq 2$

したがって，右のグラフから，y は，$t=-1$ のとき最大値 3，$t=1$ のとき最小値 -1 をとる。

$t=-1$ のとき，　$\log_3 x=-1$　すなわち，　$x=3^{-1}=\dfrac{1}{3}$

$t=1$ のとき，　$\log_3 x=1$　すなわち，　$x=3$

よって，y は，$\boldsymbol{x=\dfrac{1}{3}}$ **のとき，最大値** 3，
$\boldsymbol{x=3}$ **のとき，最小値** -1 をとる。

6 教科書 p.163

次の方程式，不等式を解け。

(1) $\log_2(x+3)^2=4$　　(2) $2\log_2 x-\log_2(x+4)=1$

(3) $2\log_{\frac{1}{2}}x>\log_{\frac{1}{2}}(x+2)$　　(4) $5(\log_2 x)^2-16\log_2 x+3<0$

ガイド (2) $2\log_2 x=\log_2(x+1)+1$ と移項して考える。

(3) 底が 1 より小さいことに注意する。

(4) $\log_2 x=t$ とおいて，t についての 2 次不等式を解く。

解答 (1) 真数は正であるから，　$(x+3)^2>0$

すなわち，　$x\neq -3$

このとき，与えられた方程式を変形すると，

$\log_2(x+3)^2=\log_2 16$

真数を比較して，

$(x+3)^2=16$

$x+3=\pm4$ より，　$x=-7,\ 1$

これらは $x\neq-3$ を満たすから，　$\boldsymbol{x=-7,\ 1}$

(2) 真数は正であるから，$x>0$　かつ　$x+4>0$

すなわち，　$x>0$

このとき，与えられた方程式を変形すると，

$2\log_2 x=\log_2(x+4)+1$

$\log_2 x^2=\log_2(x+4)+\log_2 2$

$\log_2 x^2=\log_2 2(x+4)$

真数を比較して，

$x^2=2(x+4)$

これを整理すると，

$x^2-2x-8=0$

$(x+2)(x-4)=0$ より，　$x=-2,\ 4$

$x>0$ であるから，　$\boldsymbol{x=4}$

(3) 真数は正であるから，　$x>0$　かつ　$x+2>0$

すなわち，　$x>0$　……①

このとき，与えられた不等式を変形すると，

$\log_{\frac{1}{2}} x^2>\log_{\frac{1}{2}}(x+2)$

底は $\frac{1}{2}$ で1より小さいから，真数を比較して，

$x^2<x+2$ より，　$x^2-x-2<0$

すなわち，　$(x+1)(x-2)<0$

したがって，　$-1<x<2$　……②

①，②を同時に満たす x の値の範囲を求めて，

$\boldsymbol{0<x<2}$

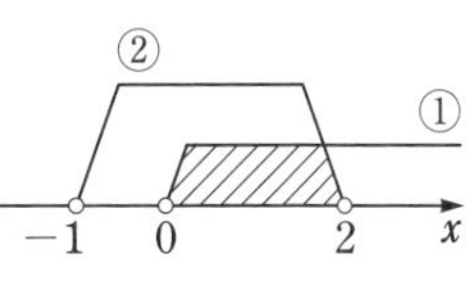

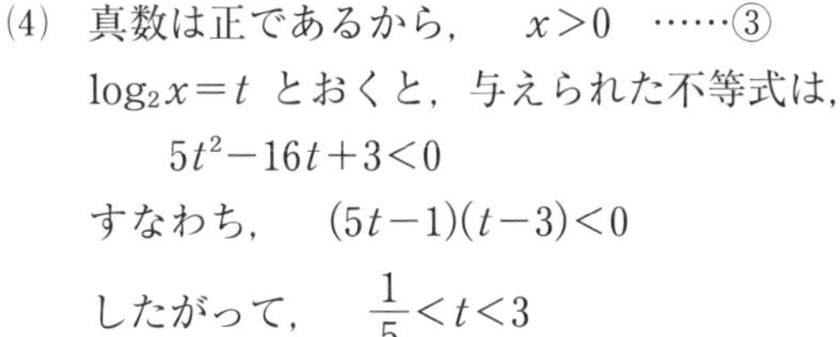

(4) 真数は正であるから，　$x>0$　……③

$\log_2 x=t$ とおくと，与えられた不等式は，

$5t^2-16t+3<0$

すなわち，　$(5t-1)(t-3)<0$

したがって，　$\frac{1}{5}<t<3$

$\frac{1}{5}<\log_2 x<3$ より，　$\log_2 2^{\frac{1}{5}}<\log_2 x<\log_2 2^3$

底は2で1より大きいから，真数を比較して，

$2^{\frac{1}{5}}<x<2^3$

したがって，　$\sqrt[5]{2}<x<8$　……④

③，④を同時に満たすxの値の範囲を求めて，

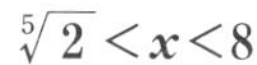

$\boldsymbol{\sqrt[5]{2}<x<8}$

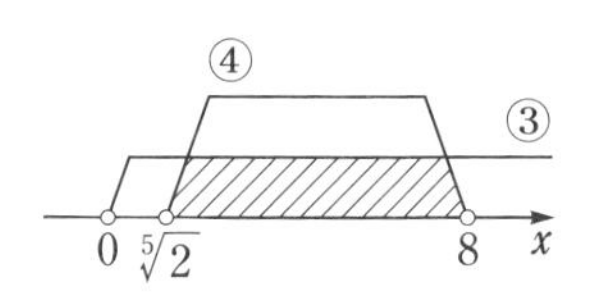

☐ **7**　教科書 p.163

教科書の巻末の常用対数表を用いて，$\sqrt[3]{2}$ の値を小数第2位まで求めよ。

ガイド　$\log_{10}\sqrt[3]{2}$ を計算する。

解答　$\log_{10}\sqrt[3]{2}=\frac{1}{3}\log_{10}2=\frac{1}{3}\times 0.3010=0.1003\cdots\cdots$

常用対数表より，0.1003 に最も近い数は，　$\log_{10}1.26$

よって，　$\sqrt[3]{2}\fallingdotseq\mathbf{1.26}$

☐ **8**　教科書 p.163

5^{20} は何桁の数か。ただし，$\log_{10}2=0.3010$ とする。

ガイド　$5=\frac{10}{2}$ と考える。「M が n 桁の自然数 $\Longleftrightarrow$ $10^{n-1}\leqq M<10^n$」であることを利用する。

解答　$\log_{10}5^{20}=20\log_{10}5=20\log_{10}\frac{10}{2}$

$=20(\log_{10}10-\log_{10}2)$

$=20(1-0.3010)$

$=20\times 0.6990$

$=13.980$

これより，　$13<\log_{10}5^{20}<14$

したがって，　$10^{13}<5^{20}<10^{14}$

よって，5^{20} は **14 桁の数**である。

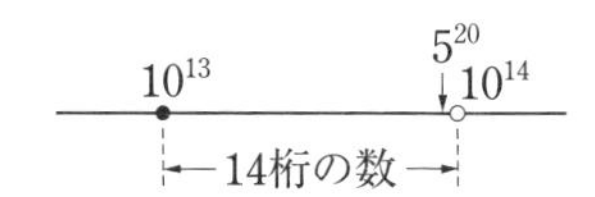

章末問題

A

1 教科書 p.164

次の計算は正しいだろうか。もし誤りがあれば，その理由を説明し，正しい計算で $\sqrt[6]{(-8)^2}$ の値を求めよ。

$$\sqrt[6]{(-8)^2}=(-8)^{\frac{2}{6}}=(-8)^{\frac{1}{3}}=\sqrt[3]{-8}=-2$$

ガイド $\sqrt[6]{(-8)^2}=\sqrt[6]{8^2}$ としなければならない。

解答 $a^{\frac{m}{n}}=\sqrt[n]{a^m}$ は，$a>0$ のときに成り立つ等式であるから，

$\sqrt[6]{(-8)^2}=(-8)^{\frac{2}{6}}$ は正しくない。

正しい値は，$\sqrt[6]{(-8)^2}=\sqrt[6]{8^2}=\sqrt[6]{2^6}=\mathbf{2}$

2 教科書 p.164

次の方程式，不等式を解け。

(1) $4^x-5\cdot2^x+6=0$　　(2) $3^{4x+1}-28\cdot9^x+9\geqq0$

ガイド (1) 2^x だけの式にして考える。

(2) 9^x だけの式にして考える。

解答 (1) $4^x=(2^2)^x=(2^x)^2$ であるから，

$$(2^x)^2-5\cdot2^x+6=0$$

ここで，$2^x=t$ とおくと，$t>0$ であり，

$$t^2-5t+6=0$$

$$(t-2)(t-3)=0$$

これより，　$t=2,\ 3$

$t>0$ であるから，　$t=2,\ 3$

$t=2$ のとき，$2^x=2$ より，　$x=1$

$t=3$ のとき，$2^x=3$ より，　$x=\log_2 3$

よって，　$\boldsymbol{x=1,\ \log_2 3}$

(2) $3^{4x+1}=3\cdot3^{4x}=3\cdot(3^2)^{2x}=3\cdot9^{2x}=3\cdot(9^x)^2$ であるから，

$$3\cdot(9^x)^2-28\cdot9^x+9\geqq0$$

ここで，$9^x=t$ とおくと，$t>0$ であり，

$$3t^2-28t+9\geqq0$$

$$(3t-1)(t-9)\geqq0$$

これより，　$t \leqq \frac{1}{3}$，$9 \leqq t$

$t>0$ であるから，　$0<t \leqq \frac{1}{3}$，$9 \leqq t$

したがって，　$0<9^x \leqq 9^{-\frac{1}{2}}$，$9^1 \leqq 9^x$

底は 9 で 1 より大きいから，

指数を比較して，　$\boldsymbol{x \leqq -\frac{1}{2}}$，$\boldsymbol{1 \leqq x}$

☐ **3** 教科書 p.164

3^6，3^7，2^{10} の値を計算してその大小を比較し，$0.6<\log_3 2<0.7$ であることを証明せよ。

ガイド (i) 3^6，3^7，2^{10} の値を実際に求める。

(ii) 3 数の大小を比較し，不等式で表す。

(iii) 各辺の 3 を底とする対数をとる。

解答 $3^6=729$，$3^7=2187$，$2^{10}=1024$ より，　$3^6<2^{10}<3^7$

各辺の 3 を底とする対数をとると，底は 1 より大きいから，

$$\log_3 3^6<\log_3 2^{10}<\log_3 3^7$$

すなわち，　$6<10\log_3 2<7$

各辺を 10 で割ると，　$0.6<\log_3 2<0.7$

☐ **4** 教科書 p.164

不等式 $\log_3 x^2 \leqq 4$ を解くとき，A さんは次のように考えた。

> 与えられた不等式を変形すると，　$2\log_3 x \leqq 4$
> したがって，　$\log_3 x \leqq 2$　すなわち，　$\log_3 x \leqq \log_3 9$　……①
> 真数は正であるから，$x>0$　……②
> 底は 3 で 1 より大きいから，①の真数を比較して，　$x \leqq 9$　……③
> ②と③を同時に満たす x の値の範囲を求めて，　$0<x \leqq 9$

この考え方は正しいだろうか。もし誤りがあれば，正しい考え方で解を求めよ。

ガイド 真数が正になる条件は最初に考える。また，$\log_a M^r=r\log_a M$ は，$M>0$ のときに成り立つ等式である。

解答 Aさんは，$\log_3 x^2 \leqq 4$ を変形した①の真数の条件を考えているが，この不等式において，真数が正であるための x の条件は，$\log_3 x^2 \leqq 4$ のときに定まる。すなわち，$\log_3 x^2$ における真数が正の条件を考えなければならない。

そこで，$\log_3 x^2$ について考えてみると，　$x^2>0$

すなわち，$x<0$，$0<x$

ここで，$x<0$ についても考えるので，$\log_3 x^2 \neq 2\log_3 x$ である。

すなわち，Aさんの解答は，真数が正となる x の条件や，式の変形に誤りがある。

この不等式の正しい解答は，次のようになる。

［解］ 真数は正であるから，

$x^2>0$　すなわち，　$x<0$，$0<x$　……①

与えられた不等式を変形すると，

$\log_3 x^2 \leqq \log_3 3^4$　すなわち，　$\log_3 x^2 \leqq \log_3 81$

底は3で1より大きいから，真数を比較して，$x^2 \leqq 81$

したがって，　$-9 \leqq x \leqq 9$　……②

①，②を同時に満たす x の値の範囲を求めて，**正しい解**は，

$\boldsymbol{-9 \leqq x < 0,\ 0 < x \leqq 9}$

プラスワン $\log_3 x^2 = 2\log_3\sqrt{x^2} = 2\log_3|x|$ であることを利用して解くこともできる。

別解 真数は正であるから，

$x^2>0$　すなわち，　$x \neq 0$　……③

$\log_3 x^2 = 2\log_3|x|$ であるから，与えられた不等式を変形すると，

$2\log_3|x| \leqq 4$

$\log_3|x| \leqq 2$

$\log_3|x| \leqq \log_3 3^2$

すなわち，　$\log_3|x| \leqq \log_3 9$

底は3で1より大きいから，真数を比較して，　$|x| \leqq 9$

したがって，$-9 \leqq x \leqq 9$　……④

③，④を同時に満たす x の値の範囲を求めて，**正しい解**は，

$\boldsymbol{-9 \leqq x < 0,\ 0 < x \leqq 9}$

□ **5** 教科書 p.164

次の方程式，不等式を解け。

(1) $\log_2 x = \log_x 2$ (2) $\log_2(7-3x) \leqq 4\log_4(x+1)+2$

(3) $\log_2(x-1)(x-2)+\log_2(x+3)=\log_2(x+6)$

(4) $\log_2(x-1)+\log_2(x-2)(x+3)=\log_2(x+6)$

ガイド 真数は正であることに注意する。(1)では底の条件にも注意する。

解答 (1) 真数が正であることと，底が正かつ1でないことから，

$0<x<1,\ 1<x$ ……①

与えられた不等式を変形すると，$\log_2 x \neq 0$ より，

$$\log_2 x = \frac{\log_2 2}{\log_2 x}$$

両辺に $\log_2 x$ を掛けると，

$(\log_2 x)^2 = 1$

したがって，$\log_2 x = \pm 1$

対数の定義より，$x = 2^{-1},\ 2^1$

よって，①を満たす x の値は，

$$\boldsymbol{x = \frac{1}{2},\ 2}$$

(2) 真数は正であるから，$7-3x>0$ かつ $x+1>0$

すなわち，$-1<x<\dfrac{7}{3}$ ……②

与えられた不等式を変形すると，

$$\log_2(7-3x) \leqq 4\cdot\frac{\log_2(x+1)}{\log_2 4}+\log_2 4$$

$$\log_2(7-3x) \leqq \log_2 4(x+1)^2$$

底は2で1より大きいから，真数を比較して，

$7-3x \leqq 4(x+1)^2$

$4x^2+11x-3 \geqq 0$

$(4x-1)(x+3) \geqq 0$

したがって，$x \leqq -3,\ \dfrac{1}{4} \leqq x$ ……③

②，③を同時に満たす x の値の範囲を求めて，

$$\boldsymbol{\frac{1}{4} \leqq x < \frac{7}{3}}$$

(3) 真数は正であるから，

$(x-1)(x-2)>0$ かつ $x+3>0$ かつ $x+6>0$

すなわち， $-3<x<1$，$2<x$ ……④

与えられた方程式を変形すると，

$\log_2(x-1)(x-2)(x+3)=\log_2(x+6)$

真数を比較して， $(x-1)(x-2)(x+3)=x+6$

これを整理して， $x(x^2-8)=0$

これを解くと， $\boldsymbol{x=-2\sqrt{2}}$，$\boldsymbol{0}$，$\boldsymbol{2\sqrt{2}}$

これらはすべて④を満たす。

(4) 真数は正であるから，

$x-1>0$ かつ $(x-2)(x+3)>0$ かつ $x+6>0$

すなわち， $x>2$ ……⑤

与えられた方程式を変形すると，

$\log_2(x-1)(x-2)(x+3)=\log_2(x+6)$

(3)より，$x=-2\sqrt{2}$，0，$2\sqrt{2}$

⑤を満たすのは， $\boldsymbol{x=2\sqrt{2}}$

第4章 指数関数と対数関数

6 教科書 p.165

3^n が10桁の数となるような整数 n をすべて求めよ。ただし，$\log_{10}3=0.4771$ とする。

ガイド 「a が n 桁の数 $\iff 10^{n-1}\leqq a<10^n$」を用いる。

解答 3^n が10桁の数となるとき， $10^9\leqq 3^n<10^{10}$

各辺の常用対数をとると，底は10で1より大きいから，

$\log_{10}10^9\leqq\log_{10}3^n<\log_{10}10^{10}$

$9\leqq n\log_{10}3<10$

$\log_{10}3=0.4771$ より， $9\leqq 0.4771n<10$

したがって， $\dfrac{9}{0.4771}\leqq n<\dfrac{10}{0.4771}$

ここで，$\dfrac{9}{0.4771}=18.8\cdots\cdots$，$\dfrac{10}{0.4771}=20.9\cdots\cdots$

n は整数であるから， $\boldsymbol{n=19}$，$\boldsymbol{20}$

B

□ **7** 教科書 p.165

$2^x-2^{-x}=3$ のとき，次の式の値を求めよ。

(1)　4^x+4^{-x}　(2)　2^x+2^{-x}　(3)　8^x+8^{-x}

ガイド

(1)　$2^x-2^{-x}=3$ の両辺を2乗する。

(2)　$(2^x+2^{-x})^2$ をまず求める。

(3)　$a^3+b^3=(a+b)^3-3ab(a+b)$ を利用する。

解答

(1)　$2^x-2^{-x}=3$ の両辺を2乗すると，

$$(2^x-2^{-x})^2=3^2$$
$$(2^x)^2-2\cdot 2^x\cdot 2^{-x}+(2^{-x})^2=9$$
$$4^x-2+4^{-x}=9$$

よって，　$4^x+4^{-x}=\mathbf{11}$

(2)　$(2^x+2^{-x})^2=(2^x)^2+2\cdot 2^x\cdot 2^{-x}+(2^{-x})^2$
$=4^x+4^{-x}+2$
$=11+2=13$

ここで，$2^x>0$，$2^{-x}>0$ より $2^x+2^{-x}>0$ であるから，

$2^x+2^{-x}=\sqrt{\mathbf{13}}$

(3)　$8^x+8^{-x}=(2^x)^3+(2^{-x})^3$
$=(2^x+2^{-x})^3-3\cdot 2^x\cdot 2^{-x}(2^x+2^{-x})$
$=(2^x+2^{-x})^3-3(2^x+2^{-x})$
$=(\sqrt{13})^3-3\sqrt{13}$
$=13\sqrt{13}-3\sqrt{13}=\mathbf{10\sqrt{13}}$

別解

(1)　$a^2+b^2=(a-b)^2+2ab$ であるから，

$4^x+4^{-x}=(2^x)^2+(2^{-x})^2$
$=(2^x-2^{-x})^2+2\cdot 2^x\cdot 2^{-x}$
$=3^2+2=\mathbf{11}$

(2)　$(a+b)^2=(a-b)^2+4ab$ であるから，

$(2^x+2^{-x})^2=(2^x-2^{-x})^2+4\cdot 2^x\cdot 2^{-x}$
$=(2^x-2^{-x})^2+4$
$=3^2+4=13$

$2^x+2^{-x}>0$ より，$2^x+2^{-x}=\sqrt{\mathbf{13}}$

(3)　$a^3+b^3=(a+b)(a^2-ab+b^2)$ であるから,

$$8^x+8^{-x}=(2^x)^3+(2^{-x})^3$$
$$=(2^x+2^{-x})\{(2^x)^2-2^x\cdot 2^{-x}+(2^{-x})^2\}$$
$$=(2^x+2^{-x})(4^x+4^{-x}-1)$$
$$=\sqrt{13}(11-1)=\mathbf{10\sqrt{13}}$$

☐ **8** 教科書 p.165

$-1\leqq x\leqq 3$ のとき，関数 $y=4^x-2^{x+2}+1$ の最大値と最小値を求めよ。

ガイド　$2^x=t$ とおく。t のとり得る値の範囲に注意する。

解答　$2^x=t$ とおくと，底は 2 で 1 より大きいから，$-1\leqq x\leqq 3$ のとき,

$2^{-1}\leqq 2^x\leqq 2^3$ より，　$\dfrac{1}{2}\leqq t\leqq 8$

$y=(2^x)^2-4\cdot 2^x+1$ より,

$y=t^2-4t+1=(t-2)^2-3$

$\dfrac{1}{2}\leqq t\leqq 8$ であるから，右のグラフより,

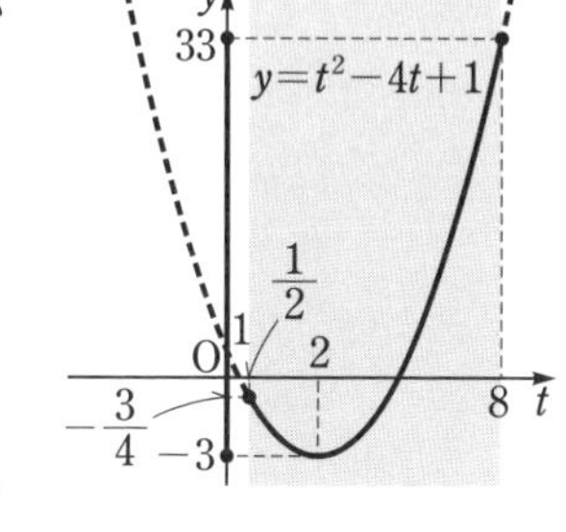

y は，$t=8$ のとき最大値 33，$t=2$ のとき最小値 -3 をとる。

$t=8$ のとき，$2^x=8$ より，　$x=3$

$t=2$ のとき，$2^x=2$ より，　$x=1$

よって，**$x=3$ のとき，最大値** 33,

$x=1$ のとき，最小値 -3 をとる。

☐ **9** 教科書 p.165

関数 $y=4^x+4^{-x}-8(2^x+2^{-x})+16$ について，$2^x+2^{-x}=t$ とおくとき，次の問いに答えよ。

(1)　y を t の式で表せ。　　(2)　t のとり得る値の範囲を求めよ。

(3)　y の最小値と，そのときの x の値を求めよ。

ガイド　(2)　相加平均と相乗平均の関係を用いる。

(3)　y を t の関数とみて，(2)で求めた t の値の範囲での y の最小値を求める。

解答 (1)　$t=2^x+2^{-x}$ の両辺を2乗して整理すると，

$$t^2=(2^x+2^{-x})^2=2^{2x}+2\cdot2^x\cdot2^{-x}+2^{-2x}$$
$$=4^x+4^{-x}+2$$

すなわち，　$4^x+4^{-x}=t^2-2$

よって，　$\boldsymbol{y}=(t^2-2)-8t+16$

$$\boldsymbol{=t^2-8t+14}$$

(2)　$2^x>0$，$2^{-x}>0$ であるから，相加平均と相乗平均の関係により，

$$t=2^x+2^{-x}\geqq2\sqrt{2^x\cdot2^{-x}}=2$$

等号が成り立つのは，$2^x=2^{-x}$，すなわち，$(2^x)^2=1$ のときであるから，$2^x>0$ より，$2^x=1$　よって，$x=0$ のときである。

よって，　$\boldsymbol{t\geqq2}$

(3)　$y=t^2-8t+14=(t-4)^2-2$

(2)より，$t\geqq2$ であるから，右のグラフより，y は，$t=4$ のとき最小値 -2 をとる。

$t=4$，すなわち，$2^x+2^{-x}=4$ のとき，

両辺に 2^x を掛けて，

$$(2^x)^2+1=4\cdot2^x$$
$$(2^x)^2-4\cdot2^x+1=0\quad\cdots\cdots①$$

これより，　$2^x=2\pm\sqrt{3}$

これらは $2^x>0$ を満たすので，y は，

$x=\log_2(2-\sqrt{3})$，$\log_2(2+\sqrt{3})$ のとき，最小値 -2 をとる。

10　教科書 p.165

0でない3つの数 a，b，c が $2^a=5^b=10^c$ を満たすとき，等式

$$\frac{1}{a}+\frac{1}{b}=\frac{1}{c}$$

が成り立つことを証明せよ。

ガイド　$2^a=5^b=10^c$ の10を底とする対数をとり，この関係式を利用する。

解答　$2^a=5^b=10^c$ の10を底とする対数をとると，

$$\log_{10}2^a=\log_{10}5^b=\log_{10}10^c$$

したがって，$a\log_{10}2=b\log_{10}5=c$ より，

$$a=\frac{c}{\log_{10}2},\quad b=\frac{c}{\log_{10}5}$$

よって，

$$\frac{1}{a}+\frac{1}{b}=\frac{\log_{10}2}{c}+\frac{\log_{10}5}{c}=\frac{\log_{10}(2\times5)}{c}=\frac{\log_{10}10}{c}=\frac{1}{c}$$

11 教科書 p.165　$2x+y=3$ のとき，$\log_2(x-1)+\log_2 y$ の最大値と，そのときの x，y の値を求めよ。

ガイド $2x+y=3$ より，$\log_2(x-1)+\log_2 y$ を x で表す。

解答 $2x+y=3$ より，$y=-2x+3$ であるから，

真数は正より，　$x-1>0$　かつ　$-2x+3>0$

すなわち，　$1<x<\frac{3}{2}$　……①

$\log_2(x-1)+\log_2 y$ を x で表すと，

$$\begin{aligned}&\log_2(x-1)+\log_2 y\\&=\log_2(x-1)+\log_2(-2x+3)\\&=\log_2(x-1)(-2x+3)\\&=\log_2(-2x^2+5x-3)\\&=\log_2\left\{-2\left(x-\frac{5}{4}\right)^2+\frac{1}{8}\right\}\quad\cdots\cdots②\end{aligned}$$

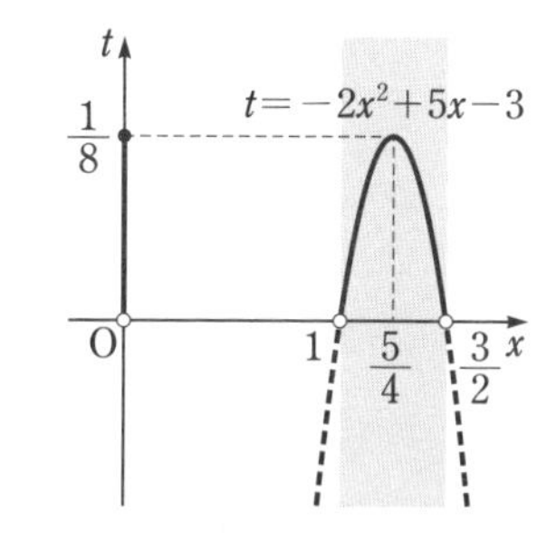

底が2で1より大きいから，②が最大となるのは，②の真数が最大となるときである。

①より，②の真数は，$x=\frac{5}{4}$ のとき最大値 $\frac{1}{8}$ をとる。

$y=-2x+3$ であるから，$x=\frac{5}{4}$ のとき，$y=\frac{1}{2}$

よって，$\boldsymbol{x=\frac{5}{4}}$，$\boldsymbol{y=\frac{1}{2}}$ **のとき，最大値** $\log_2\frac{1}{8}=\boldsymbol{-3}$ をとる。

12 教科書 p.165

次の問いに答えよ。ただし，$\log_{10}2=0.3010$，$\log_{10}3=0.4771$ とする。
(1) 12^{20} は何桁の数か。
(2) $10^{0.582}$ の整数部分の数字を求めよ。
(3) 12^{20} の最高位の数字を求めよ。

ガイド (2) $10^{0.3010}=2$ より，$4=10^{0.6020}$ である。また，$10^{0.4771}=3$ である。これらの値を利用する。

(3) (1)より，$12^{20}=10^{21.582}=10^{21}\times10^{0.582}$ である。

解答 (1) $\log_{10}12^{20}=20\log_{10}12=20\log_{10}(2^2\times3)=20(2\log_{10}2+\log_{10}3)$
$=20(2\times0.3010+0.4771)=20\times1.0791=21.582$

より，

$$21<\log_{10}12^{20}<22$$

したがって， $10^{21}<12^{20}<10^{22}$

よって，12^{20} は **22 桁の数**である。

(2) $\log_{10}2=0.3010$ より， $10^{0.3010}=2$

両辺を 2 乗して， $10^{0.6020}=4$ ……①

また，$\log_{10}3=0.4771$ より， $10^{0.4771}=3$ ……②

$0.4771<0.582<0.6020$ であり，10 は 1 より大きいから，

$$10^{0.4771}<10^{0.582}<10^{0.6020}$$

①，②より，

$$3<10^{0.582}<4$$

よって，$10^{0.582}$ の整数部分の数字は **3** である。

(3) (1)より，

$$12^{20}=10^{21.582}=10^{21}\times10^{0.582}$$

(2)より，$10^{0.582}$ の整数部分の数字は 3 であるから，12^{20} の最高位の数字は **3** である。

プラスワン 常用対数表を利用すると，$\log_{10}3.82=0.5821$ から，$10^{0.582}\fallingdotseq3.82$ とわかる。

13 教科書 p.165

30 分ごとに 1 回分裂して 2 倍の個数に増えていくバクテリアがある。このバクテリア 1 個が分裂を繰り返して 100 万個を超えるのは，分裂を開始してから何時間後か。ただし，1 回目の分裂は 30 分後と考え，$\log_{10}2=0.3010$ とする。

ガイド　n 回分裂するとバクテリアは 2^n 個になる。

解答　n 回分裂して 100 万個を超えたとすると，

$2^n>10^6$

両辺の常用対数をとると，　$\log_{10}2^n>\log_{10}10^6$

これより，　$n\log_{10}2>6$

$\log_{10}2=0.3010$ より，　$0.3010n>6$

したがって，　$n>\dfrac{6}{0.3010}=19.9\cdots\cdots$

これを満たす最小の整数 n は，　$n=20$

よって，分裂を開始してから 100 万個を超えるのは，$0.5\times20=10$ より，**10 時間後**である。

プラスワン　**12.** と **13.** からわかるように，対数を用いると，非常に大きな数を扱うことができる。また，本書の 問 30 からもわかるように，非常に小さな数も扱うことができる。

指数は $a\times10^n$ というように大きな数や小さな数を表すのに便利だし，対数は大きな数や小さな数を扱うのに便利だね。

第5章 微分と積分

第1節 微分係数と導関数

1 平均変化率と微分係数

問 1 xが1から3まで変化するとき，次の関数の平均変化率を求めよ。

教科書 p.168

(1) $y=3x$　　(2) $y=x^2-7x+4$

ガイド 関数 $y=f(x)$ において，xの値がaからbまで変化するとき，yの値は $f(b)-f(a)$ だけ変化する。このとき，xの値の変化に対するyの値の変化の割合は，$\dfrac{f(b)-f(a)}{b-a}$ である。これを，xの値がaからbまで変化するときの $f(x)$ の**平均変化率**という。

解答 (1) $f(x)=3x$ とおくと，$\dfrac{f(3)-f(1)}{3-1}=\dfrac{3\cdot3-3\cdot1}{3-1}=\mathbf{3}$

(2) $f(x)=x^2-7x+4$ とおくと，

$$\frac{f(3)-f(1)}{3-1}=\frac{(3^2-7\cdot3+4)-(1^2-7\cdot1+4)}{3-1}=\mathbf{-3}$$

問 2 次の極限値を求めよ。

教科書 p.169

(1) $\lim_{x\to1}(-2x)$　　(2) $\lim_{x\to-2}(x^2-x)$　　(3) $\lim_{h\to0}(h^2+2h+3)$

ガイド 関数 $f(x)$ において，xがaと異なる値をとりながらaに限りなく近づくとき，$f(x)$が，ある決まった値Aに限りなく近づくならば，

$$\lim_{x\to a}f(x)=A \qquad \text{または，} \qquad x\to a \text{ のとき } f(x)\to A$$

と書き，この値Aを，xがaに近づくときの $f(x)$ の**極限値**という。

解答 (1) xが1と異なる値をとりながら，1に限りなく近づくとき，$-2x$ は $-2\cdot1=-2$ に限りなく近づくから，

$$\lim_{x\to1}(-2x)=\mathbf{-2}$$

(2) xが -2 と異なる値をとりながら，-2 に限りなく近づくとき，x^2-x は $(-2)^2-(-2)=6$ に限りなく近づくから，

$$\lim_{x\to -2}(x^2-x)=\mathbf{6}$$

(3)　h が0と異なる値をとりながら，0に限りなく近づくとき，h^2+2h+3 は $0^2+2\cdot 0+3=3$ に限りなく近づくから，

$$\lim_{h\to 0}(h^2+2h+3)=\mathbf{3}$$

注意　lim は，limit (極限) の略で，リミットと読む。

問 3　関数 $f(x)=3x^2$ について，次の微分係数を求めよ。

教科書 p.169

(1)　$f'(1)$　　(2)　$f'(-2)$　　(3)　$f'(a)$

ガイド

ここがポイント **[微分係数]**

$$f'(a)=\lim_{h\to 0}\frac{f(a+h)-f(a)}{h}$$

解答　(1)　$f'(1)=\lim_{h\to 0}\dfrac{f(1+h)-f(1)}{h}=\lim_{h\to 0}\dfrac{3(1+h)^2-3\cdot 1^2}{h}$

$=\lim_{h\to 0}\dfrac{6h+3h^2}{h}=\lim_{h\to 0}\dfrac{h(6+3h)}{h}=\lim_{h\to 0}(6+3h)=\mathbf{6}$

(2)　$f'(-2)=\lim_{h\to 0}\dfrac{f(-2+h)-f(-2)}{h}=\lim_{h\to 0}\dfrac{3(-2+h)^2-3\cdot(-2)^2}{h}$

$=\lim_{h\to 0}\dfrac{-12h+3h^2}{h}=\lim_{h\to 0}\dfrac{h(-12+3h)}{h}=\lim_{h\to 0}(-12+3h)=\mathbf{-12}$

(3)　$f'(a)=\lim_{h\to 0}\dfrac{f(a+h)-f(a)}{h}=\lim_{h\to 0}\dfrac{3(a+h)^2-3a^2}{h}$

$=\lim_{h\to 0}\dfrac{6ah+3h^2}{h}=\lim_{h\to 0}\dfrac{h(6a+3h)}{h}=\lim_{h\to 0}(6a+3h)=\mathbf{6a}$

問 4　曲線 $y=x^2$ 上の次の点における接線の傾きを求めよ。

教科書 p.170

(1)　$(-1,\ 1)$　　(2)　$(2,\ 4)$

ガイド　関数 $y=f(x)$ のグラフ上に2点 $\mathrm{A}(a,\ f(a))$，$\mathrm{B}(a+h,\ f(a+h))$ をとり，h を0に限りなく近づけると，点Bはこの曲線 $y=f(x)$ 上で点Aに限りなく近づく。このとき，

$$\lim_{h\to 0}\frac{f(a+h)-f(a)}{h}=f'(a)$$

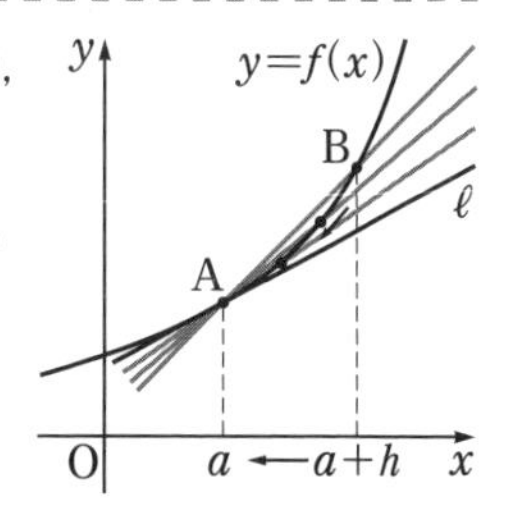

第5章　微分と積分

であるから，直線ABは点Aを通る傾き $f'(a)$ の直線 ℓ に限りなく近づく。この直線 ℓ を点Aにおける曲線 $y=f(x)$ の**接線**といい，点Aをこの接線の**接点**という。また，直線 ℓ は点Aでこの曲線に**接する**という。

ここがポイント

関数 $y=f(x)$ の $x=a$ における微分係数 $f'(a)$ は，この関数のグラフ上の点 $(a,\ f(a))$ における接線の傾きを表す。

解答 $f(x)=x^2$ とおく。

(1) 求める傾きは $f'(-1)$ に等しいから，

$$f'(-1)=\lim_{h\to 0}\frac{f(-1+h)-f(-1)}{h}=\lim_{h\to 0}\frac{(-1+h)^2-(-1)^2}{h}$$

$$=\lim_{h\to 0}\frac{h(-2+h)}{h}=\lim_{h\to 0}(-2+h)=\mathbf{-2}$$

(2) 求める傾きは $f'(2)$ に等しいから，

$$f'(2)=\lim_{h\to 0}\frac{f(2+h)-f(2)}{h}=\lim_{h\to 0}\frac{(2+h)^2-2^2}{h}$$

$$=\lim_{h\to 0}\frac{h(4+h)}{h}=\lim_{h\to 0}(4+h)=\mathbf{4}$$

2 導関数

問 5 定義にしたがって，関数 $f(x)=x^2-7x$ を微分せよ。

教科書 p.171

ガイド 関数 $y=f(x)$ について，x のおのおのの値 a に微分係数 $f'(a)$ を対応させる新しい関数 $f'(x)$ を考え，これを $f(x)$ の**導関数**という。

ここがポイント **[導関数の定義]**

$$f'(x)=\lim_{h\to 0}\frac{f(x+h)-f(x)}{h}$$

上の導関数の定義の式において，x の値の変化量 h を **x の増分**といい，y の値の変化量 $f(x+h)-f(x)$ を **y の増分**という。

関数 $f(x)$ から，その導関数 $f'(x)$ を求めることを，$f(x)$ を **x について微分する**，あるいは，単に $f(x)$ を**微分する**という。

解答 $f'(x)=\lim_{h\to 0}\frac{f(x+h)-f(x)}{h}=\lim_{h\to 0}\frac{\{(x+h)^2-7(x+h)\}-(x^2-7x)}{h}$

$=\lim_{h\to 0}\frac{h(2x-7+h)}{h}=\lim_{h\to 0}(2x-7+h)=\boldsymbol{2x-7}$

注意 関数 $y=f(x)$ の導関数を表すには，$f'(x)$ の他に，y'，$\frac{dy}{dx}$，$\frac{d}{dx}f(x)$ などが用いられる。

問 6 次の関数を微分せよ。

教科書 p.172

(1) $f(x)=x^4$　(2) $f(x)=x^5$　(3) $f(x)=4$

ガイド c を定数とするとき，関数 $f(x)=c$ を**定数関数**という。

ここがポイント **[x^n と定数関数の導関数]**

n が正の整数のとき，　$(\boldsymbol{x}^n)'=\boldsymbol{n}\boldsymbol{x}^{n-1}$

c が定数のとき，　$(\boldsymbol{c})'=\boldsymbol{0}$

解答 (1) $f'(x)=(x^4)'=4x^{4-1}=\boldsymbol{4x^3}$

(2) $f'(x)=(x^5)'=5x^{5-1}=\boldsymbol{5x^4}$

(3) $f'(x)=(4)'=\boldsymbol{0}$

問 7 次の関数を微分せよ。

教科書 p.174

(1) $y=3x+6$　(2) $y=2x^2-5x+1$

(3) $y=-2x^3-3x^2-x+8$　(4) $y=x^4+2x^3-x+3$

(5) $y=(5x+3)(x-2)$　(6) $y=(2x+1)^2$

ガイド

ここがポイント **[定数倍，和，差の導関数]**

1 $\boldsymbol{y=kf(x)}$ のとき，　$\boldsymbol{y'=kf'(x)}$（k は定数）

2 $\boldsymbol{y=f(x)+g(x)}$ のとき，　$\boldsymbol{y'=f'(x)+g'(x)}$

$\boldsymbol{y=f(x)-g(x)}$ のとき，　$\boldsymbol{y'=f'(x)-g'(x)}$

(5)，(6) 右辺を展開してから微分する。

解答 (1) $y'=(3x+6)'=3(x)'+(6)'=3\cdot 1+0=\boldsymbol{3}$

(2) $y'=(2x^2-5x+1)'=2(x^2)'-5(x)'+(1)'$

$=2\cdot 2x-5\cdot 1+0=\boldsymbol{4x-5}$

(3) $y'=(-2x^3-3x^2-x+8)'=-2(x^3)'-3(x^2)'-(x)'+(8)'$
$=-2\cdot 3x^2-3\cdot 2x-1+0=\boldsymbol{-6x^2-6x-1}$

(4) $y'=(x^4+2x^3-x+3)'=(x^4)'+2(x^3)'-(x)'+(3)'$
$=4x^3+2\cdot 3x^2-1+0=\boldsymbol{4x^3+6x^2-1}$

(5) 右辺を展開すると，$y=5x^2-7x-6$ であるから，
$y'=(5x^2-7x-6)'=5(x^2)'-7(x)'-(6)'$
$=5\cdot 2x-7\cdot 1-0=\boldsymbol{10x-7}$

(6) 右辺を展開すると，$y=4x^2+4x+1$ であるから，
$y'=(4x^2+4x+1)'=4(x^2)'+4(x)'+(1)'$
$=4\cdot 2x+4\cdot 1+0=\boldsymbol{8x+4}$

問 8 $f(x)=2x^3-x^2$ のとき，$f(x)$ の $x=-2$, 1 における微分係数 $f'(-2)$, $f'(1)$ を，それぞれ求めよ。

教科書 p.174

ガイド 導関数 $f'(x)$ を求め，$x=-2$, 1 をそれぞれ代入する。

解答 $f(x)=2x^3-x^2$ のとき，
$f'(x)=6x^2-2x$
したがって，$f(x)$ の $x=-2$, 1 における微分係数は，それぞれ，
$\boldsymbol{f'(-2)}=6\cdot(-2)^2-2\cdot(-2)=\boldsymbol{28}$
$\boldsymbol{f'(1)}=6\cdot 1^2-2\cdot 1=\boldsymbol{4}$

問 9 次の関数を［ ］の文字について微分せよ。

教科書 p.174

(1) $S=\pi r^2$ ［r］　　(2) $s=v_0t-\dfrac{1}{2}at^2$ ［t］

ガイド (1)では r のみを，(2)では t のみを変数とみて，微分する。

解答 (1) $S=\pi r^2$ より，$\dfrac{dS}{dr}=\pi\cdot 2r=\boldsymbol{2\pi r}$

(2) $s=v_0t-\dfrac{1}{2}at^2$ より，$\dfrac{ds}{dt}=v_0\cdot 1-\dfrac{1}{2}a\cdot 2t=\boldsymbol{v_0-at}$

プラスワン (1) S は，円の面積を表し，微分すると円周の長さとなる。
(2) s は，$a=9.8$ のとき，初速 v_0 で物体を真上に投げ上げたときの物体の高さを表し，微分すると物体の速度となる。
なお，さらに微分すると，加速度が得られる。

3 接線の方程式

問 10　曲線 $y=-x^2+5x$ 上の点 $(2,\ 6)$ における接線の方程式を求めよ。

教科書 p.175

ガイド

ここがポイント [接線の方程式]
曲線 $y=f(x)$ 上の点 $(a,\ f(a))$ における接線の方程式は，
$$\boldsymbol{y-f(a)=f'(a)(x-a)}$$

解答　$f(x)=-x^2+5x$ とおくと，

$f'(x)=-2x+5$ より，　$f'(2)=1$

よって，接線の方程式は，

$y-6=1\cdot(x-2)$

すなわち，　$\boldsymbol{y=x+4}$

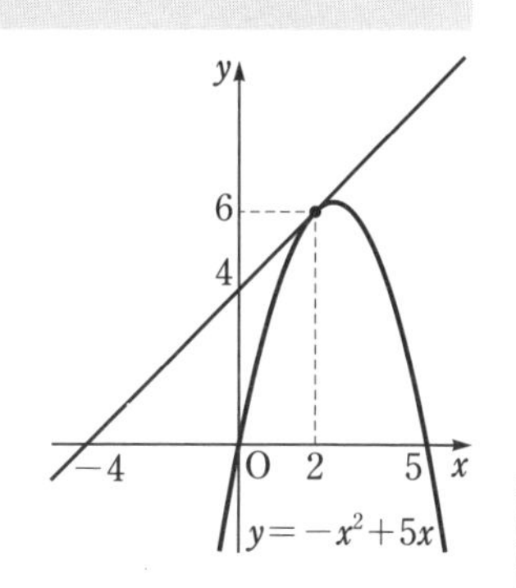

問 11　曲線 $y=x^2-3x$ において，傾きが５である接線の方程式を求めよ。

教科書 p.175

ガイド　接点の x 座標を a とおき，微分係数と傾きから a を求める。

解答　接点の x 座標を a，$f(x)=x^2-3x$ とおく。

$f'(x)=2x-3$ より，　$f'(a)=2a-3$

したがって，$2a-3=5$ より，　$a=4$

よって，接点の座標は $(4,\ 4)$ となるから，求める接線の方程式は，

$y-4=5(x-4)$

すなわち，　$\boldsymbol{y=5x-16}$

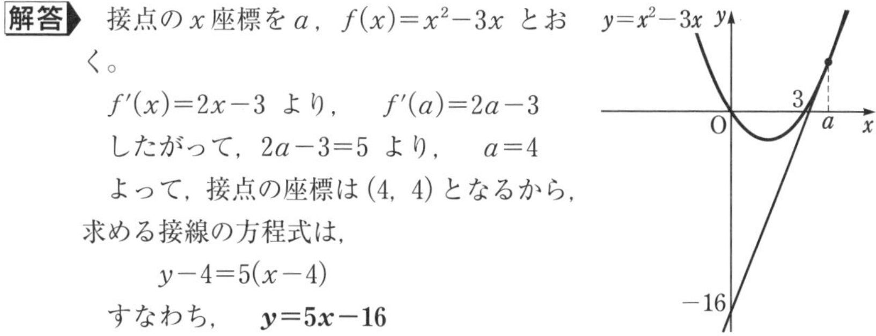

問12　点 $(3,\ 4)$ から放物線 $y=-x^2+3x$ に引いた接線の方程式を求めよ。

教科書 p.176

ガイド　放物線上の点 $(t,\ -t^2+3t)$ における接線の方程式を求め，この接線が点 $(3,\ 4)$ を通るように t の値を定める。

解答　$y'=-2x+3$ であるから，放物線上の点 $(t,\ -t^2+3t)$ における接線の方程式は，

$$y-(-t^2+3t)=(-2t+3)(x-t)$$

すなわち，

$$y=(-2t+3)x+t^2 \quad \cdots\cdots ①$$

直線①が点 $(3,\ 4)$ を通るのは，

$$4=(-2t+3)\cdot 3+t^2$$

のときである。これを整理して，

$$t^2-6t+5=0$$

$$(t-1)(t-5)=0$$

したがって，　$t=1,\ 5$

①より，

$t=1$ のとき，　$y=x+1$

$t=5$ のとき，　$y=-7x+25$

よって，求める接線の方程式は，

$$\boldsymbol{y=x+1,\ \ y=-7x+25}$$

プラスワン　接点の x 座標が与えられていないときは，t などの文字でおいて，その文字の値を与えられた条件から定める。これは，後で出てくる3次関数のグラフの接線を求める際にも有効な解法である。

文字が，x，y と接点の x 座標 t の3つになるが，文字が表すものを確認しながら解こう。

わからない数を文字でおくのは今までずっとやってきたことだね。

節末問題　第１節　微分係数と導関数

1　教科書 p.177

次の極限値を求めよ。

(1) $\lim_{x \to 2}(3x-4)$　　(2) $\lim_{x \to 3}\dfrac{x^2-9}{x-3}$

ガイド　(2) 分数式を約分してから極限値を求める。

解答　(1) x が 2 と異なる値をとりながら，2 に限りなく近づくとき，$3x-4$ は $3 \cdot 2-4=2$ に限りなく近づくから，

$$\lim_{x \to 2}(3x-4)=\mathbf{2}$$

(2) $\lim_{x \to 3}\dfrac{x^2-9}{x-3}=\lim_{x \to 3}\dfrac{(x+3)(x-3)}{x-3}=\lim_{x \to 3}(x+3)=3+3=\mathbf{6}$

2　教科書 p.177

次の関数を微分せよ。

(1) $y=3x^3+6x^2-5x+13$　　(2) $y=-\dfrac{x^3}{3}+\dfrac{x^2}{2}-x$

(3) $y=x^4+2x^3-7x+1$　　(4) $y=(x-4)(4x+7)$

(5) $y=(x+2)^3$　　(6) $y=(2x+1)(4x^2-2x+1)$

ガイド　(4)～(6) 右辺を展開してから微分する。

解答　(1) $\boldsymbol{y'}=(3x^3+6x^2-5x+13)'=3(x^3)'+6(x^2)'-5(x)'+(13)'$

$=3 \cdot 3x^2+6 \cdot 2x-5 \cdot 1+0=\mathbf{9x^2+12x-5}$

(2) $\boldsymbol{y'}=\left(-\dfrac{x^3}{3}+\dfrac{x^2}{2}-x\right)'=-\dfrac{1}{3}(x^3)'+\dfrac{1}{2}(x^2)'-(x)'$

$=-\dfrac{1}{3} \cdot 3x^2+\dfrac{1}{2} \cdot 2x-1=\mathbf{-x^2+x-1}$

(3) $\boldsymbol{y'}=(x^4+2x^3-7x+1)'=(x^4)'+2(x^3)'-7(x)'+(1)'$

$=4x^3+2 \cdot 3x^2-7 \cdot 1+0=\mathbf{4x^3+6x^2-7}$

(4) 右辺を展開すると，$y=4x^2-9x-28$ であるから，

$\boldsymbol{y'}=4(x^2)'-9(x)'-(28)'=4 \cdot 2x-9 \cdot 1-0=\mathbf{8x-9}$

(5) 右辺を展開すると，$y=x^3+6x^2+12x+8$ であるから，

$\boldsymbol{y'}=(x^3)'+6(x^2)'+12(x)'+(8)'$

$=3x^2+6 \cdot 2x+12 \cdot 1+0=\mathbf{3x^2+12x+12}$

(6) 右辺を展開すると，$y=8x^3+1$ であるから，

$\boldsymbol{y'}=8(x^3)'+(1)'=8 \cdot 3x^2+0=\mathbf{24x^2}$

3 教科書 p.177

次のことを証明せよ。ただし，a，b は定数とする。

(1) $y=(ax+b)^2$ のとき，　$y'=2a(ax+b)$

(2) $y=(ax+b)^3$ のとき，　$y'=3a(ax+b)^2$

ガイド 右辺を展開してから微分する。

解答 (1) 右辺を展開すると，$y=a^2x^2+2abx+b^2$ であるから，

$$\begin{aligned} y' &= a^2(x^2)'+2ab(x)'+(b^2)' \\ &= a^2\cdot 2x+2ab\cdot 1+0 \\ &= 2a(ax+b) \end{aligned}$$

(2) 右辺を展開すると，$y=a^3x^3+3a^2bx^2+3ab^2x+b^3$ であるから，

$$\begin{aligned} y' &= a^3(x^3)'+3a^2b(x^2)'+3ab^2(x)'+(b^3)' \\ &= a^3\cdot 3x^2+3a^2b\cdot 2x+3ab^2\cdot 1+0 \\ &= 3a^3x^2+6a^2bx+3ab^2 \\ &= 3a(a^2x^2+2abx+b^2) \\ &= 3a(ax+b)^2 \end{aligned}$$

4 教科書 p.177

関数 $f(x)=x^3+px^2+3x-3$ について，$f'(x)=0$ となる x の値がただ1つ存在するような定数 p の値を求めよ。

ガイド $f'(x)=0$ が重解をもつように定数 p の値を定める。

解答 $f'(x)=3x^2+2px+3$

$f'(x)=0$ の判別式を D とすると，$f'(x)=0$ となる x の値がただ1つ存在するのは，$D=0$ のときである。

$$\frac{D}{4}=p^2-3\cdot 3=p^2-9=0$$

よって，　$\boldsymbol{p=\pm 3}$

2次方程式の判別式は第1章で出てきたね。解けなかった人は復習しよう。

□ **5** 教科書 p.177

3次関数 $f(x)=x^3+bx^2+cx+d$ において $f(0)=0$，$f(1)=2$ であり，さらに $x=1$ における微分係数が -1 であるような定数 b，c，d の値を求めよ。

ガイド 条件より3つの方程式を作り，その連立方程式を解く。

解答 $f(x)=x^3+bx^2+cx+d$ より，　$f'(x)=3x^2+2bx+c$

$f(0)=0$ より，$d=0$　……①

$f(1)=2$ より，$1+b+c+d=2$　……②

$f'(1)=-1$ より，$3+2b+c=-1$　……③

①，②より，　$b+c=1$　……④

③より，　$2b+c=-4$　……⑤

④，⑤を連立させて，　$b=-5$，$c=6$

よって，　$\boldsymbol{b=-5}$，$\boldsymbol{c=6}$，$\boldsymbol{d=0}$

□ **6** 教科書 p.177

放物線 $y=-x^2+kx+2k$ 上の x 座標が1である点における接線が原点を通るような定数 k の値を求めよ。

ガイド 放物線 $y=f(x)$ 上の $x=1$ における接線の方程式は，

$$y-f(1)=f'(1)(x-1)$$

である。これが 原点 $(0,\ 0)$ を通ることから，k の値を定める。

解答 $f(x)=-x^2+kx+2k$ とおくと，$f(1)=3k-1$ であるから，接点の座標は，$(1,\ 3k-1)$

また，$f'(x)=-2x+k$ より，　$f'(1)=k-2$

したがって，接線の方程式は，

$$y-(3k-1)=(k-2)(x-1)$$

すなわち，　$y=(k-2)x+2k+1$

これが原点 $(0,\ 0)$ を通ることから，

$$0=(k-2)\cdot 0+2k+1$$

よって，　$\boldsymbol{k=-\dfrac{1}{2}}$

□ **7** 教科書 p.177

曲線 $y=-x^3+3x^2-3x$ に，点 $(3,\ -1)$ から引いた接線の方程式を求めよ。

ガイド 曲線上の点 $(t,\ -t^3+3t^2-3t)$ における接線の方程式を求め，この接線が点 $(3,\ -1)$ を通るように t の値を定める。

解答 $y'=-3x^2+6x-3$ であるから，曲線上の点 $(t,\ -t^3+3t^2-3t)$ における接線の方程式は，

$$y-(-t^3+3t^2-3t)=(-3t^2+6t-3)(x-t)$$

すなわち，

$$y=(-3t^2+6t-3)x+2t^3-3t^2 \quad \cdots\cdots①$$

直線①が点 $(3,\ -1)$ を通るのは，

$$-1=(-3t^2+6t-3)\cdot 3+2t^3-3t^2$$

のときである。これを整理して，

$$t^3-6t^2+9t-4=0$$

$$(t-1)^2(t-4)=0$$

したがって，　$t=1,\ 4$

①より，

$t=1$ のとき，$y=-1$

$t=4$ のとき，$y=-27x+80$

よって，求める接線の方程式は，

$$\boldsymbol{y=-1,\ y=-27x+80}$$

注意 t の3次方程式 $t^3-6t^2+9t-4=0$ の左辺は，因数定理を利用して因数分解する。

$P(t)=t^3-6t^2+9t-4$ とおくと，

$$P(1)=1^3-6\cdot 1^2+9\cdot 1-4=0$$

より，$P(t)$ は $t-1$ で割り切れて，

$$\begin{aligned} P(t)&=(t-1)(t^2-5t+4)\\ &=(t-1)(t-1)(t-4)\\ &=(t-1)^2(t-4) \end{aligned}$$

$$\begin{array}{r} t^2-5t+4 \\ t-1 \overline{) t^3-6t^2+9t-4} \\ \underline{t^3-\ \ t^2\qquad\qquad} \\ -5t^2+9t\quad \\ \underline{-5t^2+5t\quad} \\ 4t-4 \\ \underline{4t-4} \\ 0 \end{array}$$

第2節　導関数の応用

1　関数の増減

問13　関数 $f(x)=x^3+3x^2-9x-15$ の増減を調べよ。

教科書 p.180

ガイド　α, β が実数で，$\alpha<\beta$ とするとき，不等式

$$\alpha\leqq x\leqq\beta,\quad \alpha<x<\beta,\quad \alpha<x,\quad x\leqq\beta$$

などを満たす実数 x の範囲を**区間**という。

ここがポイント　**[$f'(x)$ の符号と関数の増減]**
ある区間でつねに $f'(x)>0$ ならば，$f(x)$ はその区間で**増加**する。
ある区間でつねに $f'(x)<0$ ならば，$f(x)$ はその区間で**減少**する。

ある区間でつねに $f'(x)=0$ ならば，$f(x)$ はその区間で一定の値をとる。

教科書 p.179 の例 9 のような表を**増減表**という。表の中の記号↗は関数が増加することを表し，↘は関数が減少することを表している。

本問では，$f'(x)$ の符号を調べ，増減表をかく。

解答　導関数 $f'(x)$ は，

$$f'(x)=3x^2+6x-9=3(x+3)(x-1)$$

$f'(x)=0$ とすると，　$x=-3,\ 1$

$f'(x)>0$ を解くと，　$x<-3,\ 1<x$

$f'(x)<0$ を解くと，　$-3<x<1$

$f'(x)=3(x+3)(x-1)$
⊕　⊕　-3　⊖　1　x

したがって，$f(x)$ の増減を表にすると右のようになる。

x	……	-3	……	1	……
$f'(x)$	$+$	0	$-$	0	$+$
$f(x)$	↗	12	↘	-20	↗

よって，$f(x)$ は，

$x\leqq-3$, $1\leqq x$ で増加し，$-3\leqq x\leqq1$ で減少する。

注意　$f(x)$ は $x<-3$, $1<x$ で増加しているが，$x=-3$, 1 も含めて $x\leqq-3$, $1\leqq x$ で増加しているという。減少する区間についても同様である。

問 14 関数 $f(x)=2x^3-3x^2-2$ の極値を調べよ。

教科書 p.181

ガイド $x=a$ の前後で $f(x)$ の値が増加から減少に変わるとき，$f(x)$ は $x=a$ で**極大**になるといい，そのときの $f(x)$ の値 $f(a)$ を**極大値**という。また，$x=a$ の前後で $f(x)$ の値が減少から増加に変わるとき，$f(x)$ は $x=a$ で**極小**になるといい，そのときの $f(x)$ の値 $f(a)$ を**極小値**という。

極大値と極小値をまとめて**極値**という。

ここがポイント **[$f(x)$ の極大・極小]**
関数 $f(x)$ について，$f'(a)=0$ となる $x=a$ の前後で
$f'(x)$ の符号が**正から負に変わる**とき，
$f(x)$ は $x=a$ で**極大**
$f'(x)$ の符号が**負から正に変わる**とき，
$f(x)$ は $x=a$ で**極小**
となる。

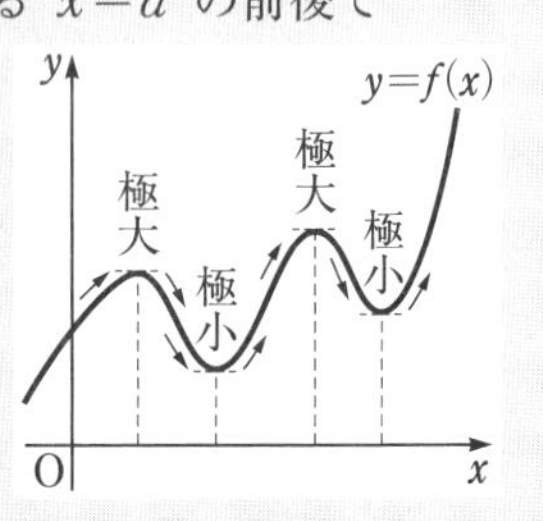

解答 $f'(x)=6x^2-6x=6x(x-1)$
$f'(x)=0$ となる x は，
$x=0,\ 1$
したがって，$f(x)$ の増減表は右のようになる。

x	……	0	……	1	……
$f'(x)$	+	0	−	0	+
$f(x)$	↗	極大 −2	↘	極小 −3	↗

よって，$f(x)$ は，
$x=0$ のとき，極大値 -2　　$x=1$ のとき，極小値 -3
をとる。

問 15 次の関数について，極値を調べ，そのグラフをかけ。

教科書 p.181

(1) $y=x^3-12x$　　(2) $y=-x^3+3x^2+9x$

ガイド 増減表をかいて極値を調べ，それらをもとにグラフをかく。

解答 (1) $y'=3x^2-12=3(x^2-4)=3(x+2)(x-2)$
$y'=0$ となる x は，　$x=-2,\ 2$

したがって，yの増減表は右のようになる。

x	……	-2	……	2	……
y'	$+$	0	$-$	0	$+$
y	↗	極大 16	↘	極小 -16	↗

よって，この関数は，

$x=-2$ のとき，極大値 16

$x=2$ のとき，極小値 -16

をとる。

$x=0$ のとき $y=0$ であるから，グラフは原点を通る。

以上より，グラフは右の図のようになる。

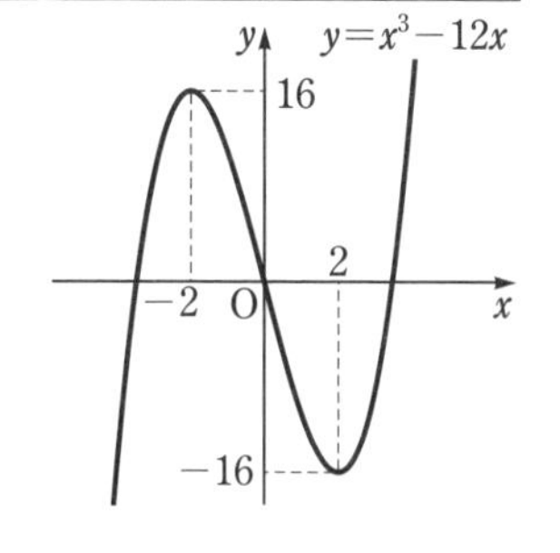

(2)　$y'=-3x^2+6x+9=-3(x^2-2x-3)=-3(x+1)(x-3)$

$y'=0$ となるxは，　$x=-1,\ 3$

したがって，yの増減表は右のようになる。

x	……	-1	……	3	……
y'	$-$	0	$+$	0	$-$
y	↘	極小 -5	↗	極大 27	↘

よって，この関数は，

$x=3$ のとき，極大値 27

$x=-1$ のとき，極小値 -5

をとる。

$x=0$ のとき $y=0$ であるから，グラフは原点を通る。

以上より，グラフは右の図のようになる。

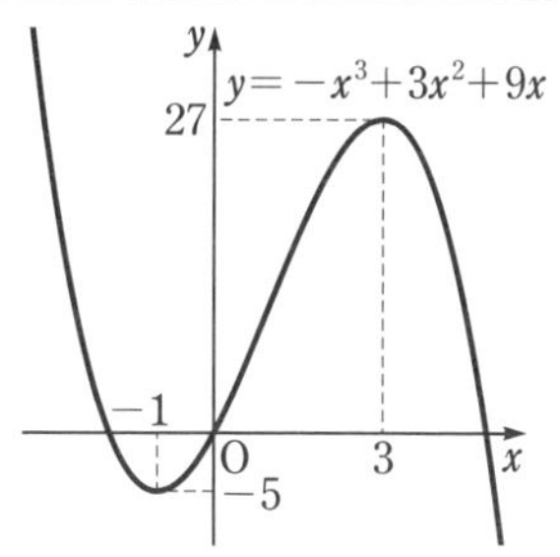

これからは増減表をかいて，極値を調べてからグラフをかくことが多くなるよ。

問 16 次の関数の極値を調べよ。

教科書 p. 182

(1) $f(x)=-x^3+6x^2-12x$ (2) $f(x)=x^3+3x-4$

ガイド $f'(x)$ の符号が変わらないとき，$f(x)$ は極値をもたない。

解答 (1) 導関数は，$f'(x)=-3x^2+12x-12=-3(x-2)^2$ である。

したがって，増減表は次のようになる。

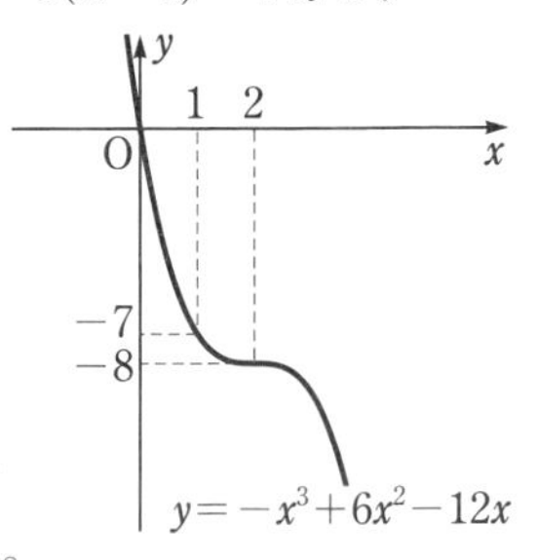

x	……	2	……
$f'(x)$	−	0	−
$f(x)$	↘	−8	↘

よって，関数 $f(x)=-x^3+6x^2-12x$ はつねに減少するから，**極値をもたない**。

(2) 導関数は，$f'(x)=3x^2+3$ であり，すべての x の値に対して $f'(x)>0$ である。

よって，関数 $f(x)=x^3+3x-4$ はつねに増加するから，**極値をもたない**。

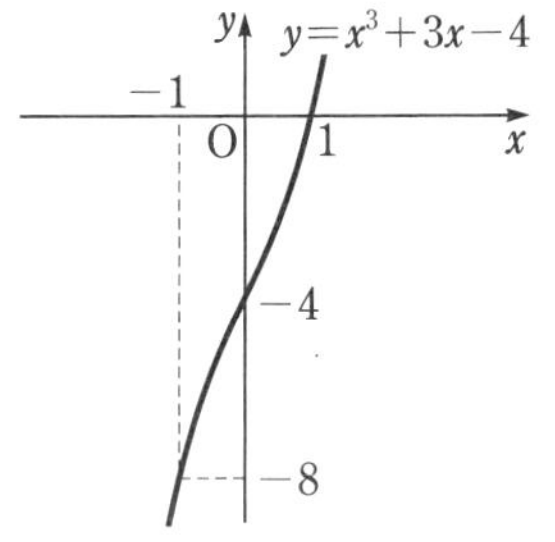

ポイントプラス

$f'(a)=0$ であっても，$f(a)$ が極値になるとは限らない。

$x=a$ で極値をもつときは
その前後で $f'(x)$ の符号が変わるよ。

参考　4次関数のグラフ

問 1　次の関数について，極値を調べ，そのグラフをかけ。

教科書 p.183

(1)　$y=x^4-4x^2+3$　　(2)　$y=-x^4+4x^3-9$

ガイド　3次関数と同様に，増減表をかき，極値を調べ，グラフをかく。

解答　(1)　$y'=4x^3-8x=4x(x+\sqrt{2})(x-\sqrt{2})$

したがって，y の増減表は次のようになる。

x	$\cdots$	$-\sqrt{2}$	$\cdots$	0	$\cdots$	$\sqrt{2}$	$\cdots$
y'	$-$	0	$+$	0	$-$	0	$+$
y	↘	極小 -1	↗	極大 3	↘	極小 -1	↗

よって，この関数は，

$x=0$ のとき極大値 3

$x=-\sqrt{2}$，$\sqrt{2}$ のとき極小値 -1

をとる。

また，グラフは右の図のようになる。

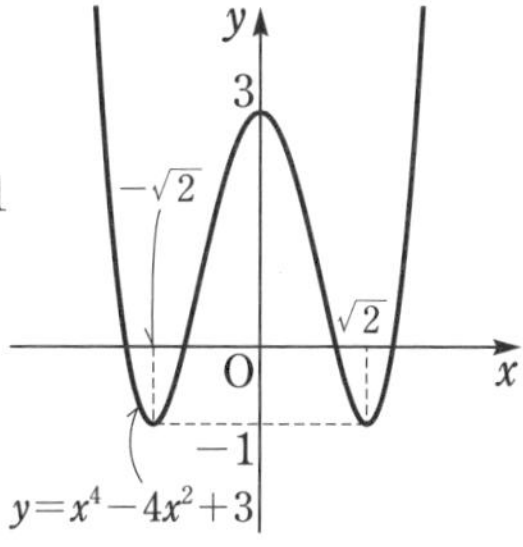

(2)　$y'=-4x^3+12x^2=-4x^2(x-3)$

したがって，y の増減表は次のようになる。

x	$\cdots$	0	$\cdots$	3	$\cdots$
y'	$+$	0	$+$	0	$-$
y	↗	-9	↗	極大 18	↘

よって，この関数は，**$x=3$ のとき極大値 18** をとり，**極小値はない**。

また，グラフは右の図のようになる。

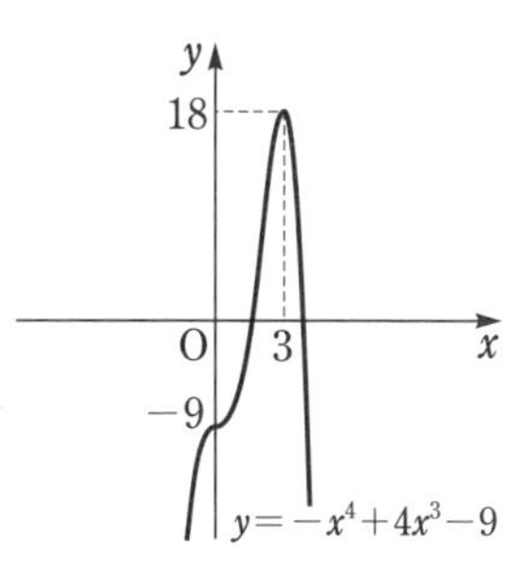

問 17　関数 $y=-x^3+6x^2-20$ の区間 $-1 \leqq x \leqq 2$ における最大値と最小値を求めよ。

教科書 p.184

ガイド　極値と定義域の両端での y の値を調べる。

解答

$$y'=-3x^2+12x$$
$$=-3x(x-4)$$

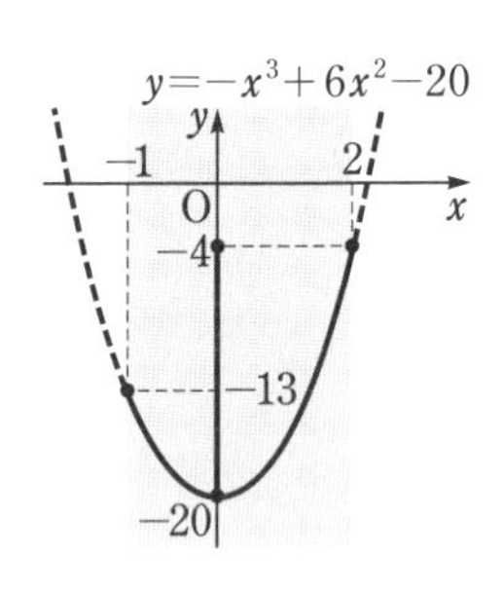

したがって，$-1 \leqq x \leqq 2$ における y の増減表は次のようになる。

x	-1	$\cdots$	0	$\cdots$	2
y'		$-$	0	$+$	
y	-13	↘	極小 -20	↗	-4

よって，この関数は

$x=2$ のとき，最大値 -4，

$x=0$ のとき，最小値 -20 をとる。

問 18　関数 $y=2x^3-3x^2-12x+5$ の区間 $-2 \leqq x \leqq 4$ における最大値と最小値を求めよ。

教科書 p.184

ガイド　極値と定義域の両端での y の値を調べる。

解答

$$y'=6x^2-6x-12$$
$$=6(x+1)(x-2)$$

したがって，$-2 \leqq x \leqq 4$ における y の増減表は次のようになる。

x	-2	$\cdots$	-1	$\cdots$	2	$\cdots$	4
y'		$+$	0	$-$	0	$+$	
y	1	↗	極大 12	↘	極小 -15	↗	37

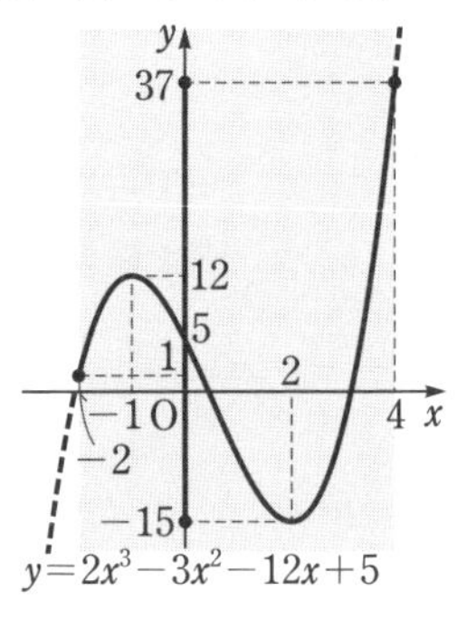

よって，この関数は，

$x=4$ のとき，最大値 37，

$x=2$ のとき，最小値 -15 をとる。

問 19　2 辺が 16 cm，10 cm の長方形の厚紙がある。4 すみから合同な正方形を切り取って，折り曲げ，ふたのない箱を作る。箱の容積の最大値と，そのときの切り取る正方形の 1 辺の長さを求めよ。

教科書 p.185

ガイド　求める長さを x cm，箱の容積を y cm^3 として，x の関数である y の増減を調べる。そのとき，x のとる値の範囲にも注意する。

解答　切り取る正方形の 1 辺の長さを x cm とすると，
$x>0$ かつ $16-2x>0$ かつ $10-2x>0$ より，

$$0<x<5$$

箱の容積を y cm^3 とすると，

$$\begin{aligned} y &= x(16-2x)(10-2x) \\ &= 4x^3-52x^2+160x \\ y' &= 12x^2-104x+160 \\ &= 4(3x^2-26x+40) \\ &= 4(x-2)(3x-20) \end{aligned}$$

したがって，$0<x<5$ における y の増減表は次のようになる。

x	0	$\cdots$	2	$\cdots$	5
y'		$+$	0	$-$	
y		↗	極大 144	↘	

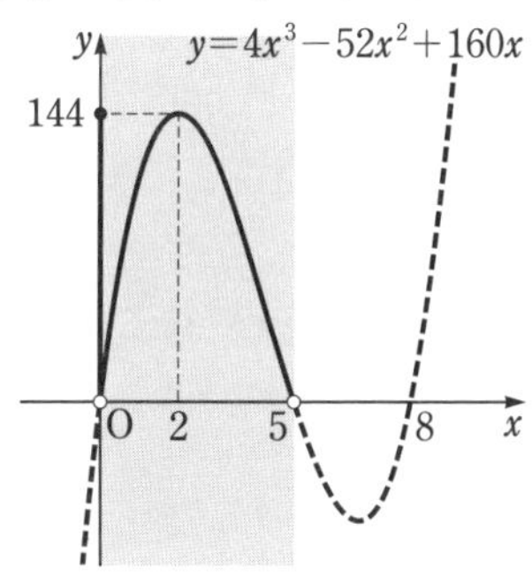

これより，$x=2$ のとき，y の値は最大になる。

よって，箱の容積の最大値は **144 cm³** で，そのときの切り取る正方形の 1 辺の長さは **2 cm** である。

最大値・最小値を求めるときは，
増減表やグラフを活用してみよう。

2 方程式・不等式への応用

問 20 次の方程式の異なる実数解の個数を，グラフを利用して調べよ。

教科書 p.186

(1)　$2x^3-9x^2+12x-4=0$　　(2)　$3x^3-3x^2+x-2=0$

ガイド 方程式 $f(x)=0$ の実数解の個数は，関数 $y=f(x)$ のグラフと x 軸との共有点の個数である。

解答 (1)　$y=2x^3-9x^2+12x-4$　……①

とおくと，

$$y'=6x^2-18x+12$$
$$=6(x-1)(x-2)$$

x	……	1	……	2	……
y'	+	0	−	0	+
y	↗	極大 1	↘	極小 0	↗

したがって，y の増減表は右上のようになる。

これより，①のグラフは右の図のようになり，x 軸と異なる2点で交わる。

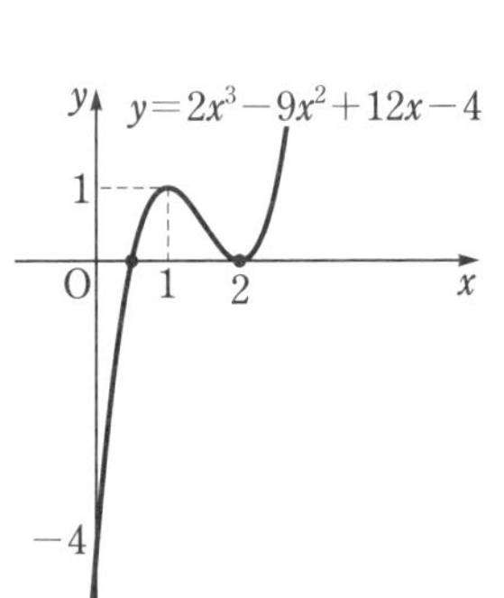

よって，方程式

$$2x^3-9x^2+12x-4=0$$

の異なる実数解は**2個**ある。

(2)　$y=3x^3-3x^2+x-2$　……②　とおくと，

$$y'=9x^2-6x+1$$
$$=(3x-1)^2$$

したがって，y の増減表は右のようになる。

x	……	$\frac{1}{3}$	……
y'	+	0	+
y	↗	$-\frac{17}{9}$	↗

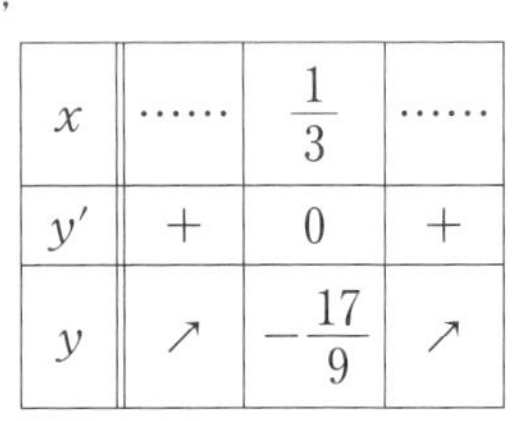

これより，②のグラフは右の図のようになり，x 軸と1点で交わる。

よって，方程式

$$3x^3-3x^2+x-2=0$$

の異なる実数解は**1個**ある。

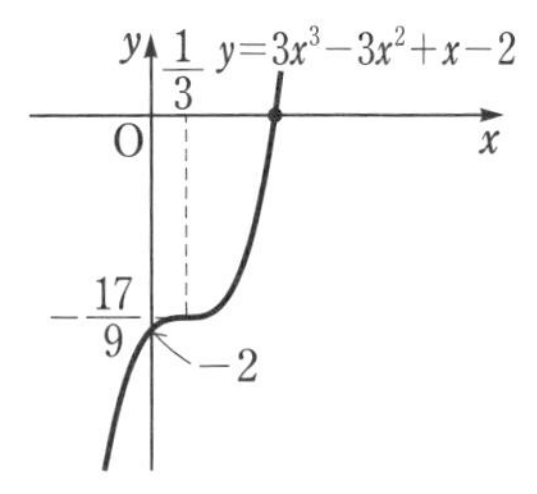

問21 a を定数とするとき，方程式

教科書 p.187

$$x^3-12x-a=0$$

の異なる実数解はいくつあるか。a の値によって分類せよ。

ガイド 与えられた方程式を $x^3-12x=a$ と変形する。方程式 $f(x)=a$ の異なる実数解の個数は，関数 $y=f(x)$ のグラフと直線 $y=a$ との共有点の個数と一致する。

解答 与えられた方程式は，

$$x^3-12x=a$$

と変形できるから，異なる実数解の個数は，$y=x^3-12x$ のグラフと，直線 $y=a$ の共有点の個数に等しい。

ここで，$f(x)=x^3-12x$ とおくと，

$$f'(x)=3x^2-12$$
$$=3(x+2)(x-2)$$

したがって，$f(x)$ の増減表は右のようになる。

x	$\cdots$	-2	$\cdots$	2	$\cdots$
$f'(x)$	$+$	0	$-$	0	$+$
$f(x)$	↗	極大 16	↘	極小 -16	↗

これより，$y=f(x)$ のグラフは，右の図のようになる。

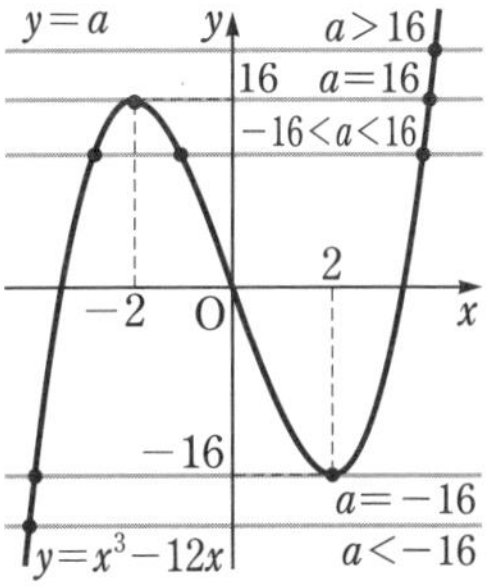

よって，与えられた方程式

$$x^3-12x-a=0$$

の異なる実数解の個数は，

$-16<a<16$ のとき，　3個
$a=\pm16$ のとき，　2個
$a<-16$，$16<a$ のとき，　1個

別解 $f(x)=x^3-12x-a$ とおき，$y=f(x)$ のグラフと x 軸との交点の個数を調べる。$f'(x)=3x^2-12=3(x+2)(x-2)$ より，$f(x)$ の増減表は次のようになる。

x	$\cdots\cdots$	-2	$\cdots\cdots$	2	$\cdots\cdots$
$f'(x)$	$+$	0	$-$	0	$+$
$f(x)$	↗	極大 $16-a$	↘	極小 $-16-a$	↗

これより，$y=f(x)$ のグラフは右の図のようになる。

よって，方程式 $f(x)=0$ の異なる実数解の個数は，

$-16-a<0<16-a$ のとき，　3個
$-16-a=0$ または $16-a=0$ のとき，2個
$-16-a>0$ または $16-a<0$ のとき，1個

すなわち，

$-16<a<16$ のとき，　3個
$a=-16$ または $a=16$ のとき，　2個
$a<-16$ または $16<a$ のとき，　1個

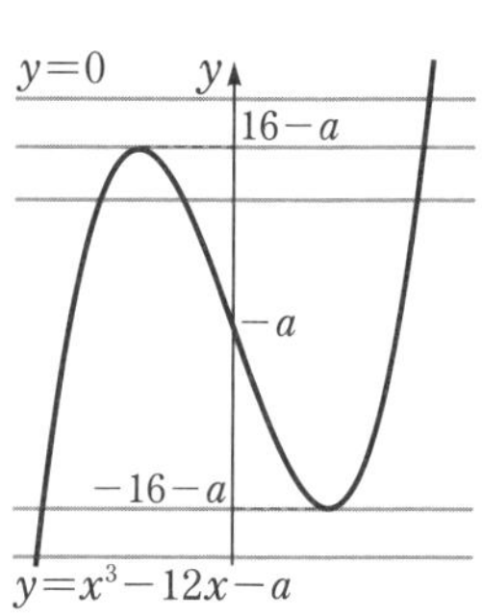

問 22　$x \geqq 0$ のとき，次の不等式が成り立つことを証明せよ。

教科書 p.188

$$4x^3>3x^2-1$$

ガイド　$x \geqq 0$ のとき，関数 $f(x)=4x^3-(3x^2-1)$ の最小値が0より大きいことを示せばよい。

解答　$f(x)=4x^3-(3x^2-1)=4x^3-3x^2+1$ とおくと，

$$f'(x)=12x^2-6x=6x(2x-1)$$

であるから，$x \geqq 0$ における $f(x)$ の増減表は，次のようになる。

x	0	……	$\frac{1}{2}$	……
$f'(x)$		$-$	0	$+$
$f(x)$	1	↘	極小 $\frac{3}{4}$	↗

増減表より，$x \geqq 0$ のとき，$f(x)$ は

$x=\frac{1}{2}$ で最小値 $\frac{3}{4}$

をとることがわかる。

したがって，　$f(x)>0$
すなわち，　$4x^3-(3x^2-1)>0$
よって，　$4x^3>3x^2-1$

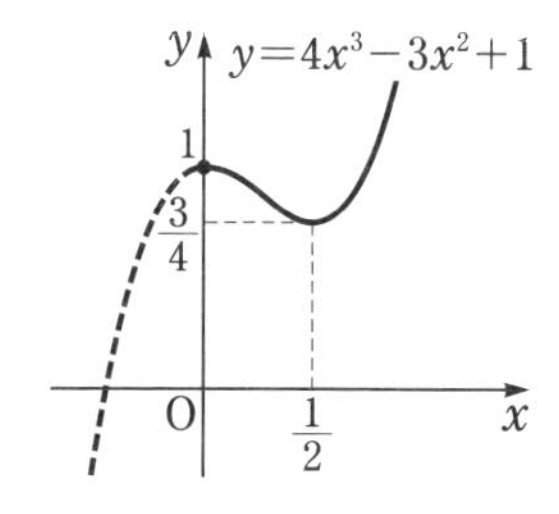

節末問題　第2節　導関数の応用

1　教科書 p.189

次の関数について，極値を調べ，そのグラフをかけ。

(1) $y=-x^3+2x^2-x$　　(2) $y=x(x-1)(x+1)$

(3) $y=x^3-6x^2+12x+3$

ガイド　増減表をかき，極値を調べる。

(3) $y'\geqq 0$ となるから，極値をもたない。

解答　(1) $y'=-3x^2+4x-1=-(3x-1)(x-1)$

$y'=0$ となる x は，

$x=\dfrac{1}{3}$，1

したがって，y の増減表は右のようになる。

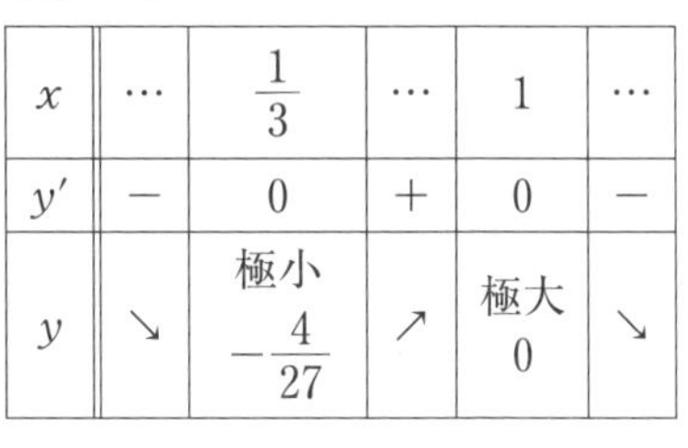

x	$\cdots$	$\dfrac{1}{3}$	$\cdots$	1	$\cdots$
y'	$-$	0	$+$	0	$-$
y	↘	極小 $-\dfrac{4}{27}$	↗	極大 0	↘

よって，この関数は，

$x=1$ のとき，極大値 0

$x=\dfrac{1}{3}$ のとき，極小値 $-\dfrac{4}{27}$

をとる。

$x=0$ のとき $y=0$ であるから，グラフは原点を通る。

以上より，グラフは右の図のようになる。

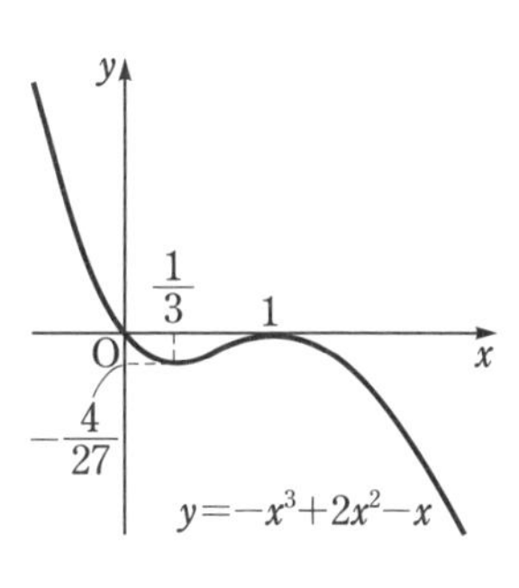

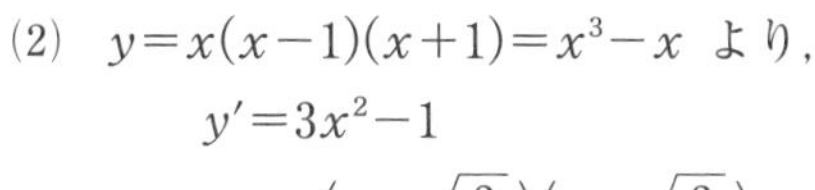

(2) $y=x(x-1)(x+1)=x^3-x$ より，

$y'=3x^2-1$

$=3\left(x+\dfrac{\sqrt{3}}{3}\right)\left(x-\dfrac{\sqrt{3}}{3}\right)$

$y'=0$ となる x は，

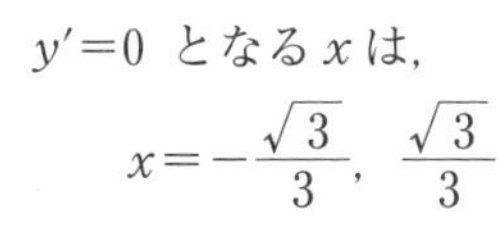

$x=-\dfrac{\sqrt{3}}{3}$，$\dfrac{\sqrt{3}}{3}$

したがって，y の増減表は右のようになる。

x	……	$-\dfrac{\sqrt{3}}{3}$	……	$\dfrac{\sqrt{3}}{3}$	……
y'	$+$	0	$-$	0	$+$
y	↗	極大 $\dfrac{2\sqrt{3}}{9}$	↘	極小 $-\dfrac{2\sqrt{3}}{9}$	↗

よって，この関数は，

$$x=-\frac{\sqrt{3}}{3} \text{ のとき，極大値 } \frac{2\sqrt{3}}{9}$$

$$x=\frac{\sqrt{3}}{3} \text{ のとき，極小値 } -\frac{2\sqrt{3}}{9}$$

をとる。

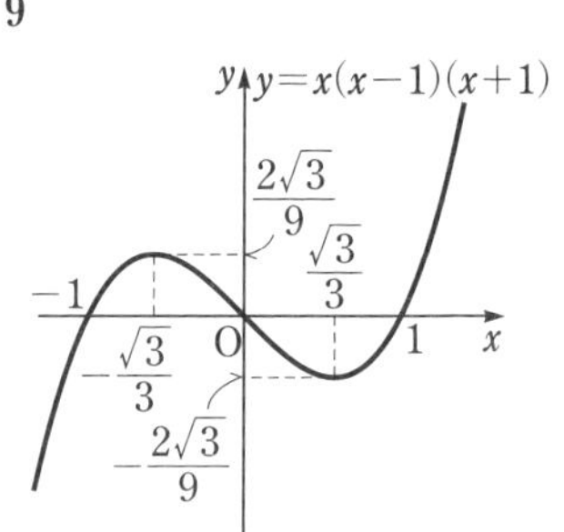

$y=0$ のとき，$x=-1,\ 0,\ 1$ であるから，グラフは x 軸と3点 $(-1,\ 0)$，$(0,\ 0)$，$(1,\ 0)$ で交わる。

以上より，グラフは右の図のようになる。

(3) $y'=3x^2-12x+12=3(x-2)^2$

したがって，y の増減表は右のようになる。

x	$\cdots$	2	$\cdots$
y'	$+$	0	$+$
y	↗	11	↗

よって，関数 $y=x^3-6x^2+12x+3$ はつねに増加するから，**極値をもたない。**

$x=0$ のとき，$y=3$ であるから，グラフは y 軸と点 $(0,\ 3)$ で交わる。

以上より，グラフは右の図のようになる。

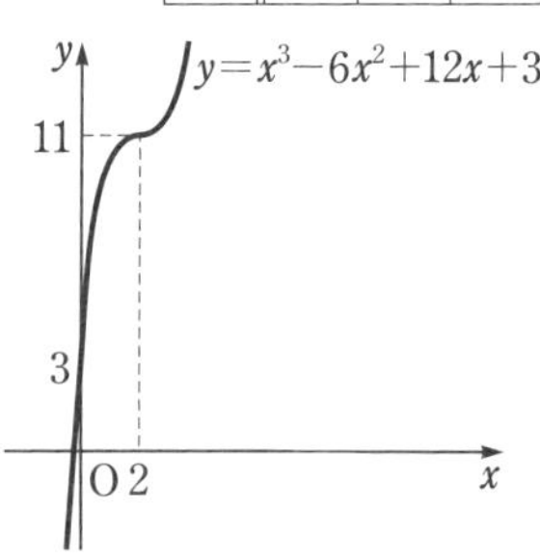

2 教科書 p.189

関数 $y=x^3-3x^2+8$ の区間 $-2 \leqq x \leqq 1$ における最大値と最小値を求めよ。

ガイド 極値と定義域の両端での y の値を調べる。

解答 $y'=3x^2-6x=3x(x-2)$

したがって，$-2 \leqq x \leqq 1$ における増減表は右のようになる。

x	-2	$\cdots$	0	$\cdots$	1
y'		$+$	0	$-$	
y	-12	↗	極大 8	↘	6

よって，この関数は，

$x=0$ のとき，最大値 8

$x=-2$ のとき，最小値 -12

をとる。

☐ **3** 教科書 p.189

放物線 $y=1-x^2$ と x 軸で囲まれた部分に，右の図のように長方形PQRSを内接させる。
点Rの座標を $(x,\ 0)$ として，長方形の面積を表す式を導き，この面積の最大値を求めよ。また，そのときの x の値を求めよ。

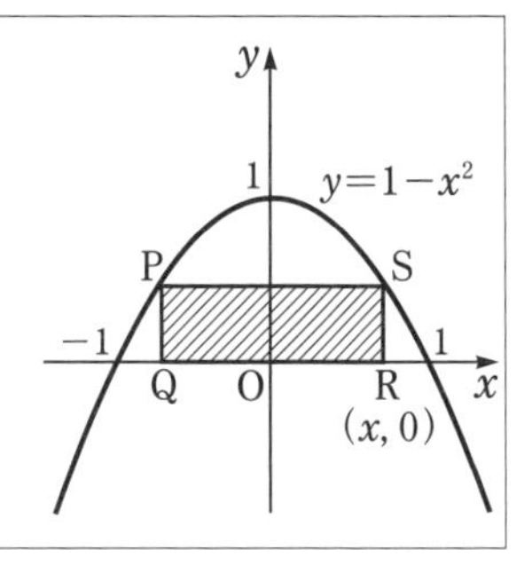

ガイド　x のとる値の範囲に注意する。

解答　図より，　$0<x<1$

また，$S(x,\ 1-x^2)$，$P(-x,\ 1-x^2)$，$Q(-x,\ 0)$ であるから，

$$QR=2x,\ RS=1-x^2$$

長方形PQRSの面積を y とすると，

$$y=2x(1-x^2)=\boldsymbol{-2x^3+2x\ (0<x<1)}$$

$$y'=-6x^2+2=-6\left(x+\frac{\sqrt{3}}{3}\right)\left(x-\frac{\sqrt{3}}{3}\right)$$

したがって，$0<x<1$ における y の増減表は次のようになる。

x	0	…	$\frac{\sqrt{3}}{3}$	…	1
y'	╱	+	0	−	╱
y	╱	↗	極大 $\frac{4\sqrt{3}}{9}$	↘	╱

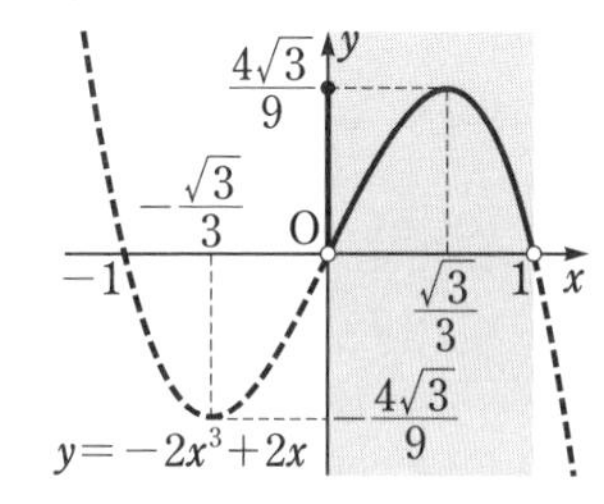

よって，面積は，

$$\boldsymbol{x=\frac{\sqrt{3}}{3}}\ \textbf{のとき，最大値}\ \boldsymbol{\frac{4\sqrt{3}}{9}}$$

をとる。

⚠注意　図形の面積や立体の体積を x の式で表し，最大値や最小値を求めるという問題では，x のとる値の範囲を調べることが重要である。

本問では，図より，点Rの x 座標が0より大きく1より小さいことから，$0<x<1$ となる。

4 教科書 p.189

方程式 $x^3-6x+a=0$ が，異なる正の解を2つ，負の解を1つもつような定数 a の値の範囲を求めよ。

ガイド 方程式を $-x^3+6x=a$ と変形する。$y=-x^3+6x$ のグラフと直線 $y=a$ が，$x>0$ で2個，$x<0$ で1個の共有点をもつときの a の値の範囲を求める。

解答 与えられた方程式は，$-x^3+6x=a$ と変形できるから，この方程式が異なる正の解を2つ，負の解を1つもつのは，$y=-x^3+6x$ のグラフと直線 $y=a$ が，$x>0$ で2個，$x<0$ で1個の共有点をもつときである。

ここで，$f(x)=-x^3+6x$ とおくと，

$$f'(x)=-3x^2+6$$
$$=-3(x+\sqrt{2})(x-\sqrt{2})$$

したがって，$f(x)$ の増減表は右のようになる。

x	$\cdots$	$-\sqrt{2}$	$\cdots$	$\sqrt{2}$	$\cdots$
$f'(x)$	$-$	0	$+$	0	$-$
$f(x)$	↘	極小 $-4\sqrt{2}$	↗	極大 $4\sqrt{2}$	↘

これより，$y=f(x)$ のグラフは，右の図のようになる。

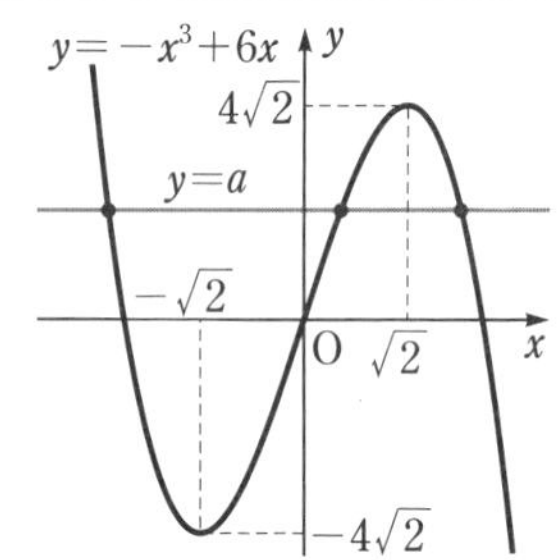

よって，与えられた方程式

$$x^3-6x+a=0$$

が，異なる正の解を2つ，負の解を1つもつような定数 a の値の範囲は，

$$\mathbf{0<a<4\sqrt{2}}$$

問題の条件をグラフの条件によみ換えることがキーポイントだよ。

☐ **5** 教科書 p. 189

$x \geqq 0$ のとき，次の不等式がつねに成り立つような定数 k の値の範囲を求めよ。

$$x^3-x^2-x+k>0$$

ガイド $f(x)=x^3-x^2-x+k$ とおいて，$x \geqq 0$ のときの $f(x)$ の最小値を調べる。

解答 $f(x)=x^3-x^2-x+k$

とおくと，

$$f'(x)=3x^2-2x-1$$
$$=(3x+1)(x-1)$$

であるから，

$x \geqq 0$ における $f(x)$ の増減表は右上のようになる。

x	0	$\cdots$	1	$\cdots$
$f'(x)$		$-$	0	$+$
$f(x)$	k	↘	極小 $-1+k$	↗

増減表より，$x \geqq 0$ のとき，$f(x)$ は $x=1$ で最小値 $-1+k$ をとることがわかる。

よって，$x \geqq 0$ で $f(x)>0$ が成り立つのは，$-1+k>0$ のとき，すなわち，$\boldsymbol{k>1}$ のときである。

プラスワン 不等式を $-x^3+x^2+x<k$ と変形し，$x \geqq 0$ のとき，直線 $y=k$ が $y=-x^3+x^2+x$ のグラフより上にあるような k の値の範囲を求めてもよい。

別解 $f(x)=-x^3+x^2+x$ とおくと，

$$f'(x)=-3x^2+2x+1=-(3x+1)(x-1)$$

したがって，$x \geqq 0$ における $f(x)$ の増減表は次のようになる。

x	0	$\cdots$	1	$\cdots$
$f'(x)$		$+$	0	$-$
$f(x)$	0	↗	極大 1	↘

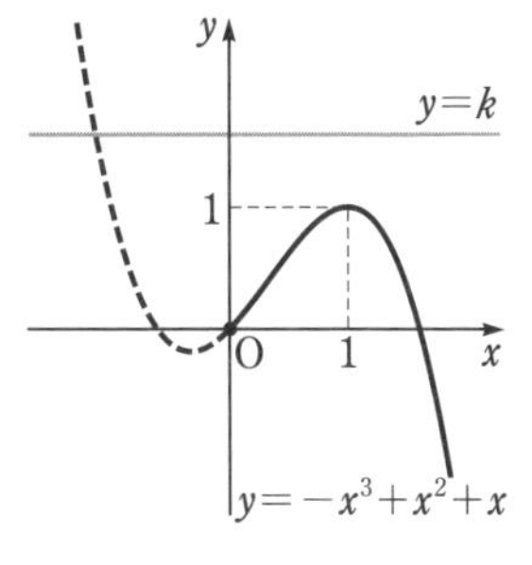

よって，$x \geqq 0$ のとき，$f(x)$ は $x=1$ で最大値 1 をとるから，求める k の値の範囲は，

$$\boldsymbol{k>1}$$

第3節 積 分

1 不定積分

問 23 次の不定積分を求めよ。

教科書 p.192

(1) $\int 7\,dx$　　(2) $\int(6x^2+x-5)\,dx$　　(3) $\int(x^3+4)\,dx$

(4) $\int(x+1)(x+3)\,dx$　　(5) $\int(3t+2)^2\,dt$

ガイド 関数 $f(x)$ に対して，微分すると $f(x)$ になる関数，すなわち，

$$F'(x)=f(x)$$

を満たす関数 $F(x)$ を，$f(x)$ の**原始関数**という。

$f(x)$ の原始関数の1つを $F(x)$ とすると，$f(x)$ の任意の原始関数は，次のように書ける。

$F(x)+C$　　ただし，Cは任意の定数

これらをまとめて $f(x)$ の**不定積分**といい，$\int f(x)\,dx$ で表す。

$f(x)$ の不定積分を求めることを，$f(x)$ を**積分する**といい，定数Cを**積分定数**という。

今後，とくに断らなくても，Cは積分定数を表すものとする。

ここがポイント

[不定積分]

$F'(x)=f(x)$ のとき，$\int f(x)\,dx=F(x)+C$

[x^n の不定積分]

nが0または正の整数のとき，$\int x^n dx=\frac{1}{n+1}x^{n+1}+C$

[定数倍，和・差の不定積分]

1 $\int kf(x)\,dx=k\int f(x)\,dx$　　ただし，kは定数

2 $\int\{f(x)+g(x)\}\,dx=\int f(x)\,dx+\int g(x)\,dx$

$\int\{f(x)-g(x)\}\,dx=\int f(x)\,dx-\int g(x)\,dx$

解答 (1) $\int 7\,dx = 7\int dx$

$= 7\cdot x + C = \boldsymbol{7x + C}$

(2) $\int (6x^2 + x - 5)\,dx = 6\int x^2 dx + \int x\,dx - 5\int dx$

$= 6\cdot\frac{1}{3}x^3 + \frac{1}{2}x^2 - 5\cdot x + C$

$= \boldsymbol{2x^3 + \frac{1}{2}x^2 - 5x + C}$

(3) $\int (x^3 + 4)\,dx = \int x^3 dx + 4\int dx$

$= \frac{1}{4}x^4 + 4\cdot x + C = \boldsymbol{\frac{1}{4}x^4 + 4x + C}$

(4) $\int (x+1)(x+3)\,dx = \int (x^2 + 4x + 3)\,dx$

$= \boldsymbol{\frac{1}{3}x^3 + 2x^2 + 3x + C}$

(5) $\int (3t+2)^2 dt = \int (9t^2 + 12t + 4)\,dt$

$= \boldsymbol{3t^3 + 6t^2 + 4t + C}$

注意 (5) 変数が x 以外の関数についても，同様に不定積分を考える。

問 24 次の条件を満たす関数 $F(x)$ を求めよ。

教科書 p.192

(1) $F'(x) = 5x - 2$, $F(0) = -2$　(2) $F'(x) = (x+1)(x-3)$, $F(-1) = 0$

ガイド $F'(x)$を積分し，もう1つの条件から積分定数を定める。

解答 (1) $F'(x) = 5x - 2$ であるから，

$$F(x) = \int (5x - 2)\,dx = \frac{5}{2}x^2 - 2x + C$$

$F(0)=-2$ であるから,

$$F(0)=\frac{5}{2}\cdot 0^2-2\cdot 0+C=-2 \text{ より}, \quad C=-2$$

よって，求める関数は， $\boldsymbol{F(x)=\frac{5}{2}x^2-2x-2}$

(2) $F'(x)=(x+1)(x-3)=x^2-2x-3$ であるから,

$$F(x)=\int(x^2-2x-3)\,dx=\frac{1}{3}x^3-x^2-3x+C$$

$F(-1)=0$ であるから,

$$F(-1)=\frac{1}{3}\cdot(-1)^3-(-1)^2-3\cdot(-1)+C=0$$

より， $C=-\frac{5}{3}$

よって，求める関数は， $\boldsymbol{F(x)=\frac{1}{3}x^3-x^2-3x-\frac{5}{3}}$

2 定積分

問 25 次の定積分を求めよ。

教科書 p.194
(1) $\int_1^2(x-1)(x-2)\,dx$ (2) $\int_3^0(1-2t^2)\,dt$ (3) $\int_{-1}^1(y^2+2y+1)\,dy$

ガイド 一般に，関数 $f(x)$ の原始関数の1つを $F(x)$ とすると，$F(b)-F(a)$ は，原始関数の選び方に関係なく定まる。この値 $F(b)-F(a)$ を，関数 $f(x)$ の a から b までの**定積分**といい，$\boldsymbol{\int_a^b f(x)\,dx}$ と表す。そして，a をこの定積分の**下端**，b を**上端**という。また，この定積分を求めることを **$f(x)$ を a から b まで積分する** という。

関数 $F(x)$ に対し，$F(b)-F(a)$ を $\Big[\boldsymbol{F(x)}\Big]_a^b$ で表す。

ここがポイント [定積分の定義]
$f(x)$ の原始関数の1つを $F(x)$ とすると，

$$\int_a^b f(x)\,dx=\Big[F(x)\Big]_a^b=F(b)-F(a)$$

定積分の値は，原始関数の選び方によらないので，積分定数を0として計算すればよい。

解答 (1) $\displaystyle\int_1^2(x-1)(x-2)\,dx=\int_1^2(x^2-3x+2)\,dx=\left[\frac{1}{3}x^3-\frac{3}{2}x^2+2x\right]_1^2$

$$=\left(\frac{1}{3}\cdot2^3-\frac{3}{2}\cdot2^2+2\cdot2\right)-\left(\frac{1}{3}\cdot1^3-\frac{3}{2}\cdot1^2+2\cdot1\right)$$

$$=\left(\frac{8}{3}-6+4\right)-\left(\frac{1}{3}-\frac{3}{2}+2\right)=\boldsymbol{-\frac{1}{6}}$$

(2) $\displaystyle\int_3^0(1-2t^2)\,dt=\left[t-\frac{2}{3}t^3\right]_3^0=\left(0-\frac{2}{3}\cdot0^3\right)-\left(3-\frac{2}{3}\cdot3^3\right)$

$$=0-(3-18)=\mathbf{15}$$

(3) $\displaystyle\int_{-1}^1(y^2+2y+1)\,dy=\left[\frac{1}{3}y^3+y^2+y\right]_{-1}^1$

$$=\left(\frac{1}{3}\cdot1^3+1^2+1\right)-\left\{\frac{1}{3}\cdot(-1)^3+(-1)^2+(-1)\right\}$$

$$=\left(\frac{1}{3}+1+1\right)-\left(-\frac{1}{3}+1-1\right)=\boldsymbol{\frac{8}{3}}$$

問26 下の性質 ② が成り立つことを証明せよ。

教科書 p.194

ガイド

ここがポイント [定積分の性質(I)]

① $\displaystyle\int_a^b kf(x)\,dx=k\int_a^b f(x)\,dx$　（k は定数）

② $\displaystyle\int_a^b\{f(x)+g(x)\}\,dx=\int_a^b f(x)\,dx+\int_a^b g(x)\,dx$

$\displaystyle\int_a^b\{f(x)-g(x)\}\,dx=\int_a^b f(x)\,dx-\int_a^b g(x)\,dx$

解答 $f(x)$，$g(x)$ の原始関数の1つをそれぞれ $F(x)$，$G(x)$ とする。
$F(x)+G(x)$ は $f(x)+g(x)$ の原始関数であるから，

$$\int_a^b\{f(x)+g(x)\}\,dx=\Big[F(x)+G(x)\Big]_a^b$$

$$=\{F(b)+G(b)\}-\{F(a)+G(a)\}$$

$$=\{F(b)-F(a)\}+\{G(b)-G(a)\}$$

$$=\Big[F(x)\Big]_a^b+\Big[G(x)\Big]_a^b$$

$$=\int_a^b f(x)\,dx+\int_a^b g(x)\,dx$$

$F(x)-G(x)$ は $f(x)-g(x)$ の原始関数であるから,

$$\begin{aligned}\int_a^b\{f(x)-g(x)\}dx&=\Big[F(x)-G(x)\Big]_a^b\\&=\{F(b)-G(b)\}-\{F(a)-G(a)\}\\&=\{F(b)-F(a)\}-\{G(b)-G(a)\}\\&=\Big[F(x)\Big]_a^b-\Big[G(x)\Big]_a^b\\&=\int_a^b f(x)\,dx-\int_a^b g(x)\,dx\end{aligned}$$

問 27 次の定積分を求めよ。

教科書 p.195

(1) $\displaystyle\int_{-2}^{3}(x^2-3x)\,dx$

(2) $\displaystyle\int_{-1}^{2}(4x^2+6x+2)\,dx-2\int_{-1}^{2}(2x^2+3x-1)\,dx$

ガイド 定積分の性質(I)を利用する。

解答 (1) $\displaystyle\int_{-2}^{3}(x^2-3x)\,dx=\int_{-2}^{3}x^2dx-3\int_{-2}^{3}x\,dx$

$$=\left[\frac{1}{3}x^3\right]_{-2}^{3}-3\left[\frac{1}{2}x^2\right]_{-2}^{3}$$

$$=\frac{1}{3}\cdot(27+8)-3\cdot\frac{1}{2}\cdot(9-4)=\mathbf{\frac{25}{6}}$$

(2) $\displaystyle\int_{-1}^{2}(4x^2+6x+2)\,dx-2\int_{-1}^{2}(2x^2+3x-1)\,dx$

$$\begin{aligned}&=\int_{-1}^{2}(4x^2+6x+2)\,dx-\int_{-1}^{2}2(2x^2+3x-1)\,dx\\&=\int_{-1}^{2}\{(4x^2+6x+2)-2(2x^2+3x-1)\}\,dx\\&=\int_{-1}^{2}4\,dx=4\int_{-1}^{2}dx\\&=4\Big[x\Big]_{-1}^{2}\\&=4(2+1)\\&=\mathbf{12}\end{aligned}$$

問 28　下の性質4，5が成り立つことを証明せよ。

教科書 p.195

ガイド

ここがポイント [定積分の性質(II)]

3　$\displaystyle\int_a^a f(x)\,dx=0$

4　$\displaystyle\int_b^a f(x)\,dx=-\int_a^b f(x)\,dx$

5　$\displaystyle\int_a^b f(x)\,dx=\int_a^c f(x)\,dx+\int_c^b f(x)\,dx$

解答　$f(x)$ の原始関数の1つを $F(x)$ とする。

4
$$\int_b^a f(x)\,dx=\Big[F(x)\Big]_b^a=F(a)-F(b)$$
$$=-\{F(b)-F(a)\}$$
$$=-\Big[F(x)\Big]_a^b$$
$$=-\int_a^b f(x)\,dx$$

5
$$\int_a^c f(x)\,dx+\int_c^b f(x)\,dx=\Big[F(x)\Big]_a^c+\Big[F(x)\Big]_c^b$$
$$=\{F(c)-F(a)\}+\{F(b)-F(c)\}$$
$$=F(b)-F(a)$$
$$=\Big[F(x)\Big]_a^b$$
$$=\int_a^b f(x)\,dx$$

問 29　次の定積分を求めよ。

教科書 p.196

(1)　$\displaystyle\int_1^5(x^2+2x+3)\,dx+\int_5^1(x^2+2x+3)\,dx$

(2)　$\displaystyle\int_{-1}^1(2x^2-x)\,dx-\int_3^1(2x^2-x)\,dx$

ガイド　定積分の性質(II)を利用する。

解答　(1)　$\int_1^5 (x^2+2x+3)\,dx+\int_5^1 (x^2+2x+3)\,dx$

$=\int_1^5 (x^2+2x+3)\,dx-\int_1^5 (x^2+2x+3)\,dx=\mathbf{0}$

(2)　$\int_{-1}^1 (2x^2-x)\,dx-\int_3^1 (2x^2-x)\,dx$

$=\int_{-1}^1 (2x^2-x)\,dx+\int_1^3 (2x^2-x)\,dx$

$=\int_{-1}^3 (2x^2-x)\,dx$

$=\left[\frac{2}{3}x^3-\frac{1}{2}x^2\right]_{-1}^3$

$=\left(18-\frac{9}{2}\right)-\left(-\frac{2}{3}-\frac{1}{2}\right)=\mathbf{\frac{44}{3}}$

問 30　次の等式を満たす関数 $f(x)$ を求めよ。

教科書 p.196

(1)　$f(x)=3x+2\int_0^1 f(t)\,dt$　　(2)　$f(x)=6x+\int_{-1}^1 tf(t)\,dt$

ガイド　定積分は定数になるから，k（k は定数）とおくことができる。

解答　(1)　k を定数として $\int_0^1 f(t)\,dt=k$ とおくと，

$f(x)=3x+2k$

このとき，

$\int_0^1 f(t)\,dt=\int_0^1 (3t+2k)\,dt$

$=\left[\frac{3}{2}t^2+2kt\right]_0^1$

$=\frac{3}{2}+2k$

したがって，$\frac{3}{2}+2k=k$ より，　$k=-\frac{3}{2}$

よって，　$\boldsymbol{f(x)}=3x+2\cdot\left(-\frac{3}{2}\right)\mathbf{=3x-3}$

(2)　k を定数として $\int_{-1}^{1} tf(t)\,dt=k$ とおくと，

$$f(x)=6x+k$$

このとき，

$$\begin{aligned}\int_{-1}^{1} tf(t)\,dt&=\int_{-1}^{1} t(6t+k)\,dt\\&=\int_{-1}^{1}(6t^2+kt)\,dt\\&=\left[2t^3+\frac{1}{2}kt^2\right]_{-1}^{1}\\&=4\end{aligned}$$

したがって，　$k=4$

よって，　$\boldsymbol{f(x)=6x+4}$

問 31　x の関数 $\int_0^x (t^2-5t+2)\,dt$ を微分せよ。

教科書 p.197

ここがポイント　**[定積分と微分の関係]**

a が定数のとき，　$\boldsymbol{\dfrac{d}{dx}\int_a^x f(t)\,dt=f(x)}$

解答　$\dfrac{d}{dx}\int_0^x (t^2-5t+2)\,dt=\boldsymbol{x^2-5x+2}$

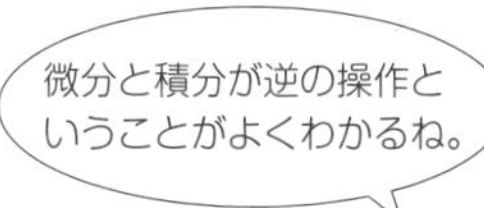

問 32　次の等式を満たす関数 $f(x)$ と定数 a の値を求めよ。

$$\int_a^x f(t)\,dt=3x^2-7x-6$$

教科書 p.197

ガイド　与えられた等式の両辺を x について微分すると，$f(x)$ が求まる。

また，a の値を求めるには，$\int_a^a f(t)\,dt=0$ であることを利用する。

解答 この等式の両辺を x について微分すると，　$f(x)=6x-7$

また，与えられた等式で $x=a$ とすると，

$$\int_a^a f(t)\,dt=3a^2-7a-6$$

$\int_a^a f(t)\,dt=0$ であるから，　$3a^2-7a-6=0$

すなわち，$(3a+2)(a-3)=0$ より，　$a=-\dfrac{2}{3}$，3

よって，　$\boldsymbol{f(x)=6x-7}$，　$\boldsymbol{a=-\dfrac{2}{3}}$，**3**

3 面積と定積分

問 33 放物線 $y=6x-2x^2$ と x 軸および2直線 $x=1$，$x=2$ で囲まれた部分の面積 S を求めよ。

教科書 **p.200**

ガイド

ここがポイント **[面積と定積分]**

区間 $a \leqq x \leqq b$ で，$f(x) \geqq 0$ とする。
$y=f(x)$ のグラフと，x 軸および2直線 $x=a$，$x=b$ で囲まれた図形の面積 S は，

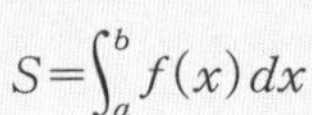

$$S=\int_a^b f(x)\,dx$$

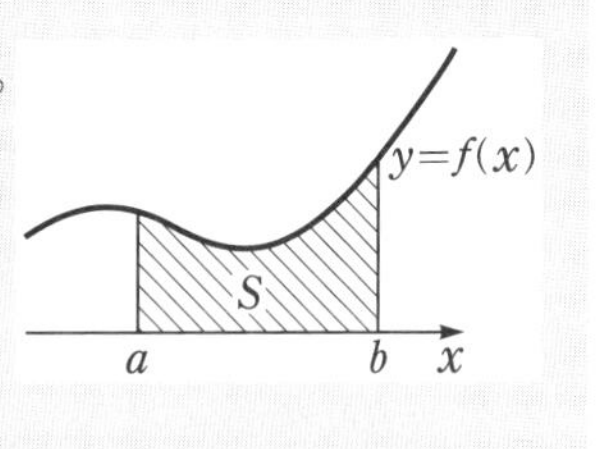

グラフをかき，どの部分の面積を求めるのかを確認する。また，考えている区間で，$y \geqq 0$ であるかどうかも確認する。

解答 $1 \leqq x \leqq 2$ で，

$y=6x-2x^2=-2x(x-3)>0$ であるから，

$$S=\int_1^2 (6x-2x^2)\,dx$$

$$=\left[3x^2-\frac{2}{3}x^3\right]_1^2=\boldsymbol{\frac{13}{3}}$$

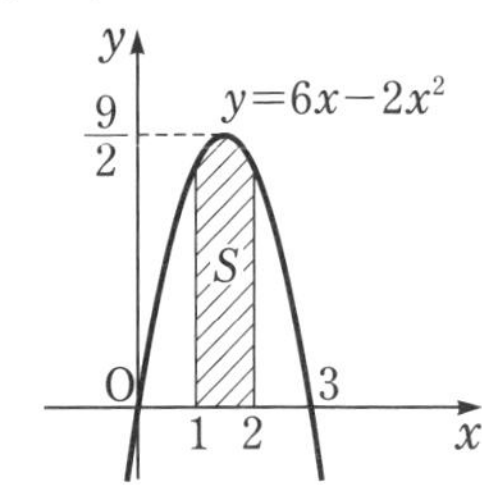

問 34　次の放物線や直線で囲まれた部分の面積 S を求めよ。

教科書 p.200

(1)　放物線 $y=x^2-3x-4$，x 軸

(2)　放物線 $y=x^2-2$，x 軸，y 軸，直線 $x=1$

ガイド

ここがポイント

区間 $a \leqq x \leqq b$ で，$f(x) \leqq 0$ とする。

曲線 $y=f(x)$ と x 軸および2直線 $x=a$，$x=b$ で囲まれた部分の面積 S は，

$$S=\int_a^b\{-f(x)\}dx=-\int_a^b f(x)\,dx$$

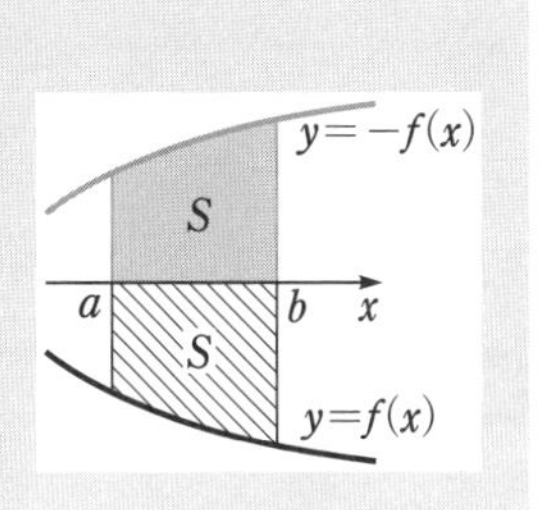

解答　(1)　放物線と x 軸の交点の x 座標は，

$x^2-3x-4=0$ を解いて，　$x=-1$，4

$-1 \leqq x \leqq 4$ の範囲で $y \leqq 0$ であるから，

$$S=-\int_{-1}^4(x^2-3x-4)\,dx$$

$$=-\left[\frac{1}{3}x^3-\frac{3}{2}x^2-4x\right]_{-1}^4=\frac{125}{6}$$

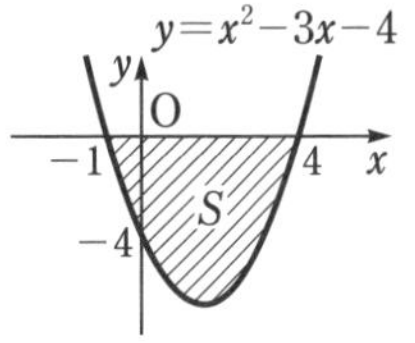

(2)　$0 \leqq x \leqq 1$ の範囲で $y<0$ であるから，

$$S=-\int_0^1(x^2-2)\,dx=-\left[\frac{1}{3}x^3-2x\right]_0^1=\frac{5}{3}$$

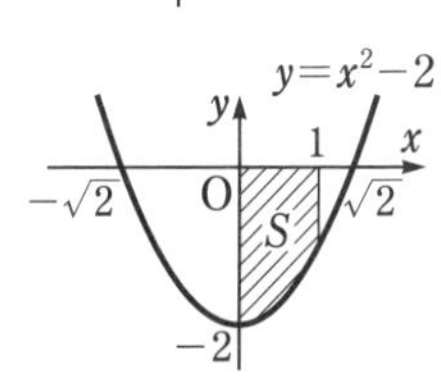

問 35　放物線 $y=x^2-3x$ と直線 $y=x+5$ および2直線 $x=1$，$x=3$ で囲まれた部分の面積 S を求めよ。

教科書 p.202

ガイド

ここがポイント　**[2曲線間の面積]**

区間 $a \leqq x \leqq b$ で $f(x) \geqq g(x)$ とする。

2曲線 $y=f(x)$，$y=g(x)$ および2直線 $x=a$，$x=b$ で囲まれた部分の面積 S は，

$$S=\int_a^b\{f(x)-g(x)\}dx$$

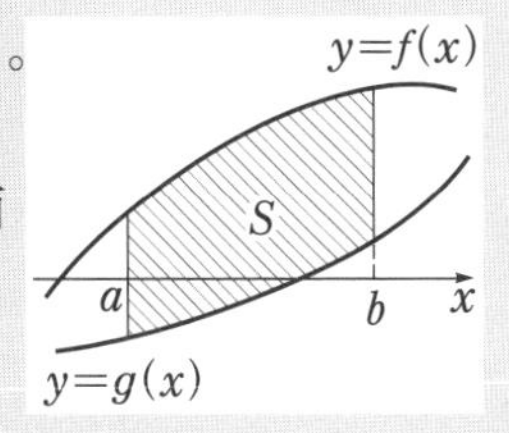

解答 右の図のように，$1 \leqq x \leqq 3$ のとき，

$x+5>x^2-3x$ であるから，

$$S=\int_1^3\{(x+5)-(x^2-3x)\}\,dx$$

$$=\int_1^3(-x^2+4x+5)\,dx$$

$$=\left[-\frac{1}{3}x^3+2x^2+5x\right]_1^3$$

$$=\frac{52}{3}$$

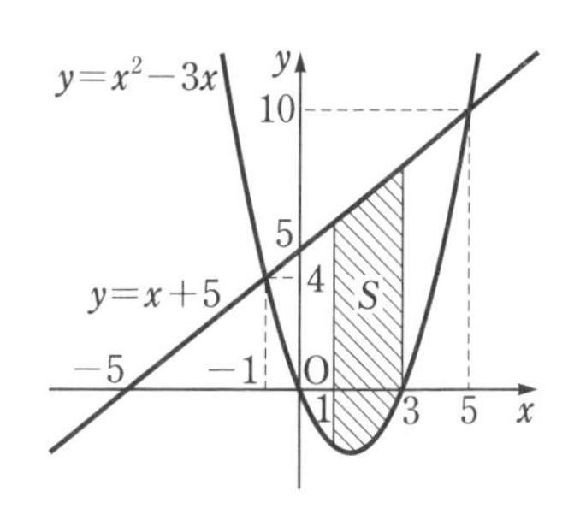

問 36 次の2つの放物線で囲まれた部分の面積 S を求めよ。

教科書 p.202

$$y=x^2-1, \quad y=-x^2+x$$

ガイド 2つの放物線の交点の x 座標を求め，その間の範囲でどちらの放物線が上にあるかを調べて，面積を求める。

解答 2つの放物線の交点の x 座標は，

$$x^2-1=-x^2+x$$

を解いて，　$x=-\dfrac{1}{2}$，1

右の図のように，$-\dfrac{1}{2} \leqq x \leqq 1$ のとき，

$-x^2+x \geqq x^2-1$ であるから，

$$S=\int_{-\frac{1}{2}}^1\{(-x^2+x)-(x^2-1)\}\,dx$$

$$=\int_{-\frac{1}{2}}^1(-2x^2+x+1)\,dx$$

$$=\left[-\frac{2}{3}x^3+\frac{1}{2}x^2+x\right]_{-\frac{1}{2}}^1$$

$$=\frac{9}{8}$$

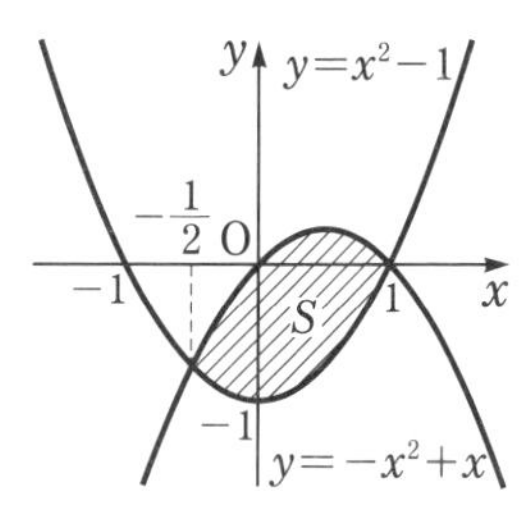

問 37 関数 $y=x^3-3x^2+2x$ のグラフと x 軸で囲まれた部分の面積 S を求めよ。

教科書 p.203

ガイド 関数 $y=x^3-3x^2+2x$ のグラフと x 軸の交点の x 座標を求める。区間によって，3次関数のグラフと x 軸のどちらが上にあるかが変わるから注意する。

解答 関数 $y=x^3-3x^2+2x$ のグラフと x 軸の交点の x 座標は，
$x^3-3x^2+2x=0$ の解，すなわち，

$$x(x-1)(x-2)=0$$

の解であるから，

$$x=0,\ 1,\ 2$$

したがって，関数 $y=x^3-3x^2+2x$ のグラフは右の図のようになり，

$0 \leqq x \leqq 1$ のとき，$y \geqq 0$

$1 \leqq x \leqq 2$ のとき，$y \leqq 0$

よって，

$$S=\int_0^1 (x^3-3x^2+2x)\,dx-\int_1^2 (x^3-3x^2+2x)\,dx$$

$$=\left[\frac{1}{4}x^4-x^3+x^2\right]_0^1-\left[\frac{1}{4}x^4-x^3+x^2\right]_1^2$$

$$=\frac{1}{4}-\left(-\frac{1}{4}\right)$$

$$=\mathbf{\frac{1}{2}}$$

節末問題 第3節 積分

1 教科書 p.204

次の不定積分，定積分を求めよ。

(1) $9\int(1-t^2)\,dt+\int(3t+2)^2\,dt$ (2) $\int_{-2}^{5}(x^2-3x-10)\,dx$

(3) $\int_{-2}^{2}(3x^3+5x)\,dx$

ガイド (1) 展開して整理してから積分する。

解答 (1) $9\int(1-t^2)\,dt+\int(3t+2)^2\,dt$

$=\int 9(1-t^2)\,dt+\int(3t+2)^2\,dt$

$=\int\{9(1-t^2)+(3t+2)^2\}\,dt$

$=\int(12t+13)\,dt$

$=\boldsymbol{6t^2+13t+C}$

(2) $\int_{-2}^{5}(x^2-3x-10)\,dx=\left[\frac{1}{3}x^3-\frac{3}{2}x^2-10x\right]_{-2}^{5}$

$=\left(\frac{125}{3}-\frac{75}{2}-50\right)-\left(-\frac{8}{3}-6+20\right)$

$=\boldsymbol{-\frac{343}{6}}$

(3) $\int_{-2}^{2}(3x^3+5x)\,dx=\left[\frac{3}{4}x^4+\frac{5}{2}x^2\right]_{-2}^{2}=\boldsymbol{0}$

2 教科書 p.204

次の条件をすべて満たす2次関数 $f(x)$ を求めよ。

$f(0)=1,\ f'(1)=2,\ \int_{-1}^{1}f(x)\,dx=\frac{14}{3}$

ガイド $f(x)=ax^2+bx+c\ (a\neq0)$ とおく。

解答 $f(x)=ax^2+bx+c\ (a\neq0)$ とおくと，　$f'(x)=2ax+b$

与えられた条件より，

$f(0)=c=1$ ……①

$f'(1)=2a+b=2$ ……②

$$\int_{-1}^{1}(ax^2+bx+c)\,dx=\left[\frac{1}{3}ax^3+\frac{1}{2}bx^2+cx\right]_{-1}^{1}$$
$$=\left(\frac{1}{3}a+\frac{1}{2}b+c\right)-\left(-\frac{1}{3}a+\frac{1}{2}b-c\right)$$
$$=\frac{2}{3}a+2c=\frac{14}{3}\quad\cdots\cdots③$$

①，②，③を解いて，　$a=4$，$b=-6$，$c=1$

これは，$a\neq0$ を満たす。

よって，求める2次関数 $f(x)$ は，　$\boldsymbol{f(x)=4x^2-6x+1}$

☐ **3** 教科書 p.204

次の等式を満たす関数 $f(x)$ を求めよ。

$$f(x)=x^2+x\int_0^1 f(t)\,dt$$

ガイド 定積分は定数になるから，k（k は定数）とおくことができる。

解答 k を定数として $\int_0^1 f(t)dt=k$ とおくと，　$f(x)=x^2+kx$

このとき，

$$\int_0^1 f(t)\,dt=\int_0^1 (t^2+kt)\,dt$$
$$=\left[\frac{1}{3}t^3+\frac{1}{2}kt^2\right]_0^1$$
$$=\frac{1}{3}+\frac{1}{2}k$$

したがって，$\frac{1}{3}+\frac{1}{2}k=k$ より，　$k=\frac{2}{3}$

よって，　$\boldsymbol{f(x)=x^2+\frac{2}{3}x}$

☐ **4** 教科書 p.204

次の等式を満たす関数 $f(x)$ と定数 a の値を求めよ。

$$\int_x^a f(t)\,dt=3x^2-2x+2-3a$$

ガイド $\frac{d}{dx}\int_x^a f(t)\,dt=\frac{d}{dx}\left\{-\int_a^x f(t)\,dt\right\}=-f(x)$ を利用する。

解答 与えられた等式の両辺を x について微分すると，

$$\frac{d}{dx}\int_x^a f(t)\,dt=\frac{d}{dx}(3x^2-2x+2-3a)$$

$$\frac{d}{dx}\left\{-\int_a^x f(t)\,dt\right\}=6x-2$$

$$-f(x)=6x-2$$

すなわち，　$f(x)=-6x+2$

また，与えられた等式で $x=a$ とすると，

$$\int_a^a f(t)\,dt=3a^2-5a+2$$

$\int_a^a f(t)\,dt=0$ であるから，　$3a^2-5a+2=0$

すなわち，$(3a-2)(a-1)=0$ より，　$a=\frac{2}{3}$，1

よって，　$\boldsymbol{f(x)=-6x+2}$，　$\boldsymbol{a=\frac{2}{3}}$，**1**

⚠注意 $f(x)$ の原始関数の1つを $F(x)$ とすると，

$$\frac{dF(x)}{dx}=f(x)$$

であるから，

$$\frac{d}{dx}\int_x^a f(t)\,dt=\frac{d}{dx}\Big[F(t)\Big]_x^a$$

$$=\frac{d}{dx}\{F(a)-F(x)\}$$

$$=-\frac{dF(x)}{dx}$$

$$=-f(x)$$

5 教科書 p.204

関数 $y=x^3-2x$ のグラフについて，次の問いに答えよ。

(1) 点 $(-1,\ 1)$ における接線の方程式を求めよ。

(2) (1)の接線とこの関数のグラフで囲まれた部分の面積 S を求めよ。

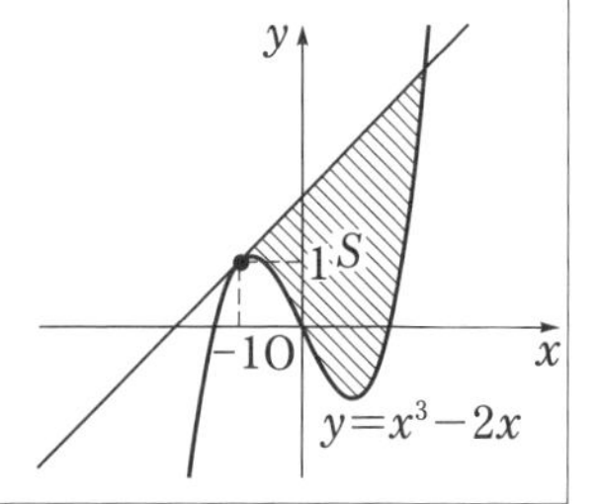

ガイド　(2)　まず，(1)で求めた接線と $y=x^3-2x$ のグラフとの点 $(-1,\ 1)$ 以外の共有点の x 座標を求める。

解答　(1)　$y'=3x^2-2$ より，$x=-1$ のとき，$y'=3\cdot(-1)^2-2=1$

よって，点 $(-1,\ 1)$ における接線の方程式は，

$$y-1=1\cdot(x+1)$$

すなわち，　$\boldsymbol{y=x+2}$

(2)　関数 $y=x^3-2x$ のグラフと接線 $y=x+2$ の共有点の x 座標は，

$x^3-2x=x+2$ を解いて，

$x^3-3x-2=0$

$(x+1)^2(x-2)=0$

$x=-1,\ 2$

$-1\leqq x\leqq 2$ のとき，　$x+2\geqq x^3-2x$

であるから，

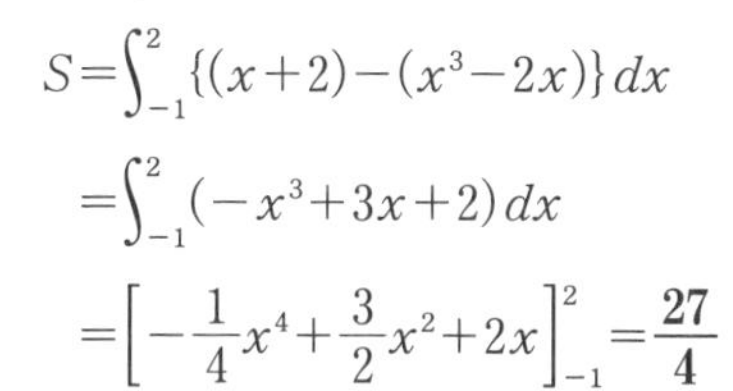

$$S=\int_{-1}^{2}\{(x+2)-(x^3-2x)\}\,dx$$

$$=\int_{-1}^{2}(-x^3+3x+2)\,dx$$

$$=\left[-\frac{1}{4}x^4+\frac{3}{2}x^2+2x\right]_{-1}^{2}=\boldsymbol{\frac{27}{4}}$$

注意　(2)　$y=x^3-2x$ のグラフと接線 $y=x+2$ の接点の x 座標は -1 であるから，$x^3-2x=x+2$，すなわち，

$$x^3-3x-2=0 \quad \cdots\cdots①$$

は，必ず $x=-1$ を解にもつので，①の左辺は $x+1$ を因数にもつ。このことを利用して，①の左辺を因数分解する。

なお，$x=-1$ は重解であるから，実際には，①の左辺は $(x+1)^2$ を因数にもつことになる。

☐ **6**　教科書 p.204

次の曲線や直線で囲まれた部分の面積 S を求めよ。

(1)　$y=x^2-2x-2,\ y=x-2$

(2)　$y=x^2-2x,\ y=-2x^2-2x+3$

ガイド グラフをかき，面積を求める部分を確認する。

解答 (1)　放物線と直線との交点の x 座標は，

$$x^2-2x-2=x-2$$

を解いて，　$x=0,\ 3$

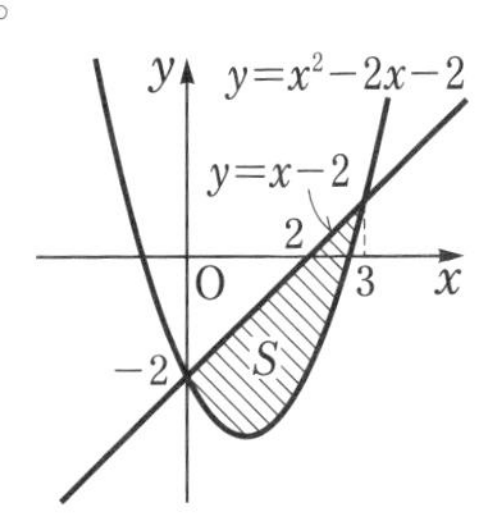

右の図のように，$0 \leqq x \leqq 3$ のとき，

$$x-2 \geqq x^2-2x-2$$

であるから，

$$S=\int_0^3\{(x-2)-(x^2-2x-2)\}\,dx$$

$$=\int_0^3(-x^2+3x)\,dx$$

$$=\left[-\frac{1}{3}x^3+\frac{3}{2}x^2\right]_0^3=\boldsymbol{\frac{9}{2}}$$

(2)　2つの放物線の交点の x 座標は，

$$x^2-2x=-2x^2-2x+3$$

を解いて，　$x=-1,\ 1$

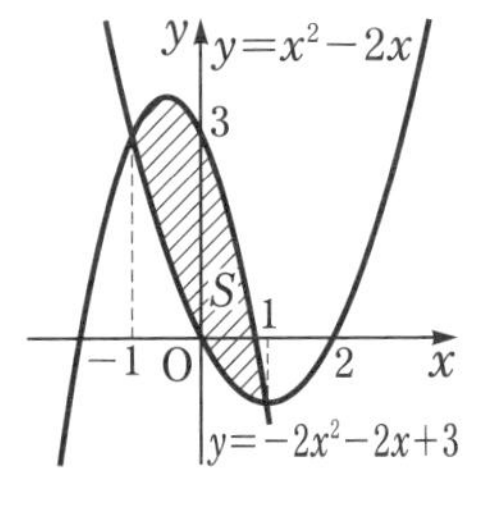

右の図のように，$-1 \leqq x \leqq 1$ のとき，

$$-2x^2-2x+3 \geqq x^2-2x$$

であるから，

$$S=\int_{-1}^1\{(-2x^2-2x+3)-(x^2-2x)\}\,dx$$

$$=\int_{-1}^1(-3x^2+3)\,dx=\left[-x^3+3x\right]_{-1}^1=\mathbf{4}$$

参考　定積分の計算と面積

問 1　放物線 $y=2x^2+4x$ と直線 $y=x+2$ で囲まれた部分の面積 S を求めよ。

教科書 p.205

ガイド　次の等式が成り立つことを利用する。

$$\int_{\alpha}^{\beta}(x-\alpha)(x-\beta)\,dx=-\frac{1}{6}(\beta-\alpha)^3$$

まず，交点の x 座標を求める。次に，面積を求める式を，上の等式が適用できる形に変形する。

解答　放物線と直線の交点の x 座標は，$2x^2+4x=x+2$ を解いて，

$$x=-2,\ \frac{1}{2}$$

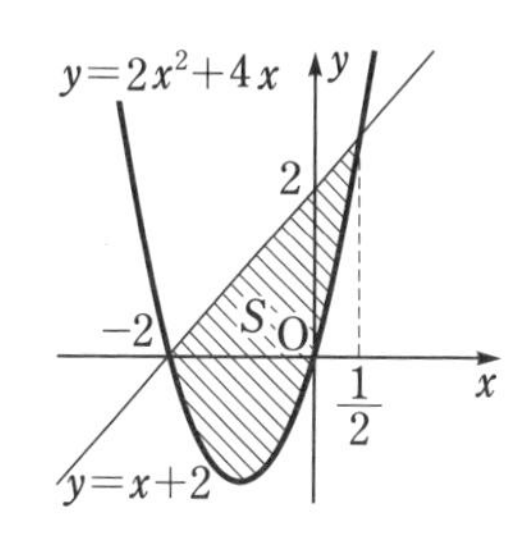

右の図のように，$-2\leqq x\leqq\frac{1}{2}$ のとき，

$x+2\geqq 2x^2+4x$ であるから，

$$S=\int_{-2}^{\frac{1}{2}}\{(x+2)-(2x^2+4x)\}\,dx$$

$$=-\int_{-2}^{\frac{1}{2}}(2x^2+3x-2)\,dx$$

$$=-2\int_{-2}^{\frac{1}{2}}(x+2)\left(x-\frac{1}{2}\right)dx$$

$$=-2\cdot\left(-\frac{1}{6}\right)\left\{\frac{1}{2}-(-2)\right\}^3=\mathbf{\frac{125}{24}}$$

プラスワン　**ガイド** の等式の証明は，数学Ⅲで学習する公式

$\int(ax+b)^n dx=\frac{1}{(n+1)a}(ax+b)^{n+1}+C$ を利用すると，次のようになる。

$$\int_{\alpha}^{\beta}(x-\alpha)(x-\beta)\,dx=\int_{\alpha}^{\beta}(x-\alpha)\{(x-\alpha)+(\alpha-\beta)\}\,dx$$

$$=\int_{\alpha}^{\beta}\{(x-\alpha)^2+(\alpha-\beta)(x-\alpha)\}\,dx$$

$$=\left[\frac{1}{3}(x-\alpha)^3+\frac{\alpha-\beta}{2}(x-\alpha)^2\right]_{\alpha}^{\beta}$$

$$=-\frac{1}{6}(\beta-\alpha)^3$$

章末問題

A

1 教科書 p.206

関数 $f(x)=x^3-x^2$ について，次の問いに答えよ。

(1) 関数 $f(x)$ の値の増減を調べ，$y=f(x)$ のグラフをかけ。

(2) 直線 $y=5x+b$ がこの関数のグラフの接線となるとき，定数 b の値を求めよ。ただし，$b>0$ とする。

(3) この関数のグラフと(2)で求めた接線の接点以外の共有点の座標を求めよ。

ガイド (2) $b>0$ であることに注意する。

解答 (1) $f'(x)=3x^2-2x=x(3x-2)$

$f'(x)=0$ となる x は，　$x=0,\ \dfrac{2}{3}$

$f'(x)>0$ を解くと，　$x<0,\ \dfrac{2}{3}<x$

$f'(x)<0$ を解くと，　$0<x<\dfrac{2}{3}$

したがって，$f(x)$ の増減表は右のようになる。

x	$\cdots\cdots$	0	$\cdots\cdots$	$\dfrac{2}{3}$	$\cdots\cdots$
$f'(x)$	$+$	0	$-$	0	$+$
$f(x)$	$\nearrow$	極大 0	$\searrow$	極小 $-\dfrac{4}{27}$	$\nearrow$

よって，$f(x)$ は，

$x\leqq 0,\ \dfrac{2}{3}\leqq x$ で増加し，$0\leqq x\leqq \dfrac{2}{3}$ で減少する。

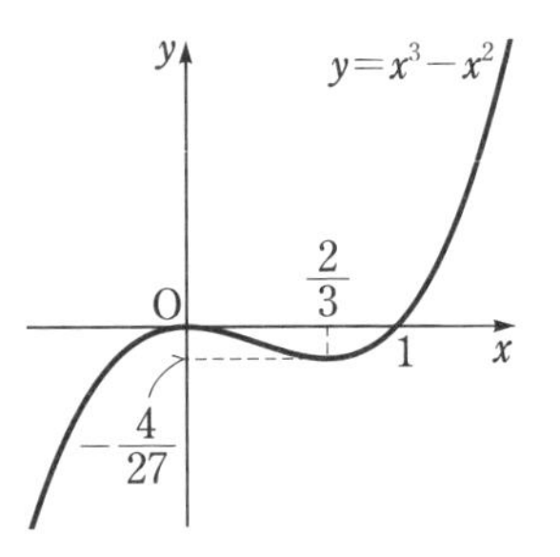

また，この関数は，

$x=0$ のとき，極大値 0

$x=\dfrac{2}{3}$ のとき，極小値 $-\dfrac{4}{27}$

をとる。

$y=0$ のとき，$x=0,\ 1$ であるから，グラフは x 軸と2点 $(0,\ 0)$，$(1,\ 0)$ で交わる。

以上より，$y=f(x)$ のグラフは右上の図のようになる。

(2) 接点の x 座標を a とおく。

$f'(x)=3x^2-2x$ より，　$f'(a)=3a^2-2a$

したがって，$3a^2-2a=5$ より，　$(a+1)(3a-5)=0$

よって，　$a=-1,\ \dfrac{5}{3}$

接線の方程式は，

$a=-1$ のとき，接点の座標は $(-1,\ -2)$ となるから，

$y-(-2)=5\{x-(-1)\}$　すなわち，　$y=5x+3$

よって，　$b=3$

$a=\dfrac{5}{3}$ のとき，接点の座標は $\left(\dfrac{5}{3},\ \dfrac{50}{27}\right)$ となるから，

$y-\dfrac{50}{27}=5\left(x-\dfrac{5}{3}\right)$　すなわち，　$y=5x-\dfrac{175}{27}$

よって，$b=-\dfrac{175}{27}$ となるが，これは $b>0$ に反する。

以上より，　$\boldsymbol{b=3}$

(3) $x^3-x^2=5x+3$

$(x+1)^2(x-3)=0$

より，接点以外の共有点の x 座標は，　$x=3$

よって，求める座標は，　**(3, 18)**

□ **2** 教科書 p.206

a を定数とするとき，関数 $f(x)=x^3-ax$ について，次の問いに答えよ。

(1) $a>0$ のとき，$f(x)$ の極値を求めよ。

(2) $a\leqq 0$ のとき，$f(x)$ はつねに増加することを示せ。

ガイド (2) $a\leqq 0$ のとき，$f'(x)\geqq 0$ であることを示す。

解答 (1) $a>0$ のとき，　$f'(x)=3x^2-a=3\left(x+\sqrt{\dfrac{a}{3}}\right)\left(x-\sqrt{\dfrac{a}{3}}\right)$

$f'(x)=0$ となる x は，

$x=-\sqrt{\dfrac{a}{3}},\ \sqrt{\dfrac{a}{3}}$

したがって，$f(x)$ の増減表は右のようになる。

x	$\cdots$	$-\sqrt{\dfrac{a}{3}}$	$\cdots$	$\sqrt{\dfrac{a}{3}}$	$\cdots$
$f'(x)$	$+$	0	$-$	0	$+$
$f(x)$	↗	極大 $\dfrac{2a\sqrt{3a}}{9}$	↘	極小 $-\dfrac{2a\sqrt{3a}}{9}$	↗

よって，$f(x)$ の極値は，

$$x=-\sqrt{\frac{a}{3}}\ \text{のとき，極大値}\ \frac{2a\sqrt{3a}}{9}$$

$$x=\sqrt{\frac{a}{3}}\ \text{のとき，極小値}\ -\frac{2a\sqrt{3a}}{9}$$

(2)　$a\leqq 0$ のとき，　つねに $f'(x)=3x^2-a\geqq 0$ である。

よって，$a\leqq 0$ のとき，$f(x)$ はつねに増加する。

3　教科書 p.206

右の図のように，底面の半径が 10 cm，高さが 20 cm の円錐(すい)に，円柱を内接させる。円柱の底面の半径を x cm として，この円柱の体積を表す式を作れ。また，体積が最大となるような x の値を求めよ。

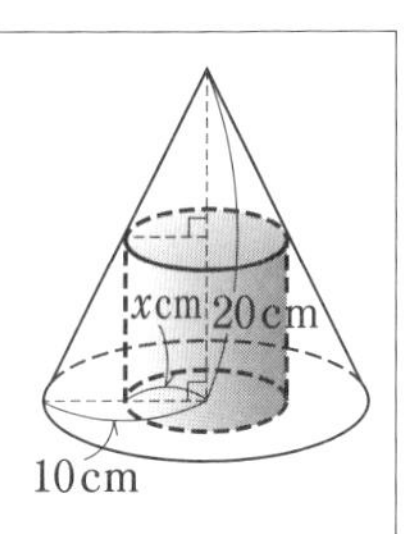

ガイド　円柱の高さを h cm とすると，$10:20=x:(20-h)$ となる。

解答　円錐に内接する円柱の高さを h cm として，右のような断面図を考えると，

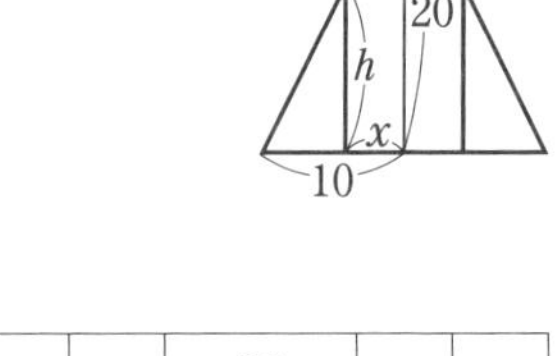

$10:20=x:(20-h)$

これより，

$h=2(10-x)$　$(0<x<10)$

円柱の体積を y cm^3 とすると，

$y=\pi x^2\cdot 2(10-x)$

$\quad=\boldsymbol{2\pi x^2(10-x)}$　$\boldsymbol{(0<x<10)}$

右辺を展開すると，

$y=-2\pi x^3+20\pi x^2$

$y'=-6\pi x^2+40\pi x$

$\quad=-2\pi x(3x-20)$

x	0	…	$\frac{20}{3}$	…	10
y'	／	＋	0	－	／
y	／	↗	極大	↘	／

$y'=0$ となる x は，　$x=0,\ \dfrac{20}{3}$

したがって，$0<x<10$ における y の増減表は右上のようになる。

よって，体積が**最大となるような x の値は，$x=\dfrac{20}{3}$**

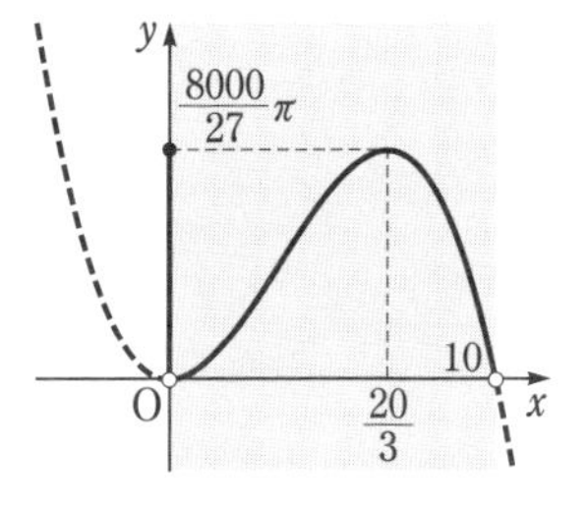

□ **4**　教科書 p.206

次の条件(i)，(ii)を満たす関数 $f(x)$ を求めよ。

(i)　関数 $y=f(x)$ のグラフは点 $(2,\ 3)$ を通る。

(ii)　任意の実数 a に対し，関数 $f(x)$ の $x=a$ における微分係数は $2a+1$ である。

ガイド　(ii)より，$f'(a)=2a+1$ である。

解答　(ii)より，関数 $f(x)$ は2次関数である。

ここで，$f(x)=\alpha x^2+\beta x+\gamma$ とおく。

$f'(x)=2\alpha x+\beta$ であるから，

$$f'(a)=2\alpha a+\beta$$

ここで，$x=a$ における微分係数が $2a+1$ であるから，

$$\alpha=1,\ \beta=1$$

また，(i)より，このグラフは点 $(2,\ 3)$ を通るから，

$$f(2)=2^2+2+\gamma=3$$

すなわち，　$\gamma=-3$

以上より，$\boldsymbol{f(x)=x^2+x-3}$

別解　(ii)より，任意の実数 a に対し，$f'(a)=2a+1$ であるから，

$$f'(x)=2x+1$$

したがって，$f(x)=\int f'(x)\,dx=\int(2x+1)\,dx$

$$=x^2+x+C\quad (C\text{は積分定数})$$

(i)より，$f(2)=3$ であるから，

$$f(2)=2^2+2+C=3$$

これより，　$C=-3$

よって，　$\boldsymbol{f(x)=x^2+x-3}$

□ **5**　教科書 p.206

次の定積分の値が最小となるような定数 a の値と，その最小値を求めよ。

$$\int_0^1(a^2x^2-2ax+1)\,dx$$

ガイド　定積分を a についての2次関数とみて，最小値を求める。

解答 $\displaystyle\int_0^1(a^2x^2-2ax+1)\,dx=\left[\frac{1}{3}a^2x^3-ax^2+x\right]_0^1$

$$=\frac{1}{3}a^2-a+1$$

$$=\frac{1}{3}\left(a-\frac{3}{2}\right)^2+\frac{1}{4}$$

よって，$\boldsymbol{a=\frac{3}{2}}$ **のとき，最小値** $\boldsymbol{\frac{1}{4}}$ をとる。

6 教科書 p.206

x についての関数 $f(x)=\displaystyle\int_1^x(t^2+t-2)\,dt$ の極値を求めよ。

ガイド $f'(x)=x^2+x-2$ から極値を調べる。

解答 $f'(x)=\dfrac{d}{dx}\displaystyle\int_1^x(t^2+t-2)\,dt$

$=x^2+x-2=(x+2)(x-1)$

$f'(x)=0$ となる x は，　$x=-2,\ 1$

ここで，

$$f(-2)=\int_1^{-2}(t^2+t-2)\,dt=\left[\frac{1}{3}t^3+\frac{1}{2}t^2-2t\right]_1^{-2}$$

$$=\frac{1}{3}(-8-1)+\frac{1}{2}(4-1)-2(-2-1)=\frac{9}{2}$$

$$f(1)=\int_1^1(t^2+t-2)\,dt=0$$

したがって，$f(x)$ の増減表は右のようになる。

x	$\cdots$	-2	$\cdots$	1	$\cdots$
$f'(x)$	$+$	0	$-$	0	$+$
$f(x)$	↗	極大 $\frac{9}{2}$	↘	極小 0	↗

よって，

$\boldsymbol{x=-2}$ **のとき，極大値** $\boldsymbol{\frac{9}{2}}$

$\boldsymbol{x=1}$ **のとき，極小値** $\boldsymbol{0}$

B

7 教科書 p.207

a を正の定数とするとき，関数 $f(x)=x^3-6x^2+9x$ の区間 $0 \leqq x \leqq a$ における最大値を求めよ。

ガイド $1 \leqq a < 4$ のときは，極大値が最大値になり，$a=4$ のときは，最大値と $f(4)$ が一致することに注意する。

解答 $f'(x)=3x^2-12x+9=3(x-3)(x-1)$

より，$0 \leqq x$ における $f(x)$ の増減表は右のようになる。

x	0	…	1	…	3	…
$f'(x)$		$+$	0	$-$	0	$+$
$f(x)$	0	↗	4	↘	0	↗

ここで，$f(x)=4$ となるような x を考えると，

$x^3-6x^2+9x=4$

$x^3-6x^2+9x-4=0$

この方程式は $x=1$ を解にもつから，

$(x-1)(x^2-5x+4)=0$

$(x-1)^2(x-4)=0$

したがって，$f(x)=4$ となる x は，$x=1$ の他に $x=4$ である。

よって，

$0<a<1$，$4<a$ のとき，$x=a$ で最大値 a^3-6a^2+9a

$1 \leqq a < 4$ のとき，$x=1$ で最大値 4

$a=4$ のとき，$x=1$，4 で最大値 4

8 教科書 p.207

a を正の定数とするとき，関数 $f(x)=ax^3-6ax^2+8$ の区間 $-1 \leqq x \leqq 2$ における最小値が -24 となるような a の値を求めよ。

ガイド $f(-1)$ と $f(2)$ の大小に注意する。

解答 $f'(x)=3ax^2-12ax=3ax(x-4)$

より，$-1 \leqq x \leqq 2$ における $f(x)$ の増減表は右のようになる。

x	-1	…	0	…	2
$f'(x)$		$+$	0	$-$	
$f(x)$	$-7a+8$	↗	8	↘	$-16a+8$

ここで，$a>0$ より，

$$f(-1)-f(2)=(-7a+8)-(-16a+8)$$
$$=9a>0$$

であるから，　$f(-1)>f(2)$

すなわち，$f(x)$ は $x=2$ のときに最小値をとる。

この最小値が -24 となればよいので，

$$f(2)=-16a+8=-24$$

よって，　$\boldsymbol{a=2}$

9　教科書 p.207

$f(x)$ が1次関数のとき，次の不等式を証明せよ。

$$\left\{\int_0^1 f(x)\,dx\right\}^2<\int_0^1\{f(x)\}^2\,dx$$

ガイド　$f(x)=ax+b\ (a\neq 0)$ とおいて，右辺－左辺>0 を示す。

解答　1次関数 $f(x)$ を，

$$f(x)=ax+b\ \ (a\neq 0)$$

とおくと，

$$\left\{\int_0^1 f(x)\,dx\right\}^2=\left\{\int_0^1 (ax+b)\,dx\right\}^2$$
$$=\left\{\left[\frac{1}{2}ax^2+bx\right]_0^1\right\}^2=\left(\frac{1}{2}a+b\right)^2$$
$$=\frac{1}{4}a^2+ab+b^2$$

$$\int_0^1\{f(x)\}^2\,dx=\int_0^1(ax+b)^2\,dx=\int_0^1(a^2x^2+2abx+b^2)\,dx$$
$$=\left[\frac{1}{3}a^2x^3+abx^2+b^2x\right]_0^1$$
$$=\frac{1}{3}a^2+ab+b^2$$

このとき，不等式の両辺の差を調べると，$a\neq 0$ より，

$$\left(\frac{1}{3}a^2+ab+b^2\right)-\left(\frac{1}{4}a^2+ab+b^2\right)=\frac{1}{12}a^2>0$$

よって，　$\left\{\int_0^1 f(x)\,dx\right\}^2<\int_0^1\{f(x)\}^2\,dx$ が成り立つ。

10
教科書 p.207

a は定数で，$0<a<2$ とする。放物線 $y=x(x-a)$ と x 軸で囲まれた部分の面積を S_1，放物線 $y=x(x-a)$ の $x \geqq a$ の部分と x 軸および直線 $x=2$ で囲まれた部分の面積を S_2 とする。

$S=S_1+S_2$ とするとき，S の最小値を求めよ。また，最小となるときの a の値を求めよ。

ガイド まず，S_1 と S_2 をそれぞれ求める。

解答 S_1 は右の図の斜線部分の面積であるから，

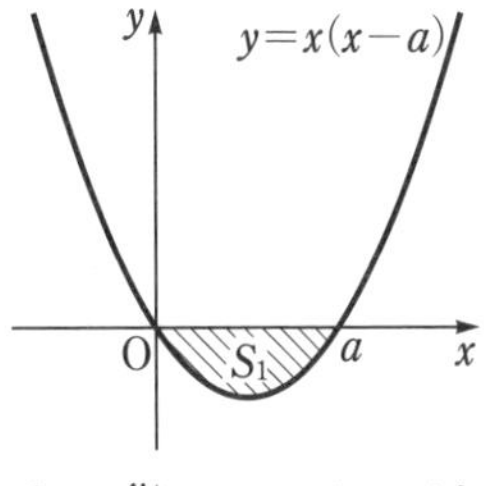

$$S_1=-\int_0^a x(x-a)\,dx$$
$$=-\int_0^a (x^2-ax)\,dx$$
$$=-\left[\frac{1}{3}x^3-\frac{1}{2}ax^2\right]_0^a=\frac{a^3}{6}$$

S_2 は右の図の斜線部分の面積であるから，

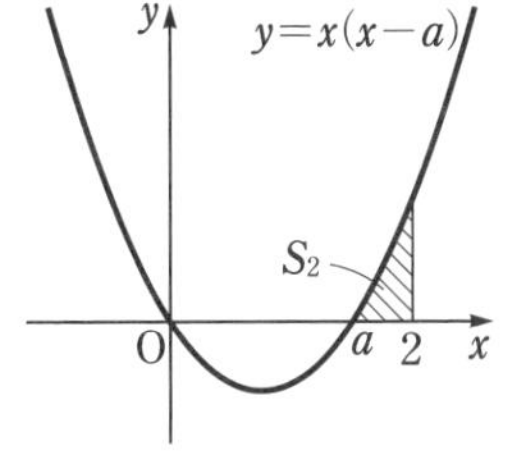

$$S_2=\int_a^2 x(x-a)\,dx$$
$$=\int_a^2 (x^2-ax)\,dx$$
$$=\left[\frac{1}{3}x^3-\frac{1}{2}ax^2\right]_a^2$$
$$=\frac{a^3}{6}-2a+\frac{8}{3}$$

よって，　$S=S_1+S_2=\dfrac{a^3}{3}-2a+\dfrac{8}{3}$

$$\frac{dS}{da}=a^2-2=(a+\sqrt{2})(a-\sqrt{2})$$

したがって，$0<a<2$ における S の増減表は右のようになる。

a	0	$\cdots$	$\sqrt{2}$	$\cdots$	2
$\dfrac{dS}{da}$	／	$-$	0	$+$	／
S	／	↘	極小 $\dfrac{8-4\sqrt{2}}{3}$	↗	／

よって，S は $\boldsymbol{a=\sqrt{2}}$ **のとき**，**最小値** $\boldsymbol{\dfrac{8-4\sqrt{2}}{3}}$ をとる。

11 教科書 p.207

放物線 $y=2x-x^2$ と x 軸で囲まれた部分の面積が，直線 $y=ax$ で2等分されるように，定数 a の値を定めよ。

ガイド 放物線と x 軸で囲まれた部分の面積 S_1 と放物線と直線 $y=ax$ で囲まれた部分の面積 S_2 をそれぞれ求め，$S_1=2S_2$ とする。a のとる値の範囲に注意する。

解答 放物線 $y=2x-x^2$ と x 軸との交点の x 座標は，$2x-x^2=0$ を解いて，　$x=0,\ 2$

放物線と x 軸とで囲まれた部分の面積を S_1 とすると，

$$S_1=\int_0^2(2x-x^2)\,dx$$

$$=\left[x^2-\frac{1}{3}x^3\right]_0^2=\frac{4}{3}$$

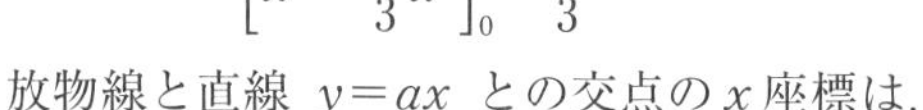

放物線と直線 $y=ax$ との交点の x 座標は，$2x-x^2=ax$ を解いて，　$x=0,\ 2-a$

したがって，放物線と x 軸で囲まれた部分の面積が，直線 $y=ax$ で2等分されるためには，$0<2-a<2$ すなわち，$0<a<2$ であることが必要となる。

放物線と直線 $y=ax$ で囲まれた部分の面積を S_2 とすると，$0<a<2$ のとき，

$$S_2=\int_0^{2-a}\{(2x-x^2)-ax\}\,dx=\int_0^{2-a}\{(2-a)x-x^2\}\,dx$$

$$=\left[\frac{1}{2}(2-a)x^2-\frac{1}{3}x^3\right]_0^{2-a}$$

$$=\frac{1}{2}(2-a)^3-\frac{1}{3}(2-a)^3=\frac{1}{6}(2-a)^3$$

題意が成り立つのは，$S_1=2S_2$ のときであるから，

$$\frac{4}{3}=2\times\frac{1}{6}(2-a)^3 \text{ より，}\quad (2-a)^3=4$$

a は実数より，　$2-a=\sqrt[3]{4}$

したがって，　$a=2-\sqrt[3]{4}$

$(\sqrt[3]{4})^3=4$，$2^3=8$ より，$\sqrt[3]{4}<2$ であるから，これは $0<a<2$ を満たす。

よって，　$\boldsymbol{a=2-\sqrt[3]{4}}$

プラスワン　S_1，S_2 は，

$$\int_{\alpha}^{\beta}(x-\alpha)(x-\beta)\,dx=-\frac{1}{6}(\beta-\alpha)^3$$

を利用すると，次のように求められる。

$$S_1=\int_0^2(2x-x^2)\,dx=-\int_0^2 x(x-2)\,dx$$

$$=\frac{1}{6}(2-0)^3=\frac{4}{3}$$

$$S_2=\int_0^{2-a}\{(2x-x^2)-ax\}\,dx=-\int_0^{2-a}x\{x-(2-a)\}\,dx$$

$$=\frac{1}{6}\{(2-a)-0\}^3=\frac{1}{6}(2-a)^3$$

12　教科書 p.207

点 $(2,\ -5)$ から放物線 $y=x^2$ に引いた2本の接線の方程式を求めよ。また，この放物線とこれらの接線で囲まれた部分の面積 S を求めよ。

ガイド　放物線 $y=x^2$ 上の点 $(a,\ a^2)$ における接線が点 $(2,\ -5)$ を通ると考える。

解答　$y'=2x$ であるから，放物線上の点 $(a,\ a^2)$ における接線の方程式は，

$$y-a^2=2a(x-a)$$

$$y=2ax-a^2 \quad \cdots\cdots ①$$

直線①が点 $(2,\ -5)$ を通るから，

$$-5=2a\cdot 2-a^2$$

これを解いて，　$a=-1,\ 5$

①より，

$a=-1$ のとき，接点は $(-1,\ 1)$

接線の方程式は $y=-2x-1$

$a=5$ のとき，　接点は $(5,\ 25)$

接線の方程式は $y=10x-25$

上の図のように，

$-1 \leqq x \leqq 2$ のとき，$x^2 \geqq -2x-1$

$2 \leqq x \leqq 5$ のとき，$x^2 \geqq 10x-25$

であるから，2本の接線と放物線で囲まれた部分の面積 S は，

第5章　微分と積分

$$S=\int_{-1}^{2}\{x^2-(-2x-1)\}\,dx+\int_{2}^{5}\{x^2-(10x-25)\}\,dx$$
$$=\int_{-1}^{2}(x^2+2x+1)\,dx+\int_{2}^{5}(x^2-10x+25)\,dx$$
$$=\left[\frac{1}{3}x^3+x^2+x\right]_{-1}^{2}+\left[\frac{1}{3}x^3-5x^2+25x\right]_{2}^{5}$$
$$=9+9=18$$

よって，**接線の方程式** $\boldsymbol{y=-2x-1}$，$\boldsymbol{y=10x-25}$

$\boldsymbol{S=18}$

プラスワン Sは，数学Ⅲで学習する公式

$$\int(ax+b)^n dx=\frac{1}{(n+1)a}(ax+b)^{n+1}+C$$

（Cは積分定数）

を利用すると，次のように求められる。

$$S=\int_{-1}^{2}(x^2+2x+1)\,dx+\int_{2}^{5}(x^2-10x+25)\,dx$$
$$=\int_{-1}^{2}(x+1)^2dx+\int_{2}^{5}(x-5)^2dx$$
$$=\left[\frac{1}{3}(x+1)^3\right]_{-1}^{2}+\left[\frac{1}{3}(x-5)^3\right]_{2}^{5}$$
$$=\frac{1}{3}\cdot3^3+\left\{-\frac{1}{3}\cdot(-3)^3\right\}=\mathbf{18}$$

13 教科書 p.207

$f(a)=\int_0^1|x-a|\,dx$ とおく。定数aの値の範囲を次の3つの場合に分けて$f(a)$を求め，関数 $y=f(a)$ のグラフをかけ。

(i) $a\leqq0$　　(ii) $0<a<1$　　(iii) $1\leqq a$

ガイド $y=|x-a|$ は，$x\leqq a$ のとき，$y=-(x-a)$

$x\geqq a$ のとき，$y=x-a$

解答 (i) $a\leqq0$ のとき，

$$f(a)=\int_0^1(x-a)\,dx$$
$$=\left[\frac{1}{2}x^2-ax\right]_0^1$$
$$=-a+\frac{1}{2}$$

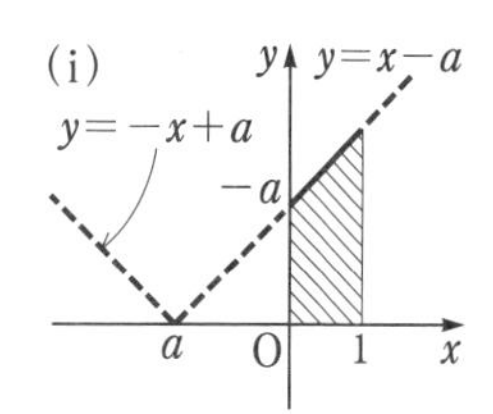

(ii) $0<a<1$ のとき，

$$f(a)=\int_0^a(-x+a)\,dx+\int_a^1(x-a)\,dx$$
$$=\left[-\frac{1}{2}x^2+ax\right]_0^a+\left[\frac{1}{2}x^2-ax\right]_a^1$$
$$=\frac{1}{2}a^2+\left(\frac{1}{2}-a+\frac{1}{2}a^2\right)$$
$$=a^2-a+\frac{1}{2}$$

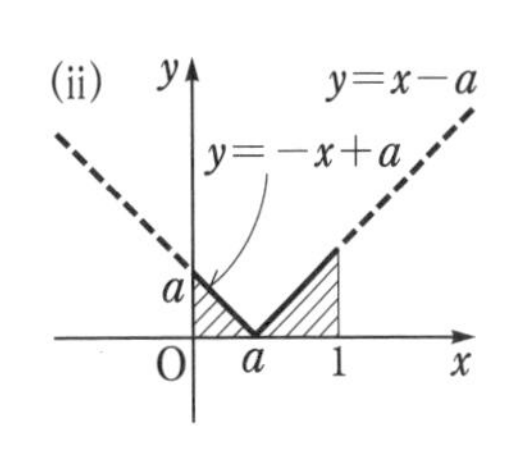

(iii) $1\leqq a$ のとき，

$$f(a)=\int_0^1(-x+a)\,dx$$
$$=\left[-\frac{1}{2}x^2+ax\right]_0^1$$
$$=a-\frac{1}{2}$$

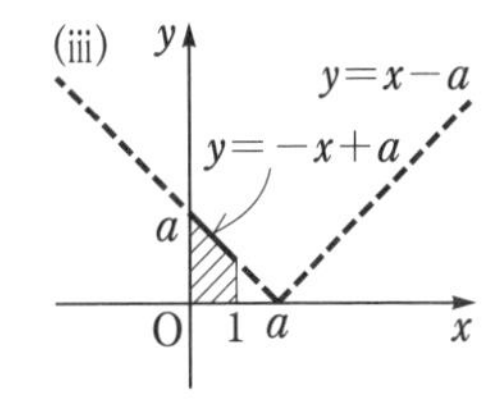

(i)～(iii)より，

$$\boldsymbol{f(a)=\begin{cases}-a+\dfrac{1}{2} & (a\leqq 0)\\ a^2-a+\dfrac{1}{2} & (0<a<1)\\ a-\dfrac{1}{2} & (1\leqq a)\end{cases}}$$

よって，$y=f(a)$ のグラフは右の図のようになる。

探究編

パスカルの三角形の特徴

挑戦 1 右の図において，たとえば，□の位置に書かれている数 3 は，☆からこの位置まで最短距離で移動する道順の総数に等しい。
この理由を説明せよ。
また，このことに着目して，下の③の別証明を考えよ。

教科書 p.211

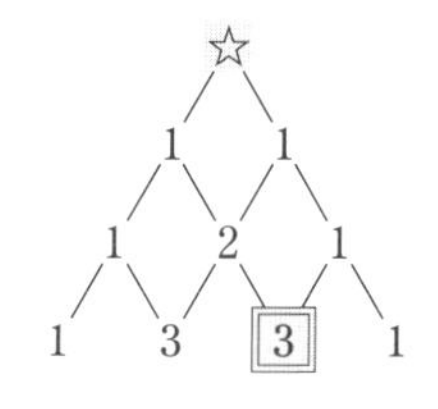

ガイド パスカルの三角形には，次の 3 つの特徴がある。

① 各段の両端の数はすべて 1 である。

② 左右対称である。

③ 両端以外の数は，すぐ左上と右上の 2 つの数の和になっている。

解答 パスカルの三角形において，右下に 1 つ移動することを記号 ↘ で表し，左下に 1 つ移動することを記号 ↙ で表すことにする。

そして，これらの記号を 1 列に並べた記号列は，対応する移動を☆から出発して順次行ったときの道順を表すものとする。

たとえば，長さ 3 の記号列 ↘ ↘ ↙ は，☆から出発して，はじめに右下に移動し，次に右下に移動し，さらに左下に移動することを表している。

すなわち，この記号列は，☆から出発して③に至る道順の 1 つを定めている。

この記法を用いると，☆から出発して③に至る道順は，次の 3 通りある。

↘ ↘ ↙，　↘ ↙ ↘，　↙ ↘ ↘

このように，③に至る道順は，2 つの ↘ と 1 つの ↙ を 1 列に並べた記号列と 1 対 1 に対応し，その総数は，3 つの場所から記号 ↘ が入る 2 か所を選ぶ場合の数 ${}_3C_2$ に一致する。

一般に，パスカルの三角形において二項係数 ${}_nC_r$ が位置する場所 ${}_nC_r$ に至る道順は，r 個の ↘ と $(n-r)$ 個の ↙ を 1 列に並べた記号列と1対1に対応し，その総数は ${}_n\mathrm{C}_r$ である。

すなわち，☆から ${}_n\mathrm{C}_r$ まで移動する道順の総数は ${}_n\mathrm{C}_r$ に等しい。

さて，☆から出発して ${}_n\mathrm{C}_r$ に至るためには，その左上の ${}_{n-1}\mathrm{C}_{r-1}$ または右上の ${}_{n-1}\mathrm{C}_r$ のいずれかを経由しなければならない。

したがって，${}_n\mathrm{C}_r={}_{n-1}\mathrm{C}_{r-1}+{}_{n-1}\mathrm{C}_r$ が成り立つ。

多様性を養おう（課題学習）

教科書 p.211　パスカルの三角形には，他にどのような特徴があるか考えてみよう。また，その性質を証明してみよう。

ガイド　${}_n\mathrm{C}_r$ の性質や二項定理を用いて考える。

解答　たとえば，次のような特徴がある。

① n 段目に現れる数の総和は，2^n である。

証明　二項定理より，パスカルの三角形の n 段目に現れる数は，

${}_n\mathrm{C}_0$，${}_n\mathrm{C}_1$，${}_n\mathrm{C}_2$，……，${}_n\mathrm{C}_n$ である。

ここで，教科書 p.11 の例5より，

${}_n\mathrm{C}_0+{}_n\mathrm{C}_1+{}_n\mathrm{C}_2+\cdots\cdots+{}_n\mathrm{C}_n=2^n$

が成り立つ。

よって，n 段目に現れる数の総和は，2^n である。

② 下の図のように，各段の左から2番目の数は，正の整数を1から順に並べた列になっている。

1 1

1 2 1

1 3 3 1

1 4 6 4 1

1 5 10 10 5 1

1 6 15 20 15 6 1

証明　二項定理より，パスカルの三角形の n 段目に現れる数は，

${}_n\mathrm{C}_0$，${}_n\mathrm{C}_1$，${}_n\mathrm{C}_2$，……，${}_n\mathrm{C}_n$ である。

したがって，n 段目の左から2番目の数は，${}_n\mathrm{C}_1=n$ である。

よって，各段の左から2番目の数は，正の整数を1から順に並べた列になる。

相加平均と相乗平均の利用

挑戦 2 面積が10の長方形の周の長さが最小になるように，長方形の縦の長さと横の長さを定めよ。

教科書 p.213

ガイド 長方形の縦の長さを a，横の長さを b として，相加平均と相乗平均の不等式を利用する。

解答 長方形の縦の長さを a，横の長さを b とすると，

$a>0$，$b>0$ ……①

長方形の面積が10であるから，　$ab=10$ ……②

また，長方形の周の長さは，　$2(a+b)$

ここで，①より，相加平均と相乗平均の関係から，$\dfrac{a+b}{2} \geqq \sqrt{ab}$ が成り立つ。②より，　$\dfrac{a+b}{2} \geqq \sqrt{10}$　　したがって，　$2(a+b) \geqq 4\sqrt{10}$

等号が成り立つのは，$a=b$ のときである。

よって，$a=b=\sqrt{10}$ のとき，長方形の周の長さの最小値は $4\sqrt{10}$

したがって，求める**縦の長さ**は $\sqrt{10}$，**横の長さ**は $\sqrt{10}$

多様性を養おう

教科書 p.213

右の図のように，長さが ℓ の棒を垂直な壁にたてかける。どのようにたてかけたとき，△OAB の面積が最大となるだろうか。

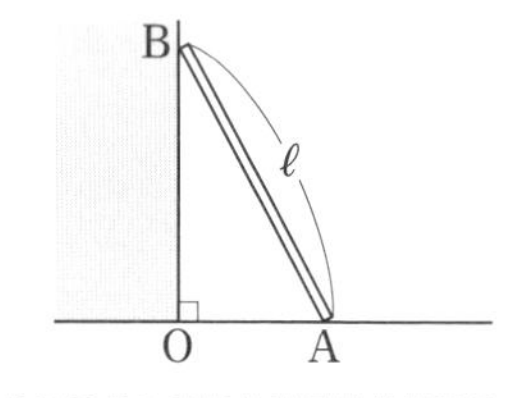

ガイド OA$=a$，OB$=b$ として，相加平均と相乗平均の不等式を利用する。

解答 OA$=a$，OB$=b$，AB$=\ell$ とすると，

$a>0$，$b>0$，$\ell>0$ ……①

三平方の定理より，　$a^2+b^2=\ell^2$ ……②

また，△OAB の面積を S とすると，　$S=\dfrac{1}{2}ab$

ここで，①より，$a^2>0$，$b^2>0$ であるから，

相加平均と相乗平均の関係より，　$\dfrac{a^2+b^2}{2} \geqq \sqrt{a^2b^2}$　……③　が成り立つ。

ただし，①より，等号が成り立つのは $a=b$ のときである。

さらに，①より，　$\sqrt{a^2b^2}=|ab|=ab$　が成り立つ。

したがって，③より，　$\dfrac{a^2+b^2}{2} \geqq ab$

以上のことから，　$\dfrac{a^2+b^2}{4} \geqq \dfrac{1}{2}ab=S$

となるので，②より，　$\dfrac{1}{4}\ell^2 \geqq S$ が成り立つ。

よって，$a=b$ のとき，②より，$a^2+a^2=\ell^2$

これらを解いて，$a=\dfrac{\ell}{\sqrt{2}}$

したがって，$\mathbf{OA=OB}=\dfrac{\ell}{\sqrt{2}}$ **のとき**最大となる。

2次方程式の実数解の符号

挑戦3　2次方程式 $x^2+2kx+k+6=0$ が次のような解をもつような定数 k の値の範囲を，解と係数の関係を利用して求めよ。

教科書 p.215

(1)　異なる2つの負の解　　(2)　異符号の解

ガイド　2次方程式 $ax^2+bx+c=0$ の2つ解 α，β と判別式 $D=b^2-4ac$ について，次のことが成り立つ。

[1]　α，β が異なる2つの正の解

$\iff D>0$ で，$\alpha+\beta>0$ かつ $\alpha\beta>0$

[2]　α，β が異なる2つの負の解

$\iff D>0$ で，$\alpha+\beta<0$ かつ $\alpha\beta>0$

[3]　α，β が異符号の解 $\iff \alpha\beta<0$

解答　2次方程式 $x^2+2kx+k+6=0$ の判別式を D とし，2つの解を α，β とする。

(1)　この2次方程式が異なる2つの負の解をもつための条件は，

$D>0$ で，$\alpha+\beta<0$ かつ $\alpha\beta>0$

が成り立つことである。

まず，$\dfrac{D}{4}=k^2-k-6=(k+2)(k-3)$ であるから，$D>0$ より，

$(k+2)(k-3)>0$

すなわち，　$k<-2,\ 3<k$　……①

解と係数の関係より，　$\alpha+\beta=-2k,\ \alpha\beta=k+6$　であるから，

$\alpha+\beta<0$ より，　$-2k<0$　　すなわち，　$k>0$　……②

$\alpha\beta>0$ より，　$k+6>0$　　すなわち，　$k>-6$　……③

①，②，③を同時に満たす k の値の範囲を求めて，　$\boldsymbol{3<k}$

(2)　この2次方程式が異符号の解をもつための条件は，$\alpha\beta<0$ が成り立つことである。

解と係数の関係より，　$\alpha\beta=k+6$ であるから，

$\alpha\beta<0$ より，　$k+6<0$　　すなわち，　$\boldsymbol{k<-6}$

柔軟性を養おう　1

教科書 p.215　挑戦3 の ガイド の[1]で，$D>0$ という条件を外すと，必ずしも異なる2つの正の解をもつとは限らない。そのような2次方程式を作ってみよう。

また，[3]では $D>0$ という条件がないが，それはなぜだろうか。

ガイド　$D=0$，$D<0$ となる2次方程式をそれぞれ作ってみる。

解答　たとえば，2次方程式 $x^2-2x+1=0$　……① の判別式を D とし，2つの解を α，β とすると，$\alpha+\beta=2>0$，$\alpha\beta=1>0$ であるが，$D=0$ より，2次方程式①は重解をもつ。

よって，2次方程式①は，異なる2つの正の解をもたない。

また，2次方程式 $x^2-x+1=0$　……② の判別式を D とし，2つの解を α，β とすると，$\alpha+\beta=1>0$，$\alpha\beta=1>0$ であるが，$D<0$ より，2次方程式②は異なる2つの虚数解をもつ。

ここで，教科書 p.34 で学んだように，虚数の正負は考えない。

よって，2次方程式②は，異なる2つの正の解をもたない。

また，α，β を解にもつ2次方程式 $x^2-(\alpha+\beta)x+\alpha\beta=0$ の判別式を D とすると，$\alpha\beta<0$ のとき，$D=(\alpha+\beta)^2-4\alpha\beta>0$

よって，[3]では $D>0$ という条件は必要ない。

柔軟性を養おう　2

教科書 p.215

m を実数とする。2次方程式 $ax^2+bx+c=0$ が，m より大きい異なる2つの解をもつための条件を求めてみよう。

ガイド　$\alpha>m,\ \beta>m \iff \alpha-m>0,\ \beta-m>0$

解答　2次方程式 $2x^2+bx+c=0$ の判別式を D とし，2つの解を α, β とすると，この2次方程式が m より大きい異なる2つの解をもつための条件は，

$$D>0 \text{ で，} \alpha<m \text{ かつ } \beta>m$$

が成り立つことである。

まず，$D=b^2-4ac>0$

$\alpha>m$ かつ $\beta>m$ より，$\alpha-m>0$ かつ $\beta-m>0$ であるから，

$$(\alpha-m)+(\beta-m)>0 \quad \cdots\cdots① \quad \text{かつ}$$

$$(\alpha-m)(\beta-m)>0 \quad \cdots\cdots②$$

が成り立てばよい。

解と係数の関係より，$\alpha+\beta=-\dfrac{b}{a}$，$\alpha\beta=\dfrac{c}{a}$ であるから，

$$(\alpha-m)+(\beta-m)=(\alpha+\beta)-2m=-\frac{b}{a}-2m$$

①より，$-\dfrac{b}{a}-2m>0$　すなわち，$\dfrac{b}{a}+2m<0$

$$(\alpha-m)(\beta-m)=\alpha\beta-(\alpha+\beta)m+m^2=\frac{c}{a}-\left(-\frac{b}{a}\right)m+m^2$$

$$=\frac{c}{a}+\frac{bm}{a}+m^2$$

②より，$\dfrac{c}{a}+\dfrac{bm}{a}+m^2>0$

よって，条件は，

$$\boldsymbol{b^2-4ac>0 \text{ かつ } \frac{b}{a}+2m<0 \text{ かつ } \frac{c}{a}+\frac{bm}{a}+m^2>0}$$

共役な複素数の利用

挑戦 4

教科書 p.217

3次方程式 $x^3-3x^2+x+2=0$ の3つの解を α, β, γ とするとき，次の式の値を求めよ。

(1) $(\alpha+1)(\beta+1)(\gamma+1)$ (2) $\alpha^2+\beta^2+\gamma^2$

ガイド 3次方程式 $ax^3+bx^2+cx+d=0$ の3つの解を α, β, γ とすると，次の関係が成り立つ。

$$\boldsymbol{\alpha+\beta+\gamma=-\frac{b}{a},\quad \alpha\beta+\beta\gamma+\gamma\alpha=\frac{c}{a},\quad \alpha\beta\gamma=-\frac{d}{a}}$$

これを**3次方程式の解と係数の関係**という。

解答 解と係数の関係より，

$$\alpha+\beta+\gamma=3,\quad \alpha\beta+\beta\gamma+\gamma\alpha=1,\quad \alpha\beta\gamma=-2$$

(1) $(\alpha+1)(\beta+1)(\gamma+1)$

$=\alpha\beta\gamma+\alpha\beta+\beta\gamma+\gamma\alpha+\alpha+\beta+\gamma+1=-2+1+3+1=\mathbf{3}$

[別解] $x^3-3x^2+x+2=(x-\alpha)(x-\beta)(x-\gamma)$

が成り立つ。この両辺に $x=-1$ を代入して，

$$(-1)^3-3\cdot(-1)^2+(-1)+2=(-1-\alpha)(-1-\beta)(-1-\gamma)$$

すなわち， $-3=-(\alpha+1)(\beta+1)(\gamma+1)$

よって， $(\alpha+1)(\beta+1)(\gamma+1)=\mathbf{3}$

(2) $\alpha^2+\beta^2+\gamma^2=(\alpha+\beta+\gamma)^2-2\alpha\beta-2\beta\gamma-2\gamma\alpha$

$=(\alpha+\beta+\gamma)^2-2(\alpha\beta+\beta\gamma+\gamma\alpha)=3^2-2\cdot1=\mathbf{7}$

多様性を養おう

教科書 **p.217** 4次方程式 $ax^4+bx^3+cx^2+dx+e=0$ の4つの解を α, β, γ, δ とするとき，解と係数にはどのような関係が成り立つだろうか。

ガイド $x=\alpha$, β, γ, δ を解にもつ4次方程式は，

$$a(x-\alpha)(x-\beta)(x-\gamma)(x-\delta)=0$$

とおけることを利用する。

解答 4次方程式 $ax^4+bx^3+cx^2+dx+e=0$ の4つの解を α, β, γ, δ とすると，

$$ax^4+bx^3+cx^2+dx+e=a(x-\alpha)(x-\beta)(x-\gamma)(x-\delta)$$

が成り立つ。 この右辺を展開すると，

$$\begin{aligned}\text{右辺}=&ax^4-a(\alpha+\beta+\gamma+\delta)x^3\\&+a(\alpha\beta+\alpha\gamma+\alpha\delta+\beta\gamma+\beta\delta+\gamma\delta)x^2\\&-a(\alpha\beta\gamma+\alpha\beta\delta+\alpha\gamma\delta+\beta\gamma\delta)x+a\alpha\beta\gamma\delta\end{aligned}$$

これと左辺の各項の係数を比較すると，

$b=-a(\alpha+\beta+\gamma+\delta)$,
$c=a(\alpha\beta+\alpha\gamma+\alpha\delta+\beta\gamma+\beta\delta+\gamma\delta)$,
$d=-a(\alpha\beta\gamma+\alpha\beta\delta+\alpha\gamma\delta+\beta\gamma\delta)$, $e=a\alpha\beta\gamma\delta$

よって，次の関係が成り立つ。

$$\boldsymbol{\alpha+\beta+\gamma+\delta=-\frac{b}{a}}$$

$$\boldsymbol{\alpha\beta+\alpha\gamma+\alpha\delta+\beta\gamma+\beta\delta+\gamma\delta=\frac{c}{a}}$$

$$\boldsymbol{\alpha\beta\gamma+\alpha\beta\delta+\alpha\gamma\delta+\beta\gamma\delta=-\frac{d}{a}}$$

$$\boldsymbol{\alpha\beta\gamma\delta=\frac{e}{a}}$$

直線が円によって切り取られる長さ

挑戦 5　a を実数の定数とする。直線 $ax-y+a=0$ と円 $x^2+y^2=1$ が異なる2点 A，B で交わっているとする。線分 AB の長さが $\sqrt{3}$ となるような定数 a の値を求めよ。

教科書 p.219

ガイド　円の中心と直線の距離を求めて，三平方の定理を利用する。

解答　円の中心を O(0, 0) とし，点Oから直線 $ax-y+a=0$ に下ろした垂線を OH とする。

線分 OH の長さは，原点と直線 $ax-y+a=0$ の距離に等しいから，

$$\mathrm{OH}=\frac{|a|}{\sqrt{a^2+(-1)^2}}$$

また，△OAB は OA=OB=1 の二等辺三角形であるから，

$$\mathrm{AH}=\mathrm{BH}\qquad したがって，\quad \mathrm{AH}=\frac{1}{2}\mathrm{AB}=\frac{\sqrt{3}}{2}$$

そして，△OAH は直角三角形だから，
三平方の定理により，　$\mathrm{AH}^2+\mathrm{OH}^2=\mathrm{OA}^2$

すなわち，　$\left(\frac{\sqrt{3}}{2}\right)^2+\left(\frac{|a|}{\sqrt{a^2+(-1)^2}}\right)^2=1^2$　　$\frac{a^2}{a^2+1}=\frac{1}{4}$

分母を払って整理すると，　$3a^2=1$

よって，　$\boldsymbol{a=\pm\frac{\sqrt{3}}{3}}$

探究編

多様性を養おう

教科書 p.219　原点を中心とする半径 $2\sqrt{2}$ の円と直線 $x+y-a=0$ が異なる 2 点 A, B で交わっているとする。点 C(2, 2) に対して，△ABC が正三角形となるような定数 a の値を求めてみよう。

ガイド　円の中心と直線の距離を求め，3 つの角が 30°，60°，90° の直角三角形の辺の比を利用する。

解答　原点を中心とする半径 $2\sqrt{2}$ の円の方程式は

$x^2+y^2=8$　……①

また，直線 $x+y-a=0$　……② を ℓ とおき，線分 AB の中点を M とすると，直線 ℓ と円の中心 O の距離 OM は，

$$\mathrm{OM}=\frac{|-a|}{\sqrt{1^2+1^2}}=\frac{|a|}{\sqrt{2}}$$

であり，条件から，円と直線は異なる 2 点で交わるから，

$\dfrac{|a|}{\sqrt{2}}<2\sqrt{2}$ より，　$-4<a<4$　……③

ここで，点 M の座標を考える。①，②より，

$x^2+(-x+a)^2=8$ すなわち，$2x^2-2ax+a^2-8=0$

この方程式の解を α，β とすると，M の x 座標は，　$\dfrac{\alpha+\beta}{2}=\dfrac{a}{2}$

y 座標は，　$-\dfrac{a}{2}+a=\dfrac{a}{2}$

また，直線 OC の方程式は，$y=x$ であるから，$\mathrm{M}\left(\dfrac{a}{2},\ \dfrac{a}{2}\right)$ は直線 OC 上にある。

すなわち，直線 CM は線分 AB の垂直二等分線である。

このことから，三角形 ABC が正三角形であるためには，

CM：AM$=\sqrt{3}$：1 すなわち，CM$=\sqrt{3}$AM となればよい。

$$\mathrm{AM}=\sqrt{(2\sqrt{2})^2-\left(\frac{|a|}{\sqrt{2}}\right)^2}=\sqrt{\frac{16-a^2}{2}}$$

$$\mathrm{CM}=\frac{|2+2-a|}{\sqrt{1^2+1^2}}=\frac{|4-a|}{\sqrt{2}}$$

よって，　$\dfrac{|4-a|}{\sqrt{2}}=\sqrt{3}\cdot\sqrt{\dfrac{16-a^2}{2}}$

両辺を 2 乗して整理すると，　$(a-4)(a+2)=0$

これを解くと，　$a=-2, 4$

③から，求める定数 a の値は，　$\boldsymbol{a=-2}$

2つの円の共有点

挑戦 6　2つの円 $x^2+y^2=4$，$(x-1)^2+(y-2)^2=2$ の2つの交点を通り，中心が直線 $x-2y-2=0$ 上にあるような円の方程式を求めよ。

教科書 p.221

ガイド　2つの円 $x^2+y^2+\ell x+my+n=0$，$x^2+y^2+\ell' x+m'y+n'=0$ の2つの交点を通る円の方程式は，定数 a，b を用いて，

$$a(x^2+y^2+\ell x+my+n)+b(x^2+y^2+\ell' x+m'y+n')=0$$

と表すことができる。

解答　$x^2+y^2=4$　……①，$(x-1)^2+(y-2)^2=2$　……②

とすると，円①と②の2つの交点を通る円の方程式は，定数 a，b を用いて，

$$a(x^2+y^2-4)+b(x^2+y^2-2x-4y+3)=0$$

すなわち，

$$(a+b)(x^2+y^2)-2bx-4by-4a+3b=0 \quad \cdots\cdots③$$

と表すことができる。

(i)　$a+b=0$ のとき，③は直線となり適さない。

(ii)　$a+b\neq 0$ のとき，③より，

$$x^2+y^2-2\cdot\frac{b}{a+b}x-4\cdot\frac{b}{a+b}y+\frac{-4a+3b}{a+b}=0$$

$$\left(x-\frac{b}{a+b}\right)^2+\left(y-\frac{2b}{a+b}\right)^2=\frac{4a-3b}{a+b}+\frac{5b^2}{(a+b)^2}$$

となるから，この円の中心が直線 $x-2y-2=0$ 上にあるとき，

$$\frac{b}{a+b}-2\cdot\frac{2b}{a+b}-2=0 \qquad b-4b-2(a+b)=0$$

$$-2a-5b=0 \qquad b=-\frac{2}{5}a \quad \cdots\cdots④$$

④を③に代入すると，

$$\frac{3}{5}a(x^2+y^2)+\frac{4}{5}ax+\frac{8}{5}ay-\frac{26}{5}a=0$$

$$3x^2+3y^2+4x+8y-26=0$$

よって，　$\boldsymbol{x^2+y^2+\frac{4}{3}x+\frac{8}{3}y-\frac{26}{3}=0}$

探究編

◿柔軟性を養おう

教科書 p.221 2つの円 $x^2+y^2-1=0$ ……①, $x^2+y^2-4x-2y+1=0$ ……② に対して, k を定数として, 方程式

$$(x^2+y^2-4x-2y+1)+k(x^2+y^2-1)=0 \quad \cdots\cdots③$$

で表される図形を考える。

2つの円①, ②の交点A, Bを通る円は, 円 $x^2+y^2-1=0$ を除いて, すべて③の形で表せることを示してみよう。

ガイド 2点A, Bを通る円の方程式を求め, それが③の形になることを示す。

解答 円①の中心は原点, 円②の中心は点 $(2,\ 1)$ である。

2つの円①, ②の交点のうちの1つ $(0,\ 1)$ をAとする。

2点A, Bを通る円の中心は, 線分ABの垂直二等分線, すなわち, 2つの円①, ②の中心を結ぶ直線 $y=\dfrac{1}{2}x$ 上にある。

そこで, この直線上の点 $\mathrm{P}(2t,\ t)$ を中心とし, 2点A, Bを通る円の方程式を求めると, $\mathrm{AP}=\sqrt{(2t-0)^2+(t-1)^2}=\sqrt{5t^2-2t+1}$ より,

$$(x-2t)^2+(y-t)^2=5t^2-2t+1$$

これを変形して,

$$t(x^2+y^2-4x-2y+1)-(t-1)(x^2+y^2-1)=0$$

ここで, $t\neq0$ のとき, 両辺を t で割って $k=-\dfrac{t-1}{t}$ とおけば, 方程式③が導かれる。

なお, $t=0$ のとき, 上の方程式は円 $x^2+y^2-1=0$ を与える。

よって, 交点A, Bを通る円は, 円 $x^2+y^2-1=0$ を除いて, すべて③の形で表される。

除外する点の存在を確認すること

挑戦 7 次の①〜③の中で，軌跡を求めるときに手順(II)を省略することができないものはどれだろうか。

教科書 p.223

① 点Qが放物線 $y=x^2+2$ 上を動くとき，2点 A$(-2,\ -1)$，B$(2,\ -1)$ と点Qを頂点とする △ABQ の重心Pの軌跡

② 点Qが円 $x^2+y^2=16$ 上を動くとき，2点 O$(0,\ 0)$，A$(6,\ 0)$ と点Qを頂点とする △OAQ の重心Pの軌跡

③ m が実数全体を動くとき，直線 $x-my-1=0$ と直線 $mx+y+m=0$ の交点Pの軌跡

ガイド 与えられた条件を満たす座標平面上の点Pの軌跡を求めるには，次の手順(I)，(II)をたどればよい。

(I) 点Pの座標を $(x,\ y)$ とし，点Pについての条件を x，y についての方程式で表し，この式がどのような図形を表すかを調べる。

(II) (I)で求めた図形上に，与えられた条件を満たさない点があるかどうかを調べ，あった場合は，それらの点を除外する。

問題によって，手順(II)を省略できる場合がある。

解答 ① 点Pの座標を $(x,\ y)$，点Qの座標を $(s,\ t)$ とする。

点Qは放物線 $y=x^2+2$ 上にあるから，

$t=s^2+2$ ……(i)

点Pは △ABQ の重心であるから，

$$x=\frac{-2+2+s}{3},\quad y=\frac{-1+(-1)+t}{3}$$

この式を s，t について解くと，

$s=3x$，$t=3y+2$

これらを(i)に代入して，

$3y+2=(3x)^2+2$

$3y=9x^2$　　$y=3x^2$

上の方程式を導く手順を逆にたどれば，この方程式の表す図形上の任意の点が条件を満たすことは明らかである。

よって，手順(II)を省略することができる。

② 点Pの座標を $(x,\ y)$，点Qの座標を $(s,\ t)$ とする。

点Qは円 $x^2+y^2=16$ 上にあるから，

$s^2+t^2=16$ ……(ii)

点Pは△OAQの重心であるから，

$x=\dfrac{0+6+s}{3}$，$y=\dfrac{0+0+t}{3}$ ……(iii)

この式を s，t について解くと，　$s=3x-6$，$t=3y$

これらを(ii)に代入して，　$(3x-6)^2+(3y)^2=16$

$9(x-2)^2+9y^2=16$　　$(x-2)^2+y^2=\dfrac{16}{9}$

これは，中心が点 $(2,\ 0)$，半径が $\dfrac{4}{3}$ の円の方程式である。

ここで，点Qが x 軸上にあるとき，3点O，A，Qを頂点とする三角形は作れないから，　$t\neq0$

このとき，(ii)より，　$s\neq\pm4$

したがって，(iii)より，　$(x,\ y)\neq\left(\dfrac{2}{3},\ 0\right)$，$\left(\dfrac{10}{3},\ 0\right)$

よって，点Qの軌跡は，中心が点 $(2,\ 0)$，半径が $\dfrac{4}{3}$ の円から，2点 $\left(\dfrac{2}{3},\ 0\right)$，$\left(\dfrac{10}{3},\ 0\right)$ を除いたものである。

③ $x-my-1=0$ より，　$(x-1)-my=0$ ……(iv)

$mx+y+m=0$ より，　$m(x+1)+y=0$ ……(v)

よって，(iv)，(v)は，それぞれ定点 $A(1,\ 0)$，$B(-1,\ 0)$ を通る。

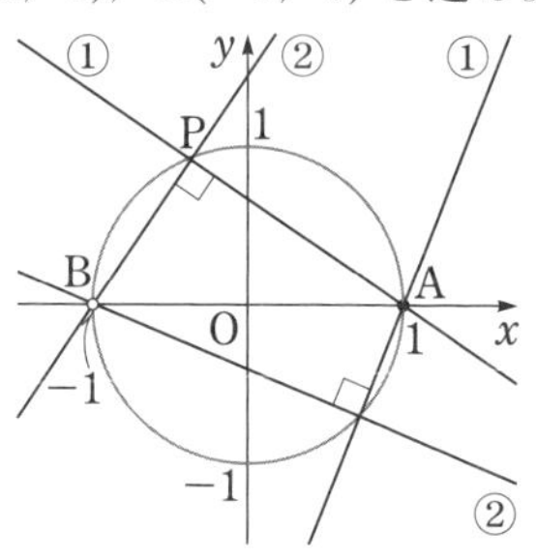

$m\neq0$ のとき，(iv)，(v)の傾きの積は，$\dfrac{1}{m}\cdot(-m)=-1$ より，垂直に交わる。

$m=0$ のとき，(iv)，(v)は，それぞれ $x-1=0$，$y=0$ より，垂直に交わる。

つまり，点Pは，2点A，Bを直径の両端とする円周上にあることがわかる。

ただし，どのような実数 m に対しても，(iv)は直線 $y=0$，(v)は直線 $x=-1$ を表さないので，点 $(-1,\ 0)$ が交点になることはない。

円の中心は，線分ABの中点より，点 $(0,\ 0)$

半径は，　$\dfrac{AB}{2}=\dfrac{2}{2}=1$

よって，求める軌跡は，中心が点 (0，0)，半径が 1 の円から，点 (−1，0) を除いたものである。

以上より，手順(II)を省略することができないものは，②，③である。

柔軟性を養おう（課題学習）

教科書 p.223

教科書 p.222 の例題で，除外する点が現れたということは，方程式 $(s-1)^2+t^2=1$ を導く手順のどこかで同値でない式変形をしたことを意味する。それはどこだろうか。

ガイド $s=\dfrac{2}{1+m^2}$ であるから，$s=0$ とはならないことに着目する。

解答 例題の解において，同値でない式変形を行ったのは，

③，④より m を消去すると，$(s-1)^2+t^2=1$

の部分である。この点について，改めて詳しく調べてみよう。

式④を m について解くと，　$m=\dfrac{t}{s}$　……⑤

これを③に代入して，　$s=\dfrac{2}{1+\left(\dfrac{t}{s}\right)^2}$

右辺の分母と分子に s^2 を掛けると，　$s=\dfrac{2s^2}{s^2+t^2}$

両辺を s で割ってから，両辺に s^2+t^2 を掛けると，　$s^2+t^2=2s$

これより，次の方程式を得る。

$(s-1)^2+t^2=1$　……⑥

さて，関係式 $t=ms$ から⑤を導く際，条件 $s\neq0$ が必要であるが，この条件は，s と m を関係づける等式③のもとでは自動的に成立していた。

しかし，m を消去して方程式⑥に帰着させた段階では，等式③を失うのと同時に，$s\neq0$ という情報も失われている。

このため，式変形の同値性が崩れ，上の計算を逆にたどることができないのである。

探究編

領域を利用した証明

挑戦 8　$x^2+y^2-2x-2y<0$ ならば，$x+y<4$ であることを示せ。

教科書 p.224

ガイド　全体集合を U とする命題「$p \Longrightarrow q$」について，

条件 p を満たす U の要素全体の集合を P

条件 q を満たす U の要素全体の集合を Q

とすると，次が成り立つ。

「p ならば q」が真 $\Longleftrightarrow$ $P \subset Q$

これを用いて，条件 p，q が x，y の不等式で与えられた命題を証明することができる。

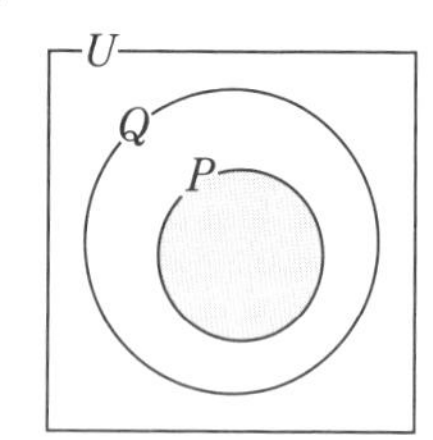

解答　座標平面を全体集合 U とし，

不等式 $x^2+y^2-2x-2y<0$ の表す領域を P

不等式 $x+y<4$ の表す領域を Q

とする。

まず，$x^2+y^2-2x-2y<0$ は $(x-1)^2+(y-1)^2<2$ と変形できるので，領域 P は，中心が点 $(1,\ 1)$，半径が $\sqrt{2}$ の円の内部である。

一方，$x+y<4$ は $y<-x+4$ と変形できるので，領域 Q は，傾きが -1，切片が 4 の直線の下側である。

したがって，領域 P，Q は右の図のようになり，$P \subset Q$ が成り立つ。

よって，$x^2+y^2-2x-2y<0$ ならば，$x+y<4$ である。

多様性を養おう

教科書 p.224　$r>0$ とするとき，$x^2+y^2<r^2$ が $4x+3y<10$ であるための十分条件になるような r の値の範囲はどうなるだろうか。

ガイド　「p ならば q」が真のとき，p は q であるための十分条件である。

解答 $x^2+y^2<r^2$ の表す領域をPとすると，Pは，中心が原点O，半径がrの円の内部を表し，境界線を含まない。

$4x+3y<10$ の表す領域をQとすると，Qは，直線 $y=-\frac{4}{3}x+\frac{10}{3}$ の下側で，境界線を含まない。

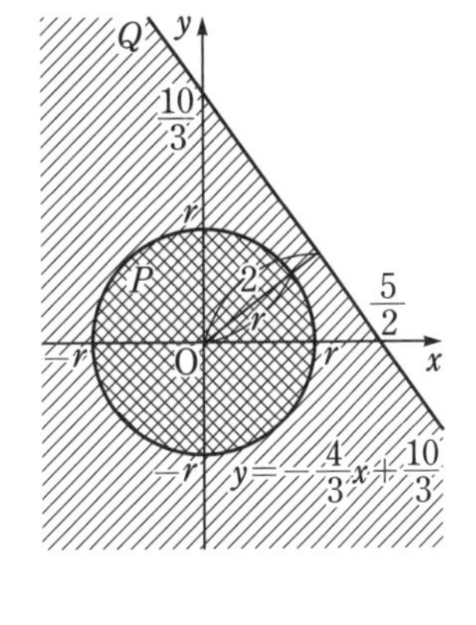

円の中心$(0,\ 0)$と直線 $y=-\frac{4}{3}x+\frac{10}{3}$，すなわち，$4x+3y-10=0$ の距離dは，

$$d=\frac{|-10|}{\sqrt{4^2+3^2}}=\frac{10}{5}=2$$

$x^2+y^2<r^2$ が $4x+3y<10$ であるための十分条件になるためには，「$x^2+y^2<r^2$ であるならば，$4x+3y<10$ である。」が真であればよい。

すなわち，$P\subset Q$ が成り立てばよい。

よって，$r\leqq 2$ であればよい。

したがって，求めるrの値の範囲は，　$\boldsymbol{0<r\leqq 2}$

点の回転移動

挑戦 9 原点でない点$\mathrm{P}(x,\ y)$を原点Oを中心としてαだけ回転させた点Qの座標を求めよ。

教科書 p.225

ガイド $\mathrm{OP}=r$ とし，動径OPの表す角をθとすると，点Pの座標は$(r\cos\theta,\ r\sin\theta)$と表せる。

解答 点Qの座標を$(x',\ y')$とおく。

$\mathrm{OP}=r$ とし，動径OPの表す角をθとすると，

$$x=r\cos\theta,\ y=r\sin\theta$$

また，$\mathrm{OP}=\mathrm{OQ}=r$ であり，動径OQの表す角は$\theta+\alpha$であるから，

$$x'=r\cos(\theta+\alpha)=r\cos\theta\cos\alpha-r\sin\theta\sin\alpha$$
$$=x\cos\alpha-y\sin\alpha$$
$$y'=r\sin(\theta+\alpha)=r\sin\theta\cos\alpha+r\cos\theta\sin\alpha$$
$$=y\cos\alpha+x\sin\alpha$$

よって，点Qの座標は，

$$\boldsymbol{(x\cos\alpha-y\sin\alpha,\ y\cos\alpha+x\sin\alpha)}$$

探究編

◩多様性を養おう〈発展〉

教科書 p.225 直線 $2x-3y-1=0$ を原点Oを中心として $\frac{2}{3}\pi$ だけ回転させて得られる直線の方程式を求めてみよう。

ガイド 点Pが直線 $2x-3y-1=0$ 上を動くとき，点Pを原点Oを中心として $\frac{2}{3}\pi$ だけ回転させた点Qの軌跡の方程式を求める。

解答 直線 $2x-3y-1=0$ 上の任意の点を $P(s,\ t)$ とし，点Pを原点Oを中心として $\frac{2}{3}\pi$ だけ回転させた点を $Q(x,\ y)$ とする。

点Pは直線 $2x-3y-1=0$ 上にあるから，

$$2s-3t-1=0 \quad \cdots\cdots①$$

点Qの座標は，◩挑戦9 より，

$$x=s\cos\frac{2}{3}\pi-t\sin\frac{2}{3}\pi=-\frac{1}{2}s-\frac{\sqrt{3}}{2}t$$

$$y=t\cos\frac{2}{3}\pi+s\sin\frac{2}{3}\pi=\frac{\sqrt{3}}{2}s-\frac{1}{2}t$$

これらの式を s，t について解くと，

$$s=-\frac{1}{2}x+\frac{\sqrt{3}}{2}y \quad \cdots\cdots②$$

$$t=-\frac{\sqrt{3}}{2}x-\frac{1}{2}y \quad \cdots\cdots③$$

②，③を①に代入して，

$$2\left(-\frac{1}{2}x+\frac{\sqrt{3}}{2}y\right)-3\left(-\frac{\sqrt{3}}{2}x-\frac{1}{2}y\right)-1=0$$

よって，求める直線の方程式は，

$$\boldsymbol{(-2+3\sqrt{3})x+(3+2\sqrt{3})y-2=0}$$

プラスワン ②，③は次のように求めることもできる。

点Qを原点Oを中心として $-\frac{2}{3}\pi$ だけ回転させた点がPであるから，

$$s=x\cos\left(-\frac{2}{3}\pi\right)-y\sin\left(-\frac{2}{3}\pi\right)=-\frac{1}{2}x+\frac{\sqrt{3}}{2}y$$

$$t=y\cos\left(-\frac{2}{3}\pi\right)+x\sin\left(-\frac{2}{3}\pi\right)=-\frac{\sqrt{3}}{2}x-\frac{1}{2}y$$

加法定理の応用

問　次の等式①を用いて，$\cos 5\theta$ を $\cos\theta$ の多項式で表せ。

教科書 p.227

$$\cos(n+2)\theta=2\cos(n+1)\theta\cos\theta-\cos n\theta \quad \cdots\cdots①$$

ガイド　等式①で，$n=2$，3 とする。

解答

$$\begin{aligned}\cos 4\theta&=2\cos 3\theta\cos\theta-\cos 2\theta\\&=2(4\cos^3\theta-3\cos\theta)\cos\theta-(2\cos^2\theta-1)\\&=8\cos^4\theta-8\cos^2\theta+1\end{aligned}$$

$$\begin{aligned}\cos 5\theta&=2\cos 4\theta\cos\theta-\cos 3\theta\\&=2(8\cos^4\theta-8\cos^2\theta+1)\cos\theta-(4\cos^3\theta-3\cos\theta)\\&=\mathbf{16\cos^5\theta-20\cos^3\theta+5\cos\theta}\end{aligned}$$

挑戦10　$\theta=\frac{2}{7}\pi$ は，$\cos 3\theta=\cos 4\theta$ を満たすことを利用して，

教科書 p.227

等式 $\cos\frac{2}{7}\pi+\cos\frac{4}{7}\pi+\cos\frac{6}{7}\pi=-\frac{1}{2}$ を証明せよ。

ガイド　2倍角の公式，3倍角の公式を用いて，$\cos 3\theta=\cos 4\theta$ を変形する。

解答

$$\cos 3\theta=4\cos^3\theta-3\cos\theta$$

$$\begin{aligned}\cos 4\theta&=\cos 2\cdot 2\theta=2\cos^2 2\theta-1\\&=2(2\cos^2\theta-1)^2-1=8\cos^4\theta-8\cos^2\theta+1\end{aligned}$$

であるから，　$4\cos^3\theta-3\cos\theta=8\cos^4\theta-8\cos^2\theta+1$

ここで，$x=\cos\theta$ とおくと，

$$4x^3-3x=8x^4-8x^2+1$$

すなわち，　$(x-1)(8x^3+4x^2-4x-1)=0$

$x\neq 1$ であるから，　$8x^3+4x^2-4x-1=0$

よって，　$\cos\frac{2}{7}\pi+\cos\frac{4}{7}\pi+\cos\frac{6}{7}\pi$

$$\begin{aligned}&=\cos\theta+\cos 2\theta+\cos 3\theta\\&=\cos\theta+(2\cos^2\theta-1)+(4\cos^3\theta-3\cos\theta)\\&=x+(2x^2-1)+(4x^3-3x)\\&=4x^3+2x^2-2x-1\\&=\frac{1}{2}(8x^3+4x^2-4x-1)-\frac{1}{2}=-\frac{1}{2}\end{aligned}$$

別解〈発展〉 $\theta=\frac{2}{7}\pi,\ \frac{4}{7}\pi,\ \frac{6}{7}\pi$ がいずれも $\cos 3\theta=\cos 4\theta$ を満たすことと，$0<\frac{2}{7}\pi<\frac{4}{7}\pi<\frac{6}{7}\pi<\pi$ より，$x=\cos\frac{2}{7}\pi,\ \cos\frac{4}{7}\pi,\ \cos\frac{6}{7}\pi$ は，前ページの3次方程式の異なる3つの実数解である。

よって，解と係数の関係から，ただちに示すべき等式が得られる。

柔軟性を養おう

教科書 **p.227** 右の図のように，座標平面上の点 A(1, 0) を一つの頂点として，単位円に内接する正七角形 ABCDEFG を考える。これを利用して，

等式 $\cos\frac{2}{7}\pi+\cos\frac{4}{7}\pi+\cos\frac{6}{7}\pi=-\frac{1}{2}$

の図形的意味を考えてみよう。

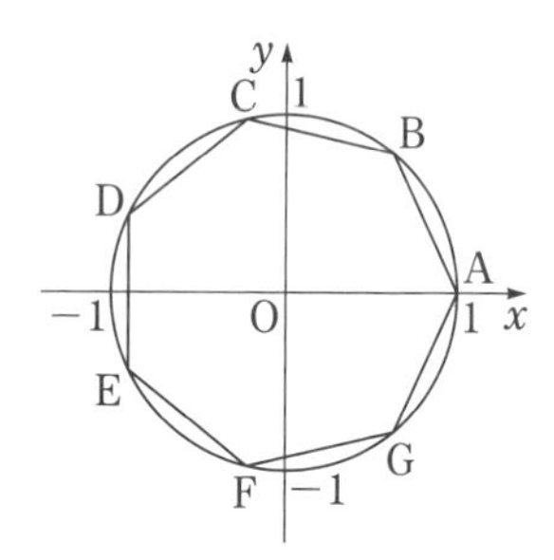

ガイド 正七角形の頂点の座標をそれぞれ $(r\cos\theta,\ r\sin\theta)$ の形で表す。

解答 正七角形 ABCDEFG のそれぞれの頂点 A, B, C, D, E, F, G の座標は，

$$A(1,\ 0),\quad B\left(\cos\frac{2}{7}\pi,\ \sin\frac{2}{7}\pi\right),\quad C\left(\cos\frac{4}{7}\pi,\ \sin\frac{4}{7}\pi\right),$$

$$D\left(\cos\frac{6}{7}\pi,\ \sin\frac{6}{7}\pi\right),\quad E\left(\cos\frac{8}{7}\pi,\ \sin\frac{8}{7}\pi\right),$$

$$F\left(\cos\frac{10}{7}\pi,\ \sin\frac{10}{7}\pi\right),\quad G\left(\cos\frac{12}{7}\pi,\ \sin\frac{12}{7}\pi\right)$$

である。

ここで，7つの頂点の x 座標および y 座標の総和をとってみよう。

まず，y 座標の総和は，

$$0+\sin\frac{2}{7}\pi+\sin\frac{4}{7}\pi+\sin\frac{6}{7}\pi+\sin\frac{8}{7}\pi+\sin\frac{10}{7}\pi+\sin\frac{12}{7}\pi$$

$$=\sin\frac{2}{7}\pi+\sin\frac{4}{7}\pi+\sin\frac{6}{7}\pi-\sin\frac{6}{7}\pi-\sin\frac{4}{7}\pi-\sin\frac{2}{7}\pi=0$$

次に，x 座標の総和は，

$$1+\cos\frac{2}{7}\pi+\cos\frac{4}{7}\pi+\cos\frac{6}{7}\pi+\cos\frac{8}{7}\pi+\cos\frac{10}{7}\pi+\cos\frac{12}{7}\pi$$

$$=1+\cos\frac{2}{7}\pi+\cos\frac{4}{7}\pi+\cos\frac{6}{7}\pi+\cos\frac{6}{7}\pi+\cos\frac{4}{7}\pi+\cos\frac{2}{7}\pi$$

$$=1+2\left(\cos\frac{2}{7}\pi+\cos\frac{4}{7}\pi+\cos\frac{6}{7}\pi\right)\quad\cdots\cdots③$$

よって，挑戦10 で導いた等式

$$\cos\frac{2}{7}\pi+\cos\frac{4}{7}\pi+\cos\frac{6}{7}\pi=-\frac{1}{2}\quad\cdots\cdots④$$

を利用すれば，③の値は 0 であることがわかる。

すなわち，等式④は，**正七角形 ABCDEHG の重心が原点 O である**ことを意味している。

独創性を養おう 課題学習

教科書 p.227　$\theta=\frac{2}{9}\pi$ は，$\cos 4\theta=\cos 5\theta$ を満たす。この等式を利用した問題を作ってみよう。

ガイド　挑戦10 と同様に考える。

解答　教科書 p.226 より，

$$\cos 4\theta=8\cos^4\theta-8\cos^2\theta+1$$

$$\cos 5\theta=16\cos^5\theta-20\cos^3\theta+5\cos\theta$$

であるから，

$$8\cos^4\theta-8\cos^2\theta+1=16\cos^5\theta-20\cos^3\theta+5\cos\theta$$

ここで，$x=\cos\theta$ とおくと，

$$8x^4-8x^2+1=16x^5-20x^3+5x$$

すなわち，　$(x-1)(16x^4+8x^3-12x^2-4x+1)=0$

$x\neq 1$ であるから，$16x^4+8x^3-12x^2-4x+1=0$

よって，　$\cos\frac{2\pi}{9}+\cos\frac{4\pi}{9}+\cos\frac{6\pi}{9}+\cos\frac{8\pi}{9}$

$$=\cos\theta+\cos 2\theta+\cos 3\theta+\cos 4\theta$$

$$=x+(2x^2-1)+(4x^3-3x)+(8x^4-8x^2+1)$$

$$=8x^4+4x^3-6x^2-2x$$

$$=\frac{1}{2}(16x^4+8x^3-12x^2-4x+1)-\frac{1}{2}=-\frac{1}{2}$$

よって，たとえば次のような問題を作ることができる。

等式 $\cos\frac{2}{9}\pi+\cos\frac{4}{9}\pi+\cos\frac{6}{9}\pi+\cos\frac{8}{9}\pi=-\frac{1}{2}$ を証明せよ。

別解〈発展〉 $x=\cos\frac{2}{9}\pi,\ \cos\frac{4}{9}\pi,\ \cos\frac{6}{9}\pi,\ \cos\frac{8}{9}\pi$ は，前ページで導いた4次方程式 $16x^4+8x^3-12x^2-4x+1=0$ の異なる4つの実数解であるので，解と係数の関係から，次の等式が成り立つことがわかる。

$$\cos\frac{2}{9}\pi\cos\frac{4}{9}\pi\cos\frac{6}{9}\pi\cos\frac{8}{9}\pi=\frac{1}{16}$$

よって，たとえば次のような問題を作ることができる。

$\cos\frac{2}{9}\pi\cos\frac{4}{9}\pi\cos\frac{6}{9}\pi\cos\frac{8}{9}\pi$ の値を求めよ。

累乗で表された数の大小

挑戦11 $\sqrt[4]{3}$，$5^{\frac{1}{6}}$，$\sqrt[3]{2}$ の大小を比較せよ。

教科書 p.229

ガイド 3つの数はすべて0より大きいから，それぞれの数を12乗して大小を調べる。

解答 $(\sqrt[4]{3})^{12}=3^3=27$，　$(5^{\frac{1}{6}})^{12}=5^2=25$，　$(\sqrt[3]{2})^{12}=2^4=16$

$16<25<27$ であるから，　$\boldsymbol{\sqrt[3]{2}<5^{\frac{1}{6}}<\sqrt[4]{3}}$

多様性を養おう

教科書 p.229 $7^3<19^2$ であることを利用して，$7^{\sqrt{3}}$ と $19^{\sqrt{2}}$ の大小を比較してみよう。

ガイド $7^{\sqrt{3}}$ と $19^{\sqrt{2}}$ のそれぞれを $\sqrt{3}$ 乗して大小を調べる。

解答 $(7^{\sqrt{3}})^{\sqrt{3}}=7^3=343$　　また，　$(19^{\sqrt{2}})^{\sqrt{3}}=19^{\sqrt{6}}$

ここで，$2<\sqrt{6}$ であり，19は1より大きいから，

$19^{\sqrt{6}}>19^2=361$

したがって，　$(7^{\sqrt{3}})^{\sqrt{3}}<(19^{\sqrt{2}})^{\sqrt{3}}$

よって，　$\boldsymbol{7^{\sqrt{3}}<19^{\sqrt{2}}}$

常用対数の値

問　電卓やコンピュータを用いて，次の不等式が成り立つことを確かめよ。

教科書 p.231

$$\left(\frac{128}{125}\right)^9<\frac{5}{4}<\left(\frac{128}{125}\right)^{10}$$

ガイド　実際に計算をしてみる。

解答　たとえば，次のように計算する。

① 電卓の場合

$\frac{128}{125}=1.024$ であるから，

$\left(\frac{128}{125}\right)^9$ は，1.024⊠⊠⊟⊟……⊟ ⟶ 1.237……（⊟を 8 回）

$\left(\frac{128}{125}\right)^{10}$ は，1.024⊠⊠⊟⊟……⊟ ⟶ 1.267……（⊟を 9 回）

よって，　$1.237\cdots\cdots<\frac{5}{4}<1.267\cdots\cdots$

② コンピュータの場合

エクセルを使って計算する。

1つのセルの中で，次のように入力する。

=(128/125)^9 ⟶ Enter キー ⟶ 1.237……

=(128/125)^10 ⟶ Enter キー ⟶ 1.267……

よって，　$1.237\cdots\cdots<\frac{5}{4}<1.267\cdots\cdots$

挑戦12　教科書 p.230～231 と同様の方法により，次を示せ。

教科書 p.231

$$\frac{1}{2+\cfrac{1}{10+\cfrac{1}{2+\cfrac{1}{2}}}}<\log_{10}3<\frac{1}{2+\cfrac{1}{10+\cfrac{1}{2+\cfrac{1}{3}}}}$$

そして，$\log_{10}3$ の小数第 5 位を四捨五入した値を求めよ。

ガイド　教科書 p.230～231 の $\log_{10}2$ を $\log_{10}3$ に置き換えて考える。

解答 $10^0<3<10^1$ であるから，$\log_{10}3$ の整数部分は 0 である。

よって，　$\log_{10}3=0+\dfrac{1}{a_1}$　$(a_1=\log_3 10)$

次に，$3^2<10<3^3$ であるから，a_1 の整数部分は 2 である。

よって，　$a_1=\log_3 10=2+\dfrac{1}{a_2}$　$\left(a_2=\log_{\frac{10}{9}}3\right)$

以下，同様の手続きを繰り返すと，

$$a_2=10+\frac{1}{a_3}\quad\left(a_3=\log_{3\left(\frac{9}{10}\right)^{10}}\frac{10}{9}\right)$$

$$a_3=2+\frac{1}{a_4}\quad\left(a_4=\log_{\frac{1}{9}\left(\frac{10}{9}\right)^{21}}3\left(\frac{9}{10}\right)^{10}\right)$$

となる。また，a_4 の整数部分は 2 である。

以上の計算をまとめると，

$$\log_{10}3=\frac{1}{a_1}=\frac{1}{2+\frac{1}{a_2}}=\frac{1}{2+\frac{1}{10+\frac{1}{a_3}}}=\frac{1}{2+\frac{1}{10+\frac{1}{2+\frac{1}{a_4}}}}$$

そして，$2<a_4<3$ であったから，

$$\frac{1}{2+\frac{1}{10+\frac{1}{2+\frac{1}{2}}}}<\log_{10}3<\frac{1}{2+\frac{1}{10+\frac{1}{2+\frac{1}{3}}}}$$

これを計算して，　$\dfrac{52}{109}<\log_{10}3<\dfrac{73}{153}$

小数で表すと，　$0.477064\cdots<\log_{10}3<0.477124\cdots$

これより，$\log_{10}3$ の小数第 5 位を四捨五入すると，

$\log_{10}3=\mathbf{0.4771}$ となることがわかる。

☐多様性を養おう (課題学習)

教科書 **p.231** 教科書 p.230～231 と同様の方法により，$\sqrt{2}$ の小数第 4 位を四捨五入した値を求めてみよう。

ガイド 教科書 p.230～231 の $\log_{10}2$ を $\sqrt{2}$ に置き換えて考える。

解答 $\sqrt{2}$ の整数部分は 1 であるから，$\sqrt{2}=1+\dfrac{1}{a_1}$ と分解できる。

ここで，　$a_1=\dfrac{1}{\sqrt{2}-1}=\dfrac{\sqrt{2}+1}{(\sqrt{2}-1)(\sqrt{2}+1)}=\sqrt{2}+1$

次に，a_1 の整数部分は 2 であるから，　$a_1=2+\dfrac{1}{a_2}$

ここで，$a_2=\dfrac{1}{\sqrt{2}-1}=\sqrt{2}+1$

以下，同様の手続きを繰り返せば，$n \geqq 1$ に対して　$a_n=2+\dfrac{1}{a_{n+1}}$

ここで，$a_{n+1}=a_n=\sqrt{2}+1$

以上の計算をまとめると，次のようになる。

$$\sqrt{2}=1+\frac{1}{a_1}=1+\cfrac{1}{2+\cfrac{1}{a_2}}=1+\cfrac{1}{2+\cfrac{1}{2+\cfrac{1}{a_3}}}$$

$$=1+\cfrac{1}{2+\cfrac{1}{2+\cfrac{1}{2+\cfrac{1}{a_4}}}}=1+\cfrac{1}{2+\cfrac{1}{2+\cfrac{1}{2+\cfrac{1}{2+\cfrac{1}{a_5}}}}}$$

そして，$2<a_5<3$ であるから，

$$1+\cfrac{1}{2+\cfrac{1}{2+\cfrac{1}{2+\cfrac{1}{2+\cfrac{1}{3}}}}}<\sqrt{2}<1+\cfrac{1}{2+\cfrac{1}{2+\cfrac{1}{2+\cfrac{1}{2+\cfrac{1}{2}}}}}$$

これを計算して，　$\dfrac{140}{99}<\sqrt{2}<\dfrac{99}{70}$

小数で表すと，　$1.41414\cdots<\sqrt{2}<1.41428\cdots$

よって，小数第 4 位を四捨五入すると，$\sqrt{2}=\mathbf{1.414}$ となる。

3 次関数の決定

挑戦13　関数 $f(x)=x^3+ax^2+bx-a^2$ が $x=1$ で極小値 -8 をとるような定数 a，b の値を求めよ。

教科書 p.233

ガイド $f(x)$ が $x=1$ で極小値 -8 をとることから，$f'(1)=0$，$f(1)=-8$
これより a，b の値を求めたら，$x=1$ で極小値 -8 をとるかどうか確認する。

解答 $f'(x)=3x^2+2ax+b$ より，$f(x)$ が $x=1$ で極小値 -8 をとるためには，$f'(1)=0$，$f(1)=-8$ となることが必要である。

すなわち，　$3+2a+b=0$　……①

$a+b-a^2+1=-8$　……②

②より，　$b=a^2-a-9$　……③

③を①に代入して，

$3+2a+a^2-a-9=0$　　$a^2+a-6=0$

$(a+3)(a-2)=0$　　よって，　$a=-3,\ 2$

$a=-3$ のとき，$b=3$

$a=2$ のとき，$b=-7$

(i) $a=-3$，$b=3$ のとき

$f(x)=x^3-3x^2+3x-9$

$f'(x)=3x^2-6x+3=3(x-1)^2$

したがって，$f(x)$ の増減表は次のようになる。

x	$\cdots$	1	$\cdots$
$f'(x)$	$+$	0	$+$
$f(x)$	↗	-8	↗

これより，$f(x)$ は極値をもたないため，適さない。

(ii) $a=2$，$b=-7$ のとき

$f(x)=x^3+2x^2-7x-4$

$f'(x)=3x^2+4x-7=(x-1)(3x+7)$

したがって，$f(x)$ の増減表は次のようになる。

x	$\cdots$	$-\dfrac{7}{3}$	$\cdots$	1	$\cdots$
$f'(x)$	$+$	0	$-$	0	$+$
$f(x)$	↗	極大 $\dfrac{284}{27}$	↘	極小 -8	↗

これより，$f(x)$ は $x=1$ で確かに極小値 -8 をとる。

(i)，(ii)より，求める a，b の値は，　$\boldsymbol{a=2}$，$\boldsymbol{b=-7}$

多様性を養おう

教科書 **p.233**　関数 $f(x)=x^3+ax^2+bx+c$ が $x=-1$ で極大値をとり，$x=3$ で極小値 -25 をとるような定数 a，b，c の値を求めてみよう。また，そのときの極大値を求めてみよう。

ガイド　a，b，c の値を求めたら，$x=-1$ で極大値をとり，$x=3$ で極小値 -25 をとるかどうか確認する。

解答　$f'(x)=3x^2+2ax+b$ より，$f(x)$ が $x=-1$ で極大値をとり，$x=3$ で極小値 -25 をとるためには，$f'(-1)=0$，$f'(3)=0$，$f(3)=-25$ となることが必要である。

すなわち，　$3-2a+b=0$　……①

$27+6a+b=0$　……②

$27+9a+3b+c=-25$　……③

①，②，③を連立して解くと，

$a=-3$，$b=-9$，$c=2$

このとき，　$f(x)=x^3-3x^2-9x+2$

$f'(x)=3x^2-6x-9=3(x+1)(x-3)$

したがって，$f(x)$ の増減表は次のようになる。

x	$\cdots$	-1	$\cdots$	3	$\cdots$
$f'(x)$	$+$	0	$-$	0	$+$
$f(x)$	↗	極大 7	↘	極小 -25	↗

これより，$f(x)$ は確かに $x=-1$ で極大値をとり，$x=3$ で極小値 -25 をとる。

よって，　$\boldsymbol{a=-3}$，$\boldsymbol{b=-9}$，$\boldsymbol{c=2}$

また，**極大値**は，　$f(-1)=\boldsymbol{7}$

放物線と接線で囲まれた部分の面積

挑戦14 教科書 p.235

放物線 $y=ax^2+bx+c$ $(a>0)$ 上の2点A，Bにおける2つの接線を考える。

このとき，右の図の面積 S_1，S_2，S_3 について，

$S_1:S_2:S_3=1:1:4$

が成り立つことを証明せよ。ただし，PQは放物線の軸に平行な線分である。

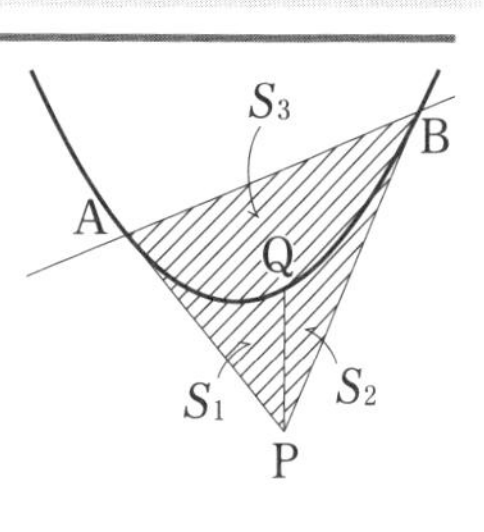

ガイド 次の等式を利用して，S_1，S_2，S_3 をそれぞれ求める。

$$\int(ax+b)^n dx=\frac{1}{(n+1)a}(ax+b)^{n+1}+C$$

$$\int_\alpha^\beta(x-\alpha)(x-\beta)\,dx=-\frac{1}{6}(\beta-\alpha)^3$$

解答 2点A，Bを通る直線の方程式を $y=mx+n$ とし，2点A，Bの x 座標をそれぞれ α，β とする。

このとき，$y=ax^2+bx+c$ ……①，$y=mx+n$ ……② から y を消去して得られる2次方程式 $(mx+n)-(ax^2+bx+c)=0$ ……③ の解は，放物線①と直線②の交点の x 座標 α，β である。

したがって，③は，$-a(x-\alpha)(x-\beta)=0$ と変形できる。

よって，

$$\begin{aligned}S_3&=\int_\alpha^\beta\{(mx+n)-(ax^2+bx+c)\}\,dx\\&=\int_\alpha^\beta\{-a(x-\alpha)(x-\beta)\}\,dx\\&=-a\int_\alpha^\beta(x-\alpha)(x-\beta)\,dx\\&=-a\times\left\{-\frac{1}{6}(\beta-\alpha)^3\right\}\\&=\frac{a}{6}(\beta-\alpha)^3\quad\cdots\cdots④\end{aligned}$$

一方，$y=ax^2+bx+c$ より，$y'=2ax+b$ であるから，点 $\mathrm{A}(\alpha,\ a\alpha^2+b\alpha+c)$ における接線の方程式は，

$$y-(a\alpha^2+b\alpha+c)=(2a\alpha+b)(x-\alpha)$$

したがって，　$y=(2a\alpha+b)x-a\alpha^2+c$ ……⑤

点 $\mathrm{B}(\beta,\ a\beta^2+b\beta+c)$ における接線の方程式も同様にして，

$$y=(2a\beta+b)x-a\beta^2+c\quad\cdots\cdots⑥$$

よって，⑤と⑥の交点の x 座標は，⑤，⑥より y を消去して，

$$(2a\alpha+b)x-a\alpha^2+c=(2a\beta+b)x-a\beta^2+c$$

$2a(\alpha-\beta)x=a(\alpha^2-\beta^2)$ より，　$x=\dfrac{\alpha+\beta}{2}$

これより，　$S_1=\displaystyle\int_{\alpha}^{\frac{\alpha+\beta}{2}}[ax^2+bx+c-\{(2a\alpha+b)x-a\alpha^2+c\}]dx$

$$=\int_{\alpha}^{\frac{\alpha+\beta}{2}}a(x-\alpha)^2dx=a\left[\frac{1}{3}(x-\alpha)^3\right]_{\alpha}^{\frac{\alpha+\beta}{2}}$$

$$=\frac{a}{3}\left\{\left(\frac{\beta-\alpha}{2}\right)^3-0\right\}=\frac{a}{24}(\beta-\alpha)^3 \quad \cdots\cdots⑦$$

$$S_2=\int_{\frac{\alpha+\beta}{2}}^{\beta}[ax^2+bx+c-\{(2a\beta+b)x-a\beta^2+c\}]dx$$

$$=\int_{\frac{\alpha+\beta}{2}}^{\beta}a(x-\beta)^2dx=a\left[\frac{1}{3}(x-\beta)^3\right]_{\frac{\alpha+\beta}{2}}^{\beta}$$

$$=\frac{a}{3}\left\{0-\left(\frac{\alpha-\beta}{2}\right)^3\right\}=\frac{a}{24}(\beta-\alpha)^3 \quad \cdots\cdots⑧$$

よって，④，⑦，⑧より，$S_1:S_2:S_3=1:1:4$ が成り立つ。

柔軟性を養おう

教科書 p.235　放物線 $y=2(x-1)(x-5)$ と x 軸で囲まれた部分の面積を S とする。また，この放物線の $x\geqq5$ の部分と，直線 $x=a$ $(a>5)$ と x 軸で囲まれた部分の面積を T とする。$S=T$ となるような定数 a の値を求めてみよう。

ガイド　S，T をそれぞれ定積分で表し，$\displaystyle\int_a^b f(x)\,dx+\int_b^c f(x)\,dx=\int_a^c f(x)\,dx$ を利用する。

解答　$S=-\displaystyle\int_1^5 2(x-1)(x-5)\,dx$，　$T=\displaystyle\int_5^a 2(x-1)(x-5)\,dx$

で，$S=T$ であるから，

$$-\int_1^5 2(x-1)(x-5)\,dx=\int_5^a 2(x-1)(x-5)\,dx$$

よって，

$$\int_1^5 2(x-1)(x-5)\,dx+\int_5^a 2(x-1)(x-5)\,dx=0$$

$$\int_1^a 2(x-1)(x-5)\,dx=0$$

$$\int_1^a (x^2-6x+5)\,dx=0$$

$$\left[\frac{1}{3}x^3-3x^2+5x\right]_1^a=0$$

$$\left(\frac{1}{3}a^3-3a^2+5a\right)-\left(\frac{1}{3}-3+5\right)=0$$

$$a^3-9a^2+15a-7=0$$

$$(a-1)^2(a-7)=0$$

$a>5$ より，　$\boldsymbol{a=7}$

プラスワン 一般に，次のことが成り立つ。

$\alpha<\beta<\gamma$ とする。

右の図において，$S=T$ のとき，

AM＝BM＝BC

が成り立つ。

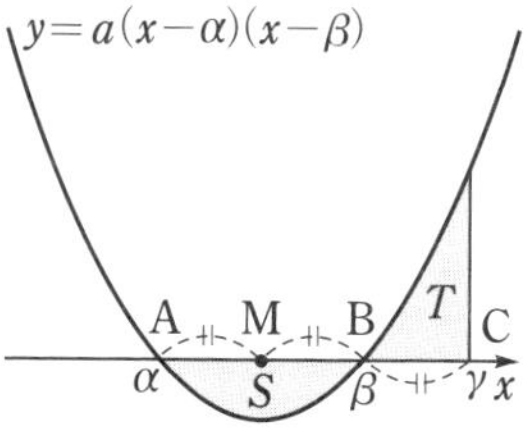

証明　$S=T$ より，

$$-\int_\alpha^\beta a(x-\alpha)(x-\beta)\,dx=\int_\beta^\gamma a(x-\alpha)(x-\beta)\,dx$$

したがって，

$$\int_\alpha^\beta a(x-\alpha)(x-\beta)\,dx+\int_\beta^\gamma a(x-\alpha)(x-\beta)\,dx=0$$

$$\int_\alpha^\gamma a(x-\alpha)(x-\beta)\,dx=0$$

したがって，　$\displaystyle\int_\alpha^\gamma (x-\alpha)(x-\beta)\,dx=0$

$$\int_\alpha^\gamma (x-\alpha)\{(x-\alpha)+(\alpha-\beta)\}\,dx=0$$

$$\int_\alpha^\gamma \{(x-\alpha)^2+(\alpha-\beta)(x-\alpha)\}\,dx=0$$

$$\left[\frac{1}{3}(x-\alpha)^3+\frac{\alpha-\beta}{2}(x-\alpha)^2\right]_\alpha^\gamma=0$$

$$\frac{1}{3}(\gamma-\alpha)^3+\frac{\alpha-\beta}{2}(\gamma-\alpha)^2=0$$

$$(\gamma-\alpha)^2\{2(\gamma-\alpha)+3(\alpha-\beta)\}=0$$

$$(\gamma-\alpha)^2\{2\gamma-(3\beta-\alpha)\}=0$$

$\gamma>\alpha$ より，　$\gamma=\dfrac{3\beta-\alpha}{2}=\beta+\dfrac{\beta-\alpha}{2}$

このことから，上の図において AM＝BM＝BC が成り立つ。

絶対値を含む関数の定積分

問 教科書 p.236

教科書 p.236 の考え方を利用して，定積分 $\int_{-2}^{2}|x^2-1|dx$ を求めよ。

ガイド $y=|x^2-1|$ のグラフと面積の関係に着目して求める。

$$y=|x^2-1|=\begin{cases}x^2-1 & (x\leqq-1,\ 1\leqq x)\\ -x^2+1 & (-1\leqq x\leqq 1)\end{cases}$$

解答 $y=|x^2-1|$ のグラフは右の図のようになり，求める定積分は，斜線部分の面積を表している。

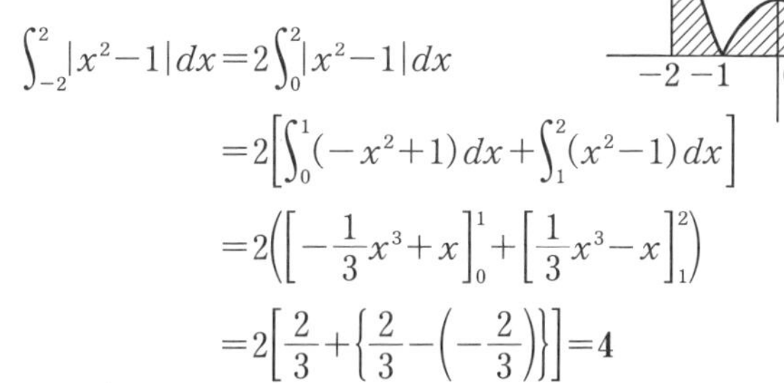

斜線部分は y 軸について対称であるから，

$$\int_{-2}^{2}|x^2-1|dx=2\int_{0}^{2}|x^2-1|dx$$

$$=2\left[\int_{0}^{1}(-x^2+1)dx+\int_{1}^{2}(x^2-1)dx\right]$$

$$=2\left(\left[-\frac{1}{3}x^3+x\right]_0^1+\left[\frac{1}{3}x^3-x\right]_1^2\right)$$

$$=2\left[\frac{2}{3}+\left\{\frac{2}{3}-\left(-\frac{2}{3}\right)\right\}\right]=\mathbf{4}$$

探究編

挑戦15 教科書 p.237

定積分 $F(x)=\int_{0}^{x}|t^2-1|dt$ が，関数 $f(x)=|x^2-1|$ の原始関数であることを示し，上の問で求めた値が $F(2)-F(-2)$ に一致することを確かめよ。

ガイド $x>1$，$-1<x<1$，$x<-1$，$x=1$，-1 の各場合について，$F(x)$ が関数 $f(x)$ の原始関数であることを示す。

解答 $x\geqq1$ のとき，

$$F(x)=\int_{0}^{1}(-t^2+1)dt+\int_{1}^{x}(t^2-1)dt=\frac{x^3}{3}-x+\frac{4}{3}$$

$-1\leqq x\leqq1$ のとき，

$$F(x)=\int_{0}^{x}(-t^2+1)dt=x-\frac{x^3}{3}$$

$x\leqq-1$ のとき，

$$F(x)=\int_0^{-1}(-t^2+1)\,dt+\int_{-1}^{x}(t^2-1)\,dt=\frac{x^3}{3}-x-\frac{4}{3}$$

まとめると，

$$F(x)=\begin{cases}\dfrac{x^3}{3}-x+\dfrac{4}{3} & (x\geqq 1)\\ x-\dfrac{x^3}{3} & (-1\leqq x\leqq 1)\\ \dfrac{x^3}{3}-x-\dfrac{4}{3} & (x\leqq -1)\end{cases}$$

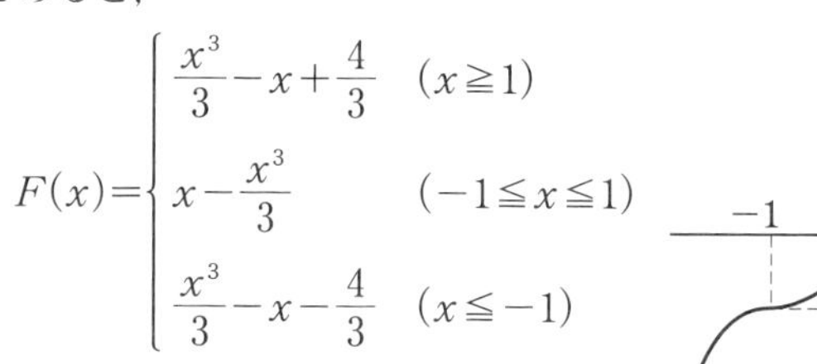

この $F(x)$ が，関数 $f(x)=|x^2-1|$ の原始関数となっていることを確かめよう。

まず，$x>1$ のとき，

$$F'(x)=\left(\frac{x^3}{3}-x+\frac{4}{3}\right)'=x^2-1=|x^2-1|=f(x)$$

次に，$-1<x<1$ のとき，

$$F'(x)=1-x^2=|x^2-1|=f(x)$$

そして，$x<-1$ のとき，

$$F'(x)=\left(\frac{x^3}{3}-x-\frac{4}{3}\right)'=x^2-1=|x^2-1|=f(x)$$

また，場合分けの境目である $x=1,\ -1$ では，微分係数の定義より，$F'(1)$，$F'(-1)$ をそれぞれ求める。

$F'(1)$ を求めるために，$x>-1$ における $F(x)$ を求めると，

$$\begin{aligned}F(x)&=\int_0^x|t^2-1|\,dt\\&=\int_0^x|(t+1)(t-1)|\,dt\\&=\int_0^x(t+1)|t-1|\,dt\\&=\int_0^x\{(t-1)|t-1|+2|t-1|\}\,dt\\&=\left[\frac{1}{3}(t-1)^2|t-1|+(t-1)|t-1|\right]_0^x\\&=\frac{1}{3}|x-1|(x-1)(x+2)+\frac{2}{3}\end{aligned}$$

微分係数の定義より，

$$F'(1)=\lim_{h\to 0}\frac{F(1+h)-F(1)}{h}$$

$$=\lim_{h\to 0}\frac{\left\{\frac{1}{3}|h|h(h+3)+\frac{2}{3}\right\}-\frac{2}{3}}{h}$$

$$=\lim_{h\to 0}\left\{\frac{1}{3}|h|(h+3)\right\}=0=f(1)$$

同様に考えると，$x<1$ における $F(x)$ は，

$$F(x)=-\frac{1}{3}|x+1|(x+1)(x-2)-\frac{2}{3}$$

であるから，

$$F'(-1)=\lim_{h\to 0}\frac{F(-1+h)-F(-1)}{h}$$

$$=\lim_{h\to 0}\frac{\left\{-\frac{1}{3}|h|h(h-3)-\frac{2}{3}\right\}-\left(-\frac{2}{3}\right)}{h}$$

$$=\lim_{h\to 0}\left\{-\frac{1}{3}|h|(h-3)\right\}=0=f(-1)$$

以上より，すべての実数 x で $F'(x)=f(x)$ が成り立っているので，$F(x)$ は $f(x)=|x^2-1|$ の原始関数である。

よって，
$$F(2)-F(-2)=\left(\frac{2^3}{3}-2+\frac{4}{3}\right)-\left\{\frac{(-2)^3}{3}-(-2)-\frac{4}{3}\right\}$$
$$=4$$

したがって，$\int_{-2}^{2}|x^2-1|dx$ の値は，$F(2)-F(-2)$ に一致する。

⚠注意　教科書 p.237 より，$\int|x|dx=\frac{x|x|}{2}+C$ であるから，

$$\int|x-1|dx=\frac{1}{2}(x-1)|x-1|+C$$

また，同様に考えると，$\int x|x|dx=\frac{1}{3}x^2|x|+C$ であるから，

$$\int(x-1)|x-1|dx=\frac{1}{3}(x-1)^2|x-1|+C$$

探究編

柔軟性を養おう 課題学習

教科書 **p.237**　x の正負で場合分けされた次の関数の導関数を求める際，$x=0$ での微分係数 $F'(0)$ は，$x>0$ や $x<0$ の場合とは切り離し，定義に基づいて計算した。これはなぜだろうか。

$$F(x)=\frac{x|x|}{2}=\begin{cases}\dfrac{x^2}{2} & (x\geqq 0)\\ -\dfrac{x^2}{2} & (x<0)\end{cases}$$

ガイド　極限値を求める際の「限りなく近づく」の意味を考える。

解答　関数 $f(x)$ が $x=0$ を含む区間 $\alpha<x<\beta$ で定義されているとする。

教科書 p.169 で学んだように，極限値 $\displaystyle\lim_{h\to 0}\frac{f(h)-f(0)}{h}$ が存在するならば，その極限値を関数 $f(x)$ の $x=0$ における微分係数といい，$f'(0)$ で表した。

ここで，$h\to 0$ は，h が 0 と異なる値をとりながら 0 に限りなく近づくことを意味している。

したがって，上記の極限値を調べるには，$x=0$ での関数の値 $f(0)$ だけでなく，$x=0$ の近くでの関数の挙動，すなわち，0 に十分近いが 0 ではない実数 h に対応する $x=h$ での関数の値 $f(h)$ すべてを考慮しなければならない。

与えられた関数 $F(x)$ は，$x=0$ の前後で場合分けされて定義されており，その $x=0$ の近くでの挙動は，第 5 章で微分係数や導関数を求めたどの関数とも異なる。

このため，$x=0$ での微分係数 $F'(0)$ を求める際，微分係数の定義に基づいて改めて極限値を計算する必要がある。

◆ 重要事項・公式

式と証明・高次方程式

▶3次式の展開 ↔ 因数分解

$(a+b)^3=a^3+3a^2b+3ab^2+b^3$

$(a-b)^3=a^3-3a^2b+3ab^2-b^3$

$(a+b)(a^2-ab+b^2)=a^3+b^3$

$(a-b)(a^2+ab+b^2)=a^3-b^3$

▶二項定理

$(a+b)^n={}_n\mathrm{C}_0a^n+{}_n\mathrm{C}_1a^{n-1}b+\cdots$
$+{}_n\mathrm{C}_ra^{n-r}b^r+\cdots+{}_n\mathrm{C}_{n-1}ab^{n-1}+{}_n\mathrm{C}_nb^n$

▶商と余り

多項式Aを多項式Bで割ったときの商をQ，余りをRとすると，$A=BQ+R$
$R=0$ または (Rの次数)<(Bの次数)

▶相加平均と相乗平均の関係

$a>0$，$b>0$ のとき，$\dfrac{a+b}{2}\geqq\sqrt{ab}$

等号が成り立つのは，$a=b$ のとき

▶複素数

■ 2乗して -1 となる数を記号 i で表し，虚数単位という。すなわち，$i^2=-1$

■ 2つの実数a，bを用いて，$a+bi$の形で表される数を複素数という。

▶負の数の平方根

$a>0$ のとき，$\sqrt{-a}=\sqrt{a}\,i$

▶2次方程式の解の種類の判別

2次方程式 $ax^2+bx+c=0$ の判別式
$D=b^2-4ac$ について，

$D>0 \iff$ 異なる2つの実数解をもつ
$D=0 \iff$ 重解をもつ
$D<0 \iff$ 異なる2つの虚数解をもつ

▶2次方程式の解と係数の関係

2次方程式 $ax^2+bx+c=0$ の2つの解をα，βとすると，$\alpha+\beta=-\dfrac{b}{a}$，$\alpha\beta=\dfrac{c}{a}$

▶剰余の定理

多項式$P(x)$を$x-a$で割った余りは，$P(a)$

▶因数定理

$x-a$が多項式$P(x)$の因数 $\iff P(a)=0$

図形と方程式

▶平面上の点の座標

2点$\mathrm{A}(x_1,\ y_1)$，$\mathrm{B}(x_2,\ y_2)$について，

■ 2点A，B間の距離は，
$\sqrt{(x_2-x_1)^2+(y_2-y_1)^2}$

■ 線分ABを$m:n$に内分する点の座標は，$\left(\dfrac{nx_1+mx_2}{m+n},\ \dfrac{ny_1+my_2}{m+n}\right)$

■ 線分ABを$m:n$に外分する点の座標は，$\left(\dfrac{-nx_1+mx_2}{m-n},\ \dfrac{-ny_1+my_2}{m-n}\right)$

▶直線の方程式

■ 点$(x_1,\ y_1)$を通り，傾きmの直線の方程式は，$y-y_1=m(x-x_1)$

■ 異なる2点$(x_1,\ y_1)$，$(x_2,\ y_2)$を通る直線の方程式は，

$x_1\neq x_2$ のとき，$y-y_1=\dfrac{y_2-y_1}{x_2-x_1}(x-x_1)$

$x_1=x_2$ のとき，$x=x_1$

▶2直線の平行と垂直

2直線 $y=mx+n$，$y=m'x+n'$ について，平行 $\iff m=m'$
垂直 $\iff mm'=-1$

▶点と直線の距離

点$(x_1,\ y_1)$と直線 $ax+by+c=0$ の距離dは，$d=\dfrac{|ax_1+by_1+c|}{\sqrt{a^2+b^2}}$

▶円の方程式

■ 中心$(a,\ b)$，半径rの円の方程式は，
$(x-a)^2+(y-b)^2=r^2$

■ 原点Oを中心とする半径rの円の方程式は，$x^2+y^2=r^2$

▶円の接線の方程式

円 $x^2+y^2=r^2$ 上の点$(x_1,\ y_1)$における接線の方程式は，$x_1x+y_1y=r^2$

▶$y>mx+n$，$y<mx+n$ の表す領域

■ 不等式 $y>mx+n$ の表す領域は，
直線 $y=mx+n$ の上側

■不等式 $y<mx+n$ の表す領域は，
直線 $y=mx+n$ の下側

▶$\boldsymbol{(x-a)^2+(y-b)^2<r^2}$，
$\boldsymbol{(x-a)^2+(y-b)^2>r^2}$ **の表す領域**

円 $(x-a)^2+(y-b)^2=r^2$ を C とする。

■不等式 $(x-a)^2+(y-b)^2<r^2$ の表す領域は，円 C の内部

■不等式 $(x-a)^2+(y-b)^2>r^2$ の表す領域は，円 C の外部

三角関数

▶**弧度法**

$180°=\pi$(ラジアン)，1(ラジアン)$=\left(\dfrac{180}{\pi}\right)^{\circ}$

▶**三角関数の相互関係**

$\tan\theta=\dfrac{\sin\theta}{\cos\theta}$，$\sin^2\theta+\cos^2\theta=1$

$1+\tan^2\theta=\dfrac{1}{\cos^2\theta}$

▶**三角関数と周期**

■関数 $y=\sin\theta$，$y=\cos\theta$ の周期は 2π

■関数 $y=\tan\theta$ の周期は π

▶**三角関数の加法定理**

$\sin(\alpha+\beta)=\sin\alpha\cos\beta+\cos\alpha\sin\beta$

$\sin(\alpha-\beta)=\sin\alpha\cos\beta-\cos\alpha\sin\beta$

$\cos(\alpha+\beta)=\cos\alpha\cos\beta-\sin\alpha\sin\beta$

$\cos(\alpha-\beta)=\cos\alpha\cos\beta+\sin\alpha\sin\beta$

$\tan(\alpha+\beta)=\dfrac{\tan\alpha+\tan\beta}{1-\tan\alpha\tan\beta}$

$\tan(\alpha-\beta)=\dfrac{\tan\alpha-\tan\beta}{1+\tan\alpha\tan\beta}$

▶**2倍角の公式**

$\sin2\alpha=2\sin\alpha\cos\alpha$

$\cos2\alpha=\cos^2\alpha-\sin^2\alpha$
$=2\cos^2\alpha-1$
$=1-2\sin^2\alpha$

$\tan2\alpha=\dfrac{2\tan\alpha}{1-\tan^2\alpha}$

▶**半角の公式**

$\sin^2\dfrac{\alpha}{2}=\dfrac{1-\cos\alpha}{2}$，$\cos^2\dfrac{\alpha}{2}=\dfrac{1+\cos\alpha}{2}$

$\tan^2\dfrac{\alpha}{2}=\dfrac{1-\cos\alpha}{1+\cos\alpha}$

▶**三角関数の合成**

$a\sin\theta+b\cos\theta=\sqrt{a^2+b^2}\sin(\theta+\alpha)$

ただし，$\cos\alpha=\dfrac{a}{\sqrt{a^2+b^2}}$

$\sin\alpha=\dfrac{b}{\sqrt{a^2+b^2}}$

指数関数と対数関数

▶**0や負の数の指数**

$a\neq0$ で，n が正の整数のとき，

$a^0=1$　　$a^{-n}=\dfrac{1}{a^n}$

▶**累乗根と指数**

$a>0$ で，m が整数，n が正の整数のとき，

$a^{\frac{m}{n}}=\sqrt[n]{a^m}=(\sqrt[n]{a})^m$

▶**指数法則**

$a>0$，$b>0$ で，p，q が有理数のとき，

$a^pa^q=a^{p+q}$　　$(a^p)^q=a^{pq}$

$(ab)^p=a^pb^p$

$a^p\div a^q=a^{p-q}$　　$\left(\dfrac{a}{b}\right)^p=\dfrac{a^p}{b^p}$

▶**指数関数**

a が1でない正の定数のとき，$y=a^x$ で表される関数を，a を底とする指数関数という。

▶**指数関数 $\boldsymbol{y=a^x}$ の性質**

■$a>1$ のとき，　$p<q \iff a^p<a^q$

■$0<a<1$ のとき，$p<q \iff a^p>a^q$

▶**対数**

$a>0$，$a\neq1$ のとき，任意の正の数 M に対して，$a^x=M$ となる x の値がただ1つ定まる。この値を，a を底とする M の対数といい，$\log_aM$ と書く。
M をこの対数の真数という。

▶**指数と対数の関係**

$a>0$，$a\neq1$，$M>0$ のとき，

$a^p=M \iff p=\log_aM$

▶**対数の性質**

$\log_a1=0$，$\log_aa=1$

▶積，商，累乗の対数

$a>0$，$a\neq 1$，$M>0$，$N>0$ で，r が実数のとき，

$$\log_a MN=\log_a M+\log_a N$$

$$\log_a \frac{M}{N}=\log_a M-\log_a N$$

$$\log_a M^r=r\log_a M$$

▶底の変換公式

■ a，b，c が正の数で，$a\neq 1$，$c\neq 1$ のとき，$\log_a b=\dfrac{\log_c b}{\log_c a}$

■ a，b が 1 でない正の数のとき，

$$\log_a b=\frac{1}{\log_b a}$$

▶対数関数

a が 1 でない正の定数のとき，$y=\log_a x$ で表される関数を，a を底とする対数関数という。

▶指数関数のグラフと対数関数のグラフ

指数関数 $y=a^x$ のグラフと，対数関数 $y=\log_a x$ のグラフは，直線 $y=x$ に関して対称である。

▶対数関数 $y=\log_a x$ の性質

■ $a>1$ のとき，

$$0<p<q \iff \log_a p<\log_a q$$

■ $0<a<1$ のとき，

$$0<p<q \iff \log_a p>\log_a q$$

微分と積分

▶微分係数の定義

$$f'(a)=\lim_{h\to 0}\frac{f(a+h)-f(a)}{h}$$

▶導関数の定義

$$f'(x)=\lim_{h\to 0}\frac{f(x+h)-f(x)}{h}$$

▶x^n と定数関数の導関数

n が自然数のとき，　$(x^n)'=nx^{n-1}$

c が定数のとき，　$(c)'=0$

▶接線の方程式

曲線 $y=f(x)$ 上の点 $(a,\ f(a))$ における接線の方程式は，

$$y-f(a)=f'(a)(x-a)$$

▶$f'(x)$ の符号と関数 $y=f(x)$ の増減

■ $f'(x)>0$ となる x の値の範囲で増加

■ $f'(x)<0$ となる x の値の範囲で減少

▶$f(x)$ の極大・極小

関数 $f(x)$ について，$f'(a)=0$ となる $x=a$ の前後で $f'(x)$ の符号が，

正から負に変わるとき，$f(a)$ は極大値

負から正に変わるとき，$f(a)$ は極小値

▶x^n の不定積分

n が 0 または自然数のとき，

$$\int x^n dx=\frac{1}{n+1}x^{n+1}+C$$

（C は積分定数）

▶定積分の定義

$f(x)$ の原始関数の 1 つを $F(x)$ とすると，

$$\int_a^b f(x)\,dx=\Big[F(x)\Big]_a^b=F(b)-F(a)$$

▶定積分の性質

$$\int_a^a f(x)\,dx=0,\quad \int_b^a f(x)\,dx=-\int_a^b f(x)\,dx$$

$$\int_a^b f(x)\,dx=\int_a^c f(x)\,dx+\int_c^b f(x)\,dx$$

▶微分と積分の関係

a が定数のとき，$\dfrac{d}{dx}\displaystyle\int_a^x f(t)\,dt=f(x)$

▶面積と定積分

$a\leqq x\leqq b$ の範囲で，$f(x)\geqq 0$ とする。$y=f(x)$ のグラフと，x 軸および 2 直線 $x=a$，$x=b$ とで囲まれた図形の面積 S は，$S=\displaystyle\int_a^b f(x)\,dx$

▶ 2 曲線間の面積

2 曲線 $y=f(x)$，$y=g(x)$ および 2 直線 $x=a$，$x=b$ とで囲まれた部分の面積 S は，$a\leqq x\leqq b$ の範囲で $f(x)\geqq g(x)$ のとき，

$$S=\int_a^b\{f(x)-g(x)\}\,dx$$